物联网与人工智能开发系列丛书

物联网应用开发
——基于STM32

廖义奎　编著

北京航空航天大学出版社

内 容 简 介

本书以物联网智能设备应用设计为目标，以傻瓜式简单易懂的讲解方式介绍 STM32 单片机基本设计方法，并以 STM32 为核心介绍各类物联网智能设备的实现方案。

全书共 14 章。第 1～3 章为输出与控制部分，以 STM32F030F4P6 为核心，介绍物联网及傻瓜 STM32 应用设计入门、输出与控制、复杂控制；第 4～7 章为输入与控制部分，以 STM32F103VET6 为核心，介绍多任务控制、输入与中断、输入/输出的工作原理、定时与控制；第 8～10 章为通信与控制部分，介绍电脑串口通信与控制、手机蓝牙通信与控制、手机 Wi-Fi 通信与控制；第 11～14 章为感知与检测部分，介绍感知与信号采集、传感器信号采集、智能识别模块应用、图形用户界面设计。

本书可作为本、专科物联网应用设计、单片机、嵌入式系统等相关课程的教材，也可作为课程设计、毕业设计以及各类专业竞赛指导教材，还可作为从事物联网应用开发人员及 STM32 初学者的参考资料。

图书在版编目(CIP)数据

物联网应用开发 ：基于 STM32 / 廖义奎编著. -- 北京 ：北京航空航天大学出版社，2019.8

ISBN 978-7-5124-3012-9

Ⅰ. ①物… Ⅱ. ①廖… Ⅲ. ①互联网络－应用－高等学校－教材②智能技术－应用－高等学校－教材 Ⅳ. ①TP393.4②TP18

中国版本图书馆 CIP 数据核字(2019)第 112333 号

物联网应用开发——基于 STM32

廖义奎　编著

责任编辑　王　实　毛淑静

*

北京航空航天大学出版社出版发行

北京市海淀区学院路 37 号(邮编 100191)　http://www.buaapress.com.cn

发行部电话：(010)82317024　传真：(010)82328026

读者信箱：emsbook@buaacm.com.cn　邮购电话：(010)82316936

北京九州迅驰传媒文化有限公司印装　各地书店经销

*

开本：710×1 000　1/16　印张：23.25　字数：523 千字

2019 年 9 月第 1 版　2024 年 9 月第 2 次印刷　印数：3 001～3 200 册

ISBN 978-7-5124-3012-9　定价：69.00 元

前　言

物联网是 Internet of Things(IoT)，顾名思义，物联网就是物物相连的互联网。这里的物不是普通的物体，而是智能设备，例如传感器、RFID、手机、电脑、机器人、可穿戴设备等。

可以把物联网看成一个社会，智能设备就是这个社会的成员，各种处理器是智能设备的大脑，各种通信组件和网络是智能设备的神经系统，传感器是智能设备的感觉器官，控制组件是智能设备的动作执行器官。

智能设备的大脑包括 SCM(单片微型计算机)、MCU(微控制器)、SoC(片上系统)等单片机，也包括 MPU(微处理器)、DSP(数字信号处理器)、FPGA(现场可编程门阵列)，由这些处理器、配套器件和软件组成嵌入式系统，最终成为智能设备。

由此可见，单片机是智能设备和嵌入式系统的核心。在进行物联网应用系统开发中，单片机是最重要的组成部分，是物联网系统的核心和基础。本书将从物联网应用的角度出发，以一种最简单和最容易学习的方式来介绍单片机的知识。

☞ 本书特色

本书以一些小的物联网智能设备的应用设计为主线来介绍单片机的应用设计基础，主要为物联网及其相关专业读者提供单片机应用系统开发的知识，重点是 STM32 的开发，详细介绍了 STM32F030F4P6、STM32F103VET6 的应用开发基础知识。

☞ 本书结构

本书第 1～3 章介绍 STM32F030F4P6 处理器的应用。该处理器成本低、性能高，零售价格 1.6 元。STM32F030 采用 ARM Cortex-M0 内核，运算速度高达 48 MHz，是 STM32 系列中价格最低的产品，具有全套外设，例如高速 12 位 ADC、先进且灵活的定时器、日历 RTC 和通信接口(例如 I^2C、USART 和 SPI)。

本书第 4～7 章，介绍 STM32F103VET6 处理器的应用。STM32F103VET6 采用 Cortex-M3 内核，有 100 个引脚，512 KB 闪存，运行频率 72 MHz。其中包括 3 个 12 位模/数转换器、4 个通用 16 位计时器、2 个 PWM 计时器、2 个 I^2C、3 个 SPI、2 个 I^2S、1 个 SDIO、5 个 USART、1 个 USB 和 1 个 CAN。

本书第 8～14 章，介绍基于 STM32 的物联网应用设计实例。其中包括电脑串口通信与控制、手机蓝牙通信与控制、手机 Wi-Fi 通信与控制、感知与信号采集、传感器信号采集、智能识别模块应用、图形用户界面设计。

☞ 读者对象

本书的读者需要具有一定的 C/C++以及电子线路设计基础。本书可作为本、专科物联网应用设计、单片机、嵌入式系统相关课程的教材,也可作为高校师生课程设计、毕业设计以及电子设计竞赛指导教材,还可作为从事物联网应用系统开发的工程开发人员的单片机入门资料,以及 STM32 的初学者的参考资料。

☞ 配套资料

配套资料中包括了所有章节的程序代码,读者可以直接拷贝下来使用,并仿照这些程序源代码去快速开发新的应用程序;还包括了作者自己创作的视频教学文件,手把手教您学会如何配置环境、进行编程,以及如何进行代码调试等。读者可以从北京航空航天大学出版社(http://www.buaapress.com.cn/)的“下载专区”免费下载。

☞ 联系作者

对本书相关配套的 STM32 开发板、控制模块、传感器模块、通信模块等有兴趣的读者,以及对本书相关知识感兴趣的读者,可以加入 QQ 群 AI_IoT(群号 784735940),以相互联系、讨论,共同学习,共同进步。

☞ 致　谢

在本书的编写过程中,李昶春做了大量的准备工作,并参与了前几章部分内容的资料收集与整理工作,在此表示衷心的感谢。感谢蒙良桥、宋因建、殷徐栋、陈妍、张小珍、覃雪原、官玉恒、韦政、林宝玲、苏小艳、苏金秀对本书内容的审阅。

本书在编写过程中参考了大量的文献资料,一些资料来自互联网和一些非正式出版物,书后的参考文献无法一一列举,在此对原作者表示诚挚的谢意。

限于编者水平,并且编写时间比较仓促,书中难免存在错误和疏漏之处,敬请读者批评指正。

作　者
2019 年 1 月

目 录

第1章

物联网及傻瓜STM32应用设计入门

1.1 物联网与单片机

1.1.1 物联网

物联网(Internet of Things,IoT)就是物物相连的互联网,或者更加准确地说是万物相连的网络,这里所说的物,是指智能设备。物联网的基本元素是智能设备,而智能设备的核心是单片机。

1. 物联网简介

物联网是以感知与应用为目的的物物互联系统,涉及传感器、RFID、安全、网络、通信、信息处理、服务技术、标识、定位、同步等众多技术领域。物联网的价值在于让物体也拥有了"智慧",从而实现人与物、物与物之间的沟通,物联网的特征在于感知、互联和智能的叠加。根据这些实际的应用,可以汇总出物联网的应用系统结构。

物联网应该具备三个特征:一是全面感知,即利用 RFID、传感器、二维码等随时随地获取物体的信息;二是可靠传递,通过各种电信网络与互联网的融合,将物体的信息实时准确地传递出去;三是智能处理,利用云计算、人工智能等各种智能计算技术,对海量数据和信息进行分析和处理,对物体实施智能化的控制。

2. 物联网功能结构

从功能上看,物联网大致被公认为有三个层次,底层是用来感知数据的感知层,第二层是数据传输的网络层,最上面则是内容应用层,其结构如图 1-1 所示。以人为对比,这三层的关系可以这样理解:感知层相当于人体的皮肤和五官;网络层相当于人体的神经中枢;应用层相当于人的社会分工。

在各层之间,信息不是单向传递的,也有交互、控制等,所传递的信息多种多样,这其中关键是物品的信息,包括特定应用系统范围内能唯一标识物品的识别码和物品的静态与动态信息。

从技术的角度看,物联网作为一种形式多样的聚合性复杂系统,涉及了信息技术自上而下的每一个层面,在技术上物联网可分为以下三层(见图 1-2):

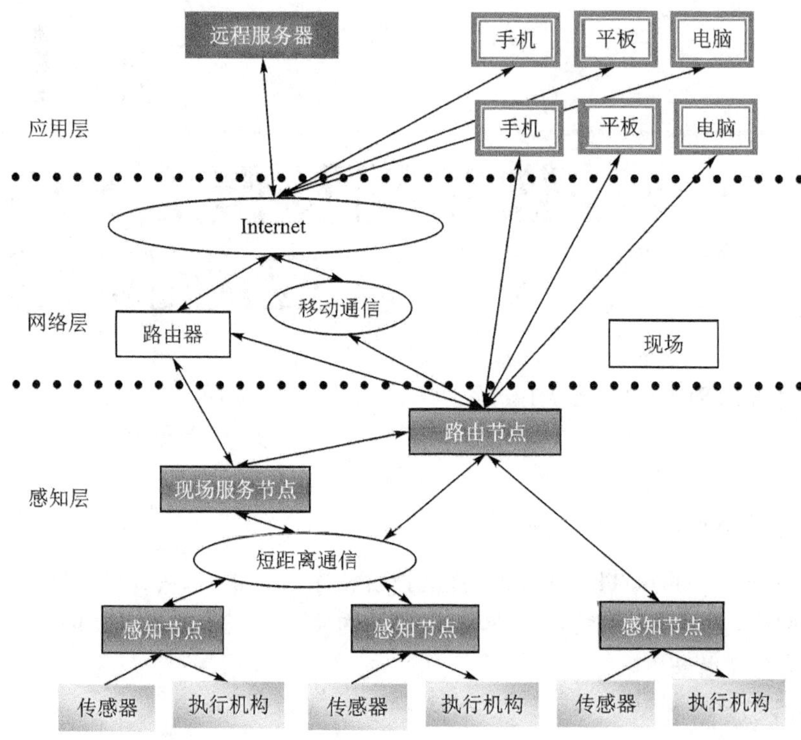

图 1－1　物联网系统结构

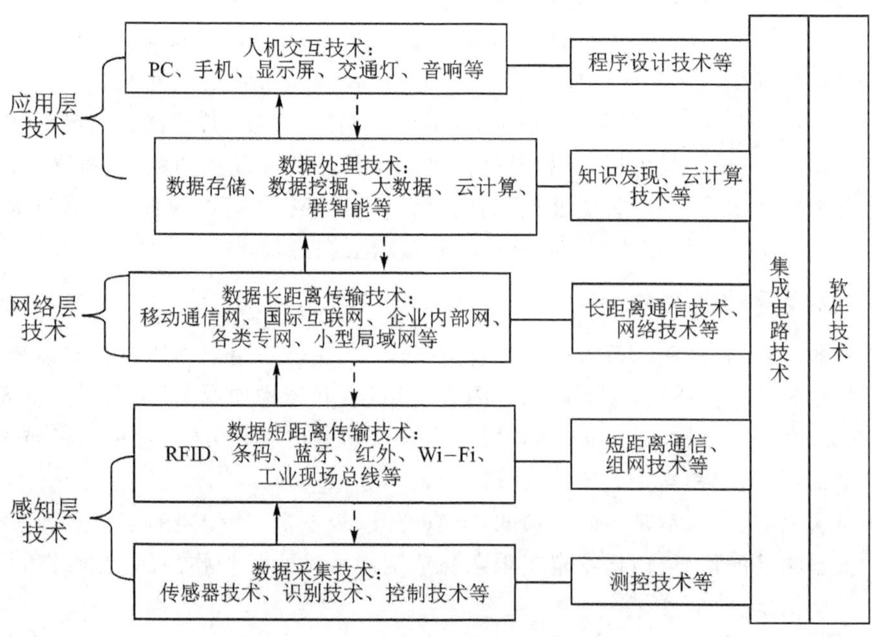

图 1－2　物联网技术结构

- 感知层技术(二维码技术、RFID 技术、传感器技术),用于构建物联网的识别系统。
- 网络层技术(互联网技术、网络技术、通信技术),用于构建物联网的传输系统。
- 应用层技术(云计算技术、数据挖掘技术、中间件技术),用于构建物联网的智能处理系统)。

1.1.2 智慧生活

1. 小鸡孵化

母鸡孵化小鸡的原理如图 1-3 所示。鸡的体温比较高,在母鸡体内时受精卵就已经开始进行细胞分裂了,鸡蛋离开母鸡体内后,由于外界的温度低于母鸡体内的温度,所以受精卵停止分裂发育,处于休眠状态,但还是有活性的,母鸡在孵卵时靠自己的体温使受精卵继续分裂,逐渐发育成胚胎,大约经过 21 天,小鸡就出壳了。

图 1-3　母鸡孵化小鸡的原理

自己在家孵小鸡的方法——用爱迪生发明的电灯来孵小鸡:先拿一个大箱子,再拿一个小箱子,小箱子的四周铺上棉花,棉花的下面放上热水袋,一边 1 个,共 4 个,再把用消毒水泡过的鸡蛋放进小箱子里,孵小鸡的窝就搭好了。第一天的温度是 38.5 ℃,这种温度维持 7 天,而且每 2 h 翻一次蛋。第 8 天温度降低到 38.2 ℃,翻蛋时间改为 3～5 h 一次。晚上把 6 枚鸡蛋放在照蛋灯上看,可看见有些是红红的,并且有模糊不清的血管,那就是有小鸡的,而那些看起来黄黄的是无精蛋。把无精蛋拿走。以后隔几天照一次,看见红红的血管逐渐增多,同时可见一个黑色的小点在蛋里浮动,那是鸡的胚胎。过 1～2 天即出小鸡。(另外,孵小鸡选鸡蛋时要注意:长椭圆形的鸡蛋将孵出母鸡,接近圆形的鸡蛋将孵出公鸡。)

2. 酿造甜酒

甜酒,又称江米酒、酒酿、醪糟,主要原料是糯米,酿制工艺简单,口味香甜醇美,乙醇含量极少,因此深受人们喜爱。在一些菜肴的制作上,糯米酒还常被作为重要的调味料。糯米酒色淡红,所以又称"红酒",由于它渗进了沸水,故又称"水酒"。这种农家自酿的糯米酒，味醇而香甜，少刺激性；饮量适当，能舒筋活络、强壮体魄。农民逢年过节或招待宾客时，必用此酒。酿酒剩下的糟粕，再加上食盐混合后，叫“糟麻”。人们把它贮藏起来作为长期煮汤之用，亦有人把它和鲜鱼一起煮，味道极佳。

酿造甜酒的方法如图 1－4 所示。糯米蒸透后，倒在可沥水的容器内摊开，用较多的凉开水从糯米上淋下过滤（也可采用自来水，视卫生情况而定，建议使用凉开水或瓶装水），使糯米淋散沥冷（目的在于不让糯米粘在一起，做出来后会更好，不要完全变冷，保留一定的温度，手摸着是温的最好）。将蒸熟凉透的糯米饭舀入陶制或玻璃容器中（没有这两种材质容器的朋友可采用其他材质容器，但不要使用塑料容器），把酒曲撒入饭中与饭混合均匀。也可用一点点温水将酒曲化开后再淋入饭中，混合更均匀（混合均匀更有利于发酵）。然后，再将饭抹平并在其中心部位掏出一个酒窝便于观察发酵的变化，最后再均匀地浇一碗清水。盖上盖或者用保鲜膜包住口，外面用保温材料（如毛巾被等）裹上放在温暖的地方发酵，温度一般应在 30～32 ℃，一般 36～40 h 就可以吃了。

图 1－4　农村酿甜酒的方法

① 浸泡：清洗糯米，沥净杂质和水，将洗好的糯米加入冷开水或臭氧水浸泡，这样吃起来更健康。糯米浸泡的时间为 5～24 h，根据环境温度决定浸泡时间的长短。天气越冷，越要多浸泡一段时间，直到米粒用手指能碾碎为止。

② 蒸煮：将浸泡好的糯米沥干水后，蒸熟。用冷开水将蒸熟后的米饭摊开冲洗降温至 30 ℃左右。做到米粒之间不粘连为好。

③ 放入酒曲：将甜酒曲均匀撒入糯米饭中，加入适量冷开水，接着充分拌匀。把拌好酒曲的糯米饭装入干净的容器（切记千万不能沾油污）用手背压紧，中间用手指戳一个小坑，便于观察出酒情况。

④ 发酵：密封，然后放在 30 ℃左右的温暖环境中。如果是秋冬季节，可以用米酒机（或酸奶机），恒温通电发酵 30 h 即可。关键在于保持发酵温度，一般应在 30～

32 ℃。等待1.5～3天，米酒即可做好，你会发现有酒香味，中间的小坑中渗满了酒水。发酵时间夏季一般为24 h，冬季为48 h，春秋季为36 h，当甜酒酿在容器中浮起，可以转动，甜酒酿中心圆洞内完全装满酒水即成。

3. 发豆芽

黄豆芽是深受人们喜爱的一种芽苗菜，不仅鲜嫩可口，营养丰富，而且具有保健功能。特别是冬季，黄豆芽是很多人比较喜爱的蔬菜。但是，一些市场上销售的豆芽在生产过程中使用了增白剂、防腐剂、植物生长调节剂等化学药剂，对人体健康不利。其实，可以尝试自己在家里发豆芽，既经济实惠又利于健康。

育前处理：促进种子发芽，通常采用"启动处理"和"浸种处理"。启动处理的方法：经过预选后的豆粒，在送进育芽容器之前，一般先倒入60 ℃的热水中，浸泡1～2 min，随后用冷水淘洗1～2次，目的是调整与豆粒种子发芽时有关的氧化酶系的活性，给休眠状态的种子以温度刺激，有助于豆粒发芽整齐一致。浸种处理的方法：1 kg绿豆或黄豆约需1 kg水，豆粒浸种的最适合水温为20～23 ℃。冬天浸种时，一般用温水浸泡，夏天可以用冷水直接浸种，豆粒浸种时间一般需8～12 h。

黄豆和绿豆的种子都属于喜温、耐热的蔬菜作物种子，其豆种发芽时的最低温度为10 ℃，最适宜温度为21～27 ℃，最高温度为28～30 ℃，不宜超过32 ℃，育芽中调节温度是采用浇水的办法，比如夏季气温过高，应用冷水普遍浇淋豆芽，但要注意浇透培育容器中心部分的芽菜，使它降低温度；冬天气温低，应用温水浇淋，以提高培育中的豆芽温度，同时要尽量减少冷空气的流通。家庭少量培育豆芽菜，冬天可将培育容器放在炉旁、灶头保温。

选豆：挑拣坏掉的豆子，然后冲洗干净。

泡豆：先加入与豆粒等量的温水浸种，并上下翻动数次使之均匀。8～12 h后种壳胀裂，将余水沥去，放到泡沫盒里，如图1-5所示。

图1-5　泡　豆

盖上纱布放在温暖的地方等待发芽，如图1-6所示。(如家里有暖气就放在暖气旁，但不能离暖气太近，否则也是容易坏掉的。)

每天早晚用温水换水(记住水温不能热而是温)，保持湿度，但又不能让水分滞留。浇水时要隔着纱布，让水流慢慢地浇上去，自来水要开小。倒水时也要隔着纱布，用手按住纱布，要慢慢地倒出水。4～5天长出豆芽，如图1-7所示。豆芽发制过程中，一切用具不能碰到油。换水的过程中也要洗净手，不能沾到一点油。

图 1-6　等待发芽

图 1-7　长出豆芽

4. 智慧生活的实现

智慧生活是一种新内涵的生活方式。智慧生活平台是依托云计算技术的存储，在家庭场景功能融合、增值服务挖掘的指导思想下，采用主流的互联网通信渠道，配合丰富的智能家居产品终端，构建享受智能家居控制系统带来的新的生活方式，多方位、多角度地呈现家庭生活中的更舒适、更方便、更安全和更健康的具体场景，进而共同打造出具备共同智慧生活理念的智能社区。

智慧生活的实现很复杂，不可能一蹴而就。但是，我们可以从日常生活之中的一点一滴慢慢实现智能化。不管是母鸡孵化小鸡是什么原理，还是酿造甜酒的方法，或者是自制豆芽菜的方法，其共同点就是温度的控制。原始的控制方法即常说的手动控制，如图 1-8 所示，一方面没有电子控制设备，另一方面也没有直接的反馈回路。

为了实现上述小鸡孵化、甜酒酿造、自制豆芽菜等智慧生活需求，需要设计出相应的智能设备。例如以智能控制器为核心，可以构建一个智能温控系统，如图 1-9 所示。这个智能温控系统，就可以实现小鸡孵化、甜酒酿、自制豆芽菜等的智能控制，让生活更富有智慧。

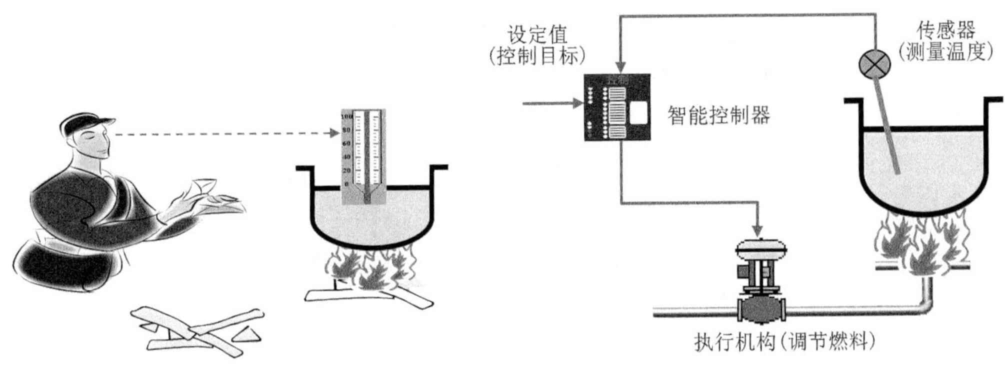

图 1-8　原始的控制方法　　　　图 1-9　智能温控系统

1.1.3　智能控制器

1. 控制器的选择

智能控制器应该如何实现呢？一是可以选择一台电脑来实现，二是可以选择一些电子元器件来实现，如图 1-10 所示。

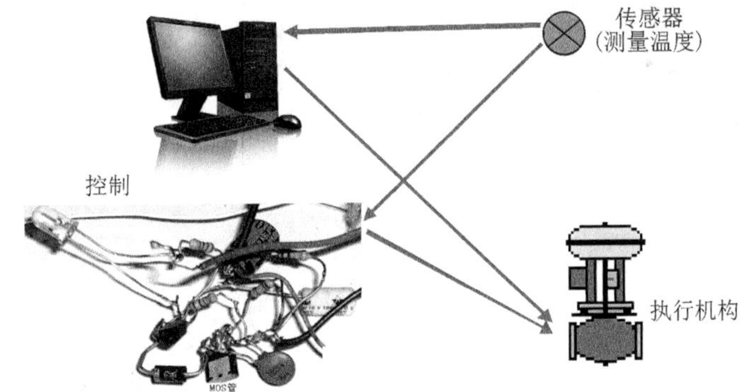

图 1-10　控制器的选择

直接用电脑或者用一些分立电子元器件都可以完成上述控制功能，但明显不方便。电脑过于庞大，分立电子元器件连接过程复杂，如果把整台电脑简化成一个小小的集成电路芯片，或者把繁杂的分立电子元器件集成到一个芯片内，那么整个控制系统就会变得特别简单了，如图 1-11 所示。

这样的一种集成电路芯片，就是我们平时常说的"单片机"。单片机的发展过程如图 1-12 所示，包括早期阶段的 SCM 即单片微型计算机、中期发展的 MCU 即微控制器、当前趋势的 SoC 即片上系统。

(1) 早期阶段

SCM 即单片微型计算机(Microcontrollers)，最早来源于计算机，它是把一个计算

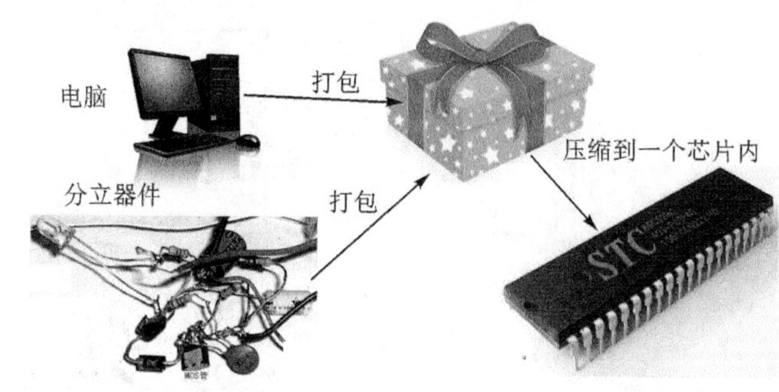

图 1-11　集成到单个芯片内

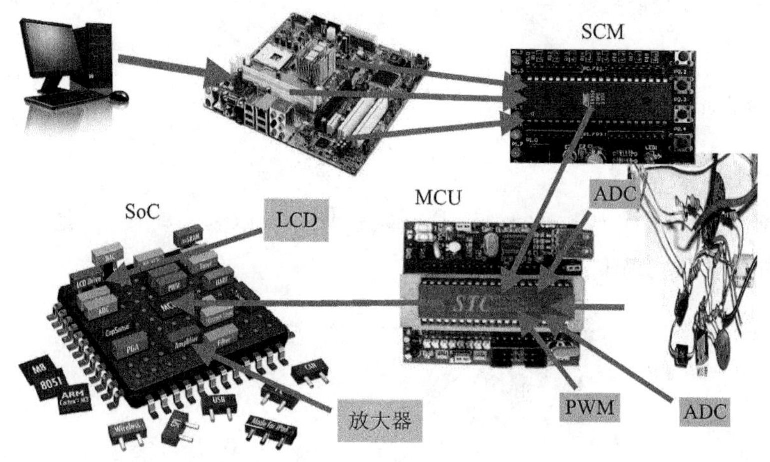

图 1-12　单片机的发展过程

机系统集成到一个芯片上。相当于一个微型的计算机，与计算机相比，单片机只缺少了 I/O 设备。概括地说，一块芯片就成了一台计算机。它的体积小、质量轻、价格便宜，为学习、应用和开发提供了便利条件。

(2) 中期发展

MCU 即微控制器(Micro Controller Unit)阶段，主要是在 SCM 的基础上，集成了控制功能相关的模块，例如 ADC、DAC、PWM 等。单片机的产生，从开始主要用于计算器等计算设备逐渐转向了市场更加广大的控制领域，促使单片机生产厂家为适应这一重大变化而在单片机内部增加了许多面向控制的功能模块，从而形成了目前的 MCU 广泛应用的局面。而单片机的简称也从 SCM 变成了 MCU。

(3) 当前趋势

SoC (System on Chip)即系统级芯片，也称片上系统，是一个有专用目标的集成电路，其中包含完整系统并有嵌入软件的全部内容。MCU 寻求应用系统在芯片上的最大化解决，因此，专用单片机的发展自然形成了 SoC 化趋势。随着微电子技术、IC 设计、EDA 工具的发展，基于 SoC 的单片机应用系统设计也有较大的发展。因此，对单

片机的理解可以从单片微型计算机、单片微控制器延伸到单片应用系统。

2. 采用单片机的智能温控系统

采用 STM32F030F4P6 单片机的智能温度控制系统，如图 1-13 所示。

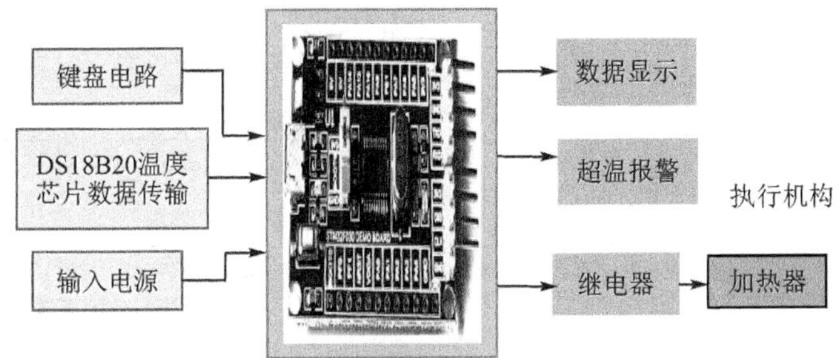

图 1-13　STM32F030F4P6 温度控制系统示意图

1.2　准备工作

1. 购买 STM32 芯片和 STM32 开发板

找一家价格合适的商家，购买 STM32 芯片和 STM32 开发板，如图 1-14 所示，STM32 芯片约为 1.6 元，STM32 开发板约为 5 元。

图 1-14　STM32F030F4P6 芯片和开发板

STM32F030 采用 ARM Cortex-M0 内核，运算速度高达 48 MHz。STM32F030 是 STM32 系列中价格最低的产品，具有全套外设，例如高速 12 位 ADC、先进且灵活的定时器、日历 RTC 和通信接口(例如 I^2C、USART 和 SPI)。

该组合轻松超越了现有的 8 位架构，让所有应用设计者均能得益于先进 32 位内核的简单性和高效率。STM32F030 超值系列提供多种存储容量和引脚数组合，内含丰富的功能模块，例如定时器、串行通信、12 位 ADC 等，从而进一步优化项目成本。STM32F030F4P6 特点如表 1-1 所列。

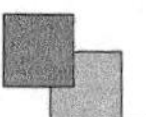

表 1-1 STM32F030F4P6 特点

参数		参数	
封装	TSSOP-20	工作电源电压	2.4～3.6 V
核心	ARM Cortex-M0	最高工作温度	+85 ℃
数据总线宽度	32 bit	处理器系列	ARM Cortex-M
最大时钟频率	48 MHz	接口类型	I^2C,SPI
程序存储器大小	16 KB	最低工作温度	−40 ℃
数据 RAM 大小	4 KB	ADC 通道数量	16
ADC 分辨率	12 bit	输入/输出端数量	15 I/O

2. 开发工具

开发工具主要是指下载线、下载器、仿真器等，如图 1-15 所示。比较方便的是使用 J-Link v8 仿真器，然后就是 ST-Link 仿真器，最后是 USB 转 TTL 串口线。

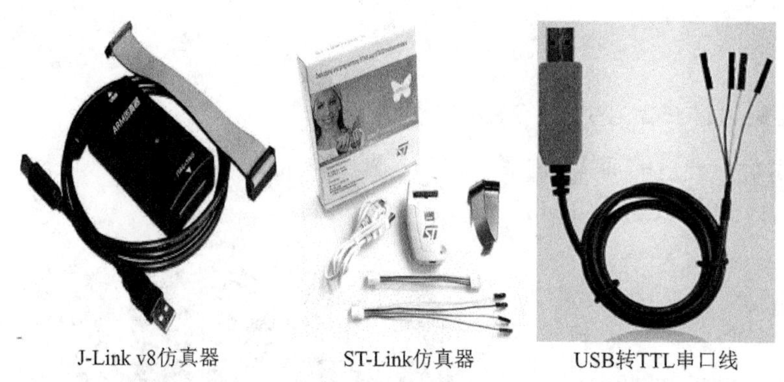
J-Link v8仿真器　　ST-Link仿真器　　USB转TTL串口线

图 1-15 开发工具

(1) J-Link v8 仿真器

J-Link v8 仿真器价格比较贵，一般在 40～120 元。注意别买那种使用时弹出“克隆”字样的版本，这种仿真器下载程序到一半时就会自动关闭，无法完成程序下载。其特点是应用比较广泛。

(2) ST-Link 仿真器

ST-Link 仿真器价格适中，一般在 15～100 元。其特点是只支持 ST 公司的芯片程序下载。

(3) USB 转 TTL 串口线

USB 转 TTL 串口线价格最便宜，一般在 2～15 元。其特点是要采用专门的 ISP 软件下载程序，下载速度较慢，下载时需要对开发板的 BOOT0 引脚进行跳线，比较麻烦，但优点是价格低，同时还可以作为电脑与 STM32 的通信接口，方便做串口控制。

3. 软件开发环境

STM32 主流的集成开发环境有两类：一类是商业的，例如 IAR 和 MDK；另一类是开源的，例如 GCC。

(1) IAR 和 MDK

无论 MDK 还是 IAR，功能都很强大，除非有些特殊需求，基本上都能满足日常的工作和学习。但必须认识到一点，这两款软件都是商业软件，推荐购买正版，但正版的价格不菲。

(2) GCC

GCC(GNU Compiler Collection，GNU 编译器套件)，是由 GNU 开发的编程语言编译器。它是以 GPL 许可证所发行的自由软件，也是 GNU 计划的关键部分。GCC 原本作为 GNU 操作系统的官方编译器，现已被大多数类 Unix 操作系统（如 Linux、BSD、Mac OS X 等）采纳为标准的编译器，GCC 同样适用于微软的 Windows。

GCC 是自由软件过程发展中的著名例子，由自由软件基金会以 GPL 协议发布。GCC 原名为 GNU C 语言编译器(GNU C Compiler)，因为它原本只能处理 C 语言。但 GCC 扩展很快，变得可处理 C＋＋，后来又扩展到能够支持更多编程语言，如 Fortran、Pascal、Objective-C、Java、Ada、Go 以及各类处理器架构上的汇编语言等，所以改名为 GNU 编译器套件(GNU Compiler Collection)①。

(3) Obtain_Studio

Obtain_Studio 是一个程序文本编辑器和文件管理器，永久免费，可以配合 GCC 使用，变成一个功能强大的 STM32 集成开发环境。当然，这类程序文本编辑器软件还有很多，例如 UltraEdit、EditPlus、NetBeans、Eclipse、Code::Blocks 等。

1.3 接　线

1. J-Link 与开发板的连接方式

J-Link 的 20 针 JTAG 的引脚 1、引脚 20 分别与开发板上 JTAG 口的引脚 1、引脚 20 用杜邦线相连，引脚 7(JTMS)、引脚 9(JTCK)分别与开发板上 JTAG 口(JTAG 即 SWDIO 和 SWCLK)的 JTMS 引脚、JTCK 引脚用杜邦线相连。JTAG 接口和 SWD 接口的定义如图 1－16 所示。

常见的 SWD 接口如下：

- SWCLK(TCLK)，SWDIO(TMS)，GND，nSYSRST，VCC；
- SWCLK(TCLK)，SWDIO(TMS)，GND，nSYSRST；
- SWCLK(TCLK)，SWDIO(TMS)，GND。

其中，SWCLK 连接到 JTAG 的 TCLK 引脚，SWDIO 连接到 JTAG 的 TMS 引脚，

① gcc-arm-none-eabi 下载地址为 https://developer.arm.com/open-source/gnu-toolchain/gnu-rm/downloads。

如图 1－17 所示。

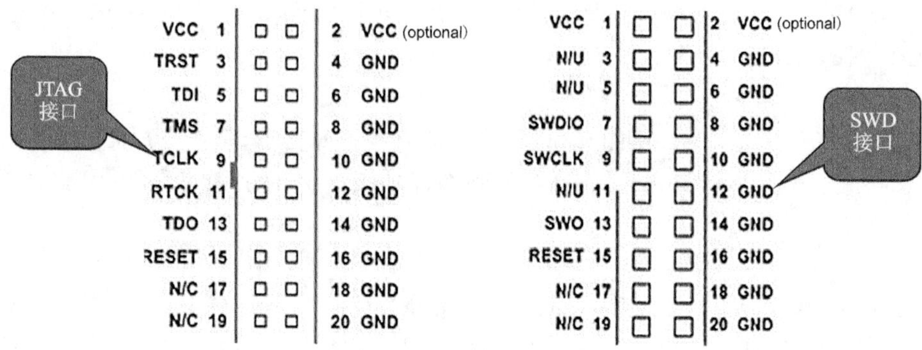

图 1－16　JTAG 和 SWD 接口

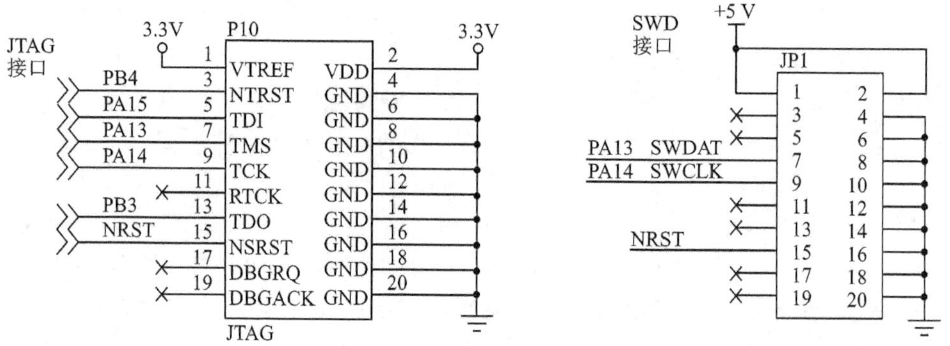

图 1－17　STM32 与 JTAG 接口和 SWD 接口的连接

STM32F030F4P6 是 Cortex-M0 内核，含硬件调试模块，支持复杂的调试操作。硬件调试模块允许内核在取指(指令断点)或访问数据(数据断点)时暂停。内核暂停时，内核内部状态和系统的外部状态都是可以查询的。完成查询后，内核和外设可以被复原，程序将继续执行。

其支持两种调试接口：SWD 串行接口(2 线)和 JTAG 调试接口(5 线)。STM32F030F4P6 开发板接口定义如图 1－18 所示。

STM32 的 JTMS/SWDIO 引脚定义如表 1－2 所列。需要注意的是，由于上电默认为 JTMS/SWDIO 模式，所以 PA13/PA14/PA15/PB3/PB4 都不能直接当成 GPIO 使用。STM32 默认启动时 PB4、PB3、PA15 三个引脚不是普通 I/O，而是 JTAG 的复用功能，分别为 JNTRST、JTDI、JTDO。当使用 SWD 接口调试仿真时，这三个引脚均可用作普通 I/O。具体做法就是禁用 JTAG 功能，可以通过 GPIO_PinRemapConfig() 来关闭或开启 JTAG-DP/SW-DP，从而可以使用这些 GPIO。

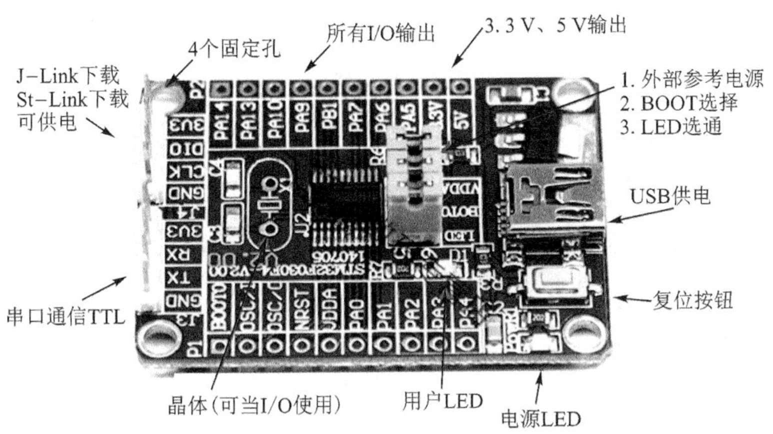

图 1-18 STM32F030F4P6 开发板接口定义

表 1-2 STM32 的 JTMS/SWDIO 引脚定义

SWJ-DP 端口引脚名称	JTAG 调试接口		SWD 调试接口		引脚分配
	类 型	描 述	类 型	调试功能	
JTMS/SWDIO	输入	JTAG 模式选择	输入/输出	串行数据输入/输出	PA13
JTCK/SWCLK	输入	JTAG 时钟	输入	串行时钟	PA14
JTDI	输入	JTAG 数据输入	—	—	PA15
JTDO/TRACESWO	输出	JTAG 数据输出	—	跟踪时为 TRACESWO 信号	PB3
JNTRST	输入	JTAG 模块复位	—	—	PB4

J-Link 与开发板的连接采用 SWD 方式,连接如图 1-19 所示。

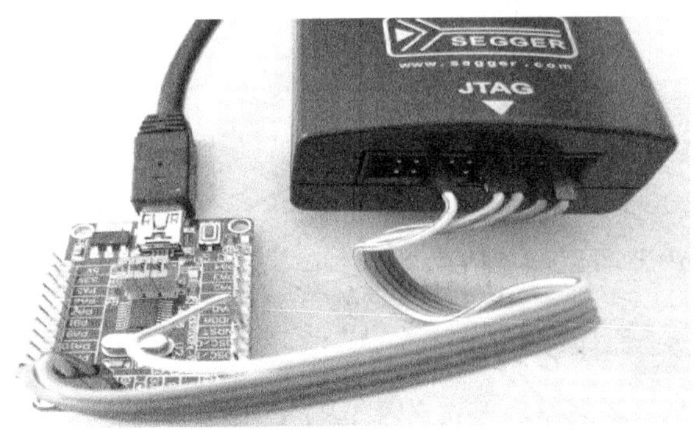

图 1-19 J-Link 与开发板的 SWD 方式连接

最后还要安装 J-Link 驱动。把连接 J-Link 的 USB 线插入到电脑 USB 接口时,会提示发现新硬件,进入安装驱动程序的向导。J-Link 驱动程序可以从网上下载,也可以让电脑自动网上更新。Obtain_Studio 软件下面的"\JLink_V490\USBDriver"子目录也带有 J-Link 驱动。

2. ST-Link 与开发板的连接方式

下面是 ST-Link/V2 JTAG/SWD 标准的接口排列，如图 1－20 所示。

VDD 3.3V	NC	STM32 RESET	TDO	NC	TCK, SWCLK	TMS, SWIO	TDI	TRST	TVCC
19	17	15	13	11	9	7	5	3	1
20	18	16	14	12	10	8	6	4	2
GND	GND	KEY	SWIM RST	GND	SWIM	BOOT0	UART TX	UART RX	TVCC

图 1－20　ST-Link/V2 JTAG/SWD 指定的标准接口

下面是 MINI ST-Link V2，如图 1－21 所示，支持全系列 STM32 SWD 接口调试，4 线接口简单(包括电源)、速度快、工作稳定；接口定义外壳直接标明。

MINI ST-Link V2 与 STM32 调试时所需要的线：SWDIO、SWCLK、GND 三根是必需的。MINI ST-Link V2 引脚定义如下：

图 1－21　ST-Link V2 外观

- NRST 接 STM32 的复位引脚。
- SWDIO 接 STM32 的 SWDIO 引脚。
- SWCLK 接 STM32 的 SWCLK 引脚。
- SWIM 为 STM8 调试烧录引脚。
- RESET 为 STM8 复位引脚。
- 1.5 V 是内部 LDO 对外输出 1.5 V 不要超过 300 mA 的电流。
- 5 V 是 USB 直接向外输出 5 V，电源电流不要超过 400 mA。
- NC 为空引脚。
- GND 为电源地。

一般情况下，STM32 PA14-SWCLK、STM32 PA13-SWDIO，分别连接 STLINK 的 SWCLK 和 SWDIO，然后两边的 GND 连起来即可。

1.4　傻瓜式程序设计

1.4.1　让程序设计变得傻瓜

要让程序设计变得傻瓜，目前主要可以通过三种方式实现：第一种是图形化编程方式，第二种是自然语言编程，第三种是精简的计算机程序。前两种编程方式最傻，但目前还比较难做到那么傻瓜的方式，部分编程语言可以做得有些接近，例如图形化的编程语言 LabVIEW、Sikuli、Modkit 等，以及 Wolfram 语言，但都还不能完全做好图形化和自然语言化。LabVIEW 程序风格如图 1-22 所示。

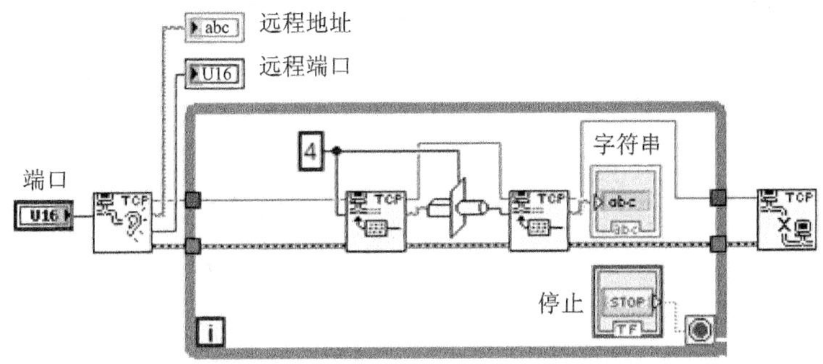

图 1-22　LabVIEW 程序风格

从目前的情况看，STM32 程序采用类似于 LabVIEW 和 Wolfram 的语言编程，并不能达到傻傻编程的效果。因为 LabVIEW 和 Wolfram 表面看起来程序很简单，但底层涉及庞大的库和逻辑关系。例如 C 语言程序中一个简单的逻辑运算表达式，如果采用图形的形式表示，反而显示复杂，并且画图比编代码还更加耗时。

这样只剩下最近的一条路，就是精简的计算机程序，是目前傻傻地编程的主要手段。编程语言和自然语言的差别并不太大，下面是自然语言控制与傻瓜 STM32 编程之间的对比，可以看出它们具有一一对应的关系，如图 1-23 所示。

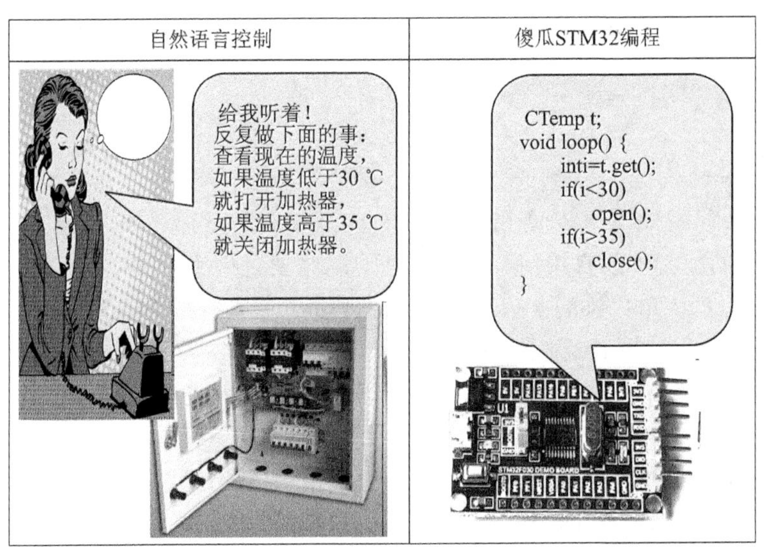

图 1-23　自然语言控制与傻瓜 STM32 编程之间的对比

1.4.2　从 C51 猜想到 STM32 的程序设计

曾经在教学过程中做过一个测试，让学过 51 单片机和 C 语言但没学过 STM32 的人，猜猜 STM32 的 LED 闪烁的程序如何写，并试写出让 STM32 板上 LED 闪烁的程序。最终发现，写出来的程序五花八门，很多是思路错误或者根本不靠边的，当然也有一些写的思路基本正确，正确的思路大致有以下几种类型：

<table>
<tr><th>第一种</th><th>第二种</th></tr>
<tr><td><pre>int main()
{
    sbit led = P2^0;
    while(1)
    {
        led = 0;
        delay(1000);
        led = 1;
        delay(1000);
    }
}</pre></td><td><pre>int main()
{
    LED1 led;
    while(1)
    {
        led = ! led;
        delay(1000);
    }
}</pre></td></tr>
<tr><th>第三种</th><th>第四种</th></tr>
<tr><td><pre>int main()
{
    while(1)
    {
        ledflashing(LED1);
        delay(1000);
    }
}</pre></td><td><pre>int main()
{
    while(1)
    {
        ledflashing(LED1,1000);
    }
}</pre></td></tr>
</table>

上述 4 个程序，基本能体现出驱动 LED 闪烁程序的设计思路，从 C 语言的角度看其语法也正确，但都不能直接用于 STM32 程序，主要是因为：

第一种是 C51 单片机的 I/O 定义方式，STM32 不支持这种形式的定义。

第二种的 LED1 是什么呢？如果是 STM32 的输出寄存器的地址进行宏定义，基本上能实现。但 STM32 的 GPIO 需要配置才能作为输入或输出，不像 51 单片机默认可以输入/输出。

第三种和第四种基本是相同的形式，都是采用函数的形式实现，不同的是第四种把延时功能放到了函数 ledflashing 之中实现。这两种实现方式在 STM32 里都可以实现，但这里并没有给出 ledflashing 函数是如何实现的。

1.4.3 在 Obtain_Studio 中编译和下载程序

在 Obtain_Studio 主界面里选择菜单“文件”→“创建新项目”，或者在 Obtain_Studio 左边的文件管理器中右击，在弹出的快捷菜单中选择“创建新项目”，选择“STM32 项目”→“STM32F030F4P6 项目”→“STM32F030F4P6__LED 模板”，创建一个名为

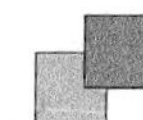

“STM32F030F4P6__LED_test”的项目，如图 1-24 所示。

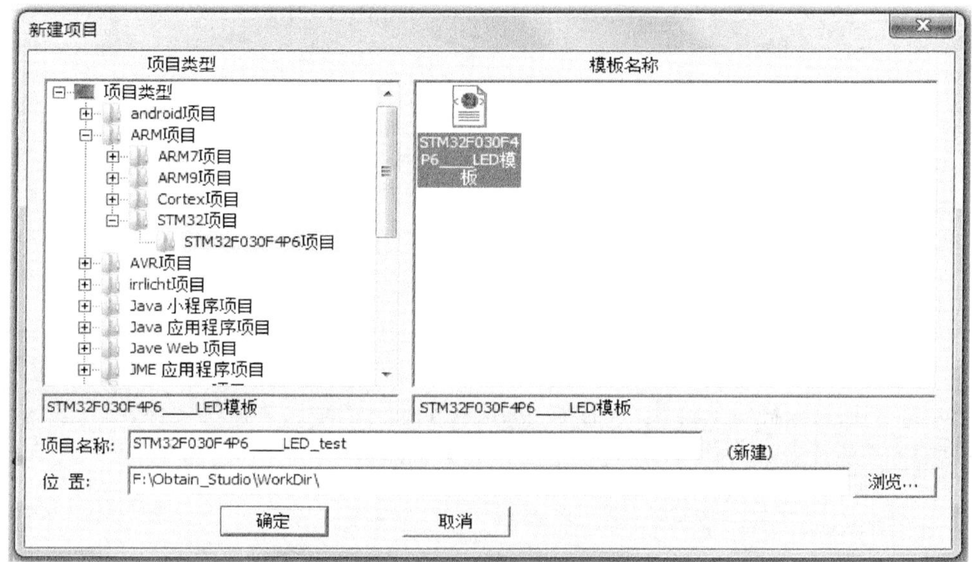

图 1-24　STM32F030F4P6__LED 模板

正如 C51 单片机程序需要在程序开头加上头文件 reg51.h 一样，STM32 程序也需要加上头文件，LED 闪烁的例子需要加上如下两个头文件：

```
#include "include/bsp.h"
#include "include/led_key.h"
```

其中 bsp.h 文件是板级支持包文件，包括了系统时钟的配置，以及延时函数 delay 的定义等。led_key.h 是 LED 驱动和按钮检测的实现。

现在试着按上面 C51 单片机程序来实现 STM32 程序。实现的代码如下：

<table>
<tr><th>第一种</th><th>第二种</th><th>第三种</th></tr>
<tr>
<td><pre>int main()
{
    CLed led1(LED1);
    while(1)
    {
        led1 = 0;
        delay(600);
        led1 = 1;
        delay(600);
    }
}</pre></td>
<td><pre>int main()
{
    CLed led1(LED1);
    while(1)
    {
        led1 = !led1;
        delay(600);
    }
}</pre></td>
<td><pre>int main()
{
  CLed led1(LED1);
  while(1)
  {
    led1.isOn()?led1.Off():led1.On();
    delay(600);
  }
}</pre></td>
</tr>
</table>

第四种	第五种	第六种

int main()
{
    CLed led1(LED1);
    while(1)
    {
        !led1;
        delay(600);
    }
}
	int main()
	{
	    CLed led1(LED1);
	    while(1)
	    {
	      led1.flashing(600);
	    }
	}
		int main()
		{
		    while(1)
		    {
		        flashing(LED1,600);
		    }
		}

在 Obtain_Studio 中编辑程序的界面如图 1-25 所示，左边是项目的目录结构，基本 src 子目录是源程序子目录，下面的 main. cpp 是一个 C++程序文件，对于没有学习过 C++的读者，把该文件当成 C 语言程序来看即可。

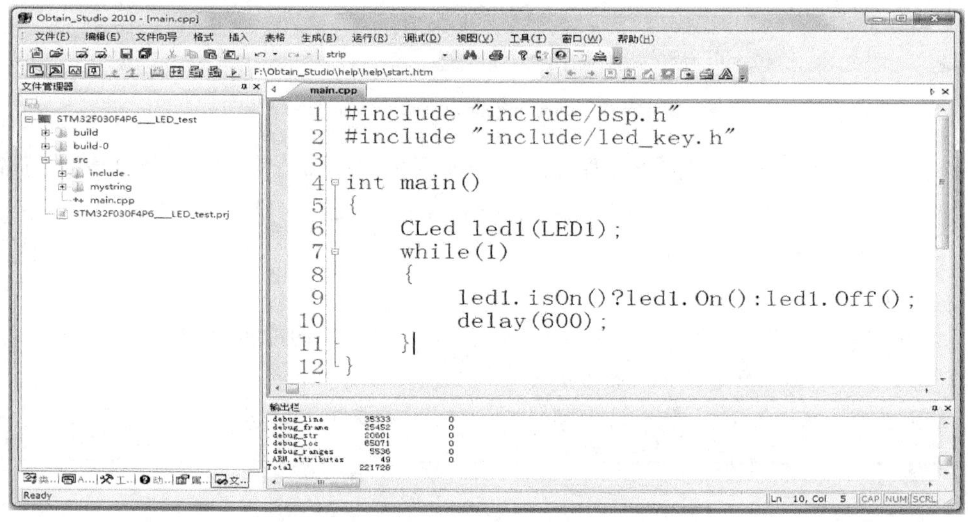

图 1-25　Obtain_Studio 中编辑程序界面

完成 main. cpp 文件的程序编辑之后，可以进行编译和下载。可以选择菜单上的“生成”→“编译”来编译程序，选择菜单上的“调试”→“下载”来下载程序到 STM32 板上。也可以通过单击工具条上的按钮来完成程序的编译和下载，如图 1-26 所示。

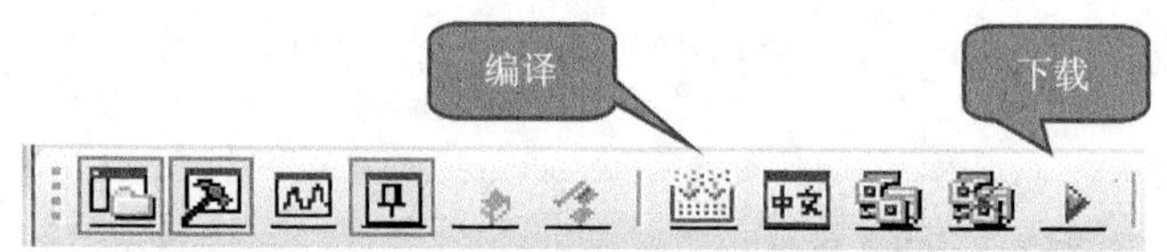

图 1-26　编译工具栏

下载完成之后，STM32 板上的程序会自动运行，如果程序、下载以及板都没问题，则可以看到 STM32 板上的 LED 闪烁，如图 1-27 所示。

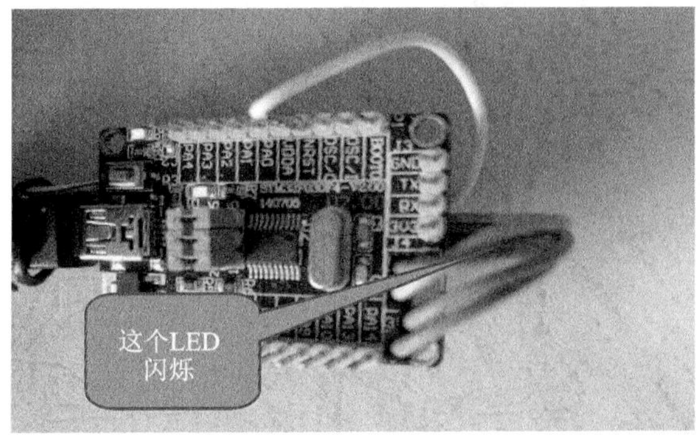

图 1-27　STM32 板上的 LED 闪烁效果

1.4.4　Arduino 风格的 LED 闪烁程序

1. 什么是 Arduino?

Arduino 是一款便捷灵活、方便上手的开源电子原型平台。Arduino 编程风格如图 1-28 所示，包含硬件(各种型号的 Arduino 板)和软件(Arduino IDE)。

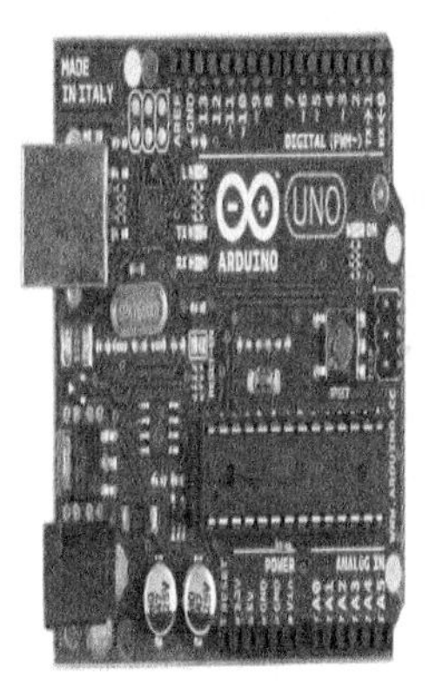

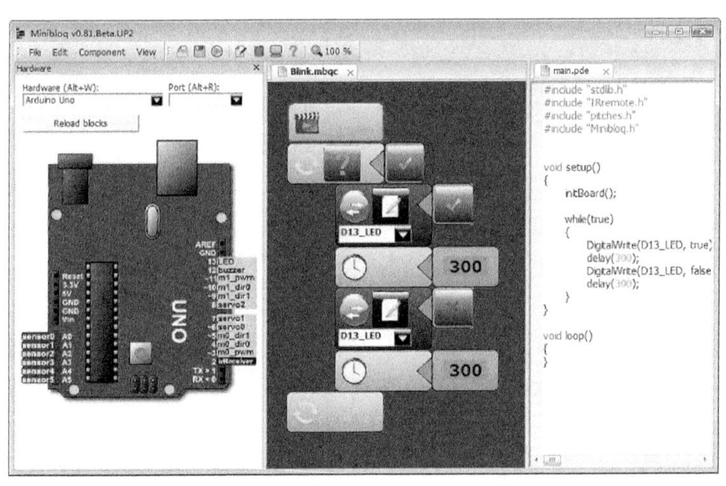

图 1-28　Arduino 编程风格

Massimo Banzi 之前是意大利 Ivrea 一家高科技设计学校的老师。他的学生们经常抱怨找不到便宜好用的微控制器。2005 年冬天，Massimo Banzi 跟 David Cuartielles 讨论了这个问题。David Cuartielles 是一个西班牙籍晶片工程师，当时在这所学校做访问学者。两人决定设计自己的电路板，并请 Banzi 的学生 David Mellis 为电路板设计编程语言。两天以后，David Mellis 就写出了程序代码。又过了 3 天，电路板就完工了。Massimo Banzi 喜欢去一家名叫 di Re Arduino 的酒吧，该酒吧是以 1 000 年前意

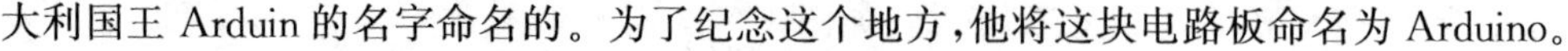

大利国王 Arduin 的名字命名的。为了纪念这个地方,他将这块电路板命名为 Arduino。

对于喜欢 Arduino 程序的读者,也可以仿照 Arduino 程序实现傻瓜 STM32 开发板的 LED 闪烁。首先看看 Arduino 的 LED 闪烁程序的模样。

```
int led = 5; # 这里 I/O 端口。
void setup() {
    pinMode(led,OUTPUT);
}
void loop() {
    digitalWrite(led,HIGH);
    delay(1000);
    digitalWrite(led,LOW);
    delay(1000);
}
```

在 Arduino 程序中没有看到 main 函数。一般在 C 语言中要求必须有一个主函数,即 main 函数,且只能有一个主函数,程序执行是从主函数开始的。但在 Arduino 中,主函数 main 函数在内部定义了,使用者只需要完成以下两个函数就能够完成 Arduino 程序的编写,这两个函数分别负责 Arduino 程序的初始化部分和执行部分。它们是:

- void setup()
- void loop()

两个函数均为无返回值的函数,setup()函数用于初始化,一般放在程序开头,主要工作是用于设置一些引脚的输出/输入模式、初始化串口等,该函数只在上电或重启时执行一次;loop()函数用于执行程序,loop()函数是一个死循环,其中的代码将被循环执行,来完成程序的功能。

Arduino 语言是以 setup()开头,loop()作为主体的一个程序构架。setup()用来初始化变量、引脚模式、调用库函数等,该函数只运行一次,功能类似 C 语言中的 main()。loop()函数是一个循环函数,函数内的语句周而复始地循环执行。Setup()函数中,pinMode 函数是数字 I/O 口输入/输出定义函数,可以定义 Arduino 上 0～13 口的输入/输出状态,INPUT 和 OUTPUT 分别表示输入和输出模式。loop()函数中,digitalRead 为数字 I/O 口读取电平值函数,digitalWrite 为数字 I/O 口输出电平定义函数。

2. Arduino 风格的 STM32 程序

在 Obtain_Studio 中,也可以直接采用 Arduino 风格的程序设计方式。除了在 main.cpp 开始处加入 bsp.h 和 led_key.h 两个头文件之外,全部程序都在 loop 函数里。STM32 驱动 LED 闪烁的整个程序代码如下:

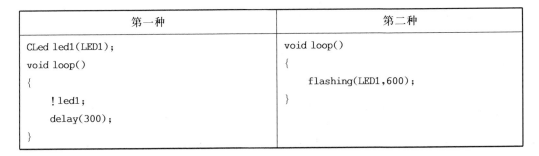

第一种	第二种

CLed led1(LED1);
void loop()
{
    !led1;
    delay(300);
}
	void loop()
	{
	    flashing(LED1,600);
	}

3. 工作原理

Arduino 风格的 STM32 程序之所以没有 main 函数，是因为 main 函数已经提前写好了，然后在写好的 main 函数中分别调用初始化函数 setup()和循环函数 loop()。

在 Obtain_Studio 的 STM32 库里，包括了一个板级包文件 bsp.cpp，其中已包含了一个 main 函数，程序代码如下：

```
#define WEAK __attribute__ ((weak))
void WEAK setup(void){}
void WEAK Run(void){}
void WEAK loop(void){Run();}
int WEAK main(void)
{
    setup();
    while(1)loop();
}
```

程序中采用了一个弱符号__attribute__((weak))，若两个或两个以上全局符号（函数或变量名）名字一样，而其中之一声明为 weak symbol（弱符号），则这些全局符号不会引发重定义错误。链接器会忽略弱符号，去使用普通的全局符号来解析所有对这些符号的引用，但当普通的全局符号不可用时，链接器会使用弱符号。当有函数或变量名被用户覆盖时，该函数或变量名可以声明为一个弱符号。弱符号也称为 weak alias（弱别名）。这种弱符号和弱引用对于库来说十分有用，例如：

- 库中定义的弱符号可以被用户定义的强符号所覆盖，从而使得程序可以使用自定义版本的库函数；
- 或者程序可以对某些扩展功能模块的引用定义为弱引用，将扩展模块与程序链接在一起时，功能模块就可以正常使用；
- 如果去掉了某些功能模块，那么程序也可以正常链接，只是缺少了相应的功能，这使得程序的功能更加容易裁剪和组合。

因此，如果用户程序中有 main 函数则执行用户的 main 函数，如果没有就执行该弱 main 函数。在 main 函数里调用初始化函数 setup()和循环函数 loop()。这里的 setup()和 loop()函数也都是弱函数，因此对于用户程序来说，如果不定义用户的 setup()

和loop()函数，就用调节这两个弱函数。

1.5 实现与板无关的程序设计

1.5.1 傻瓜STM32要求程序与具体板和具体芯片无关

要做到傻，就要求程序与具体的板和具体的芯片无关。也就是说，傻瓜STM32程序写一次，就可以在不同的板和不同的芯片上运行，而不需要修改程序。如何才能做到这一点呢？最关键的是在写STM32程序时，不要写实际的端口，而只是写端口映射。

1. 跨越开发板

如何能让程序跨越不同的开发板，甚至不同的微处理器，是单片机工程师们常遇到和常需要思考的问题。例如：在产品升级时变更了主板，甚至采用了另一种类型的微处理器，如何才能快速地实现程序的移植；在学习单片机的过程中，如何才能更快速地适应和使用不同类型的单片机，等等。

要实现跨越开发板，最关键的是要做到以下几个方面：

① 修改的方式最简单。

② 修改的代码量最少。

③ 修改的位置要相对集中。

例如，可以按如下方法跨越不同的STM32开发板：

① 端口映射，把所有与端口相关的映射全部放在io_map.h头文件里。

② 模式设置，把与时钟设置、启动模式设置等，都集中在一个函数中实现。

2. 端口映射的方法

端口映射是跨越开发板常用的方法。不同的STM32开发板，最有可能不同的是端口使用上的不同，解决跨端口的方法大致可分为三种：

① 写一个函数，在函数中配置端口。

② 定义全局变量，在变量中定义端口。

③ 写宏定义，在宏定义中定义端口名称。

上述三种方法的特点分析如下：

① 第一种方法显然达不到要求，因为除了初始化端口之外，在主程序其他地方还需要调用端口，还需要再修改。

② 第二种方法可以满足只定义一次端口的要求，但定义大量全局变量是个缺点，会占用大量的内存空间，且在整个运行过程中不会被释放，而且在主程序中有些根本就没用到的端口也依然会占用着内存空间。

③ 第三种方法显然是最好的，因为只需要定义一次宏定义，端口改变时只需要修改宏定义即可，并且宏定义不是全局变量，不占用内存空间。

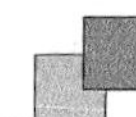

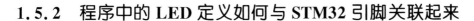

1.5.2　程序中的 LED 定义如何与 STM32 引脚关联起来

程序中的 LED1、LED2、LED3、LED4 如何与 STM32 引脚关联起来呢？由于在编写 STM32 程序的过程中，不同用户所使用的系统板也不一样，有时同一用户也使用不同的系统板，而每块系统板其端口的使用一般都不太一样，例如某一系统板 LED1 是连接在 PA1 上，而另一块板 LED1 是连接在 PB5 上，为了让用户程序更加通用，应该尽可能减少修改用户程序即可移植到其他 STM32 系统板上。因此模板项目中采用一个专门的端口映射文件 io_map.h 来配置端口，这样不同的系统板只需要在该文件中修改一下端口映射即可，而不需要或可以少修改用户程序代码。

端口映射都放在 io_map.h 头文件里。在程序中，所有需要操作 LED 的地方，都只需要使用 LED1、LED2 等这样统一不变的映射名称，而不用去管具体用到了哪个端口的哪个引脚，并且所有的端口映射都放在 io_map.h 头文件里，方便定义与修改，也可以避免宏定义的重复。端口映射内容如下：

```
#define LED1  RCC_AHBPeriph_GPIOA,GPIOA,GPIO_Pin_4,GPIO_Mode_OUT,\
              GPIO_PuPd_UP,GPIO_OType_PP,GPIO_Speed_50MHz
#define LED2  RCC_AHBPeriph_GPIOA,GPIOA,GPIO_Pin_3,GPIO_Mode_OUT,\
              GPIO_PuPd_UP,GPIO_OType_PP,GPIO_Speed_50MHz
#define LED3  RCC_AHBPeriph_GPIOA,GPIOA,GPIO_Pin_2,GPIO_Mode_OUT,\
              GPIO_PuPd_UP,GPIO_OType_PP,GPIO_Speed_50MHz
#define LED4  RCC_AHBPeriph_GPIOA,GPIOA,GPIO_Pin_1,GPIO_Mode_OUT,\
              GPIO_PuPd_UP,GPIO_OType_PP,GPIO_Speed_50MHz
```

对于不同的开发板，只要修改上面的端口映射，而无需要修改程序中的其他代码。

1.5.3　面向对象的傻瓜 STM32 编程

本书所说的“傻瓜 STM32”是面向对象的傻瓜 STM32 编程，定位在不懂 C＋＋的人也能学会的傻瓜 C＋＋程序设计，因此需要简单了解什么是类和对象。

1. 什么是分类与封装

以往的单片机程序，大部分采用了 C 语言来编写(还有少部分用汇编语言编写)，所看到的代码不是宏定义就是函数，一大堆代码放在一起，既没有归类也没有级别，因为所定义的函数都是全局函数。

虽然在 C 语言中也可以进行分类，例如把功能相似或概念上同一类型的函数放在一个文件中，以文件的方式实现分类，但这种分类只是把它们摆放在一起而已，并没有任何的限定来说明它们是同一类的。

以前单片机内部资源有限，所要实现的功能也简单，因此程序也比较简单，分不分类没多大关系，但随着单片机功能的增强，其程序也越来越复杂，如果不对程序代码进行很好的分类，程序将变得杂乱和难以维护。

仅仅把函数进行分类显然还不够，最好能把分类出来的数据和函数进行封装，例如给某个类别的函数和变量起一个名字。这样的封装，在 C 语言程序中很难实现，但采用 C＋＋的方式，可以很容易做到这一点，在 C＋＋中对这些函数进行封装的方法就是定义一个类，C＋＋中的类名就相当于给封装在一起的这些函数和变量起的名字。

封装的优点不仅是把同类函数起一个共同的名称，还具有避免非正常的函数调用，使函数名的编写更加统一等优点。

① 避免非正常的函数调用。需要通过类的方式来调用，限制其他程序直接调用类里的函数，这样可以提高程序的安全性。

② 使函数名的编写更加统一。例如，在 LED 闪烁中需要用到延时函数，在 SPI 接口中也需要用到延时函数(还有其他许多地方也需要用到延时函数)，但它们的延时基准不一样，LED 闪烁一般是毫秒级的延时，SPI 接口一般是微秒级的延时，因此它们需要用到不同的延时函数，两个延时函数不能都写成 delay()。在 C 语言中，通常把毫秒级的延时函数写为 delay_ms()，把微秒级的延时函数写为 delay_us()。但如果在别的地方也需要一个毫秒级的延时函数，并且那里的毫秒级的延时函数与 LED 里的函数的要求是完全不同的，就需要再给其他毫秒级的延时函数起另外一个函数名。这样在一个应用程序中，就出现了非常多的不同的延时函数名。在 C＋＋中，这个问题比较容易处理，例如 LED 操作有 LED 类，SPI 操作有 SPI 类，它们的延时函数都可以写为统一的函数名 delay()，而各类中的延时函数所实现的功能，由各类处理，这样即可以统一函数名，又不会混淆不同类里的函数功能。

2. 封装的实现

例如，在 LED1 端口置位时调用一次 GPIO_SetBits(LED1)函数，在端口复位时调用一次 GPIO_ResetBits(LED1)。虽然是同一个端口，但每次都得传递一次参数 LED1。

LED1 是一个宏定义，代表的是两个参数 GPIOF 和 GPIO_Pin_6。当参数多、参数名字复杂时，需要重复写的参数代码就很多，并且每次都传递着相同的参数值，这样不利于代码的简洁，也会因为大量传递参数值而降低执行的速度和效率。

在 C 语言程序中，常用两种方法来解决该问题：

① 把这些相同的参数用全局变量的形式保存起来，这样就可以避免寻找并反复传递大量相同的参数。但同时又带来了新的问题：

a) 大量的全局变量占用着大量的内存，对于内存有限的单片机而言这是不能接受的。

b) 全局变量值的不可控制性，由于全局变量随时都有可能被别的函数修改，而调用它的函数却误以为它还是原来所需要的值而加以利用。

② 定义一个结构，用结构来保存数据。但这也只解决了一半的问题，即解决了大量相同参数传递问题，还是没有解决函数分类和封装问题。

可见在 C 语言中，并不能完美解决大量参数值传递问题。如果采用 C＋＋的类，则

可以很好地解决上面的问题，即把这个参数都作为类的成员函数，这样参数就可以随着类对象传递了。

为了实现 STM32GPIO 的归类和封装，可以创建一个 CGpio 类，该类定义如下：

```
class CGpio
{
    unsigned short Pin;
    GPIO_TypeDef * Gpio;
    GPIOMode_TypeDef Mode;
public:
    CGpio(PORT por,PIN pin,GPIOMode_TypeDef mode = GPIO_Mode_ Out_PP,
            GPIOSpeed_TypeDef speed = GPIO_Speed_50MHz);
    virtual void setBit(bool BitVal);
    virtual bool getBit();
};
```

3. 对　象

广义的对象是指在内存上的一段有意义的区域，称为一个对象。在 C 语言中，具有特定长度的类型，可以称为对象类型，函数不具有特定长度，所以不是对象类型。在显式支持面向对象的语言中，"对象"一般是指类在内存中装载的实例，具有相关的成员变量和成员函数（也称为方法）。

类可以理解为 C 语言的结构，对象可以理解为 C 语言的结构体变量。在实际问题中，一组数据往往具有不同的数据类型，例如在学生信息登记表中，姓名为字符型，学号为整型或字符型，年龄为整型，性别为字符型，成绩为整型或实型。因为数据类型不同，显然不能用一个数组来存放。

在 C 语言中，可以使用结构体（struct）来存放一组不同类型的数据。回顾 C 语言中结构体定义：

```
struct 结构体名{
    成员列表
};
```

每个成员都是结构体的组成部分，有名字，也有数据类型，形式为"类型说明符 成员名;"。例如用结构体来表示学生信息：

```
struct stu{
    char * name;  //姓名
    int num;  //学号
    char sex;  //性别
    float score;  //成绩
};
```

结构体变量简称为结构变量，它由结构类型决定。例如：

```
struct stu myStu1;
```

在 C++里，就把这个 myStu1 称为一个对象，而 stu 可以看成是一个类。

1.6　STM32F030F4P6 最小系统板电路图

为了方便接线，以及方便理解 STM32 的工作原理，需要了解开发板电路图。

1. 核心电路图

STM32F030F4P6 最小系统核心电路如图 1-29 所示。

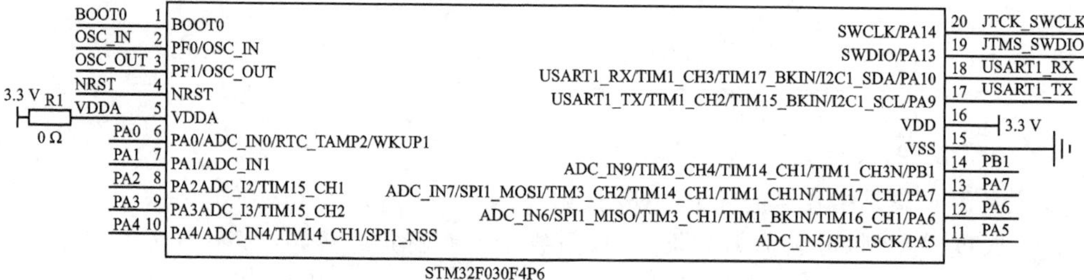

图 1-29　STM32F030F4P6 核心电路

2. 外围电路图

STM32F030F4P6 外围电路如图 1-30 所示。

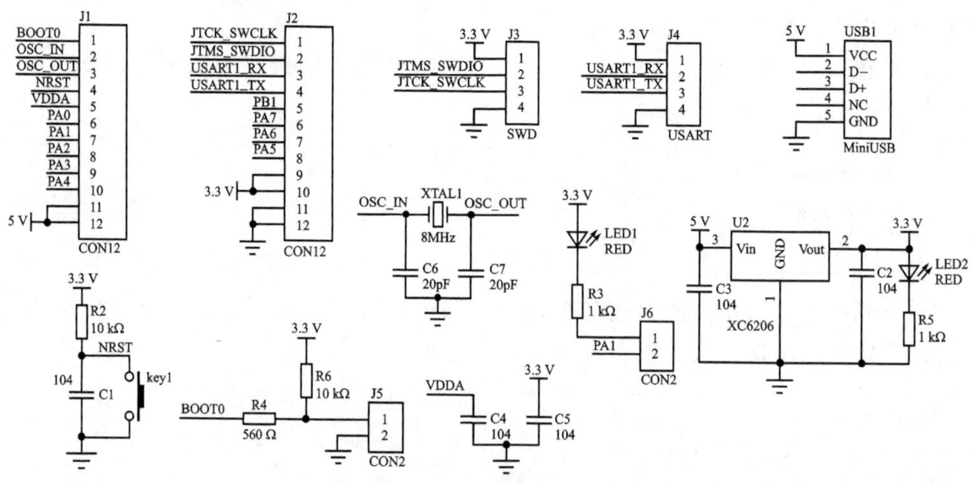

图 1-30　STM32F030F4P6 外围电路

第 2 章

输出与控制

感知层是物联网应用系统的核心基础，在感知层中，最基本的功能是感知与执行，感知属于物联网应用系统的输入，执行属于物联网应用系统的输出与控制。输出与控制相对输入与数据采集功能要简单，因此本章先以输出与控制功能为例介绍感知层的设计方法。

2.1　1.6 元和 5.0 元能做什么

1 元钱在 20 世纪 60 年代能买什么？能买 50 个油饼。当时猪肉每斤是 0.6～0.7 元（1 斤＝10 两＝0.5 kg），青菜等蔬菜价格每斤只有 0.1～0.3 元，冰棒每根只需 0.03～0.05 元。1 元钱，在 60 年代，可以供给一家人 2 天的全部饮食，见图 2－1。如果比较节省的，人也比较少的家庭，一天有 0.3 元的肉，0.1 元的蔬菜，0.1～0.2 元的米即可，1 元多一点完全能够供应 2 天伙食。另外，在饭店吃饭（需要粮票），3 两面条是 0.17 元钱左右。

图 2－1　1 元钱在 20 世纪 60 年代能买什么

20 世纪 70 年代 1 元钱能买 30 斤青菜；80 年代 1 元钱能买 10 斤白面；90 年代 1 元钱能买 3 斤大米、5 张电影票、2 个笑脸雪糕。

现在，1.6 元可以买到 1 瓶低价的矿泉水，或者 1 个包子，或者 2 个馒头，也可以买到 1 片 STM32F030F4P6，见图 2－2。

现在，5.0 元能买什么呢？可以买到 1 个卤猪蹄，或者 1 个鸡腿，或者 1 块 STM32F030F4P6 核心板（开发板，最小系统板），见图 2－3。

1.6 元和 5.0 元用来买什么最值得？买彩票可能很值，万一中 5 000 万元大奖就值了，但可能性不大；用于学习知识也许是最值得最没有风险了，1.6 元可以买到一片

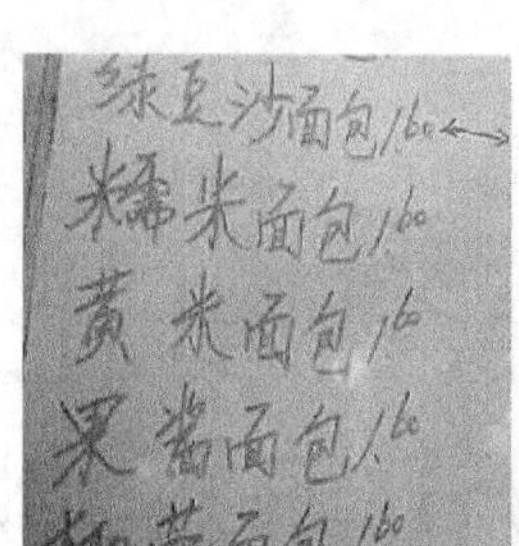

图 2-2　1.6 元能做什么

图 2-3　5 元能做什么

STM32F030F4P6，然后手工从芯片引脚焊接引出线，就可以得到一个小小的控制器——STM32 核心板。如果不想自己焊接引出线，也可以花 5.0 元买一块成品的 STM32F030F4P6 核心板(开发板，最小系统板)。采用这两种核心板，可以完成许多的控制任务，例如本章将介绍的步进电机控制及下一章将介绍的 LED 灯带控制等。

2.2　LED 驱动傻瓜程序还能做什么

2.2.1　继电器

由于单片机是弱电压直流电器，因而无法直接控制 220 V 或 380 V 的交流电器设备，而目前的电气设备中，大部分都是交流电器设备。如何才能用单片机来控制这个交流电器设备呢？需要一个中间的桥梁——继电器。

1. 继电器工作原理

继电器工作原理如图 2-4 所示，继电器一般是由铁芯、线圈、衔铁、触点簧片等组成的。只要在线圈两端加上一定的电压，线圈中就会流过一定的电流，从而产生电磁效应，衔铁就会在电磁力吸引的作用下克服返回弹簧的拉力吸向铁芯，从而带动衔铁的动触点与静触点(常开触点)吸合。当线圈断电后，电磁的吸力也随之消失，衔铁就会在弹簧的反作用力下返回原来的位置，使动触点与原来的静触点(常闭触点)吸合。通过这样吸合、释放，达到在电路中的导通、切断的目的。对于继电器的“常开”“常闭”触点，可以这样来区分：继电器线圈未通电时处于断开状态的静触点，称为“常开触点”；处于接通状态的静触点称为“常闭触点”。

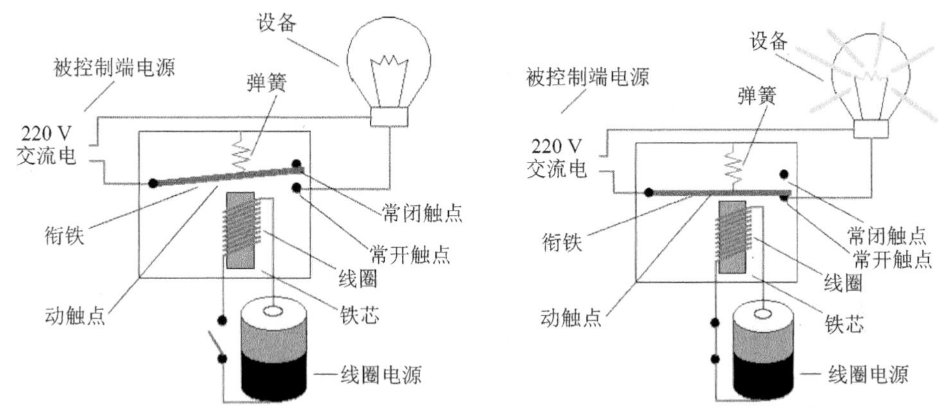

图 2－4　继电器工作原理

2. 交流接触器

交流接触器的结构比继电器复杂得多，常采用双断口电动灭弧、纵缝灭弧和栅片灭弧三种灭弧方法，用于消除动、静触头在分、合过程中产生的电弧。容量在 10 A 以上的接触器都有灭弧装置。交流接触器还有反作用弹簧、缓冲弹簧、触头压力弹簧、传动机构、底座及接线柱等辅助部件。交流接触器接线如图 2－5 所示。

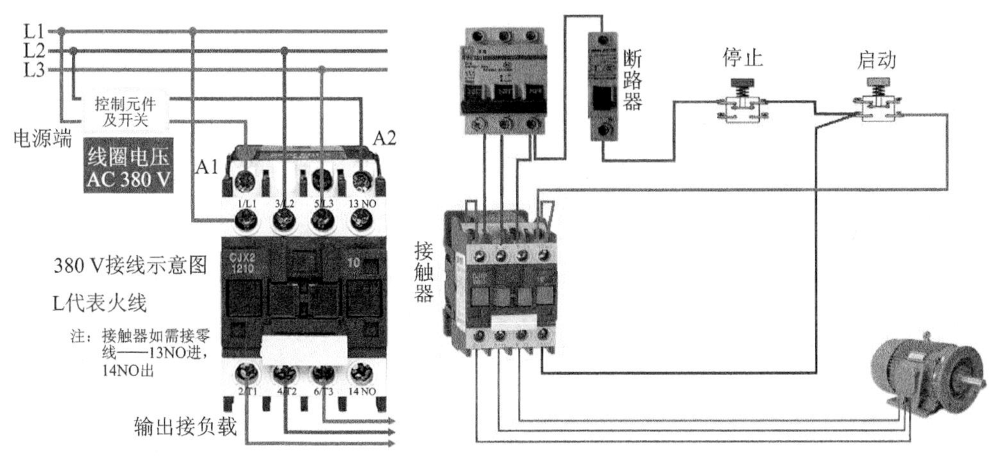

图 2－5　交流接触器接线

交流接触器的工作原理是利用电磁力与弹簧弹力相配合，实现触头的接通和断开。交流接触器有两种工作状态：失电状态（释放状态）和得电状态（动作状态）。当吸引线圈通电后，使静铁芯产生电磁吸力，衔铁被吸合，与衔铁相连的连杆带动触头动作，使常闭触头断开，接触器处于得电状态；当吸引线圈断电时，电磁吸力消失，衔铁复开，使常开触头闭合，衔铁在复位弹簧作用下释放，所有触头随之复位，接触器处于失电状态。

3. 继电器与接触器的区别

继电器的触头容量一般不会超过 5 A，小型继电器的触头容量一般只有 1 A 或 2 A，而接触器的触头容量最小也有 10～20 A。继电器一般用在电器控制电路中，用来放大微型或小型继电器的触点容量，以驱动较大的负载。接触器用来接通或断开功率较大的负载，用在（功率）主电路中，主触头可能带有连锁接点以表示主触头的开闭状态。继电器的封装比接触器多，如图 2-6 所示的松乐 SRS/SRSZ（左）和 SRD 继电器（右）封装结构。

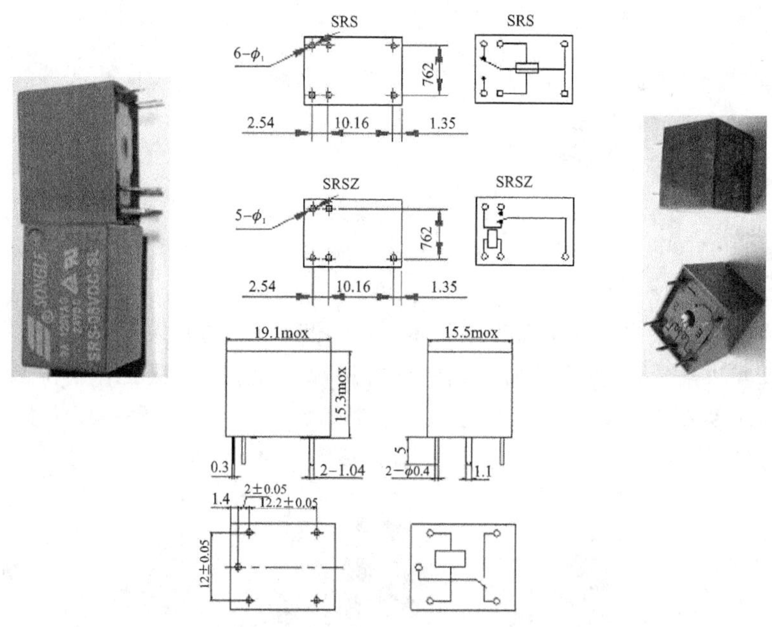

图 2-6 松乐 SRS/SRSZ 和 SRD 继电器结构

4. 继电器模块的应用

目前有很多厂家都推出继电器模块，如图 2-7 所示，这些模块能很方便地与单片机板连接，实现单片机对交流电器设备的控制。

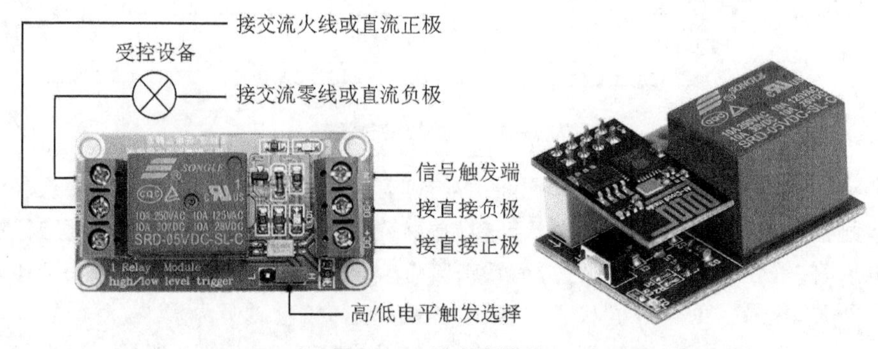

图 2-7 继电器模块

2.2.2　电器控制

采用第 1 章所述的 STM32F030F4P6 开发板以及 LED 驱动傻瓜程序，通过继电器和接触器这个桥梁，可以实现各类电器的控制。

常见的交流电器，包括电灯、电动机、电风扇、电炉、工业风机等，如图 2－8 所示。

图 2－8　常见的交流电器

STM32F030F4P6 开发板以及 LED 驱动傻瓜程序控制交流电器连接方法如图 2－9 所示。STM32F030F4P6 开发板首先控制继电器，然后再通过继电器控制接触器，接触

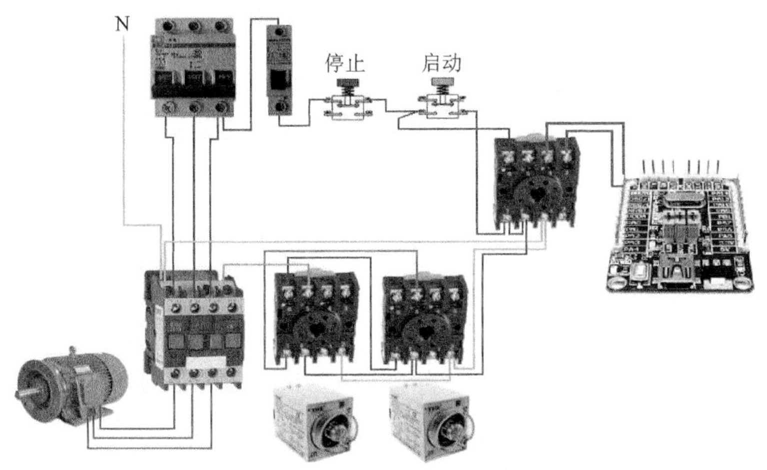

图 2－9　STM32F030F4P6 开发板控制交流电器接线

器再驱动交流电器，例如大功率风机、大功率交流电动机等。

2.3 播放音乐

LED 驱动傻瓜程序可以让蜂鸣器发出报警声。蜂鸣器和 LED1 连接在同一个 GPIO 口上，连接线和程序如下：

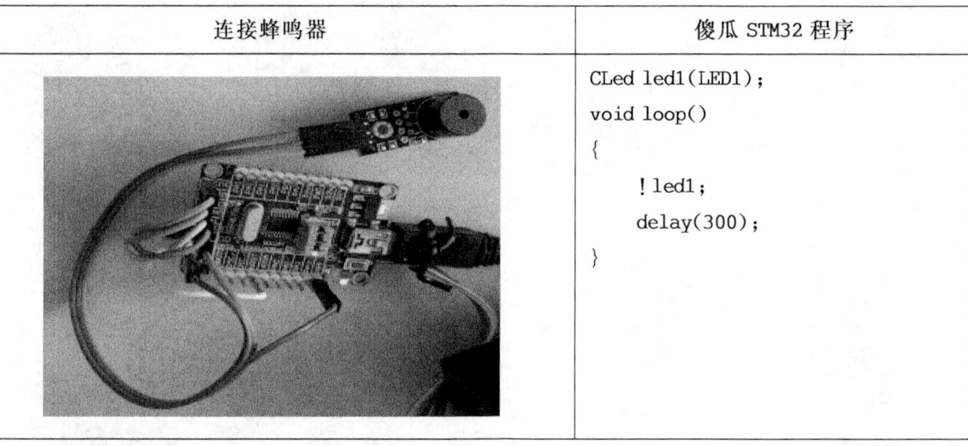

连接蜂鸣器	傻瓜 STM32 程序

	CLed led1(LED1);
	void loop()
	{
	    !led1;
	    delay(300);
	}

蜂鸣器除了可以作为报警发声之外，还可以有其他的用途。下面是一段美妙的音乐程序，蜂鸣器和 LED1 连接在同一个 GPIO 口上，speek()是发出音乐的函数，第一个参数是频率（注：这里不是真正的频率值，而产生不同频率输出的计算值，只能说是不同的参数值代表了不同的频率），第二个参数代表发出声音的长度。

```
CLed led1(LED1);
void speek(long b,double c)
{
    for(volatile long j = 0;j < 0x9ffff * c/b;j ++ )
    {
        led1.isOn()? led1.Off():led1.On();
        for(volatile long i = 0;i < b; ++ i);
     }
}
void loop()
{
       speek(0x3ff,2.2);
       speek(0x9ff,1.5);
       speek(0x1ff,0.4);
       speek(0x4ff,0.9);
```

```
        speek(0x0ff,0.7);
        speek(0x8ff,1.8);
        speek(0x6ff,1.0);
        speek(0xaff,0.5);
}
```

2.4　流水灯

LED 驱动傻瓜程序可以实现流水灯控制。它可以控制一个 LED,按照同样的方式,就可以控制两个或更多的 LED。多个 LED 的控制,典型的应用就是流水灯控制。

51 单片机下的流水灯程序如下：

```
#include "reg51.h"
void delay(unsigned int t)
{
    unsigned inti,j;
    for(i=t;i>0;i--)
     for(j=110;j>0;j--);
}
main()
{
      unsigned char w,i;
      while(1)
      {
        w=0xfe;
        for (i=0;i<8;i++)
        {
          P1=w;                   //循环点亮 LED
          w<<=1;                  //点亮灯的位置移动,最低位补 0
          w=w|0x01;               //将最低位置 1
         delay(500);              //延时
        }
      }
    }
```

上述程序是用 P1 口来驱动 8 个 LED,采用移位运算,很容易实现 LED 的流水显示。但如果 8 个 LED 不是都在 P1 口,并且 LED 灯的排列也不一定是按 P1.0→P1.7 的顺序排列时,上面的程序就不能实现流水灯功能了。解决办法就是一个灯一个灯地轮流控制。4 个 LED 流水灯的 51 单片机控制程序如下：

```
 #include "reg51.h"
void delay(unsigned int t)
{
    unsigned inti,j;
    for(i=t;i>0;i--)
     for(j=110;j>0;j--);
}
main()
{
    unsigned int i,j;
    while(1)
    {
      P2^0=1;              //点亮第一个 LED
       delay(500);
       P2^0=0;             //第一个 LED 灭
       P2^1=1;             //点亮第二个 LED
       delay(500);
       P2^1=0;             //第二个 LED 灭
       P2^2=1;             //点亮第三个 LED
       delay(500);
       P2^2=0;             //第三个 LED 灭
       P2^3=1;             //点亮第四个 LED
       delay(500);
       P2^4=0;             //第四个 LED 灭     }
  }
```

根据上述 51 单片机程序的思路，可以写出如下 STM32 流水灯程序：

```
CLed led1(LED1),led2(LED2),led3(LED3),led4(LED4);
void loop()
{
    led1=1;led4=0;
    bsp.delay(20);
    led2=1;led1=0;
    bsp.delay(20);
    led3=1;led2=0;
    bsp.delay(20);
    led4=1;led3=0;
    bsp.delay(20);
}
```

连接 LED 板，然后编译和下载程序，运行效果如图 2-10 所示。

图 2-10　流水灯运行效果

2.5　爱心 LED 灯

1. 用万能板焊接爱心 LED 灯

流水灯程序有什么实际的应用价值？流水灯的意义不在于流水灯本身，而在于其他很多有趣的应用。其中一个应用，就是爱心 LED 灯，如图 2-11 所示，是送给男女朋友的神器。调整程序，就可以实现不同的流水样式，变幻无穷。

图 2-11　万能板爱心 LED 灯

2. 程序的优化

程序的优化，主要是达到以下目标：

- 提高速度；
- 减小内存占用；

- ➢ 去除冗余代码,简化代码;
- ➢ 提高代码可读性;
- ➢ 提高代码运行的稳定性和安全性。

其中“去除冗余代码,简化代码”是本节要介绍的内容。上面的 STM32 流水灯程序明显存在冗余代码。例如重复出现了 4 次如下类似的代码:

```
led1 = 1;  led4 = 0;
bsp.delay(20);
```

如果是多个 LED 灯,那么重复的代码就更多。解决这种规则重复的代码,最常用的方法就是采用数组和循环。这样上述程序可以改写成:

```
CLed led[] = {CLed(LED1),CLed(LED2),CLed(LED3),CLed(LED4)};
CLeds leds(4,led);
void loop()
{
    for(int i = 0;i <4;i ++ )
    {
        for(int j = 0;j <4;j ++ )leds[j] = 1;
        leds[i] = 0;
        bsp.delay(100);
    }
}
```

上述代码还可以进一步简化。一是把第一个 for 循环改为取模(取模的速度会比 for 循环慢一点点,但在这里对速度没有要求,因为这里还特意用了一个 delay 函数做一个无用的循环工作);二是把第二个 for 循环改为对象赋值的形式。简化后的代码如下:

```
char i = 0;
void loop()
{
    leds = 0x00;
    leds[i ++ % 4] = 1;
    bsp.delay(1000);
}
```

上述代码还存在冗余,因为 leds 两行代码赋值的内容都是常数,因此很容易合成一次性赋值,可以简化成以下代码:

```
char i = 0;
void loop()
{
    leds = (1 << i++ % 5);
    bsp.delay(1000);
}
```

简化之后的代码，采用了左移运算符来实现流水灯功能，这里所体现的物理意义更加明显。这一点，也是傻瓜 STM32 编程所追求的傻。

2.6　4 相步进电机驱动

1. 从流水灯到步进电机

流水灯程序还有一个特别有用的功能，就是控制步进电机。步进电机的电流驱动采用 ULN2003，如图 2 - 12 所示。

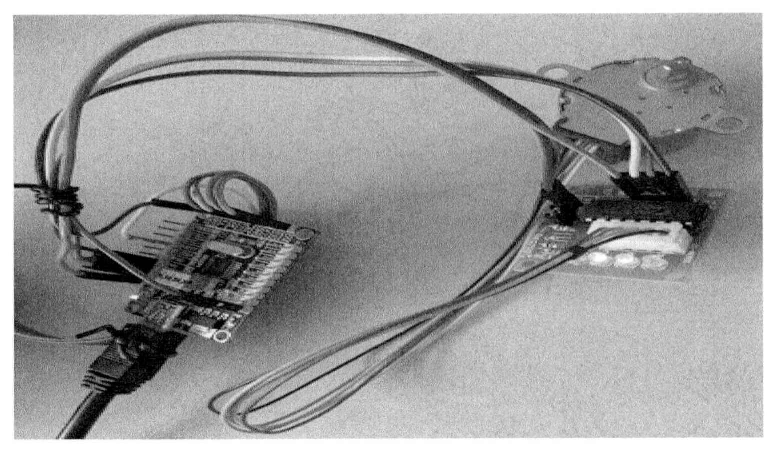

图 2 - 12　ULN2003 步进电机驱动

4 相步进电机驱动最简单的驱动方式是 1 相励磁方式。按 ABCD 的顺序总是仅有 1 个励磁相有电流通过，因此，对应 1 个脉冲信号电机只会转动一步，这使电机只能产生很小的转矩并会产生振动，故很少使用。4 相的驱动时序如下：

	A	B	C	D
T1	1	0	0	0
T2	0	1	0	0
T3	0	0	1	0
T4	0	0	0	1

1 相励磁方式的 STM32 程序与上述流水灯程序基本一样。程序如下：

```
CLed led1(LED1),led2(LED2),led3(LED3),led4(LED4);
void loop()
{
    led1 = 0;led4 = 1;
    bsp.delay(20);
    led2 = 0;led1 = 1;
    bsp.delay(20);
    led3 = 0;led2 = 1;
    bsp.delay(20);
    led4 = 0;led3 = 1;
    bsp.delay(20);
}
```

上述两个程序看起来傻傻的，其中“led1=0;led4=1;”和 2.4 节的流水灯程序中的“led1=1;led4=0;”两行代码，看起来似乎没有太大的区别。但认真分析一下输出逻辑就会发现，其输出电平存在很大的差别，流水灯程序是轮流输出高电平，而 1 相励磁驱动程序是轮流输出低电平。

根据上面流水灯追求的傻，该 4 相步进电机驱动还需要进一步简化。同时还需要反转功能。下面是一个驱动 4 相步进电机不断正反转动的程序代码：

```
CLed led[] = {CLed(LED1),CLed(LED2),CLed(LED3),CLed(LED4)};
CLeds leds(4,led);

void left(int M)
{
    for(int j = 0;j <M;j ++ )
    for(int i = 0;i <4;i ++ )
    {
        leds = (1 <<i);
        bsp.delay(100);
    }
}
void right(int M)
{
    for(int j = 0;j <M;j ++ )
    for(int i = 3;i > = 0;i -- )
    {
        leds = (1 <<i);
        bsp.delay(100);
    }
}
```

```
void loop()
{
    left(50);
    right(50);
}
```

2. 其他励磁方式

步进电机有 2 相、4 相和 5 相电机。在 4 相电机中有 4 组线圈，若电流按顺序通过线圈则使电机产生转动。4 相电机的励磁方式中有 1 相（单向）励磁、2 相（双向）励磁和 1—2 相（单—双向）励磁方式。

- 1 相励磁方式：也叫单 4 拍工作方式，是指在每一瞬间只有一个线圈中的一相导通。每送一个励磁信号，步进电机旋转一个步进角。其特点是精度好、消耗电少，但输出转矩小、振动大。
- 2 相励磁方式：也叫双 4 拍工作方式，是指在每一瞬间，步进电机两个线圈中各有一相同时导通。其特点是输出转矩大、振动小，是目前使用最多的方式。
- 1—2 相励磁方式：也叫单双 8 拍励磁方式，1 相励磁和 2 相励磁方式交替工作，每传送一个励磁信号，步进电机只走半个步进角。其特点是精度高、运转平滑。

(1) 2 相励磁方式

按 AB、BC、CD、DA 的方式总是只有 2 相励磁，通过的电流是 1 相励磁时通过电流的 2 倍，转矩也是 1 相励磁的 2 倍。此时电机的振动较小且应答频率升高，目前仍广泛使用此种方式。

	A	B	C	D
T1	1	1	0	0
T2	0	1	1	0
T3	0	0	1	1
T4	1	0	0	1

(2) 1—2 相励磁方式

按 A、AB、B、BC、C、CD、D、DA 的顺序交替进行线圈的励磁。与上述的 2 个线圈励磁方式相比，电机的转速是原来的 1/2，应答频率范围变为原来的 2 倍。转子以滑动的方式转动。

	A	B	C	D		A	B	C	D
T1	1	0	0	0	T5	0	0	1	0
T2	1	1	0	0	T6	0	0	1	1
T3	0	1	0	0	T7	0	0	0	1
T4	0	1	1	0	T8	1	0	0	1

3. 驱动芯片 ULN2003

ULN2003 是高耐压、大电流达林顿陈列，由 7 个硅 NPN 达林顿管组成，如图 2-13 所示。ULN2003 的每一对达林顿都串联一个 2.7 kΩ 的基极电阻，在 5 V 的工作电压下它能与 TTL 和 CMOS 电路直接相连，可以直接处理原先需要标准逻辑缓冲器来处理的数据；ULN2003 工作电压高，工作电流大，灌电流可达 500 mA，并且能够在关态时承受 50 V 的电压，输出还可以在高负载电流并行运行；ULN2003 采用 DIP-16 或 SOP-16 塑料封装。

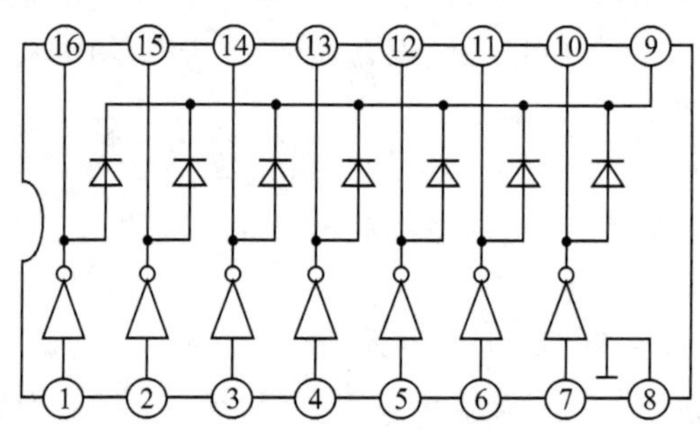

图 2-13 ULN2003 内部结构

步进电机的应用领域如下：

① 非标机械。例如医疗设备、绕线机、焊接机喷涂机、陶瓷印花机、电池卷绕机、水晶研磨机、包装机、PCB 钻孔机、表带钻孔机、电脑横机、纺织机械、拉链自动化设备、泡沫机械、喷码机、医疗设备、织袜机、制鞋机、ATM 机、喷涂设备、焊接设备、车床、铣床、制袋机、封切机、商标印刷机、商标切机、喷绘机、刻字机、写真机、物流设备、LED 设备、分选机、编带机、固晶机、铝丝焊接机、SMT 设备、立式包装机、陶瓷包装机、POS 机、宝石钻孔机、宝石研磨机、游戏机。

② 三维平台。例如 3D 打印机、数控车床、数控铣床、点胶机、雕刻机、火焰切割机、植毛机、投影仪、二次元、三坐标测量仪器。

③ 激光设备。例如激光切割机、激光焊接机、激光打标机、激光照排机。

④ 线材加工设备。例如端子机、剥线机。

⑤ 电池设备。例如卷绕机、电池贴标机。

⑥ 印刷设备。例如商标切机、贴标机、烫金机、印刷机。

⑦ 要求低速的设备。例如点胶机，点胶机主要是通过 XY 平台对所需要加工的产品进行轨迹运动，如图 2-14 所示。点胶加工时，速度比较低，所以这个设备对步进电机的低频振动和噪声要求比较高。这个设备一般用在相对比较安静的环境，同时对点胶的精度要求也是比较高的，如果出现加工振动的问题，那么加工出来的效果肯定会比较差，所以步进电机应用在这个设备上效果比较好。类似的设备有：激光切割机、测试设备、试验设备、激光焊接机、激光打标机、治具。

⑧ 要求低速和高速的设备。例如雕刻机，其结构如图 2-15 所示，雕刻机除了要

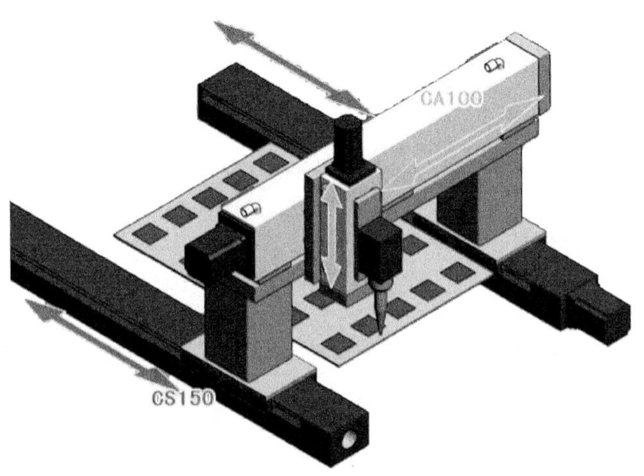

图 2－14　点胶机

具备低速加工平稳的特性之外，还应具备高速加工的特点。一款步进电机和驱动器同时具备这两个特性是特别困难的，一般的步进电机和驱动器是很难做到。比如说三相的平稳性会比较好，但高速上不去，很难满足客户的要求。类似要求的设备有：固晶机、铝丝焊接机、坐标测量仪器、编带机、分选机等。

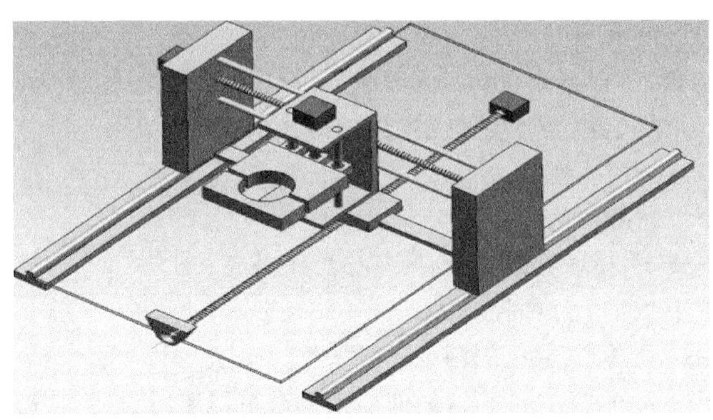

图 2－15　雕刻机结构

第 3 章

复杂控制

第 2 章介绍了简单的输出与控制，本章将在第 2 章的基础之上，以控制 LED 灯带动态图案为例，介绍如何实现较复杂的控制过程。对于一些复杂的输出控制，需要考虑和满足以下要求：

① 输出速度要求比较快；

② 输出时序精度要求比较高；

③ 输出过程比较复杂。

3.1 梦幻世界

1. 梦幻动态图案

采用 LED 灯带，可以制成自动调光系统，既可以手动调节光的亮度及不同的颜色，也可以设置成自动模式，根据环境的亮度调节灯光的强度。例如：

① 平滑调节灯光的亮度；

② 平滑调节灯光的颜色；

③ 在自动模式下，环境越暗，自动调节让灯光越亮；

④ 实现不少于 200 个灯的控制；

⑤ 手机控制灯光亮度、颜色的调节；

⑥ 这些灯组合成各种动态图案，例如模拟动态凤凰图案、模拟动态原子结构图案、模拟车轮运动图案，也可以包括其他动态图案，如图 3-1 所示。

2. LED 灯带介绍

LED 灯带是指把 LED 组装在带状的 FPC(柔性线路板)或 PCB 硬板上，如图 3-2 所示。因其产品形状像一条带子一样而得名。因为其使用寿命长(一般正常寿命在 8 万～10 万 h)且绿色环保，因而逐渐在各种装饰行业中崭露头角。

LED 灯带常规分为柔性 LED 灯带和 LED 硬灯条两种。柔性 LED 灯带是采用 FPC 作为组装线路板，用贴片 LED 进行组装，使产品的厚度仅为一枚硬币的厚度，占用空间小；普遍的规格有 30 cm 长 18 颗 LED、24 颗 LED，以及 50 cm 长 15 颗 LED、24 颗 LED、30 颗 LED 等，还有 60 cm、80 cm 等，不同的用户可选择不同的规格。它还可以随意剪断、任意延长而发光不受影响。

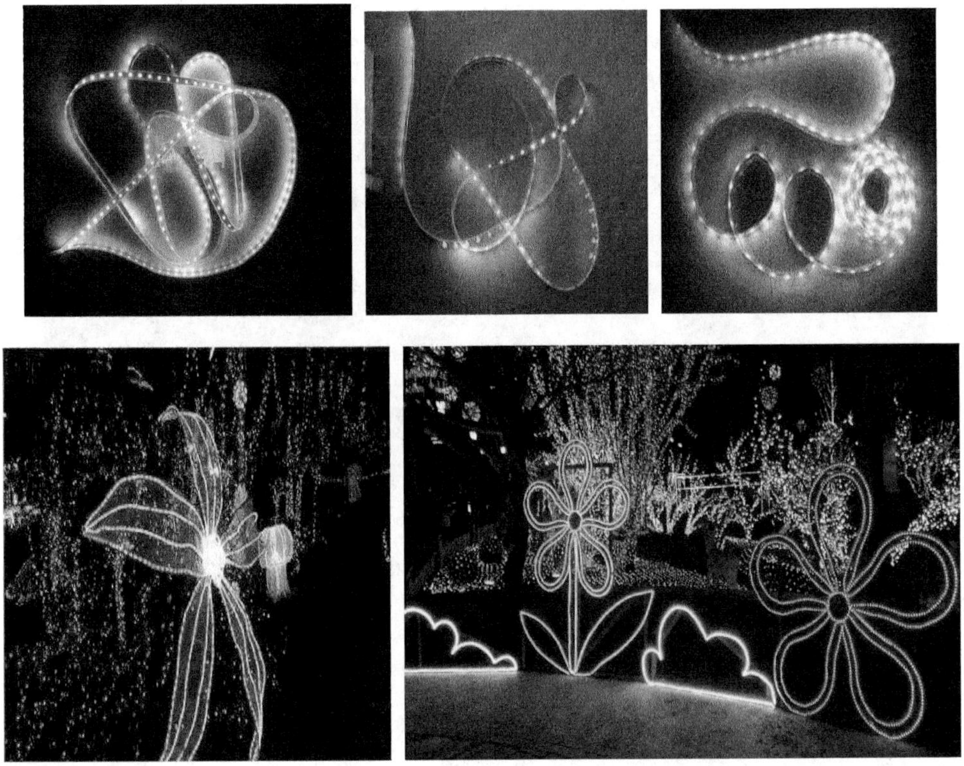

图 3-1 LED 灯带动态图案

图 3-2 柔性 LED 灯带

FPC 材质柔软，可以任意弯曲、折叠、卷绕，可在三维空间随意移动及伸缩而不会折断，适合于不规则的地方和空间狭小的地方使用，也因其可以任意弯曲和卷绕，适合于在广告装饰中任意组合成各种图案。柔性 LED 灯带封装如图 3-3 所示。

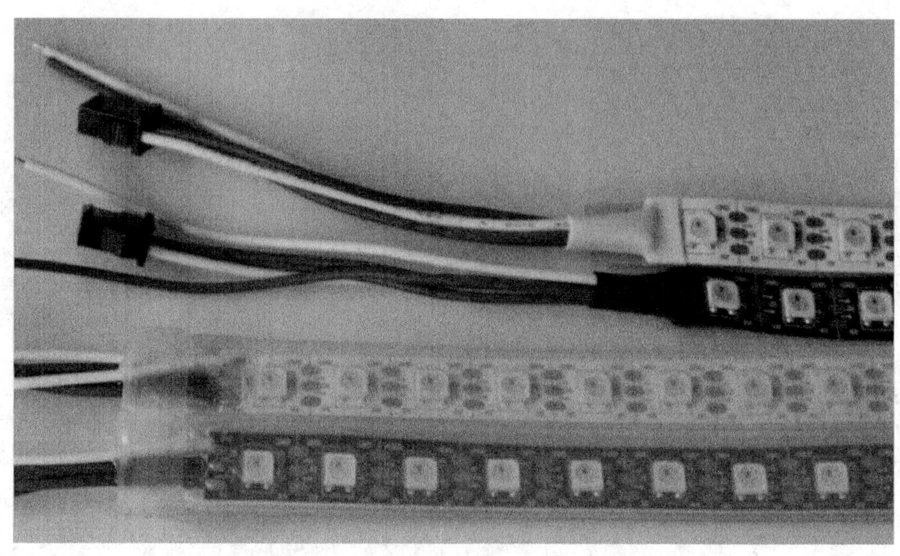

图 3-3　柔性 LED 灯带封装

3.2　LED 灯带驱动

3.2.1　WS2811/WS2812 驱动芯片

LED 灯带一般采用 WS2811/WS2812 一类的驱动芯片。WS2812 是一个集控制电路与发光电路于一体的智能外控 LED 光源。其外形与一个 5050LED 灯珠相同，每个元件即为一个像素点，如图 3-4 所示。像素点内部包含了智能数字接口数据锁存信号整形放大驱动电路，还包含有高精度的内部振荡器和 12 V 高压可编程定电流控制部分，有效保证了像素点光的颜色高度一致。

图 3-4　WS2811/WS2812 一类的驱动芯片

数据协议采用单线归零码的通信方式，像素点在上电复位以后，DIN 端接收从控制器传输过来的数据，首先送过来的 24 bit 数据被第一个像素点提取后，送到像素点内部的数据锁存器，剩余的数据经过内部整形处理电路整形放大后通过 DO 端口开始转发输出给下一个级联的像素点，每经过一个像素点的传输，信号减少 24 bit。像素点采用自动整形转发技术，使得该像素点的级联个数不受信号传送的限制，仅仅受限信号传输速度要求。

LED 具有低电压驱动，环保节能，亮度高，散射角度大，一致性好，超低功率，超长寿命等优点。将控制电路集成于 LED 上，电路变得更加简单，体积小，安装更加简便，主要特点如下：

- 控制电路与 RGB 芯片集成在一个 5050 封装的元器件中，构成一个完整的外控像素点。
- 内置信号整形电路，任何一个像素点收到信号后经过波形整形再输出，保证线路波形畸变不会累加。
- 内置上电复位和掉电复位电路。
- 每个像素点的三基色颜色可实现 256 级亮度显示，完成 16 777 216 种颜色的全真色彩显示，扫描频率不低于 400 Hz/s。
- 串行级联接口，能通过一根信号线完成数据的接收与解码。
- 任意两点传传输距离在不超过 5 m 时无须增加任何电路。
- 当刷新速率 30 帧/s 时，低速模式级联数不小于 512 点，高速模式不小于 1 024 点。
- 数据发送速度可达 800 kbps。
- 光的颜色高度一致，性价比高。

WS2811/WS2812 数据传输时间如表 3-1 所列。

表 3-1 WS2811/WS2812 数据传输时间（TH+TL=1.25 μs±600 ns）

T0H	0 码，高电平时间	0.35 μs	±150 ns
T1H	1 码，高电平时间	0.7 μs	±150 ns
T0L	0 码，低电平时间	0.8 μs	±150 ns
T1L	1 码，低电平时间	0.6 μs	±150 ns
RES	帧单位，低电平时间	50 μs 以上	

WS2811/WS2812 时序波形图和连接方法如图 3-5 所示。

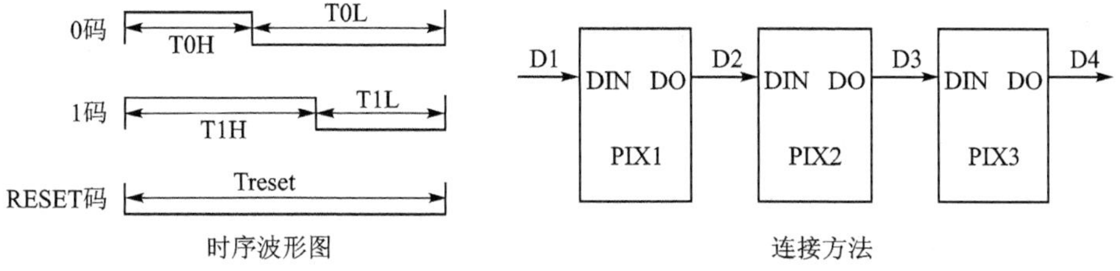

图 3-5 WS2811/WS2812 时序波形和连接

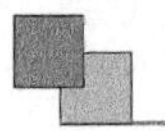

WS2811/WS2812 输入码型如图 3－6 所示。

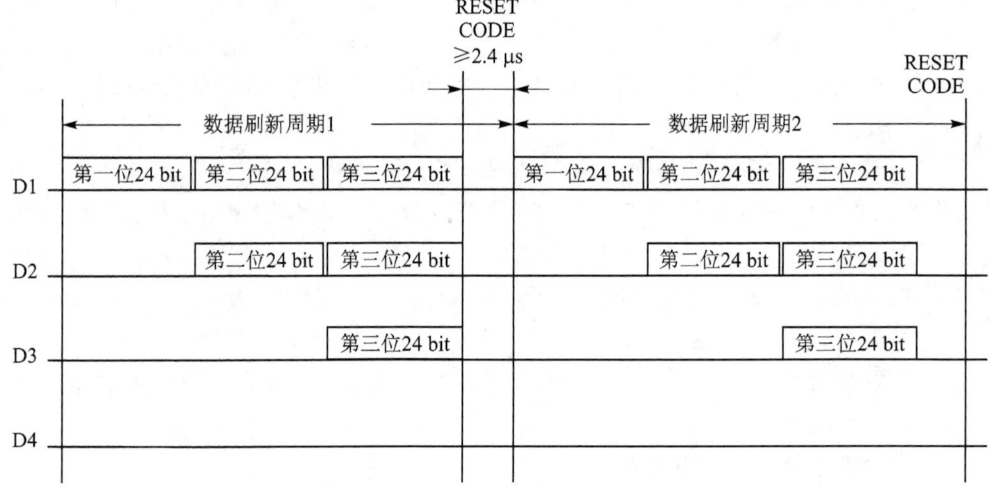

图 3－6　WS2811/WS2812 输入码型

其中，D1 为 MCU 端发送的数据，D2、D3、D4 为级联电路自动整形转发的数据。24 bit 数据结构如下：

R7	R6	R5	R4	R3	R2	R1	R0	G7	G6	G5	G4	G3	G2	G1	G0	B7	B6	B5	B4	B3	B2	B1	B0

高位先发，按照 RGB 的顺序发送数据。WS2811/WS2812 典型应用电路如图 3－7 所示。

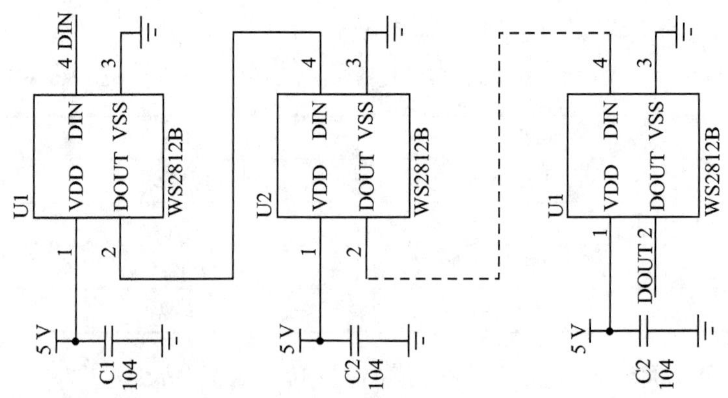

图 3－7　WS2811/WS2812 典型应用电路

3.2.2　LED 灯带编程思路

主控制器采用 STM32 单片机板。WS2812 驱动的 LED 灯带对时序要求比较高，0 码是 350 ns 的高电平＋800 ns 的低电平。1 码是 700 ns 的高电平＋600 ns 的低电平。STM32F030F4P6 最大时钟频率是 48 MHz，执行一条单周期指令的时间是 1/(48×

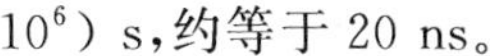

10^6) s,约等于 20 ns。

STM32 的每个 GPIO 端口都有两个特别的寄存器,GPIOx_BSRR 和 GPIOx_BRR 寄存器,通过这两个寄存器可以直接将对应的 GPIOx 端口置 1 或置 0。使用 BRR 和 BSRR 寄存器可以方便快速地实现对端口某些特定位的操作,而不影响其他位的状态。

- GPIOx_BSRR 的高 16 位中每一位对应端口 x 的每个位,对高 16 位中的某位置 1,则端口 x 的对应位被清 0;寄存器中的位置 0,则对它对应的位不起作用。
- GPIOx_BSRR 的低 16 位中每一位也对应端口 x 的每个位,对低 16 位中的某位置 1,则它对应的端口位被置 1;寄存器中的位置 0,则对它对应的端口不起作用。

简单地说,GPIOx_BSRR 的高 16 位称为清除寄存器,而 GPIOx_BSRR 的低 16 位称为设置寄存器。另一个寄存器 GPIOx_BRR 只有低 16 位有效,与 GPIOx_BSRR 的高 16 位具有相同功能。

接下来要测试一下直接设置 BSRR 和 BRR 寄存器方式的输出速度。测试程序采用了 LED2 输出,LED2 是连接 GPIOA 的第 3 引脚。这里定义"CLed led2(LED2);"这个对象,主要是起到初始化 GPIOA 的第 3 引脚的作用。然后直接到 BSRR 和 BRR 寄存器进行输出操作。

```
CLed led2(LED2);
void loop()
{
    GPIOA->BSRR = GPIO_Pin_3;
    GPIOA->BRR = GPIO_Pin_3;
    GPIOA->BSRR = GPIO_Pin_3;
    GPIOA->BRR = GPIO_Pin_3;
}
```

运行时 GPIOA 的第 3 引脚输出波形如图 3-8 所示。

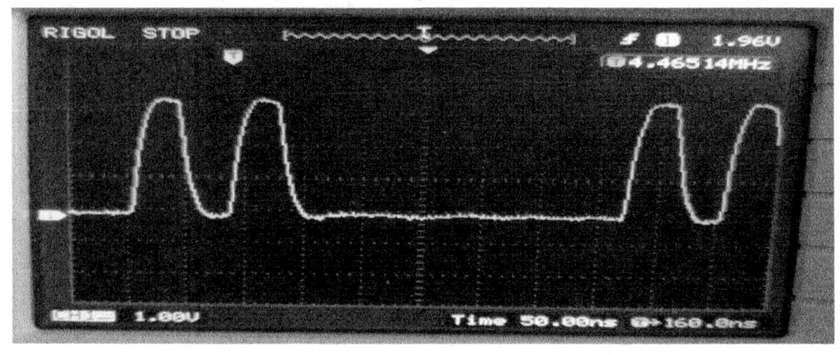

图 3-8　输出波形

从输出波形图可以看出,STM32F030F4P6 执行一次直接设置 BSRR 和 BRR 寄存器方式的输出速度大约是 40 ns,相当于两个时钟周期。这个比较容易理解,因为首先要写入数据，然后再根据写入的数据控制输出电平，所以需要占用两个时钟周期。也可以看出，loop()循环本身也占用了 240 ns，相当于 12 个时钟周期，主要是涉及库中 main 函数的一个 while(1)循环，加上一次 loop()函数的调用，再加上一次 loop()函数的返回，所以耗时比较长。如果改成以下程序：

```
void loop()
{
    while(1)
    {
        GPIOA->BSRR = GPIO_Pin_3;
        GPIOA->BRR = GPIO_Pin_3;
        GPIOA->BSRR = GPIO_Pin_3;
        GPIOA->BRR = GPIO_Pin_3;
    }
}
```

输出波形如图 3-9 所示。

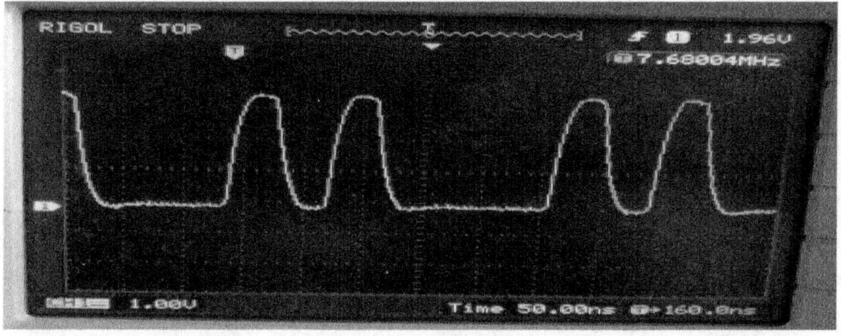

图 3-9　输出波形

从输出波形可以看出，一次 while(1)循环占用的时间约 100 ns，占用 5 个时钟周期。为了实现延时，程序中还经常用到一个 for 循环语句作为延时，同时再测试一下 for 循环语句在 STM32F030F4P6 中的耗时。设置不同的循环次数，程序代码如下：

```
void loop()
{    //zero();
    while(1)
    {
        GPIOA->BSRR = GPIO_Pin_3;
        GPIOA->BRR = GPIO_Pin_3;
        for(volatile unsigned long j = 0;j < 0;j ++ ){;}
        GPIOA->BSRR = GPIO_Pin_3;
        GPIOA->BRR = GPIO_Pin_3;
```

```
        for(volatile unsigned long j = 0;j <1;j ++ ){;}
        GPIOA->BSRR = GPIO_Pin_3;
        GPIOA->BRR = GPIO_Pin_3;
        for(volatile unsigned long j = 0;j <2;j ++ ){;}
        GPIOA->BSRR = GPIO_Pin_3;
        GPIOA->BRR = GPIO_Pin_3;
        for(volatile unsigned long j = 0;j <3;j ++ ){;}
        GPIOA->BSRR = GPIO_Pin_3;
        GPIOA->BRR = GPIO_Pin_3;
        for(volatile unsigned long j = 0;j <4;j ++ ){;}
        GPIOA->BSRR = GPIO_Pin_3;
        GPIOA->BRR = GPIO_Pin_3;
        for(volatile unsigned long j = 0;j <5;j ++ ){;}
    }
}
```

输出波形如图 3－10 所示。

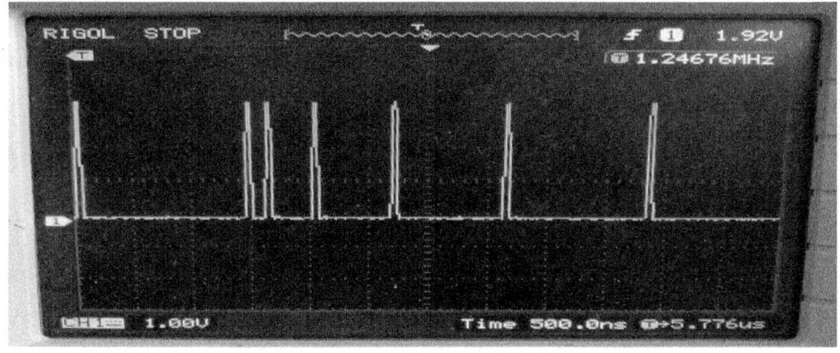

图 3－10　输出波形

肉眼进行估算，大致得到以下结果：

	无	$i=0$	$i=1$	$i=2$	$i=3$	$i=4$
总时间/ns	80	170	400	680	970	1250
增加时间/ns	0	90	230	280	290	280

大致可以看出，i 每增加 1，耗时都会增加 280 ns 左右。根据这个测试结果，可以写出设置 0 和设置 1 的函数，代码如下：

```
void zero()
{
    GPIOA->BSRR = GPIO_Pin_3;
    for(volatile unsigned long j = 0;j <1;j ++ ){;}
```

```
    GPIOA->BRR = GPIO_Pin_3;
    for(volatile unsigned long j = 0;j <1;j ++ ){;}
}

void one()
{
    GPIOA->BSRR = GPIO_Pin_3;
    for(volatile unsigned long j = 0;j <2;j ++ ){;}
    GPIOA->BRR = GPIO_Pin_3;
    GPIOA->BRR = GPIO_Pin_3;
    for(volatile unsigned long j = 0;j <0;j ++ ){;}
}
```

3.2.3　LED 灯带驱动方法

1. 点亮控制

WS2812 中,由 24 位来控制 RBG 三色,每一种颜色占用 8 位。点亮控制的方法是 STM32 单片机连续输出 24 个 1 给 WS2812,调用一次上面的 one()函数可以输入一个 1 位 WS2812。WS2812 点亮控制一个 LED 的程序如下:

```
void bright()
{
    for (volatile int j = 0;j <24;j ++ )one();
}
```

2. 灭灯控制

灭灯控制与上面点亮控制的方法相同,只是把单片机输出 24 个 1 修改成输出 24 个 0,程序如下:

```
void Destroy()
{
    for (volatile int j = 0;j <24;j ++ )zero();
}
```

3. 亮度和颜色控制

亮度控制的方法与上面点亮控制、灭灯控制方法相同,只要根据亮度和颜色控制数据中(一个整数)的每一位来控制单片机输出即可,整数 color 只使用低 24 位,并且按 RBG 方式排序。程序如下:

```
void bright(int color)
{
    for (volatile int j = 0;j <24;j ++ ,color << = 1)
    {
        if (color&(1 <<24))one();
        else zero();
    }
}
```

4. RBG 亮度和颜色控制

可以把上述亮度和颜色控制修改为按 RBG 三色分别控制，程序如下：

```
void bright(char r,char g,char b)
{
    for (volatile int j = 0;j <8;j ++ ,r << = 1)
    {
        if (r&(1 <<7))one();
        else zero();
    }
    for (volatile int j = 0;j <8;j ++ ,g << = 1)
    {
        if (g&(1 <<7)) one();
        else zero();
    }
    for (volatile int j = 0;j <8;j ++ ,b << = 1)
    {
        if (b&(1 <<7)) one();
        else zero();
    }
}
```

上述 RBG 亮度和颜色控制程序也可以先把 RGB 三色合成一个整数，然后再调用前面的亮度和颜色控制函数进行控制，void bright(char r,char g,char b)函数可以改写成如下：

```
void bright(char r,char g,char b)
{
    int color = (r <<16) | (g <<8) | b;
    bright(color);
}
```

3.2.4 控制 LED 灯带动态显示

下面以一条具有 120 个 LED 的灯带为例子进行讲解。

1. 前 50 个灯亮

控制前 50 个灯亮的方法是连续调用 50 次 bright()函数，每调用一次 bright()函数，STM32 把最新一个数据(24 位都为 1 的整数)输出到第一个 WS2812 之中，同时把上一次的数据往后转给下一个 WS2812。控制前 50 个灯亮的程序如下：

```
for (volatile int i = 0;i <50;i ++ )bright();
```

2. 所有 120 个灯灭

控制所有 120 个灯灭的方法是连续调用 120 次 Destroy()函数，程序如下：

```
for (volatile int i = 0;i <120;i ++ )Destroy();
```

3. 颜色渐变

控制颜色渐变的方法是，通过 for 循环来改变 RGB 的值，然后调用 bright(char r, char g, char b)显示。下面是循环增加 R 和 G 颜色的值，B 颜色的值保持为 0，程序如下：

```
for (volatile int j = 0;j <120;j ++ ,delay(500))
for (volatile int i = 0;i <120;i ++ )bright(j,i,0);
```

4. 流水灯

流水灯显示模式的控制方法是 120 个 LED 灯每次只有一个 LED 亮，要实现这样一个功能，让其中一个 LED 亮而其他 LED 不亮，必须每次都控制所有的 120 个 LED，然后选择其中一个亮。STM32 的编程方法是通过两重 for 循环来实现，外层 for 循环增量 j 用于表示当前到哪个 LED 灯，内层循环 for 用于控制所有的 120 个 LED，当 i 等于 j 时就亮，其他的都不亮。程序如下：

```
for (volatile int j = 0;j <120;j ++ ,delay(200))
for (volatile int i = 0;i <120;i ++ )
if (i = = j) bright();
else Destroy();
```

5. 反向流水灯

反向流水灯与前面流水灯的不同在于亮的 LED 是往后移动。其程序控制方法相同，只是外层 for 循环变量 j 改成递减。程序代码如下：

```
for (volatile int j = 120;j > 0;j -- ,delay(200))
for (volatile int i = 0;i < 120;i ++ )
if (i = = j) bright();
else Destroy();
```

6. 显示缓冲区

为了更加方便地进行灯带的控制，可以模仿电脑显示的方法，开辟一个显示缓冲区，把要显示的内容先保存到显示缓冲区，然后再通过输出程序把显示缓冲区的内容输出到灯带上。采用这样的方式更容易实现复杂的图案显示。程序代码如下：

```
//开辟一个显示缓冲区
int data[120];//显示缓冲区

//填充显示缓冲区
for (int i = 0;i < 20;i ++ )data[i] = iRGB(255,0,0);
for (int i = 0;i < 20;i ++ )data[i + 20] = iRGB(0,255,0);
for (int i = 0;i < 20;i ++ )data[i + 40] = iRGB(0,0,255);
for (int i = 0;i < 20;i ++ )data[i + 50] = iRGB(255,255,0);
for (int i = 0;i < 20;i ++ )data[i + 80] = iRGB(0,255,255);
for (int i = 0;i < 20;i ++ )data[i + 100] = iRGB(255,0,255);

//显示缓冲区->输出并显示
for (volatile int i = 0;i < 120;i ++ )bright(data[i]);
```

3.2.5 控制LED灯带动态图案实例

下面以控制一条具有120个LED的灯带为例来实现控制LED灯带动态图案实例，把上面几种显示方式进行连续显示，完整的程序代码如下：

```
#include "include/h"
#include "include/led_key.h"
#include "include/usart.h"
CLed led1(LED1);//GPIOA_Pin4
CLed led2(LED2);//GPIOA_Pin3

void zero()
{
    GPIOA->BSRR = GPIO_Pin_3;
    for (volatile unsigned long j = 0;j < 1;j ++ ){;}
    GPIOA->BRR = GPIO_Pin_3;
```

```
        for (volatile unsigned long j = 0;j <1;j ++ ){;}
    }

    void one()
    {
        GPIOA->BSRR = GPIO_Pin_3;
        for (volatile unsigned long j = 0;j <2;j ++ ){;}
        GPIOA->BRR = GPIO_Pin_3;
        GPIOA->BRR = GPIO_Pin_3;
        for (volatile unsigned long j = 0;j <0;j ++ ){;}
    }

    void bright()
    {
        for (volatile int j = 0;j <24;j ++ )one();
    }
    void Destroy()
    {
        for (volatile int j = 0;j <24;j ++ )zero();
    }

    void bright(int color)
    {
        for (volatile int j = 0;j <24;j ++ ,color << = 1)
        {
            if (color&(1 <<24))one();
            else zero();
        }
    }
    / *
    void bright(char r,char g,char b)
    {
        for (volatile int j = 0;j <8;j ++ ,r << = 1)
        {
            if (r&(1 <<7))one();
            else zero();
        }
        for (volatile int j = 0;j <8;j ++ ,g << = 1)
        {
            if (g&(1 <<7)) one();
            else zero();
        }
```

```
    for (volatile int j = 0;j <8;j ++ ,b << = 1)
    {
        if (b&(1 <<7)) one();
        else zero();
    }
}
*/
void bright(char r,char g,char b)
{
    int color = (r <<16) | (g <<8) | b;
    bright(color);
}

int iRGB(char r,char g,char b)
{
    return (r <<16) | (g <<8) | (b);
}

int data[120];//显示缓冲区
void loop()
{

    delay(1000);
    //前 50 个灯亮
    for (volatile int i = 0;i <50;i ++ )bright();
    delay(3000);

    //所有 120 个灯灭
    for (volatile int i = 0;i <120;i ++ )Destroy();
    delay(3000);

    //颜色渐变
    for (volatile int j = 0;j <120;j ++ ,delay(500))
    for (volatile int i = 0;i <120;i ++ )bright(j,i,0);

    //流水灯
    for (volatile int j = 0;j <120;j ++ ,delay(200))
    for (volatile int i = 0;i <120;i ++ )
    if (i == j) bright();
    else Destroy();
    //反向流水灯
```

```
for (volatile int j = 120;j >0;j-- ,delay(200))
for (volatile int i = 0;i <120;i ++ )
if (i == j) bright();
else Destroy();

//填充显示缓冲区
for (int i = 0;i <20;i ++ )data[i] = iRGB(255,0,0);
for (int i = 0;i <20;i ++ )data[i + 20] = iRGB(0,255,0);
for (int i = 0;i <20;i ++ )data[i + 40] = iRGB(0,0,255);
for (int i = 0;i <20;i ++ )data[i + 50] = iRGB(255,255,0);
for (int i = 0;i <20;i ++ )data[i + 80] = iRGB(0,255,255);
for (int i = 0;i <20;i ++ )data[i + 100] = iRGB(255,0,255);

//显示缓冲区->输出并显示
for (volatile int i = 0;i <120;i ++ )bright(data[i]);
delay(80000);
```

第4章 多任务控制

4.1 从0到1

4.1.1 从STM32F0到STM32F1

1. 无极生太极

无极即道，是比太极更加原始更加终极的状态。无极，本来是老子用以指称道的终极性的概念。《老子》第二十八章："知其白，守其黑，为天下式。为天下式，常德不忒，复归于无极。"这是第一次出现无极的概念。全段意思是说：深知什么是明亮，却安于暗昧的地位，甘愿做天下的模式。甘愿做天下的模式，永恒的德行不相差失，回复到不可穷极的真理。所以无极的原义就是道，指道是不可穷尽的。以后道门人士，都是在这一意义上使用无极的概念，但在不同场合引申的侧重点稍有不同。庄子在《逍遥游》中说："无极之外，复无极也。"意思是世界无边无际，无穷之外，还是无穷。无极便是无穷。

《易传·系辞上传》："易有太极，是生两仪，两仪生四象，四象生八卦。"孔颖达说："太极谓天地未分之前，元气混而为一，即是太初、太一也。"所谓太极即是阐明宇宙从无极而到太极，以至万物化生的过程。太极即为天地未开、混沌未分阴阳的状态。

学习物联网应用设计以及学习 STM32 单片机的应用，是一个对知识慢慢积累的过程，也就是一个从无到有的过程和从 0 到 1 的过程。

2. 从STM32F0到STM32F1

从 STM32F0 到 STM32F1，是对 STM32 的认识从无到有的过程，是一个无极生太极的过程，也是从 0 到 1 的过程。前 3 章介绍的是 STM32F0 系列的用法，主要介绍了 STM32 的输出功能；后面几章将介绍 STM32F1 的用法，重点介绍 STM32 的输入功能。下面主要以 STM32F103VET6 为例进行介绍。

2007 年 6 月 11 日推出第一颗 STM32 芯片——STM32F1，它是 ST 公司推出的第一款 ARM Cortex 系列处理器，比 STM32F0 的推出时间还要早，STM32F0 是 ST 公司 2012 年 5 月推出的，属于 ARM Cortex-M0 内核。

ARM 公司于 2006 年推出主打 32 位 MCU 的 Cortex-M3 内核后，众厂商反应冷淡。ARM 公司不得不自己参股投资了一家叫 Luminary 的公司，由这个公司率先设计、生产与销售基于 Cortex-M3 内核的 ARM Stellaris 系列 MCU。该公司于 2009 年 5 月 18 日宣布被美国著名的 TI 德州仪器收购，至此并入 TI。2007 年 6 月 11 日，ST 公司在北京举办了主题为“预见未来，推动创新”的新品发布会，第一次发布了 STM32，号称 STM32 教父的意法半导体微控制器产品部市场总监 Daniel Colonna 亲临北京给中国媒体介绍 STM32F1，这是第一家与 ARM 公司合作正式出货 Cortex-M3 内核 MCU 的公司（Luminary 除外）。

4.1.2 STM32F030F4P6 与 STM32F103VET6 的区别

与第 1～3 章的 STM32F030F4P6 比较，STM32F103VET6 有哪些区别？

1. 芯片外观和成本上的不同

与前 3 章选择的 STM32F030F4P6 芯片比较，STM32F103VET6 其外观和成本的不同如图 4-1 所示。前 3 章采用的是 20 个引脚的小芯片，价格是 1.6 元左右；本章用的是 100 个引脚的大芯片，价格为 9.2 元左右。

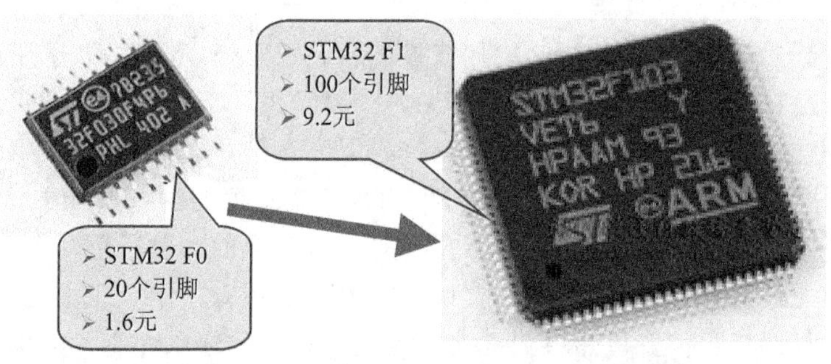

图 4-1　芯片外观和成本上的变化

2. 芯片内核上的变化

STM32F030F4P6 和 STM32F103VET6 的比较如表 4-1 所列，最重要的区别是内核的变化。

表 4-1　STM32F030F4P6 和 STM32F103VET6 的比较

	STM32F030F4P6	STM32F103VET6
封装	TSSOP-20	LQFP-100
核心	ARM Cortex - M0	ARM Cortex - M3
数据总线宽度/bit	32	32
最大时钟频率/MHz	48	72
程序存储器大小/KB	16	512
数据 RAM 大小/KB	4	64
ADC 分辨率/bit	12	12

STM32F0 和 STM32F1 的主要区别如图 4－2 所示。

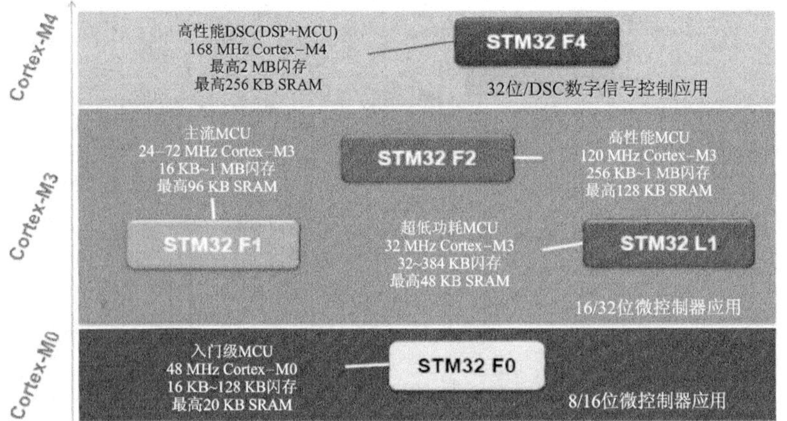

图 4－2　STM32F0 和 STM32F1 的主要区别

Cortex-M0 和 Cortex-M3 的主要区别如表 4－2 所列。

表 4－2　Cortex-M0 和 Cortex-M3 的主要区别

内　核	Cortex-M0	Cortex-M3
主要区别	➢ 体系结构 ARMv6-M（冯诺依曼）； ➢ ISA 支持 Thumb/Thumb-2； ➢ 管道 3 阶段； ➢ Dhrystone 0.9 DMIPS/MHz； ➢ 中断不可屏蔽的中断(NMI)+1 到 32 个物理中断； ➢ 中断延迟 16 个周期； ➢ 睡眠模式集成的 WFI 和 WFE 指令； ➢ 睡眠和深度睡眠信号； ➢ 随电源管理工具包提供的可选保留模式； ➢ 增强的指令单周期(32×32)乘法	➢ 体系结构 ARMv7-M(哈佛)； ➢ ISA 支持 Thumb/Thumb-2； ➢ 管道 3 阶段＋分支预测； ➢ Dhrystone 1.25 DMIPS/MHz； ➢ 内存保护带有子区域和后台区域的可选 8 区域 MPU； ➢ 中断 NMI＋1 到 240 个物理中断； ➢ 中断延迟 12 个周期； ➢ 中断间延迟 6 个周期； ➢ 中断优先级 8～256 级； ➢ 唤醒中断控制器最多 240 个唤醒中断； ➢ 睡眠模式集成的 WFI、WFE 指令和“退出时睡眠”功能； ➢ 睡眠和深度睡眠信号； ➢ 随 ARM 电源管理工具包提供的可选保留模式； ➢ 位操作集成的指令和位段； ➢ 增强的指令硬件除法(2～12 个周期)和单周期(32×32)乘法

3. 开发板上的变化

STM32F103VET6 开发板上多了很多常用的接口，如图 4－3 所示，例如板上有 4 个 LED、4 个用户按钮、1 个复位按钮、1 个液晶屏和触摸屏接口、1 个 RS232 接口、1 个 SWD 仿真接口等。对本书相关配套的 STM32 开发板、控制模块、传感器模块、通信模块等有兴趣的读者，以及对本书相关知识有兴趣的读者，可以加入 QQ 群 AI_IoT

(群号 784735940),以相互联系、共同讨论和学习。

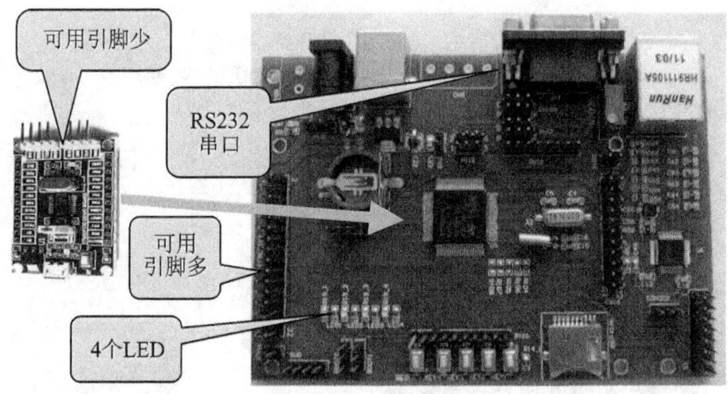

图 4-3 STM32F030F4P6 和 STM32F103VET6 开发板的比较

4.2 STM32F103VET6 应用入门

4.2.1 按键与 LED 电路

1. 电路图

按键与 LED 电路如图 4-4 所示。对于连接按键的引脚选择有一定的讲究,例如 PA0 引脚可作为唤醒功能,PC13 引脚可作为侵入检测功能,因此把它们作为按键连接引脚。

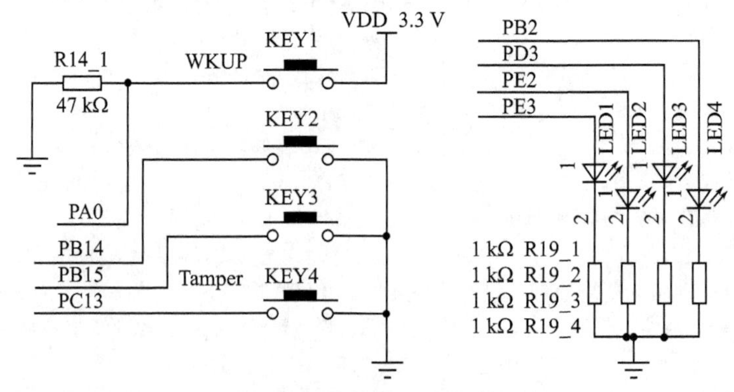

图 4-4 按键与 LED 电路

在设计 LED 驱动电路时,应注意 LED 的压降和正常工作电流。普通发光二极管的正常工作电流一般是 5～10 mA。如果作为指示用,一般 2～5 mA 就足够了,可以根据具体需要设计;对于贴片 LED,只要 1～2 mA 即可。普通的发光二极管正偏压降:红色为 1.6 V,黄色为 1.4 V 左右,蓝和白为 2.5 V 左右。

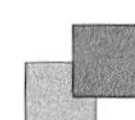

PB2 引脚同时又是 BOOT1 功能引脚，由于 BOOT1 功能只在复位或上电之时，程序正常运行之前由系统来读取 BOOT1 功能引脚的电平，而启动完成后这个引脚电平不再影响工作模式，因此该引脚可用于他用，例如用于驱动 LED。

2. 输出驱动电流

GPIO（通用输入/输出端口）可以吸收或输出高达±8 mA 电流，并且吸收+20 mA 电流（不严格的 VOL）。在用户应用中，I/O 引脚的数目必须保证驱动电流不能超过表 4-3 给出的绝对最大额定值：

- 所有 I/O 端口从 VDD 上获取的电流总和，加上 MCU 在 VDD 上获取的最大运行电流，不能超过绝对最大额定值 IVDD；
- 所有 I/O 端口吸收并从 VSS 上流出的电流总和，加上 MCU 在 VSS 上流出的最大运行电流，不能超过绝对最大额定值 IVSS。

每个 GPIO 引脚都可由软件配置成输出（推挽或开漏）、输入（带或不带上拉或下拉）或复用的外设功能端口。多数 GPIO 引脚都与数字或模拟的复用外设共用。除了具有模拟输入功能的端口，所有的 GPIO 引脚都有大电流通过能力。GPIO 引脚电流特性如表 4-3 所列。在需要的情况下，I/O 引脚的外设功能可以通过一个特定的操作锁定，以避免意外地写入 I/O 寄存器。在 APB2 上的 I/O 引脚可达 18 MHz 的翻转速度。

表 4-3　GPIO 引脚电流特性

符　号	描　述	最大值/mA
IVDD	经过 VDD/VDDA 电源线的总电流（供应电流）①	150
IVSS	经过 VSS 地线的总电流（流出电流）①	150
IIO	任意 I/O 和控制引脚上的输出灌电流	25
	任意 I/O 和控制引脚上的输出电流	−25
IINJ(PIN)②③	NRST 引脚的注入电流	±5
	OSC_IN 引脚和 LSE 的 OSC_IN 引脚的注入电流	±5
	其他引脚的注入电流④	±5
∑IINJ(PIN)②	所有 I/O 和控制引脚上的总注入电流④	±25

① 所有的电源（VDD，VDDA）和地（VSS，VSSA）引脚必须始终连接到外部允许范围内的供电系统上。

② IINJ(PIN)绝对不可以超过它的极限，即保证 VIN 不超过其最大值。如果不能保证 VIN 不超过其最大值，也要保证在外部限制 IINJ(PIN)不超过其最大值。当 VIN>VDD 时，有一个正向注入电流；当 VIN<VSS 时，有一个反向注入电流。

③ 反向注入电流会干扰器件的模拟性能。

④ 当几个 I/O 口同时有注入电流时，∑IINJ(PIN)的最大值为正向注入电流与反向注入电流的即时绝对值之和。该结果基于在器件 4 个 I/O 端口上∑IINJ(PIN)最大值的特性。

4.2.2　LED 驱动测试

前面 3 章的所有傻瓜 STM32 程序，都可以移植到 STM32F103VET6 下。移植的方法是，在 Obtain_Studio 中采用"\ARM 项目\STM32 项目\STM32F103ZET6 项目\STM32F103ZET6_OS 模板"创建一个 STM32F103VET6 项目。采用第 1 章的测试程序，代码如下：

```
#include "include/bsp.h"
#include "include/led_key.h"
CLed led1(LED1);
void loop()
{
    !led1;
    delay(300);
}
```

在 Obtain_Studio 中编译和下载，接线和运行效果如图 4-5 所示。

图 4-5　LED 驱动测试程序运行效果

4.2.3　STM32F103VET6 与 STM32F030F4P6 程序的异同

1. STM32F103VET6 与 STM32F030F4P6 程序的相同之处

从上述程序可以看出，STM32F103VET6 程序与前 3 章介绍的 STM32F030F4P6 完全相同。之所以能实现程序的完全相同，是因为采用了第 1 章 1.5 节"实现与板无关的程序设计"中所介绍的设计方法。采用该方法，不仅可以做到用户主要程序与板无关，还可以做到与具体芯片无关。

(1) 与板无关

这里是指对于某一个芯片，例如 STM32F103VET6，不管是哪一种开发板，或者哪

一个厂家生产的开发板，都可以采用相同的主程序完成相同的任务，如完成上述 LED 闪烁。

(2) 与芯片无关

这里指对于多种不同的芯片，例如 STM32F103VET6、STM32F030F4P6，都可以采用相同的主程序完成相同的任务，如完成上述 LED 闪烁。

2. STM32F103VET6 与 STM32F030F4P6 程序的不同之处

STM32F103VET6 程序与前 3 章介绍的 STM32F030F4P6 程序的不同之处在于底层，也就是在端口映射、存储器容量、标准库和编译时使用的芯片架构不同。

(1) 端口映射不同

在 include 子目录下的 io_map. h 文件之中，有端口映射的定义，其定义与上述原理图中 LED 的连接完全相同，代码如下：

```
#define LED1   PORT_B,PIN_2
#define LED2   PORT_D,PIN_3
#define LED3   PORT_E,PIN_2
#define LED4   PORT_E,PIN_3
```

(2) 芯片的存储器容量不同

在\build\lib\中，扩展名为 ld 的文件 STM32F10x_128k_20k_flash. ld，是链接描述脚本文件。

链接描述脚本描述了各个输入文件的各个 section 如何映射到输出文件的各 section 中(如何将多个目标文件中的各个 section 映射到单个输出文件的 section 中)，并控制输出文件中 section 和符号的内存布局。目标文件中每个 section 都有名字和大小，而且可以标识为 loadable(表示该 section 可以加载到内存中)、allocatable(表示必须为这个 section 开辟一块空间，但是没有实际内容下载到这里)。如果不是 loadable 或者 allocatable，则一般含有调试信息。在 STM32F10x_128k_20k_flash. ld 文件中有以下内存信息定义：

```
MEMORY
{
    RAM        (RWX) :ORIGIN = 0x20000000 + 0,LENGTH = 64K-0
    EXTSRAM    (RWX) :ORIGIN = 0x68000000,LENGTH = 0
    FLASH      (RX)  :ORIGIN = 0x08000000 + 0,LENGTH = 512K-2K-0
    EEMUL      (RWX) :ORIGIN = 0x08000000 + 512K-2K,LENGTH = 2K
}
```

RAM 是静态存储器，类型是可读/写和执行(RWX)，起始地址是 0x20000000，大小是 64 KB。FLASH 的信息相似，是程序存储器。EXTSRAM 是外部 RAM，目前没有用到。EEMUL 是使用 FLASH 中最后 2 KB 来作为 EEPROM，即用来存储数据。

(3) 使用的STM32标准库不同

在第3章中使用的STM32标准库是STM32F0xx库，而本章使用的是STM32F10x库。在bsp.h之中引用了头文件“#include "lib.h"”，而lib.h的内容如下：

```
#ifdef __cplusplus
extern "C" {
#endif
#include <stdint.h>
#include <stdio.h>
#include "stm32f10x.h"
//#include "platform_config.h"
#include "stm32f10x_my_nvic.h"
#include     "stm32f10x_exti.h"
#ifdef __cplusplus
}
#endif
```

(4) 编译时使用的芯片架构不同

在编译命令文件makefile中，定义了编译时使用的芯片架构，makefile中有如下代码：

```
MCU        = cortex-m3
```

编译时使用的参数为-mcpu＝cortex-m3，表示编译生成代表的运行目标内核是Cortex-M3；没有指定浮点处理的类型，默认为软件类型。在前3章中，此处的定义如下：

```
MCU        = -mcpu = cortex-m0
FPU        = -mfloat-abi = softfp-mfpu = fpv4-sp-d16
```

前3章中编译生成代表的运行目标内核是Cortex-M0，浮点处理的类型为softfp(软件实现)，实现标准为fpv4-sp-d16。

4.3 自己设计一个简单的操作系统

4.3.1 引入操作系统

1. 为何首先讲解操作系统

前面介绍的STM32程序，都是以main函数为核心，所有程序都在main函数之中

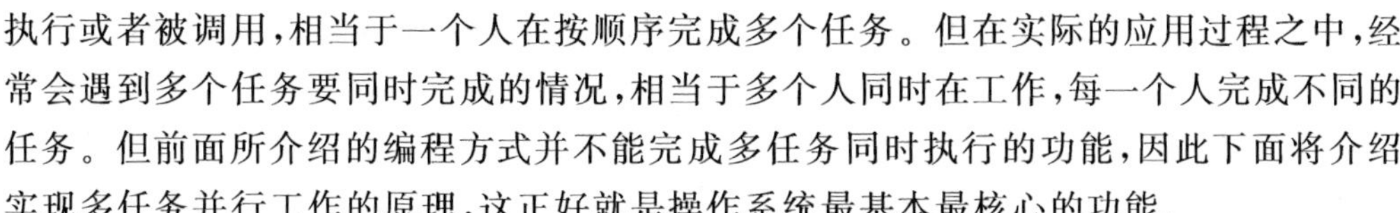

执行或者被调用,相当于一个人在按顺序完成多个任务。但在实际的应用过程之中,经常会遇到多个任务要同时完成的情况,相当于多个人同时在工作,每一个人完成不同的任务。但前面所介绍的编程方式并不能完成多任务同时执行的功能,因此下面将介绍实现多任务并行工作的原理,这正好就是操作系统最基本最核心的功能。

操作系统最核心的功能是多任务管理,包括任务创建、内存分配和任务切换等。下面将介绍如何实现最简单的STM32应用程序多任务管理。

2. 物联网操作系统

物联网操作系统是指应用于物联网系统之中的操作系统。它可以看成是一种面向物联网应用的嵌入式操作系统。嵌入式操作系统(EOS)是指用于嵌入式系统的操作系统。它是一种用途广泛的系统软件,通常包括硬件的底层驱动软件、系统内核、设备驱动接口、通信协议、图形界面、标准化浏览器等。嵌入式系统分为4层:硬件层、驱动层、操作系统和应用层。嵌入式操作系统负责嵌入式系统的全部软、硬件资源的分配,任务的调度、控制、协调并发活动。它必须体现其所在系统的特征,能够通过装卸某些模块来达到系统所要求的功能,是一种用途广泛的系统软件。

物联网操作系统与传统的个人计算机操作系统和智能手机类操作系统不同,它具备物联网应用领域内的一些特点。

(1) 内核的特点

① 内核尺寸伸缩性强,能够适应不同配置的硬件平台。比如,一个极端的情况下,内核尺寸必须维持在10 KB以内,以支撑内存和CPU性能都很受限的传感器,这时候内核具备基本的任务调度和通信功能即可。在另一个极端的情况下,内核必须具备完善的线程调度、内存管理、本地存储、复杂的网络协议、图形用户界面等功能,以满足高配置的智能物联网终端的要求。

这时候的内核尺寸,不可避免地会大大增加,可以达到几百KB,甚至MB级。这种内核尺寸的伸缩性,可以通过两个层面的措施来实现:重新编译和二进制模块选择加载。

② 内核的实时性必须足够强,以满足关键应用的需要。大多数的物联网设备,要求操作系统内核要具备实时性,因为很多的关键性动作,必须在有限的时间内完成,否则将失去意义。内核的实时性包含很多层面的意思:首先是中断响应的实时性,一旦外部中断发生,操作系统必须在足够短的时间内响应中断并做出处理;其次是线程或任务调度的实时性,一旦任务或线程所需的资源或进一步运行的条件准备就绪,必须能够马上得到调度。显然,基于非抢占式调度方式的内核很难满足这些实时性要求。

(2) 外围模块的特点

① 外围模块指为了适应物联网的应用特点,操作系统应该具备的一些功能特征,比如远程维护和升级等。同时也指为了扩展物联网操作系统内核的功能范围而开发的一些功能模块,比如文件系统、网络协议栈等。

② 对物联网常用的无线通信功能要内置支持。比如支持GPRS/3G/HSPA/4G

等公共网络的无线通信功能，同时要支持 ZigBee/NFC/RFID 等近场通信功能，支持 WLAN/Ethernet 等桌面网络接口功能。这些不同的协议之间要能相互转换，把从一种协议获取到的数据报文转换成另一种协议的报文发送出去。除此之外，还应支持短信息的接收和发送、语音通信、视频通信等功能。

③ 支持完善的 GUI 功能。图形用户界面一般应用于物联网的智能终端中，完成用户与设备的交互。GUI 应该定义一个完整的框架，以方便图形功能的扩展；同时应该实现常用的用户界面元素，如文本框、按钮、列表等。另外，GUI 模块应该与操作系统核心分离，最好支持二进制的动态加载功能，即操作系统核心根据应用程序需要，动态加载或卸载 GUI 模块。GUI 模块的效率要足够高，从用户输入确认到具体的动作开始执行之间的时间(可以叫作 click-launch 时间)要足够短，不能出现用户单击了确定，而任务的执行却等待很长时间的情况。

4.3.2 操作系统最核心的多任务管理

1. 一个典型的 STM32 应用程序结构

操作系统最核心的内容就是多任务管理。典型的 STM32 应用程序通常是以 main 函数作为整个应用程序的入口函数，所有的用户功能都从此处开始。在 main 函数中，首先要做的事情是应用系统的初始化，完成所有的初始化，然后进入一个以 while(1)无限循环为基础的应用程序任务处理程序中。

```
int  main()
{
    //初始化
    while()
    {
            //工作
    }
}
```

应用程序任务处理程序中，通常又有多个任务，可以把这些任务全部在 while(1) 循环中直接实现。

```
int  main()
{
    //初始化
    while()
    {
            //任务 1
            //任务 2
```

```
            //任务 3
        }
    }
```

下面以 LED1 和 LED2 闪烁的方式来说明一个 STM32 应用程序中的两个不同的工作任务。

```
#include "include/bsp.h"
#include "include/led_key.h"
CBsp bsp;
CLed led1(LED1),led2(LED2),led3(LED3);
void delay(volatile unsigned long time)//延时函数
{
    for(volatile unsigned long i = 0;i < time;i ++ )
        for(volatile unsigned long j = 0;j < 1400;j ++ );
}
int main()
{
    bsp.Init();                   //初始化
    while(1)
    {
        led1.On();                //任务 1 开始
        delay(200);
        led1.Off();
        delay(200);
        led2.On();                //任务 2 开始
        delay(1000);
        led2.Off();
        delay(1000);
    }
    return 0;
}
```

2. 任务的分离

把所有任务的实现全部写在 while(1) 循环中的做法不太好，这样做使 main 函数看起来非常复杂，不方便分析程序，也不利于系统的维护。因此，好的做法是把每一个任务都用各自的函数来实现，在 while(1) 循环里只要调用任务函数即可。这样的 main 函数实现代码如下：

```
int main()
{
    bsp.Init();
    while(1)
    {
        task1();  //任务 1
        task2();  //任务 2
    }
    return 0;
}
```

这种写法使 main 函数看起来简洁许多,整个系统的结构和功能只要看一下 main 函数即一目了然。main 函数调用的两个任务函数可写成如下形式:

```
void  task1(void )
{
    led1.On();
    delay(200);
    led1.Off();
    delay(200);
}
```

```
void  task2(void )
{
    led2.On();
    delay(1000);
    led2.Off();
    delay(1000);
}
```

3. 任务的集中管理

实现任务的集中管理功能:一是添加一个保存任务的数组 ProcessTable;二是创建一个添加新任务的函数 add;三是创建一个执行任务的函数 run。程序代码如下:

```
#define  STACK_MAX    8
volatile static unsigned char Stack_count = 0;
static unsigned long ProcessTable[STACK_MAX + 1];
void add(void ( * exec)())
{
    if(Stack_count >= STACK_MAX)return;
    ProcessTable[Stack_count ++ ] = reinterpret_cast <unsigned long >(exec);
    //把任务入口地址赋给任务数组
}
void run()
{
    for(int i = 0;i <Stack_count;((void ( * )())ProcessTable[i ++ ])());
}
int main()
{
```

```
    bsp.Init();
    add(task0);              //创建任务 0
    add(task1);              //创建任务 1
add(task2);                  //创建任务 2
while(1) {  run();  }        //运行任务
    return 0;
}
```

4. 任务的“切换”工作

在 STM32 以 Cortex-M3 为内核的处理器时，最方便的定时器就是 SysTick 了，用 SysTick 来定时切换任务的执行，而不用 delay 函数来延时。这样看起来任务好像是“并行”工作一样。使用 systick 定时器切换任务的程序代码如下：

```
void  task0(void )//任务 0
{
    led1.isOn()?led1.Off():led1.On();
}
void  task1(void ) //任务 1
{
    led2.isOn()?led2.Off():led2.On();
}
void  task2(void ) //任务 2
{
    led3.isOn()?led3.Off():led3.On();
}
#define  scmRTOS_PROCESS_COUNT    8    //宏定义任务的最大值
volatile static unsigned char Stack_count = 0;
static unsigned long ProcessTable[scmRTOS_PROCESS_COUNT + 1];
void add(void ( * exec)())
{
    if(Stack_count > = scmRTOS_PROCESS_COUNT)return;
    ProcessTable[Stack_count ++ ] = reinterpret_cast <unsigned long >(exec);
}
extern "C" RAMFUNC void SysTick_Handler(void)
{
    for(int i = 0;i <Stack_count;((void ( * )())ProcessTable[i ++ ])());
}
int main()
{
    bsp.Init();//系统初始化
    add(task0);//创建任务
```

```
    add(task1);
    add(task2);
    SysTick_Config(SystemFrequency/5);
    while(1){}
    return 0;
}
```

5. 任务的休眠

休眠函数与普通延时函数的不同之处：休眠函数把休眠的时间放给定时器中断来解决，这样不会占用 CPU 的时间来等待；而普通延时函数则采用一个 for 循环来耗时，这样就白白地浪费了 CPU 的时间。

任务的休眠方式的程序代码如下：

```
#define   scmRTOS_PROCESS_COUNT     8
volatile static unsigned long SleepTable[scmRTOS_PROCESS_COUNT + 1] = {0};
volatile static unsigned char Sleep_id = 0;//休眠任务的 ID
void sleep(volatile unsigned long tim)
{
    SleepTable[Sleep_id] = tim;
}
void  task0(void )
{
    led1.isOn()?led1.Off():led1.On();
    sleep(1);
}
void  task1(void )
{
    led2.isOn()?led2.Off():led2.On();
    sleep(5);
}
void  task2(void )
{
    led3.isOn()?led3.Off():led3.On();
    sleep(10);
}
volatile static unsigned char Stack_count = 0;
volatile static unsigned long ProcessTable[scmRTOS_PROCESS_COUNT + 1];
void add(void ( * exec)())
{
```

```
    if(Stack_count > = scmRTOS_PROCESS_COUNT)return;
    ProcessTable[Stack_count ++ ] = reinterpret_cast <unsigned long >(exec);
}

extern "C" RAMFUNC void SysTick_Handler(void)
{
    for(volatile int i = 0;i <Stack_count;i ++ )
    {

        if(SleepTable[i]< = 0)  //任务休眠结束
        {
              Sleep_id = i;
             ((void ( * )())ProcessTable[i])();//运行任务
         }
         else
             -- SleepTable[i];//休眠时间未到,计时减少
    }
}
int main()
{
    bsp.Init();
    add(task0);
    add(task1);
    add(task2);
    SysTick_Config(SystemFrequency/5);
    while(1){}
    return 0;
}
```

6. 小　结

上面的任务切换,前提条件是每一个任务都会在下一次切换定时器中断到来之前结束任务的执行,否则无法产生新的中断,这样大的任务就多占了 CPU 的时间。当然,这样的情况并不会出现“HardFault”异常,仅仅是无法及时执行别的任务而已。如果大的任务完成,那么其他任务还是会继续被执行。因此,在一些对实时性要求不高的场合,可以采用上述方式实现多任务的切换工作。

采用上述任务的休眠方式的优点如下:

① 每一次任务的执行是连贯的,即每一个任务会被执行完成一次之后,才切换到其他任务,保证了单次任务执行的完整性。

② 采用了任务休眠的方式,避免了 CPU 的空循环延时,从而提高了 CPU 的有效使用率。

③ 任务切换所需要的额外开销很小，即无须占用过多的 CPU 时间和内容空间。

此休眠方式的缺点：实时性差，每个任务前后两次执行的时间间隔可能会因大任务的占用而延迟。

4.3.3 实时任务切换基础

1. 实时任务切换函数

为了使每个任务比较均匀地拥有 CPU 时间，或者可以根据任务的优先级占用 CPU 时间，而不是被大任务多占用 CPU 时间，而需要在大任务未完成一次执行时，也让系统中断它，先去按规则完成其他任务的执行，等轮到该大任务执行时，再从该任务被中断之处继续执行，而不是从头开始执行该任务。

为了让一个已经被中断的任务再恢复到被中断处继续执行，就必须保存被中断处的消息，包括 PC、SP 以及 R0～R15 等寄存器的值。这些操作都要用汇编指令来完成，许多的 Cortex-M3 嵌入式实时操作系统任务切换的功能，都采用了如下的汇编程序或类似的程序：

```
.thumb_func
PendSV_Handler:
    CPSID    I //上下文切换时关闭中断
    MRS      R0,PSP //读取 PSP(R13)到 R0,PSP 是进程堆栈指针
    CBZ      R0,nosave //PSP 为 0 跳到 nosave,即第一次不保存上文,直接进入下文
    STMDB R0!,{R4-R11} //将剩余的 R4～R11 保存在进程堆栈上
  //此时,进程的整个上下文已被保存
    PUSH     {R14} //保存 LR ExcRead 返回值
    LDR      R1, = OS_ContextSwitchHook //读取入口 OS_ContextSwitchHook()地址到 R1
    BLX      R1 //跳转到 R1,就是跳转到 OS_ContextSwitchHook()
    POP      {R14} //恢复寄存器列表

ContextRestore:
  //R0 是新的过程 SP;
    LDMIA R0!,{R4-R11} //恢复 R4～R11,从新的进程堆栈
    MSR      PSP,R0 //用新进程 SP 加载 PSP
    ORR      LR,LR,#0x04 //确保异常返回使用进程堆栈
    CPSIE    I //开中断
    BX       LR //异常返回,将恢复剩余上下文
nosave:
    MOV R0,R2 //R2 保持第一个任务 SP
    LDR      R1, = NVIC_ST_CTRL //启用和运行 SysTick
    LDR      R2, = (NVIC_ST_CTRL_CLK_SRC|NVIC_ST_CTRL_INTEN|NVIC_ST_CTRL_ENABLE)
```

```
STR    R2,[R1]  //从源寄存器中将一个32位的字数据传送到存储器中

B  ContextRestore  //跳转到ContextRestore
```

上面这个汇编程序是 scmRTOS 采用的任务切换程序。

2. 深入理解 SP、LR 和 PC

深入理解 ARM 的 SP、LR 和 PC 这 3 个寄存器，对编程以及操作系统的移植都有很大的裨益。

(1) 堆栈指针 R13(SP)

每一种异常模式都有其自己独立的 R13，它通常指向异常模式所专用的堆栈，也就是说 5 种异常模式、非异常模式(用户模式和系统模式)，都有各自独立的堆栈，用不同的堆栈指针来索引。这样当 ARM 进入异常模式时，程序就可以把一般通用寄存器压入堆栈，返回时再出栈，保证了各种模式下程序的状态的完整性。

(2) 连接寄存器 R14(LR)

每种模式下 R14 都有自身版本，它有两个特殊功能。

① 保存子程序返回地址。使用 BL 或 BLX 时，跳转指令自动把返回地址放入 R14 中；子程序通过把 R14 复制到 PC 来实现返回，通常用下列指令之一：

```
MOV PC,LR;PC = LR
BX LR
```

通常子程序这样写，保证了子程序中还可以调用子程序。

```
stmfd sp!,{lr}
……
ldmfd sp!,{pc}
```

② 当异常发生时，异常模式的 R14 用来保存异常返回地址，将 R14 入栈可以处理嵌套中断。

(3) 程序计数器 R15(PC)

PC 是有读/写限制的。当没有超过读取限制时，读取的值是指令的地址加上 8 字节，由于 ARM 指令总是以字对齐的，故 bit[1:0]总是 00。当用 str 或 stm 存储 PC 时，偏移量有可能是 8 或 12 等其他值。在 V3 及以下版本中，写入 bit[1:0]的值将被忽略，而在 V4 及以上版本写入 R15 的 bit[1:0]必须为 00，否则后果不可预测。

3. ARM 函数调用原理

ATPCS 即 ARM-Thumb 过程调用标准(ARM-Thumb Procedure Call Standard)的简称。它规定了应用程序的函数可以如何分开地写，分开地编译，最后将它们连接在一起，所以它实际上定义了一套有关过程(函数)调用者与被调用者之间的协议。

(1) ATPCS 寄存器的使用规则

① 子程序通过寄存器 R0～R3 来传递参数。这时寄存器可以记为：A1～A4，被调

用的子程序在返回前无须恢复寄存器 R0～R3 的内容。

② 在子程序中，使用 R4～R11 来保存局部变量。这时寄存器 R4～R11 可以记作：V1～V8。如果在子程序中使用到 V1～V8 的某些寄存器，则子程序进入时必须保存这些寄存器的值，在返回前必须恢复这些寄存器的值，对于子程序中没有用到的寄存器则不必执行这些操作。在 THUMB 程序中，通常只能使用寄存器 R4～R7 来保存局部变量。

③ 寄存器 R12 用作子程序间 scratch 寄存器，记作 IP；在子程序的连接代码段中经常会有这种使用规则。

④ 寄存器 R13 用作数据栈指针，记作 SP，在子程序中寄存器 R13 不能用作其他用途。寄存器 SP 在进入子程序时的值和退出子程序时的值必须相等。

⑤ 寄存器 R14 用作连接寄存器，记作 LR；它用于保存子程序的返回地址，如果在子程序中保存了返回地址，则 R14 可用作其他的用途。

⑥ 寄存器 R15 是程序计数器，记作 PC；它不能用作其他用途。

⑦ ATPCS 中的各寄存器在 ARM 编译器和汇编器中都是预定义的。

(2) 参数的传递规则

根据参数个数是否固定，可以将子程序分为参数个数固定的子程序和参数个数可变的子程序。这两种子程序的参数传递规则是不同的。

1）参数个数可变的子程序的参数传递规则

对于参数个数可变的子程序，当参数不超过 4 个时，可以使用寄存器 R0～R3 来进行参数传递；当参数超过 4 个时，还可以使用数据栈来传递参数。在参数传递时，将所有参数看作是存放在连续的内存单元中的字数据。然后，依次将各字数据传送到寄存器 R0～R3 中；如果参数多于 4 个，则将剩余的字数据传送到数据栈中，入栈的顺序与参数顺序相反，即最后一个字数据先入栈。按照上面的规则，一个浮点数参数可以通过寄存器传递，也可以通过数据栈传递，也可能一半通过寄存器传递，另一半通过数据栈传递。

2）参数个数固定的子程序的参数传递规则

对于参数个数固定的子程序，参数传递与参数个数可变的子程序的参数传递规则不同，如果系统包含浮点运算的硬件部件，则浮点参数将按照下面的规则传递：各个浮点参数按顺序处理；为每个浮点参数分配 FP 寄存器，分配的方法是，满足该浮点参数需要的且编号最小的一组连续的 FP 寄存器。第一个整数参数通过寄存器 R0～R3 来传递，其他参数通过数据栈传递。

(3) 子程序结果返回规则

① 结果为一个 32 位的整数时，可以通过寄存器 R0 返回。

② 结果为一个 64 位的整数时，可以通过 R0 和 R1 返回，依此类推。

③ 结果为一个浮点数时，可以通过浮点运算部件的寄存器 f0、d0 或者 s0 来返回。

④ 结果为一个复合的浮点数时，可以通过寄存器 f0～fN 或者 d0～dN 来返回。

⑤ 对于位数更多的结果，需要通过调用内存来传递。

(4) 实　例

下面是一个函数调用的实例,程序如下:

```
test_asm_args.asm
//----------------------------
        IMPORT test_c_args;声明 test_c_args 函数
        AREA TEST_ASM,CODE,READONLY
        EXPORT test_asm_args
test_asm_args
       STR lr,[sp,#-4]! ;保存当前 lr
        ldr r0, = 0×10   ;参数 1
        ldr r1, = 0×20   ;参数 2
        ldr r2, = 0×30   ;参数 3
        ldr r3, = 0×40   ;参数 4
        bl test_c_args   ;调用 C 函数
        LDR pc,[sp],#4  ;将 lr 装进 pc(返回 main 函数)
        END
test_c_args.c
//----------------------------
void test_c_args(int a,int b,int c,int d)
{
        printk("test_c_args:\n");
        printk(" %0x %0x %0x %0x\n",a,b,c,d);
}
main.c
//----------------------------
int main()
{
     test_asm_args();
     for(;;);
}
```

程序从 main 函数开始执行,main 调用了 test_asm_args,test_asm_args 调用了 test_c_args,最后从 test_asm_args 返回 main。

代码分别使用了汇编和 C 语言定义了两个函数:test_asm_args 和 test_c_args。test_asm_args 调用了 test_c_args,其参数的传递方式就是向 R0~R3 分别写入参数值,之后使用 bl 语句对 test_c_args 进行调用。test_asm_args 在调用 test_c_args 之前必须把当前的 LR 入栈,调用完 test_c_args 之后再把刚才保存在栈中的 LR 写回 PC,这样才能返回到 main 函数中。

4. 任务调度工作原理

任务调度工作原理是由嘀嗒定时器中断来实现的。嘀嗒定时器中断,相当于操作系统的心脏，给操作系统提供心跳，嘀嗒定时器会一直不停地不断触发中断。在它的中断服务函数中，提供进程/任务的上下文切换和任务调度的工作。两个任务间通过 SysTick 轮转调度的简单模式如图 4－6 所示。

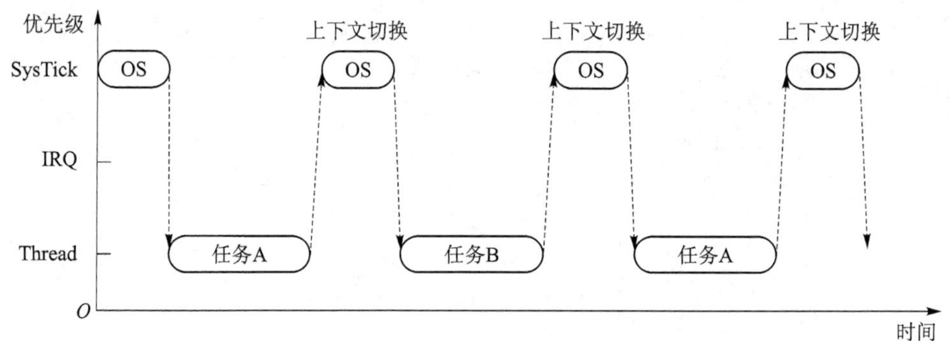

图 4－6　两个任务间通过 SysTick 轮转调度的简单模式

这是最简单的调度模式，如果在嘀嗒定时器中断的过程中，发生了其他中断，该怎么办？也就是说，若在产生 SysTick 异常时正在响应一个中断，则 SysTick 异常会抢占其 ISR，如图 4－7 所示。

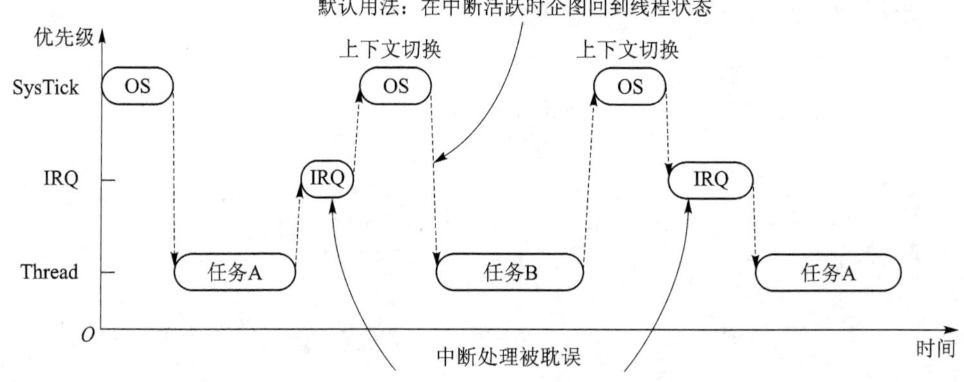

图 4－7　发生 IRQ 时任务切换的问题

很显然，对于一个实时操作系统，中断的优先级必然是高的，不能为了任务切换而延迟响应其他中断，所以早期的操作系统大多检测当前是否有中断在活跃，只有在没有任何中断需要响应时，才执行上下文切换，显然这样是不太好的，毕竟中断是有突发性的。因此引入了 PendSV，叫可挂起系统中断。

PendSV 的作用是会自动延迟上下文切换的请求，直到其他的 ISR 都完成后才会放行，其实它相当于上下文切换的缓冲作用，为了实现这个机制，需要将 PendSV 编程为最低优先级。当 OS 检测到某 IRQ 正在活动，并且被 SysTick 抢占，它将触发一个 PendSV 异常，以便缓期执行上下文切换。使用 PendSV 控制任务切换过程如图 4－8 所示。

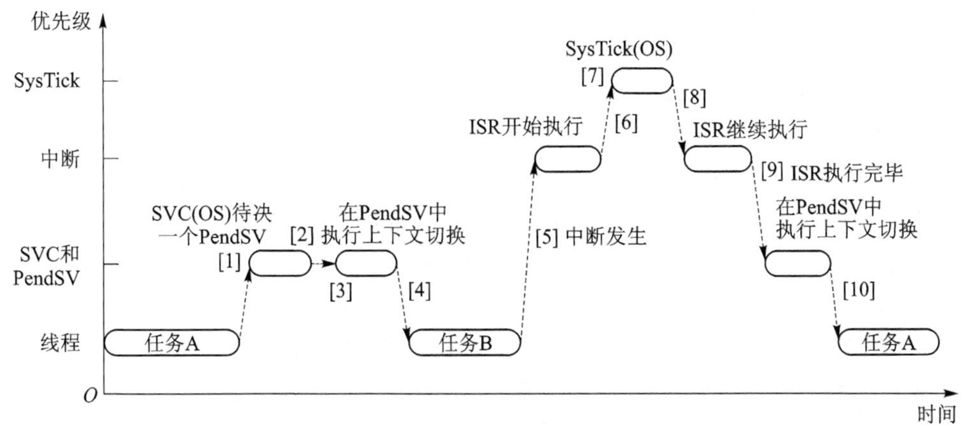

图 4-8　使用 PendSV 控制任务切换

5. 深度了解 PendSV 中断

PendSV 是可悬挂异常，如果把它配置为最低优先级，那么如果同时有多个异常被触发，它会在其他异常执行完毕后再执行，而且任何异常都可以中断它。

OS 可以利用它“缓期执行”一个异常——直到其他重要的任务完成后才执行动作。悬挂 PendSV 的方法：手工往 NVIC 的 PendSV 悬挂寄存器中写 1。悬挂后，如果优先级不够高，则将缓期等待执行。

PendSV 的典型使用场合是在上下文切换时(在不同任务之间切换)。例如，一个系统中有两个就绪的任务，上下文切换被触发的场合如下：

① 执行一个系统调用；

② 系统嘀嗒定时器(SysTick)中断，轮转调度中需要。

举个简单的例子来辅助理解。假设有这么一个系统，里面有两个就绪的任务，并且通过 SysTick 异常启动上下文切换。但若在产生 SysTick 异常时正在响应一个中断，则 SysTick 异常会抢占其 ISR。在这种情况下，OS 是不能执行上下文切换的，否则将使中断请求被延迟，而且在真实系统中延迟时间还往往不可预知——任何有实时要求的系统都决不能容忍这种事。因此，在 Cortex-M3 中也是严禁的——如果 OS 在某中断活跃时尝试切入线程模式，将触犯用法 fault 异常。

为解决此问题，早期的 OS 大多会检测当前是否有中断在活跃中，只有在无任何中断需要响应时，才执行上下文切换(切换期间无法响应中断)。然而，这种方法的弊端在于，它可以把任务切换动作拖延很久(因为如果抢占了 IRQ，则本次 SysTick 在执行后不得进行上下文切换，只能等待下一次 SysTick 异常)，尤其是当某中断源的频率与 SysTick 异常的频率比较接近时，会发生“共振”，使上下文切换迟迟不能进行。现在，PendSV 能完美解决这个问题。PendSV 异常会自动延迟上下文切换的请求，直到其他的 ISR 都完成了处理后才放行。为实现这个机制，需要把 PendSV 编程为最低优先级的异常。如果 OS 检测到某 IRQ 正在活动并且被 SysTick 抢占，它将悬挂一个

PendSV 异常，以便缓期执行上下文切换。

使用 PendSV 控制上下文切换事件的流水账记录如下：

① 任务 A 呼叫 SVC 来请求任务切换(例如，等待某些工作完成)。

② OS 接收到请求，做好上下文切换的准备，并且悬挂一个 PendSV 异常。

③ 当 CPU 退出 SVC 后，它立即进入 PendSV，从而执行上下文切换。

④ 当 PendSV 执行完毕后，将返回到任务 B，同时进入线程模式。

⑤ 发生了一个中断，并且中断服务程序开始执行。

⑥ 在 ISR 执行过程中，发生 SysTick 异常，并且抢占了该 ISR。

⑦ OS 执行必要的操作，然后悬挂 PendSV 异常以做好上下文切换的准备。

⑧ 当 SysTick 退出后，回到先前被抢占的 ISR 中，ISR 继续执行。

⑨ ISR 执行完毕并退出后，PendSV 服务例程开始执行，并且在里面执行上下文切换。

⑩ 当 PendSV 执行完毕后，回到任务 A，同时系统再次进入线程模式。

在 μCOS 的 PendSV 的处理代码中可以看到：

```
OS_CPU_PendSVHandler
    CPSID I;关中断
    ;保存上文
    ;.......................
    ;切换下文
    CPSIE I;开中断
    BX LR;异常返回
```

它在异常一开始就关闭了中断，结束时开启中断，中间的代码为临界区代码，即不可被中断的操作。PendSV 异常是任务切换堆栈部分的核心，由它来完成上下文切换。PendSV 的操作也很简单，主要有设置优先级和触发异常两部分：

```
NVIC_INT_CTRL EQU 0xE000ED04;中断控制寄存器
NVIC_SYSPRI14 EQU 0xE000ED22;系统优先级寄存器(优先级 14)
NVIC_PENDSV_PRI EQU 0xFF;PendSV 优先级(最低)
NVIC_PENDSVSET EQU 0x10000000;PendSV 触发值

;设置 PendSV 的异常中断优先级

LDR R0, = NVIC_SYSPRI14
LDR R1, = NVIC_PENDSV_PRI
STRB R1,[R0];触发 PendSV 异常
LDR R0, = NVIC_INT_CTRL
LDR R1, = NVIC_PENDSVSET
STR R1,[R0]
```

4.3.4　最简单的操作系统

以上述两个汇编语言程序构成的任务切换函数和任务启动函数为基础，可以创建一个最简单的操作系统。由于功能过于简单，实际上它还不是真正意义上的操作系统，更准确的叫法应该是“实时任务切换系统”。

1. 操作系统全部源代码

该操作系统全部源代码共有30多行。对于下面简单的测试程序，不加操作系统时，生成的bin文件总字长为15 656字节，加上以std::malloc函数的方式分配内存，生成的bin文件总字长为16 600字节。由此可见，操作全部源代码生成的二进制代码长度为(16 600－15 656)＝944字节。当然，如果采用C＋＋的new操作符分配内存，则生成的二进制代码长度要长许多。

```
#define  scmRTOS_PROCESS_COUNT    8
static volatile unsigned char CurProcPriority = 0;
static volatile unsigned char SchedProcPriority = 0;
static volatile unsigned char task_count = 0;
extern "C" void OS_Start(unsigned long * sp);
static unsigned long * ProcessTable[scmRTOS_PROCESS_COUNT + 1];
inline void Run()
{
    *( unsigned long * ) 0xE000ED22 | = 0xFF;//设置 PendSV 异常为最低优先级
    *( unsigned long * ) 0xE000ED23 | = 0xFF;//SysTick 异常的优先级(最低)
    SysTick_Config(SystemFrequency/1000);
    OS_Start(ProcessTable[CurProcPriority]);
    __asm__ __volatile__ ("cpsie i");//开总中断
}
extern "C" unsigned long * OS_ContextSwitchHook(unsigned long * sp)
{
    ProcessTable[CurProcPriority] = sp;
    sp = ProcessTable[SchedProcPriority];
    CurProcPriority = SchedProcPriority;
    return sp;
}
extern "C" void SysTick_Handler()
{
    SchedProcPriority ++ ;
    if(SchedProcPriority > = task_count)SchedProcPriority = 0;
    *( unsigned long * ) 0xE000ED04 | = 0x10000000;//使能 PendSV 中断
}
```

```
//#include <cstdlib>
void add(unsigned short stack_size,void (*exec)())
{
  //ProcessTable[task_count] = (unsigned long*)std::malloc(stack_size);
ProcessTable[task_count] =
new unsigned long[stack_size/sizeof(unsigned long)];
     *(--ProcessTable[task_count]) = 0x01000000L;//xPSR
 *(--ProcessTable[task_count]) =
reinterpret_cast<unsigned long>(exec);//Entry Point
    ProcessTable[task_count] -= 14;
    task_count++;
}
```

2. 测试程序全部源代码

测试程序全部源代码如下：

```
#include "include/bsp.h"
#include "include/led_key.h"
static CBsp bsp;
CLed led1(LED1),led2(LED2),led3(LED3),led4(LED4);
#include "Obtain_os.h"
void delay(volatile unsigned long time)
{
    for(volatile unsigned long i = 0;i<time;i++)
        for(volatile unsigned long j = 0;j<1400;j++);
}

void  task0(void)
{
    while(1)
    {
        led1.isOn()?led1.Off():led1.On();
        delay(330);
    }
}
void  task1(void)
{
    while(1)
    {
        led2.isOn()?led2.Off():led2.On();
        delay(830);
```

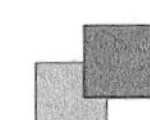

```
        }
    }
    void  task2(void )
    {
        while(1)
        {
            led3.isOn()?led3.Off():led3.On();
            delay(2300);
        }
    }
    void  task3(void )
    {
        while(1)
        {
            led4.isOn()?led4.Off():led4.On();
            delay(5300);
        }
    }
    int main()
    {
        add(300,task0);
        add(300,task1);
        add(300,task2);
        add(300,task3);
        Run();
        while(1){ }
        return 0;
    }
```

4.3.5　为操作系统加上任务休眠功能

1. 具有任务休眠功能的操作系统代码

具有任务休眠功能的完整操作系统共有 50 多行的源程序，主要是在上面所介绍的最简单的操作系统代码中加入了休眠计数数组、休眠函数以及调试函数 3 个功能。具有任务休眠功能的完整操作系统源代码如下：

```
#define   scmRTOS_PROCESS_COUNT      8      //最大任务数
static volatile unsigned char CurProcPriority = 0;
static volatile unsigned char SchedProcPriority = 0;
```

```
static volatile unsigned char task_count = 0;
extern "C" void OS_Start(unsigned long * sp);
static unsigned long * ProcessTable[scmRTOS_PROCESS_COUNT + 1];
static volatile unsigned long SleepTable[scmRTOS_PROCESS_COUNT + 1] = {0};
void Scheduler()
{
    SchedProcPriority = 0;
    for(volatile unsigned char j = 1;j < task_count;j ++ )
        if(SleepTable[j] == 0)
            SchedProcPriority = j;
     * ( unsigned long * ) 0xE000ED04 | = 0x10000000;//Raise Context Switch;
}
inline void sleep(volatile unsigned char ID,volatile unsigned long tim)
{
    SleepTable[ID] = tim;
    Scheduler();
}
inline void sleep(volatile unsigned long tim)
{
    sleep(CurProcPriority,tim);
}
inline void Run()
{
    * ( unsigned long * ) 0xE000ED22 | = 0xFF;
    * ( unsigned long * ) 0xE000ED23 | = 0xFF;
    SysTick_Config(SystemFrequency/1000);  //1 ms 切换一次
    OS_Start(ProcessTable[CurProcPriority]);
    __asm__ __volatile__ ("cpsie i");
}
extern "C" unsigned long * OS_ContextSwitchHook(unsigned long * sp)
{
    ProcessTable[CurProcPriority] = sp;
    sp = ProcessTable[SchedProcPriority];
    CurProcPriority = SchedProcPriority;
    return sp;
}
extern "C" void SysTick_Handler()
{
    for(volatile unsigned char i = 1;i < task_count;i ++ )
        if(SleepTable[i]>0)
            SleepTable[i] -= 1;
    Scheduler();
```

```
}
//#include <cstdlib>
void add(unsigned short stack_size,void (*exec)())
{
  //ProcessTable[task_count] = (unsigned long *)std::malloc(stack_size);
ProcessTable[task_count] =
new unsigned long[stack_size/sizeof(unsigned long)];
     *(--ProcessTable[task_count])   = 0x01000000L;   //xPSR
 *(--ProcessTable[task_count])   =
reinterpret_cast<unsigned long>(exec);//Entry Point
    ProcessTable [task_count] -= 14;
    task_count++;
}
```

2. 具有任务休眠功能的测试程序

在实时多任务系统里，每一个任务就是一个线程。由于已经加入休眠功能，那么程序在执行过程中，需设置一个主线程，其作用是当其他任务都处于休眠状态时，就让 CPU 总是执行该主线程。如果没有主线程，那么如果任务都处于休眠状态，则调试程序就不知道该做什么工作了。为了便于程序设计，上面的操作系统把任务 0(即第 1 个调用 add 函数加入的任务)当作主线程，因此无须独立地设置其他的主线程。

如果要在主线程里驱动 LED 灯闪烁，则只能通过普通的 delay 延时函数来延时，而不能用 sleep 休眠函数来延时。对于其他任务的延时，则应该用 sleep 休眠函数来延时，否则无法对该任务的休眠计数重置新数据，那么该任务的休眠计数一直为 0，即一直满足任务执行条件，那么它就一直在执行该任务，而无法休眠，这样就浪费了 CPU 的时间(当然也可以正常工作)。main 函数调用 Run 函数启动操作系统之后，它就不再被执行了，因此不应该把要运行的程序放到主函数 main 里的 Run 函数调用之后。

任务休眠功能的测试程序代码如下：

```
#include "include/bsp.h"
#include "include/led_key.h"
CBsp bsp;
CLed led1(LED1),led2(LED2),led3(LED3),led4(LED4);
#include "Obtain_os.h"
void delay(volatile unsigned long time)
{
    for(volatile unsigned long i = 0;i<time;i++)
        for(volatile unsigned long j = 0;j<1400;j++);
}
```

```
void  task0(void )//任务 0
{
    while(1)
    {
        led1.isOn()?led1.Off():led1.On();
        delay(1000);
    }
}
void  task1(void ) //任务 1
{
    while(1)
    {
        led2.isOn()?led2.Off():led2.On();
        sleep(2000);
    }
}
void  task2(void ) //任务 2
{
    while(1)
    {
        led3.isOn()?led3.Off():led3.On();
        sleep(1000);
    }
}

int main()
{
    add(300,task0);
    add(300,task1);
    add(300,task2);
    Run();
    while(1){}
    return 0;
}
```

4.3.6 任务调度策略

在上面的简单操作系统中，采用了一种最简单的任务调度策略，即采用转换式任务调试方式。但是，由于任务调试函数中采用一个循环来检测任务是否就绪，并且首先都从任务 1 开始检测，如果任务 1 一直就绪，那么任务 1 将一直占有任务的被执行权，其他任务将不会被执行。因此，该调度函数也可以看成是一种抢占式任务调度策略。回顾一下简单任务调度策略的实现方式，其代码如下：

```
void Scheduler()
{
    SchedProcPriority = 0;
    for(volatile unsigned char j = 1;j < task_count;j ++ )
        if(SleepTable[j] == 0)
            SchedProcPriority = j;
     * ( unsigned long  * ) 0xE000ED04 | = 0x10000000;//Raise Context Switch;
}
```

从代码中可以看出,越排在后面其优先级越高。如果希望排在前面的优先级比后面的高,那么代码可以改写成如下形式:

```
void Scheduler()
{
    SchedProcPriority = 0;
    for(volatile unsigned char j = 1;j < task_count;j ++ )
    {
        if(SleepTable[j] == 0)
        {
            SchedProcPriority = j;
          break;
        }
    }
     * ( unsigned long  * ) 0xE000ED04 | = 0x10000000;//Raise Context Switch;
}
```

如果希望采用非抢占式调度策略,那么只要让调度策略函数中的循环起始从当前任务的下一个任务开始检查即可。这样可以把任务调度策略函数改写成如下形式:

```
void Scheduler()
{
    SchedProcPriority = 0;
    for(volatile unsigned char j = CurProcPriority;j < task_count;j ++ )
    {
        if(SleepTable[j] == 0)
        {
            SchedProcPriority = j;
           break;
        }
    }
```

```
        if(SchedProcPriority == 0)
        for(volatile unsigned char j = 1;j < CurProcPriority;j ++ )
        {
            if(SleepTable[j] == 0)
            {
                SchedProcPriority = j;
                break;
            }
        }
        * ( unsigned long * ) 0xE000ED04 | = 0x10000000;//Raise Context Switch;
    }
```

如果想防止某个优先级高的任务独占 CPU 时间，那么可以加入一个用于保存任务连接占用 CPU 执行次数的变量，如果该变量值超过某个预设的值后，就暂停一下，让给其他任务先执行一次。实现代码如下：

```
    volatile unsigned char consecutive = 0;
    void Scheduler()
    {
        SchedProcPriority = 0;
        for(volatile unsigned char j = 1;j < task_count;j ++ )
        {
            if(SleepTable[j] == 0)
            {
                if(SchedProcPriority == j)
                {
                    consecutive ++ ;
                    if(consecutive > CONSE_MAX) {consecutive = 0;continue;}
                }
                else
                {
                    SchedProcPriority = j;
                    Consecutive = 0;
                }
                break;
            }
        }
        * ( unsigned long * ) 0xE000ED04 | = 0x10000000;//Raise Context Switch;
    }
```

4.3.7 任务的同步

任务锁定的功能是，当某个任务的某些不允许中断的功能正被执行时，就锁定调度器，不要让它进行任务的切换。在上述程序代码中加入 lock 变量，添加锁定和解锁函数，内容如下：

```
static volatile bool lock = false;
void Lock(){lock = true;}//锁定调度器
void UnLock(){lock = false;}//解锁调度器
```

在 SysTick_Handler 函数的开始处，加入锁定变量的判断，实现代码如下：

```
void SysTick_Handler()
{
    if(lock)return;//处于锁定状态，立即返回
    for(volatile unsigned char i = 1;i < task_count;i ++ )
        if(SleepTable[i]>0)
            SleepTable[i] -= 1;
    Scheduler();
}
```

任务锁定功能的使用方式很简单，在不允许切换的代码前调用 Lock 函数，在完成该代码后调用 UnLock 函数解锁，例如：

```
void  task2(void )
{
    while(1)
    {
        led3.isOn()?led3.Off():led3.On();
        Lock();
        app->messageProcessing();
        UnLock();
        sleep(800);
    }
}
```

4.3.8 多任务控制实例

下面是多任务控制实例，采用最简单的操作系统实现，该实例创建 4 个任务，并且无须再写 main 函数和 loop 函数，整个程序看起来更加简洁。该程序采用“\ARM 项目\STM32 项目\STM32F103ZET6 项目\STM32F103ZET6_OS 模板”，完整的程序代码

如下：

```
#include "main.h"
void task0(void);//任务 0
void task1(void);//任务 1
void task2(void);//任务 2
void task3(void);//任务 3

void setup()
{
    add(task0);
    add(task1);
    add(task2);
    add(task3,4000);
}

void  task0(void )//任务 0
{
    while(1)
    {
        led1.isOn()?led1.Off():led1.On();
        delay(900);
    }
}
void  task1(void ) //任务 1
{
    while(1)
    {
        led2 = 1;
        sleep(500);
        led2 = 0;
        sleep(500);
    }
}
void  task2(void ) //任务 2
{
    while(1)
    {
        !led3;
        sleep(1000);
    }
}
```

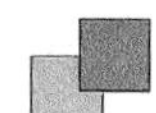

```
void  task3(void ) //任务 3
{
    while(1)
    {
        ! led4;
        sleep(2000);
    }
}
```

第 5 章 输入与中断

5.1 输入功能

智能设备是控制系统以及物联网应用系统的核心，是物联网感知层重要的组成部分。物联网感知层主要包括感知、传输、响应三个环节，对应智能设备的输入、通信、输出功能。例如在灯光控制系统中，如图 5-1 所示，按钮是输入部件，灯泡是输出部件，配电柜是控制部件(智能设备)。

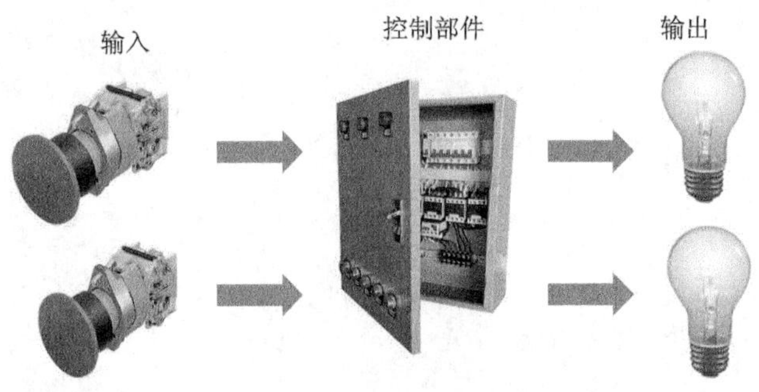

图 5-1 灯光控制系统

对于 STM32 单片机，就相当于上述灯光控制系统中的配电柜(控制部件)，它也具有输入和输出功能。输入功能可以检测 STM32 单片机引脚外接电压和高低情况，可以外接各种按钮和传感器。输出功能可以控制 STM32 单片机引脚输出高低电平，可以外接各种电子器件，如发光二极管、三极管、驱动芯片、继电器等。

STM32 的 GPIO 输入功能，可以仿照前几章 LED 控制功能，采用对象的形式实现，其输入、输出编程模型如图 5-2 所示。

下面是一个测试程序，该程序采用“\ARM 项目\STM32 项目\STM32F103ZET6 项目\STM32F103ZET6_OS 模板”。按一次 KEY2 之后，LED1 闪烁的速度变快，按一次 KEY3 之后，LED1 闪烁的速度变慢。如果想使用 KEY1，则需要注意，为高电平时表示 KEY1 被按下，因为 KEY1 与另外三个按钮的电平相反，这从图 4-4 中可以看得出来。四个按钮的端口映射如下所示：

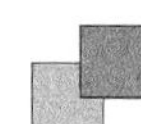

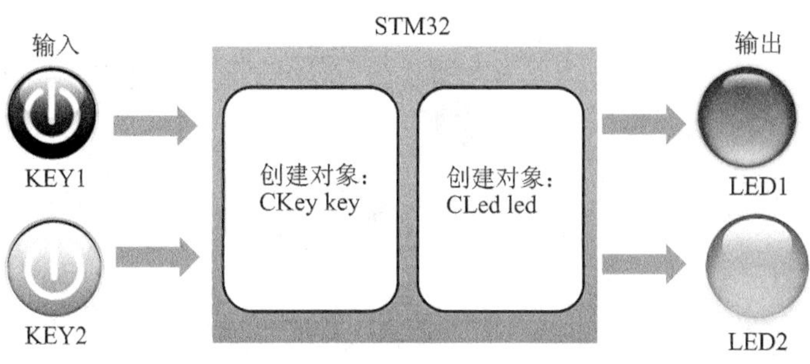

图 5-2　STM32 输入、输出编程模型

```
#define KEY1   PORT_A,PIN_0,GPIO_Mode_IN_FLOATING
#define KEY2   PORT_B,PIN_14,GPIO_Mode_IN_FLOATING
#define KEY3   PORT_B,PIN_15,GPIO_Mode_IN_FLOATING
#define KEY4   PORT_C,PIN_13,GPIO_Mode_IN_FLOATING
```

测试程序如下：

```
CLed led1(LED1);
CKey Key2(KEY2),Key3(KEY3);
int de = 1000;
void loop()
{
    if(Key2.isDown())de/ = 2;
    if(Key3.isDown())de * = 2;
    !led1;
    delay(de);
}
```

上述测试程序编译和下载之后，当按下 KEY2 或者 KEY3 时，可以改变 STM32 板上 LED1 的闪烁速度。

5.2　输入功能的应用

5.2.1　常用输入器件

1. 主令电器

依据 GB/T2900.18 定义，主令电器用于闭合或断开控制电路，以发出指令或作程序控制的开关电器。它包括按钮开关、凸轮开关、行程开关、指示灯、指示塔等。另外，还有踏脚开关、接近开关、倒顺开关、紧急开关、钮子开关等，如图 5-3 所示。

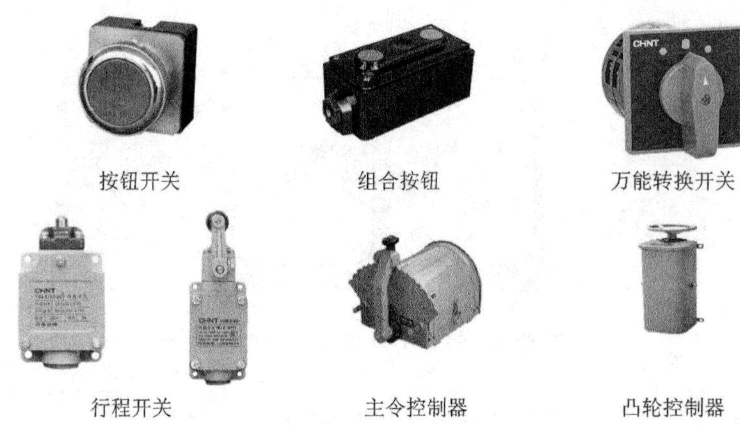

图 5-3　主令电器

按钮开关是一种结构简单、应用十分广泛的主令电器。在电气自动控制电路中,用于手动发出控制信号以控制接触器、继电器、电磁起动器等。按钮开关的结构种类很多,如图 5-4 所示,可分为普通揿钮式、蘑菇头式、自锁式、自复位式、旋柄式、带指示灯式、带灯符号式及钥匙式等,有单钮、双钮、三钮及不同组合形式,一般是采用积木式结构,由按钮帽、复位弹簧、桥式触头和外壳等组成,通常做成复合式,有一对常闭触头和常开触头,有的产品可通过多个元件的串联增加触头对数。还有一种自持式按钮,按下后即可自动保持闭合位置,断电后才能打开。

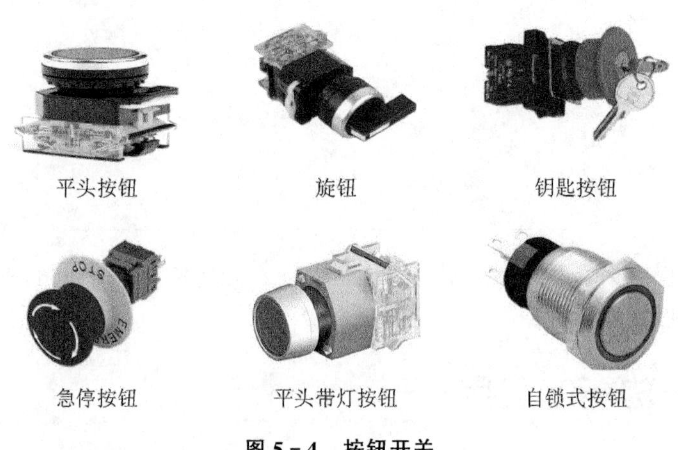

图 5-4　按钮开关

2. 各种检测模块

- 红外遥控模块;
- 键盘模块;
- 烟雾检测模块;
- 光电检测模块;
- 超声波检测模块;

➢ 热红外检测模块。

3. 各种数字传感器

➢ DS18B20 温度传感器；

➢ AM2302 湿度温度传感器；

➢ 加速度、角度传感器。

5.2.2　输入应用实例

常用输入设备包括小键盘、薄膜键盘、直插按键键盘、电容式触摸键盘、触摸开关钢化玻璃面板键盘等各种类型，如图 5-5 所示。下面是一个通过 STM32 GPIO 口连接 4×4 小键盘的例子，该例子也算是最简洁的键盘扫描程序。

图 5-5　输入设备

STM32 GPIO 口连接 4×4 小键盘的电路原理，如图 5-6 所示。

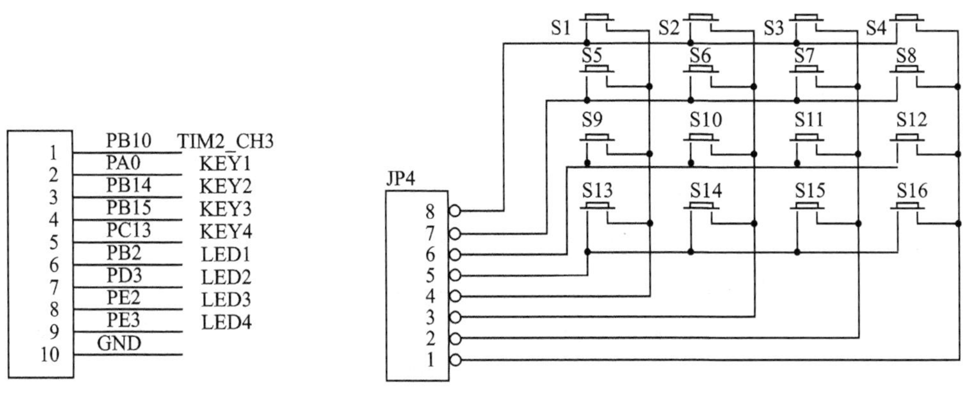

图 5-6　STM32 GPIO 口连接 4×4 小键盘的电路原理

4 个连接 LED 的端口作为键盘的 4 位行数据，设置成输出模式，正好与 LED1 正常工作模式相同。4 个连接 KEY 的端口键盘的 4 位列数据，设置成输入模式，内部配置成下拉电阻模式。4 个连接 KEY 按钮的端口映射代码如下：

```
#define KEY11   PORT_A,PIN_0,GPIO_Mode_IPD
#define KEY22   PORT_B,PIN_14,GPIO_Mode_IPD
#define KEY33   PORT_B,PIN_15,GPIO_Mode_IPD
#define KEY44   PORT_C,PIN_13,GPIO_Mode_IPD
```

测试程序如下：

```
#include "include/bsp.h"
#include "include/led_key.h"

CLed led[] = {CLed(LED1),CLed(LED2),CLed(LED3),CLed(LED4)};
CLeds leds(4,led);
CKey key[] = {CKey(KEY11),CKey(KEY22),CKey(KEY33),CKey(KEY44)};
CKeys k(4,key);

int getKey()
{
    int ch = -1,old = leds.getData();
    for(int i = 0;i<4;i++,leds = 1<<i)
        if(k.getData()>0)ch = (k[3].isUp() * 12) + (k[2].isUp() * 8) + (k[1].isUp() *
4) + i + 1;
     leds = old;
    return ch;
}
void loop()
{
    int ch = getKey();
    if(ch! = -1)leds = ch;
    bsp.delay(1000);
}
```

运行效果如图 5-7 所示。上述键盘扫描程序，可以算是最简洁的了，只要 4 行程序就可完成键盘扫描过程，其工作原理需要读者认真思考一下。

键盘扫描过程的工作过程：没有按键按下时，getKey()函数返回－1，当按下第1个键时，getKey()函数返回 1，依次类推。4 个 LED 组合成一个 4 位数据数据进行显示。如果是按下第 3 个按键，getKey()函数返回 3，则 LED1 和 LED2 亮，LED3 和 LED4 灭，表示二进制“0011”，左边是高位。

上面的 getKey()函数存在一点小问题，就是当执行“if(k.getData()＞0)”语句时

图 5-7　运行效果

有按钮按下,但在执行"ch=(k[3].isUp() * 12)+(k[2].isUp() * 8)+(k[1].isUp() * 4)+i+1;"时按钮已经放开,则读取出来的数据就不正确。这种情况出现的概率特别低,或者说几乎不可能出现。但如果是应用于安全性要求特别高的场合,例如应用于数控机床等,万一出现不正确的按键值,后果是不堪设想的。解决办法就是多次读取按键值,如果几次读取都相同,才使用该数据,这样就可以确保按键的安全了。

5.3 STM32 中断入门

1. 上述键盘读取程序存在的问题

上述键盘读取程序采用查询的方式实现,存在的一个小问题是响应不及时。如果需要快速响应,则需要修改成中断的方式。4 个输入端口可以设置成 4 个中断,在每个中断进行按键的判断。如果采用中断的方式进行处理,那么 STM32 的 4 个输出端口最好不与 LED 共用,平时只给一个输出端口输出高电平,在中断函数中再让其他端口分别输出高电平,从而判断是哪一个端口线上的按钮被按下。

还有一种更加简单的中断方式,就是采用定时器中断,定时通过 getKey()函数读取是否有按键被按下。缺点是需要占用一个定时器。

2. 有人敲门

正在忙事情,如果有人敲门,怎么办?一般情况下,大家都会先放下手里的活去开门,看看是谁,处理好这一突发事情之后,再回过头来继续刚才的事情,如图 5-8 所示。这样一个有人敲门的突发事件,对于正在做事情的人来说,就是一种中断。

上述查询方式还存在明显的缺陷,因为采用的是查询的方式读取 KEY 状态,所以对按钮的响应速度慢,如果延时参数比较长,那么将不能正确采集按钮按下的信息。

解决办法就是采用外部中断的方式响应按钮按下事件。在《中断是并行运行的基

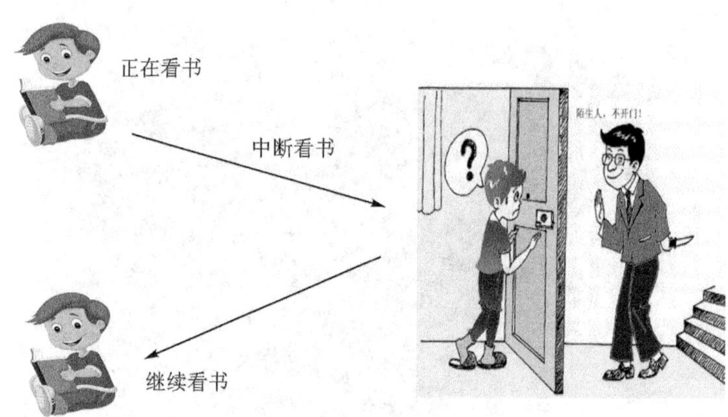

图 5-8　有人敲门

础》一文中,作者举了一个非常形象的例子:

某人正在看书的时候突然电话铃响了,把书扣在桌上,然后去接电话,接完电话后回来继续看书。

- 看书的时候相当于正在执行一个任务;
- 电话铃声相当于中断请求;
- 把书扣上相当于保护现场(保存各寄存器的值);
- 去接电话相当于处理中断请求;
- 回来拿书相当于恢复现场;
- 继续看书相当于继续执行。

假如听到电话铃声而不理睬,相当于中断请求级别低于当前任务;假如接电话的时候有人敲门,相当于处理中断过程中收到新的中断请求;假如去开门,相当于新的中断请求高于现有任务;假如堵住耳朵专心看书相当于屏蔽中断……

3. STM32 中断

STM32 多任务的程序设计中也是如此,要实现多个任务,就不能仅仅按任务的顺利循环去做,还必须要有中断的机制,去暂停目前不太重要的任务,先去执行更急的任务,完成之后再回过头来继续执行前面被中断的任务。

STM32 外部中断过程如图 5-9 所示,平时是正常执行主程序中的代码(main 函数或者 loop 函数中的代码),当用户按了连接 STM32 引脚的按键时,触发中断,生成中断请求,然后 STM32 跳转去执行中断处理程序,完成之后再返回主程序被中断的位置,继续接下去执行其他主程序代码。

4. STM32 外部中断入门程序

STM32 外部中断/事件控制器由 19 个产生事件/中断要求的边沿检测器组成。每个输入线可以独立地配置输入类型(脉冲或挂起)和对应的触发事件(上升沿或下降沿或者双边沿都触发)。每个输入线都可以被独立地屏蔽。挂起寄存器保持着状态线的

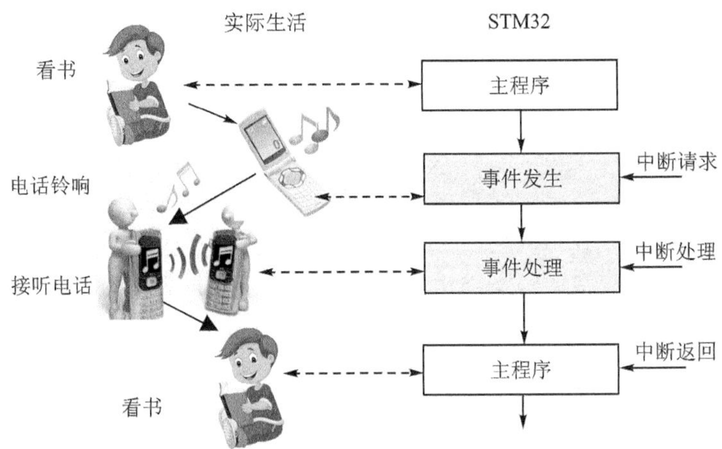

图 5-9　STM32 外部中断过程

中断要求，需要定义外部中断的端口映射，例如：

```
#define EXTI1 PORT_A,PIN_0,GPIO_Mode_IPD,EXTI_Trigger_Rising
#define EXTI2 PORT_B,PIN_14,GPIO_Mode_IPU,EXTI_Trigger_Falling
#define EXTI3 PORT_B,PIN_15,GPIO_Mode_IPU,EXTI_Trigger_Falling
#define EXTI4 PORT_C,PIN_13,GPIO_Mode_IPU,EXTI_Trigger_Falling
```

本章最开始介绍的例子是，按一次 KEY2 之后，LED1 闪烁的速度变快，按一次 KEY3 之后，LED1 闪烁的速度变慢，前面采用的是查询的方式检测按键是否被按下，需要执行完其他程序(控制 LED 闪烁等)之后才能查询一次，如果是快速按下按键，程序可能会因为还在执行其他程序而没有查询到，为了解决这个问题，下面采用中断的方式来实现上述功能。中断入门程序如下：

```
#include "include/bsp.h"
#include "include/led_key.h"
#include "include/exti.h"

CLed led1(LED1);
int de = 1000;
void test1(int)
{
    de/ = 2;
    bsp.delay(2000);//相当于消抖作用
}
void test2(int)
{
```

```
        de *= 2;
        bsp.delay(2000);//相当于消抖作用
    }
    void setup()
    {
        CExti exti1(EXTI1,test1);
        CExti exti2(EXTI2,test2);
    }
    void loop()
    {
        led1.isOn()? led1.Off():led1.On();
        bsp.delay(de);
    }
```

在上述程序中，采用“CExti exti1(EXTI1,test1);”的形式来定义一个外部中断，其中 EXTI1 是外部中断端口的定义，test1 是中断回调函数(也就是在中断的时候，会自动调用该函数)，CExti 是外部中断类，exti1 是该类的对象(实例)。

上述 STM32 外部中断程序的工作过程是，由于在初始化过程中定义了两个外部中断对象，在对象实例化的过程中就配置好了 STM32 外部中断相关的参数。同时，定义对象的两个参数 EXTI1 和 test1 也形成了一个映射的关系，也就是说当外部中断引脚 EXTI1 被触发后，将会中止当前正在运行的 loop()函数里的程序，记录当下执行到哪一个位置，转到执行 test1 函数。执行完 test1 函数之后，返回刚才 loop()函数被中断的位置，接着执行下面的程序。

5.4 STM32 外部中断工作原理

5.4.1 STM32 外部中断

1. 外部中断/事件控制器(EXTI)

STM32 外部中断是 STM32 中断系统的重要组成部分，以 STM32 外部中断为切入点，可以了解 STM32 中断和事件的工作原理和处理过程。通过学习 STM32 外部中断，可以初步了解 Cortex-M3 的嵌套向量中断控制器(NVIC)的功能。

STM32 外部中断/事件控制器如图 5-10 所示，由 19 个产生中断/事件要求的边沿检测器组成。每个输入线可以独立地配置输入类型(脉冲或挂起)和对应的触发事件(上升沿或下降沿或者双边沿都触发)。每个输入线都可以被独立地屏蔽。挂起寄存器保持着状态线的中断要求。

图 5-10 是一条外部中断线或外部事件线的示意图，图中信号线上画有一条斜线，旁边标志 19 字样的注释，表示这样的线路共有 19 套。图中的虚线箭头，标出了外部中

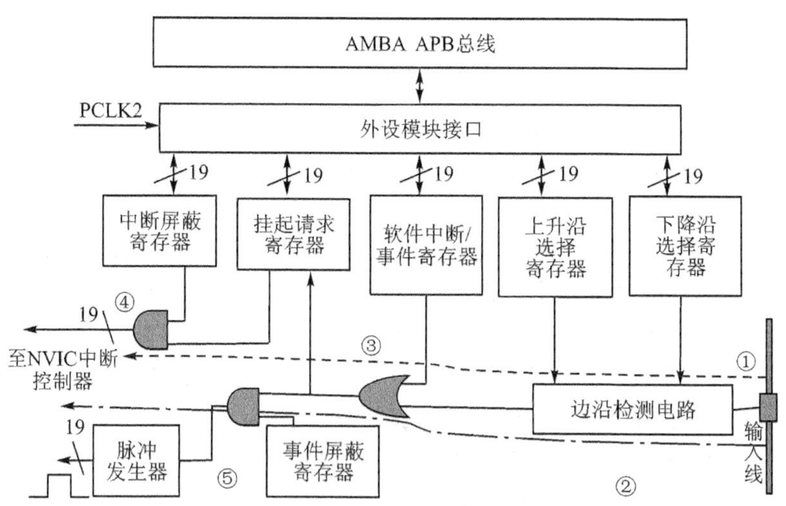

图 5-10　STM32 外部中断/事件控制器结构

断信号的传输路径，首先外部信号从编号①的芯片引脚进入，经过编号②的边沿检测电路，通过编号③的“或”门进入中断“挂起请求寄存器”，最后经过编号④的“与”门输出到 NVIC 中断控制器；在这个通道上有 4 个控制选项，外部的信号首先经过边沿检测电路，这个边沿检测电路受上升沿或下降沿选择寄存器控制，用户可以使用这两个寄存器控制需要哪一个边沿产生中断，因为选择上升沿或下降沿是分别受 2 个平行的寄存器控制，所以用户可以同时选择上升沿或下降沿，而如果只有一个寄存器控制，那么只能选择一个边沿了。

接下来是编号③的“或”门，这个“或”门的另一个输入是“软件中断/事件寄存器”，从这里可以看出，软件可以优先于外部信号请求一个中断或事件，即当“软件中断/事件寄存器”的对应位为“1”时，不管外部信号如何，编号③的“或”门都会输出有效信号。一个中断或事件请求信号经过编号③的“或”门后，进入挂起请求寄存器，到此之前，中断和事件的信号传输通路都是一致的，也就是说，挂起请求寄存器中记录了外部信号的电平变化。外部请求信号最后经过编号④的与 NVIC 中断控制器发出一个中断请求，如果中断屏蔽寄存器的对应位为“0”，则该请求信号不能传输到“与”门的另一端，实现了中断的屏蔽。

2. 主要特性

EXTI 控制器的主要特性如下：

- 每个中断/事件都有独立的触发和屏蔽；
- 每个中断线都有专用的状态位；
- 支持多达 19 个中断/事件请求；
- 检测脉冲宽度低于 APB2 时钟宽度的外部信号（参见 STM32 数据手册中电气特性部分的相关参数）。

3. 功能说明

如果要产生中断,必须事先配置好并使能中断线。根据需要的边沿检测设置 2 个触发寄存器,同时在中断屏蔽寄存器的相应位写 1 允许中断请求。当设置好的外部中断线上发生了需要的边沿时,将产生一个中断请求,对应的挂起位也随之被置 1。在挂起寄存器的对应位写 1,可以清除该中断请求。

如果要产生事件,必须事先配置好并使能事件线。根据需要的边沿检测设置 2 个触发寄存器,同时在事件屏蔽寄存器的相应位写 1 允许事件请求。当事件线上发生了需要的边沿时,将产生一个事件请求脉冲,对应的挂起位不被置 1。

既可以通过在软件中断/事件寄存器写 1,也可以通过软件产生中断/事件请求。

(1) 硬件中断选择

通过下面的过程来配置 19 个线路作为中断源:

- 配置 19 个中断线的屏蔽位(EXTI_IMR);
- 配置所选中断线的触发选择位(EXTI_RTSR 和 EXTI_FTSR);
- 配置那些控制映像到外部中断控制器(EXTI)的 NVIC 中断通道的使能和屏蔽位,使 19 个中断线中的请求可以被正确地响应。

(2) 硬件事件选择

通过下面的过程,可以配置 19 个线路为事件源:

- 配置 19 个事件线的屏蔽位(EXTI_EMR);
- 配置事件线的触发选择位(EXTI_RTSR 和 EXTI_FTSR)。

(3) 软件中断/事件的选择

19 个线路可以被配置成软件中断/事件线。下面是产生软件中断的过程:

- 配置 19 个中断/事件线屏蔽位(EXTI_IMR,EXTI_EMR);
- 设置软件中断寄存器的请求位(EXTI_SWIER)。

4. 外部中断/事件线路映像

通用 I/O 端口以下图的方式连接到 16 个外部中断/事件线上,外部中断通用 I/O 映像如图 5-11 所示。

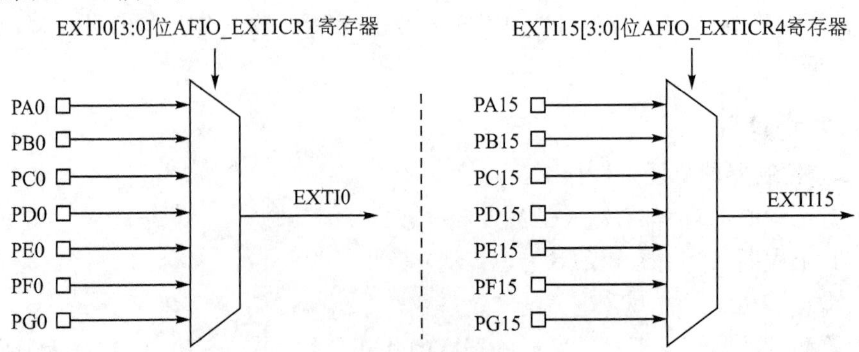

图 5-11　外部中断通用 I/O 映像

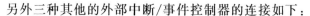

另外三种其他的外部中断/事件控制器的连接如下：

- EXTI 线 16 连接到 PVD 输出；
- EXTI 线 17 连接到 RTC 闹钟事件；
- EXTI 线 18 连接到 USB 唤醒事件。

5. EXTI 库函数

STM32 固件库中的 EXTI 库函数如表 5-1 所列，函数在头文件 stm32f10x_exti.h 中声明。

表 5-1　EXTI 库函数

函数名	描　述
EXTI_DeInit	将外设 EXTI 寄存器重设为默认值
EXTI_Init	根据 EXTI_InitStruct 指定的参数初始化外设 EXTI 寄存器
EXTI_StructInit	把 EXTI_InitStruct 中的每一个参数按默认值填入
EXTI_GenerateSWInterrupt	产生一个软件中断
EXTI_GetFlagStatus	检查指定的 EXTI 线路标志位设置与否
EXTI_ClearFlag	清除 EXTI 线路挂起标志位
EXTI_GetITStatus	检查指定的 EXTI 线路触发请求发生与否
EXTI_ClearITPendingBit	清除 EXTI 线路挂起位

5.4.2　STM32 外部中断程序设计步骤

1. 基本思路

STM32 外部中断实例的结构如图 5-12 所示。发光二极管负端接在 STM32 的 PF6、PF7、PF8 三个通用 I/O 口上，正端通过一个限流电阻连接到 3.3 V 电源上，电阻

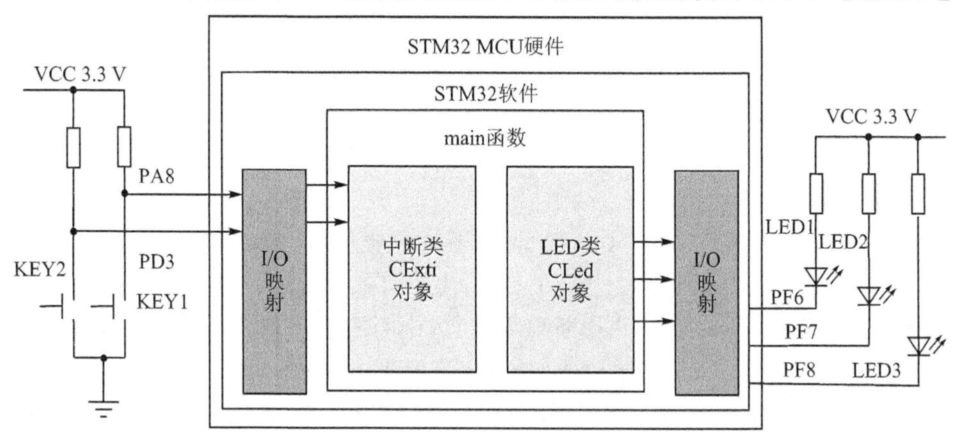

图 5-12　STM32 外部中断实例结构图

阻值为 1 kΩ。两个轻触键开关一端接在 STM32 的 PA8、PD3 两个通用 I/O 口上，另一端通过一个上拉电阻连接到 3.3 V 电源上，电阻阻值为 100 kΩ。

STM32 外部中断实例的软件结构如图 5－12 中的 STM32 软件部分所示，通过 I/O 映射的方式与具体的硬件端口和引脚连接，在 main 函数（或者 setup 函数）中通过中断类 CExti 的对象来配置外部中断和中断响应函数，LED 的驱动与本章前面的 stm32_C++KEY_LED 项目中的做法相同，采用 CLed 类实现。

2. 创建 STM32 外部中断项目

创建 STM32 外部中断项目的方法很简单，可以按以下两种方法进行创建。

方法 1

采用 Obtain_Studio 菜单“文件”→“新建”→“新建项目”，该程序采用“\ARM 项目\STM32 项目\STM32F103ZET6 项目\STM32F103ZET6_OS 模板”，无须写 main 函数和 loop 函数，整个程序看起来更加简洁。创建一个名为 stm32_C++Exti 的项目，项目保存路径采用默认的路径，即 Obtain_Studio 目录下的 WorkDir 子目录。

方法 2

把本章前面一个例子 stm32_C++KEY_LED 项目的目录 stm32_C++KEY_LED 以及目录下所有文件整个复制一份，然后把复制过来的目录改名为 stm32_C++Exti，并把目录下的 stm32_C++KEY_LED.prj 文件名改为 stm32_C++ Exti.prj。这样即可得到一个新的 stm32_C++ Exti 项目。

3. 添加中断处理类

在 stm32_C++ Exti 项目中添加中断处理类 CExti 类。在 stm32_C++ Exti 项目 src 目录下的 include 子目录中，创建一个名为 exti.h 的头文件，在 exti.h 文件添加 CExti 类程序。CExti 类的 exti.h 文件可以从本书配套资料中的 stm32_C++KEY_LED 项目中获得，也可以直接把资料中的 exti.h 文件复制过来用，还可以根据本章后继的 STM32 外部中断类介绍中列出的代码录入。

4. 创建外部中断对象

在 main.cpp 文件的 main 函数中创建外部中断对象，创建方式为“CExti exti1(EXTI3,test1);”，CExti 是中断类名，exti1 是新中断对象，创建中断对象时调用了 CExti 的构造函数，该构造函数有两个参数：

- 第 1 个参数 EXTI3 是中断端口号，是它在映射头文件中定义的一个宏定义“#define EXTI3 PORT_D,PIN_3”，代表端口 3 的第 3 引脚；
- 第 2 个参数 test1 是用户中断响应函数（中断服务函数），用户中断响应函数由用户自己在 main.cpp 文件中定义，定义形式为“void test1(int);”。

该用户中断响应函数意思是当端口 D 第 3 引脚触发中断时，系统会自动调用 test1 函数。

创建外部中断对象的程序代码如下：

```
/*创建外部中断对象*/
    CExti exti1(EXTI3,test1);//外部中断3,指向中断服务函数test1
    CExti exti2(EXTI8,test2);//外部中断8,指向中断服务函数test2
    CLed led1(LED1);//创建LED1对象
```

5. 添加中断处理函数

由于在main函数里创建了两个中断对象，并且在创建时用到了两个用户自己定义的函数为参数作为中断响应函数，因此需要在main.cpp文件中添加两个中断处理函数。test1函数让LED2的亮灭状态翻转，test2函数让LED3的亮灭状态翻转。中断处理函数代码如下：

```
void test1(int)
{
    CLed led1(LED2);
    led1.isOn()?led1.Off():led1.On();//LED2取反
    bsp.delay(2000);
}
void test2(int)
{
    CLed led1(LED3);
    led1.isOn()?led1.Off():led1.On();//LED3取反
    bsp.delay(2000);
}
```

6. 外部中断端口映射

在端口映射头文件io_map.h中添加外部中断端口映射宏定义。对于不同的开发板，中断类、中断对象、中断处理函数的代码可以不用修改，直接从一种开发板移植到另一种开发板程序中，只要修改外部中断端口映射即可。外部中断端口映射的定义如下：

```
#define EXTI3 PORT_D,PIN_3
#define EXTI8 PORT_A,PIN_8
```

由于连接按键引脚外部没有上拉电阻，因此应该设置为内部上拉电阻，采用下降沿触发方式，或上升沿和下降沿都触发的方式，其外部中断端口映射定义方式如下：

```
#define EXTI1 PORT_A,PIN_0,GPIO_Mode_IPU,EXTI_Trigger_Rising_Falling
#define EXTI2 PORT_A,PIN_1,GPIO_Mode_IPU,EXTI_Trigger_Rising_Falling
```

5.4.3 采用 C++ lambda 表达式

上面的完整的 STM32 外部中断程序实例，还可以进一步简化，采用 C++ lambda 表达式，无须独立进行中断函数的声明和定义。完整的程序代码如下：

```
#include "main.h"
int my_Delay = 1000;
void setup()
{
    CExti   exti1(EXTI1,[](int x){my_Delay = my_Delay >>1;delay(1000);}),
            exti2(EXTI2,[](int x){my_Delay = my_Delay <<1;delay(1000);});
}

void loop()
{
    !led1;
    Delay(my_Delay);
}
```

从上述采用 C++ lambda 表达式的 STM32 外部中断程序实例可以看出，采用 lambda 表达式之后，程序简洁了很多。lambda 表达式主要起到的作用是函数速写，允许在代码内嵌入一个函数的定义，让程序更加简洁，写程序的速度更快，避免回到前面去定义新函数。

lambda 表达式是 C++11 中引入的一项新技术，利用 lambda 表达式可以编写内嵌的匿名函数，用以替换独立函数或者函数对象，并且使代码更可读。但是从本质上讲，lambda 表达式只是一种语法，因为所有其能完成的工作都可以用其他稍微复杂的代码来实现。但是它简便的语法却给 C++ 带来了深远的影响。从广义上说，lamdba 表达式产生的是函数对象。lambda 表达式的语法定义如下：

```
[capture] (parameters) mutable ->return-type {statement};
```

捕获子句指定了哪些变量可以被捕获，以及捕获的形式(值还是引用)。捕获的是 lambda 表达式所在的封闭作用域中。[]里为空，表示任何变量都不会传递给 lambda 表达式；[=]表示默认按值传递；[&]表示默认按引用传递；[var]中的 var 是变量名，前面可以添加 & 前缀，表示 var 变量按引用传递。

① [capture]：捕捉列表，总是出现在 lambda 函数的开始处。实质上，[]是 lambda 引出符(即独特的标志符)。编译器根据该引出符判断接下来的代码是否是 lambda 函数。捕捉列表能够捕捉上下文中的变量以供 lambda 函数使用。捕捉列表由一个或多个捕捉项组成，并以逗号分隔。捕捉列表一般有以下几种形式：

- [var] 表示以值传递方式捕捉变量 var。

- [=] 表示以值传递方式捕捉所有父作用域的变量(包括 this 指针)。父作用域是指包含 lambda 函数的语句块。
- [&var] 表示以引用传递方式捕捉变量 var。
- [&] 表示以引用传递方式捕捉所有父作用域的变量(包括 this 指针)。
- [this] 表示以值传递方式捕捉当前的 this 指针。
- [=,&a,&b] 表示以引用传递的方式捕捉变量 a 和 b,而以值传递方式捕捉其他所有的变量。
- [&,a,this] 表示以值传递的方式捕捉 a 和 this,而以引用传递方式捕捉其他所有变量。

例如:

```
[&total,factor]    //total 按引用传递,factor 则是按值传递
[&,factor]         //默认引用传递
[ = ,&total]       //默认按值传递
[ = ,total]        //出错,原因:重复。默认按值传递,total 也是按值传递,此时可以将total
                     省略掉
[ = ,this]         //同样的原因出错,有人可能会认为 this 是指针。但要记住指针和引用不
                   //同,指针本身同样是按值传递的。
```

C++14 标准中还允许在捕获子句中创建并初始化新的变量,如:

```
pNums = make_unique<vector<int>>(nums);
auto a = [ptr = move(pNums)]()
{
    //use ptr
};
```

② (parameters):参数列表,与普通函数的参数列表一致。如果不需要参数传递,则可以连同括号()一起省略。

③ mutable:修饰符。在默认情况下,lambda 函数总是一个 const 函数,mutable 可以取消其常量性,在使用该修饰符时,参数列表不可省略(即使参数为空)。

④ ->return-type:返回类型。用追踪返回类型形式声明函数的返回类型。出于方便,不需要返回值的时候也可以连同符号->一起省略。此外,在返回类型明确的情况下,也可以省略该部分,让编译器对返回类型进行推导。接收输入参数,如果参数类型是通用的,可以选择 auto 关键词作为参数类型(模版)。例如:

```
auto y = [] (auto first,auto second) {
    return first + second;
};
```

⑤ {statement}:函数体,内容与普通函数一样,不过除了可以使用参数之外,还可

以使用所有捕获的变量。

在 lambda 函数的定义中，参数列表和返回类型都是可选的部分，而捕捉列表和函数体都可能为空。那么，在极端情况下，C++11 中最为简单的 lambda 函数只需要声明为：

```
[]{};
```

例如：

```
[](int x){my_Delay = my_Delay <<1;delay(1000);}
```

下面是一个完整的 lambda 程序，代码如下：

```
int main()
{
    int m = 0;
    int n = 0;
    [&,n] (int a) mutable { m = ++n + a;} (4);
    cout <<m <<endl <<n <<endl;
}
```

上面的程序运行后输出结果为：

```
5
0
```

第 6 章

输入/输出的工作原理

6.1 沿波讨源

6.1.1 输入/输出的本质

1. 沿波讨源

沿波讨源出自西晋朝陆机《文赋》:“或因枝以振叶,或沿波而讨源。”译文是,在有的枝条上添加绿叶,在有的支流中探求源流。原用于说明写文章时段落的修饰和在层次中概括出主旨。对于学习 STM32 及物联网应用设计的道理也是一样,首先从一个最简单的应用实例入手,在简单实例基础上添加功能,就可以更新复杂的或者创新的应用;同时,最简单实例就像一股水流,顺着水流(沿波),就可以探索其源头(讨源),深入其本质。

2. 输入/输出的原理

单片机输入/输出的本质就是读取引脚的状态和改变引脚的状态。这些输入/输出引脚,就如同一个个笔架一样,如图 6-1 所示:

① 位置上有一支笔相当于单片机状态为 1;位置上没有笔相当于单片机状态为 0。

② 放置或者拿走笔的过程相当于单片机输出 1 或者输出 0。

③ 检查和记录笔架上是否有笔相当于单片机的输入过程。

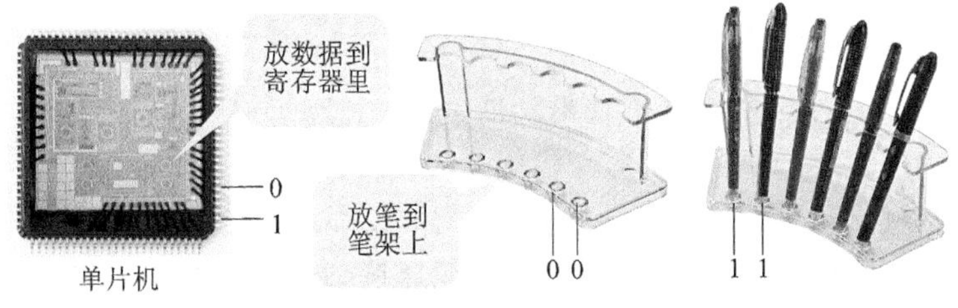

图 6-1 输入/输出的本质

单片机内部有一个输出寄存器和输入寄存器与引脚连接,这些寄存器就相当于一个个的笔架。上面一个笔架放置 6 支笔,而单片机一个寄存器可以分为 8 位或 16 位,对应连接 8 个或 16 个引脚。

3. STM32 的输入/输出

STM32 输入/输出的本质的是芯片引脚与芯片内部的连接(输入)和芯片引脚与外部器件的连接(输出),如图 6－2 所示。在单处机中,常把这种输入/输出引脚称为 GPIO,是通用输入/输出端口的简称(General Purpose Input Output,通用输入/输出,简称 GPIO),是 STM32 可控制的引脚。GPIO 的引脚与外部硬件设备连接,可实现与外部通信、控制外部硬件或者采集外部硬件数据的功能。

右侧 I/O 引脚部分为芯片暴露在外部的引脚,每个引脚在数据手册中都有说明是否支持(识别)5 V 电压,GPIO 可以配置成多种模式,比同类 MCU 的 GPIO 口功能更多、更强。

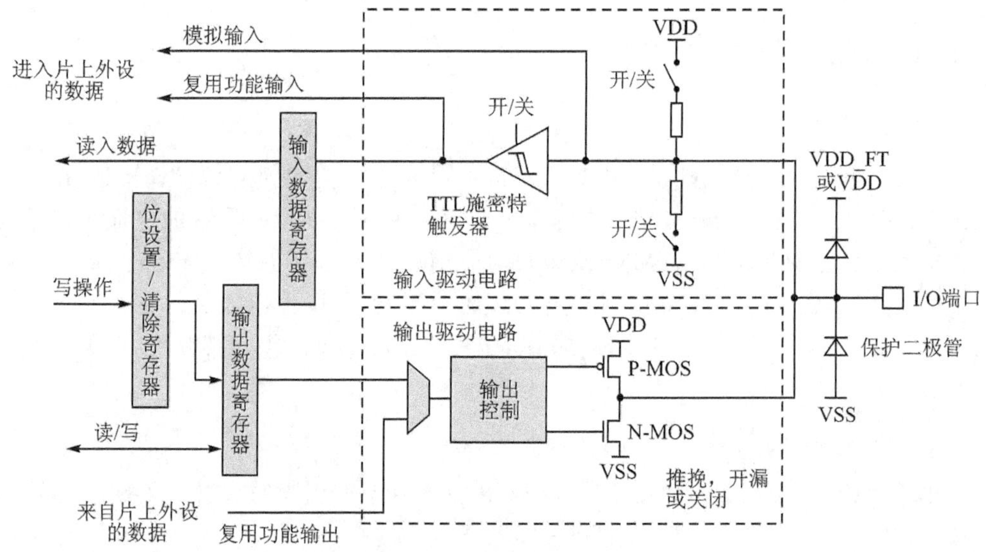

图 6－2　GPIO 内部结构

6.1.2　STM32 输出功能的编程思路

1. 基本编程思路

下面将介绍如何实现 STM32 输出功能,然后让 LED 闪烁。从图 6-2 可以看出以下几点:

① 要让 I/O 端口输出高或低电平,需要把数据写入输出数据寄存器里;

② 图 6－2 中输出数据寄存器并没有直接连接到输出,而是通过一个输出控制电路然后再输出,因此需要设置模式配置寄存器,然后才能控制输出;

③ 寄存器一般由 D 触发器组成,学习过数字电路都知道 D 触发器需要时间信号进行触发。STM32 复位之后 GPIO 模块的时钟默认是关闭的,因此需要启用该时钟。

从上述分析可以看出,为了让 LED 闪烁,需要启动 GPIO 口时钟,配置 GPIO 作为

输出模式，让连接 LED 的引脚轮流输出 1 和 0，其过程如图 6-3 所示，需要进行以下工作：

① 启动 GPIO 口时钟→ GPIO 时钟配置寄存器。

② 配置 GPIO 作为输出模式→GPIO 模式配置寄存器。

③ 在 While(1)循环里让连接 LED 的引脚轮流输出 1 和 0→GPIO 输出寄存器。

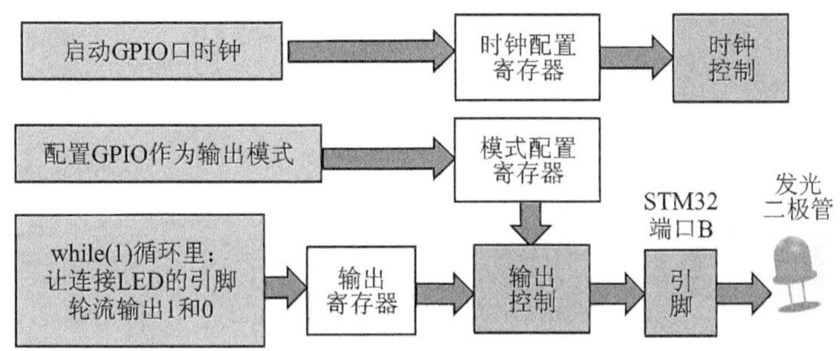

图 6-3 STM32 输出功能编程思路

④ 设计 STM32 芯片的工程师之所以要设计一个时钟配置寄存器来选择是否启动时间，应该是出于减少功耗考虑，在没有修改某一个模块时，就不启动它的时钟，可以减少功耗。

⑤ 由于 STM32 的引脚具有多种功能复用，因此需要有一个模式配置寄存器来把某一个引脚配置成某一个功能，例如配置成输出功能。

⑥ 本节以 STM32F103 的 GPIO 端口 B 为例，进行讲解。

2. 写数据到寄存器的方法

由于 STM32 内部有很多寄存器，因此要对这些寄存器进行地址编号，若要把数据写入某一个寄存器，首先要知道它的地址，然后 STM32 内部地址总线选择该寄存器有效，这样从数据总线输出的数据才能送到该寄存器中。学习过 C 语言就知道，要把数据写入某一个地址上的存储器或寄存器，可以通过指针的方式进行操作，把指针指向该地址然后输出数据即可。通过 C 语言指针对寄存器操作的方法如下：

```
(*(unsigned int*)寄存器地址) = 设置值;
```

例如：

```
(*(unsigned int*)0x40010800) = 0x03;
```

其中，0x40010800 是一个整数，前面加上一个(unsigned int *)，代表把该整数强制转换成一个无符号整数的指针。在指针前面再加上一个 * 号，代表指向该指针的内容，也就是把 0x03 写入地址等于 0x40010800 的寄存器里。

3. 查找 RCC_APB2ENR 寄存器的地址

通过 STM32 的数据手册，可以查找到与 STM32 GPIO 端口 B 相关的寄存器地址。以“STM32F103 中文参考手册.pdf”为例，该中文手册为 2010 年 1 月 10 日意法半导体（中国）投资有限公司版本，对应于 2009 年 12 月 *RM*0008 *Reference Manual* 第 10 版。在该手册的第 28 页“2.3 存储器映像”中包括了各种寄存器和存储器的地址映射数据。可以找到“复位和时钟控制（RCC）”一行，如图 6－4 所示，可以看到起始地址为 0x4002 1000。

起始地址	外设	总线	寄存器映像
0x5000 0000 – 0x5003 FFFF	USB OTG 全速	AHB	参见STM32数据手册26.14.6节
0x4003 0000 – 0x4FFF FFFF	保留		
0x4002 8000 – 0x4002 9FFF	以太网		参见STM32数据手册27.8.5节
0x4002 3400 - 0x4002 3FFF	保留	AHB	
0x4002 3000 - 0x4002 33FF	CRC		参见STM32数据手册3.4.4节
0x4002 2000 - 0x4002 23FF	闪存存储器接口		
0x4002 1400 - 0x4002 1FFF	保留		
0x4002 1000 - 0x4002 13FF	复位和时钟控制(RCC)		参见STM32数据手册6.3.11节
0x4002 0800 - 0x4002 0FFF	保留		
0x4002 0400 - 0x4002 07FF	DMA2		参见STM32数据手册10.4.7节
0x4002 0000 - 0x4002 03FF	DMA1		参见STM32数据手册10.4.7节

图 6－4　地址映像数据

单击“复位和时钟控制（RCC）”一行后面的“参见 STM32 数据手册 6.3.11 节”，跳转到“6.3.11 RCC 寄存器地址映像”。另外，从手册中可以看出，GPIO 控制时钟是 APB2，所以在 RCC 寄存器地址映像数据表之中找到“RCC_APB2ENR”一行，如图 6－5 所示。

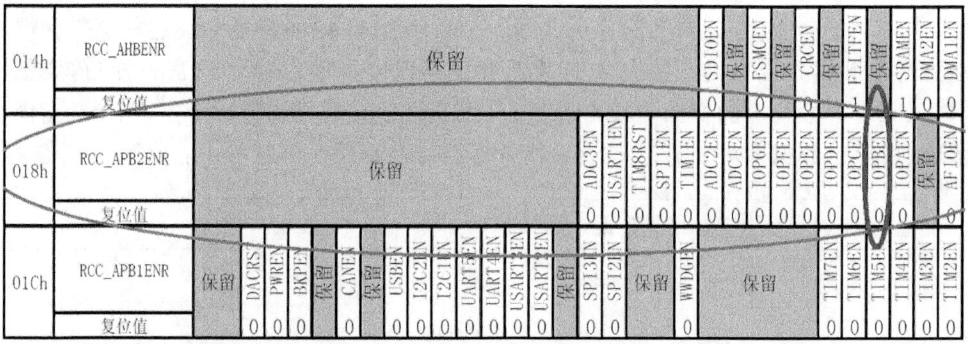

014h	RCC_AHBENR	保留	SDIOEN	保留	FSMCEN	保留	CRCEN	保留	FLITFEN	保留	SRAMEN	DMA2EN	DMA1EN
	复位值		0		0		0		1		1	0	0

018h	RCC_APB2ENR	保留	ADC3EN	USART1EN	TIM8RST	SPI1EN	TIM1EN	ADC2EN	ADC1EN	IOPGEN	IOPFEN	IOPEEN	IOPDEN	IOPCEN	IOPBEN	IOPAEN	保留	AFIOEN
	复位值		0	0	0	0	0	0	0	0	0	0	0	0	0	0		0

01Ch	RCC_APB1ENR	保留	DACRST	PWREN	BKPEN	保留	CANEN	保留	USBEN	I2C2EN	I2C1EN	UART5EN	UART4EN	USART3EN	USART2EN	保留	SPI3EN	SPI2EN	保留	WWDGEN	保留	TIM7EN	TIM6EN	TIM5EN	TIM4EN	TIM3EN	TIM2EN
	复位值		0	0	0		0		0	0	0	0	0	0	0		0	0		0		0	0	0	0	0	0

图 6－5　RCC_APB2ENR 寄存器

从图 6－5 可以看到，GPIO 端口 B 对应的位是第 3 位（最右边算第 0 位）。如果把该位设置为 1，则 GPIO 端口 B 时钟有效。采用指针的方式进行操作的代码如下：

```
(*(unsigned int*)0x40021018) = (1<<3);
```

4. 查找 GPIO 模式寄存器的地址

在该手册的第 28 页“2.3 存储器映像”中包括了各种寄存器和存储器的地址映射数据。可以找到“GPIO 端口 B”一行，如图 6－6 所示，可以看到起始地址为 0x4001 0C00。

0x4001 2000 - 0x4001 23FF	GPIO端口G	APB2	参见STM32数据手册8.5节
0x4001 2000 - 0x4001 23FF	GPIO端口F		参见STM32数据手册8.5节
0x4001 1800 - 0x4001 1BFF	GPIO端口E		参见STM32数据手册8.5节
0x4001 1400 - 0x4001 17FF	GPIO端口D		参见STM32数据手册8.5节
0x4001 1000 - 0x4001 13FF	GPIO端口C		参见STM32数据手册8.5节
0X4001 0C00 - 0x4001 0FFF	GPIO端口B		参见STM32数据手册8.5节
0x4001 0800 - 0x4001 0BFF	GPIO端口A		参见STM32数据手册8.5节
0x4001 0400 - 0x4001 07FF	EXTI		参见STM32数据手册9.3.7节
0x4001 0000 - 0x4001 03FF	AFIO		参见STM32数据手册8.5节

图 6－6　GPIO 端口 B

单击“参见 STM32 数据手册 8.5 节”，可以跳转到“8.5 GPIO 和 AFIO 寄存器地址映像”，该表列出了端口 B 的模式设置寄存器。下面仅仅以端口 B 的第 2 引脚为例，因此只需要找到端口 B 低 8 位的模式设置寄存器 GPIOx_CRL 地址即可，如图 6－7 所示。

偏移	寄存器	31 30	29 28	27 26	25 24	23 22	21 20	19 18	17 16	15 14	13 12	11 10	9 8	7 6	5 4	3 2	1 0
000h	GPIOx_CRL	CNF7 [1:0]	MODE7 [1:0]	CNF6 [1:0]	MODE6 [1:0]	CNF5 [1:0]	MODE5 [1:0]	CNF4 [1:0]	MODE4 [1:0]	CNF3 [1:0]	MODE3 [1:0]	CNF2 [1:0]	MODE2 [1:0]	CNF1 [1:0]	MODE1 [1:0]	CNF0 [1:0]	MODE0 [1:0]
	复位值	0 1	0 1	0 1	0 1	0 1	0 1	0 1	0 1	0 1	0 1	0 1	0 1	0 1	0 1	0 1	0 1
004h	GPIOx_CRH	CNF15 [1:0]	MODE15 [1:0]	CNF14 [1:0]	MODE14 [1:0]	CNF13 [1:0]	MODE13 [1:0]	CNF12 [1:0]	MODE12 [1:0]	CNF11 [1:0]	MODE11 [1:0]	CNF10 [1:0]	MODE10 [1:0]	CNF9 [1:0]	MODE9 [1:0]	CNF8 [1:0]	MODE8 [1:0]
	复位值	0 1	0 1	0 1	0 1	0 1	0 1	0 1	0 1	0 1	0 1	0 1	0 1	0 1	0 1	0 1	0 1

图 6－7　GPIO 模式寄存器的地址

由于 GPIOx_CRL 的偏移量是 0，所以 GPIOx_CRL 地址就是 GPIO 端口 B 的起始地址 0x4001 0C00。

在“8.2 GPIO 寄存器描述”里，可以查看 GPIOx_CRL 配置说明，如图 6－8 所示，由于本例子仅用到第 2 引脚，从图 6－8 可以看到每 4 个位管理一个引脚，第 2 引脚对应的 4 个位分别 8、9、10、11。

(1) MODEy[1:0]

端口 x 的模式位(y=0…7)，软件通过这些位配置相应的 I/O 端口。

00：输入模式(复位后的状态)；

01：输出模式，最大速度 10 MHz；

10：输出模式，最大速度 2 MHz；

11：输出模式，最大速度 50 MHz。

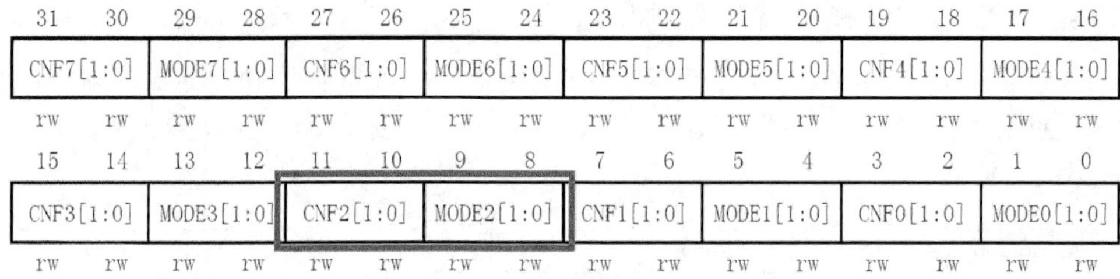

31	30	29	28	27	26	25	24	23	22	21	20	19	18	17	16
CNF7[1:0]		MODE7[1:0]		CNF6[1:0]		MODE6[1:0]		CNF5[1:0]		MODE5[1:0]		CNF4[1:0]		MODE4[1:0]	
rw	rw	rw	rw	rw	rw	rw	rw	rw	rw	rw	rw	rw	rw	rw	rw

15	14	13	12	11	10	9	8	7	6	5	4	3	2	1	0
CNF3[1:0]		MODE3[1:0]		CNF2[1:0]		MODE2[1:0]		CNF1[1:0]		MODE1[1:0]		CNF0[1:0]		MODE0[1:0]	
rw	rw	rw	rw	rw	rw	rw	rw	rw	rw	rw	rw	rw	rw	rw	rw

图 6-8　GPIOx_CRL 寄存器

(2) CNFy[1:0]

端口 x 配置位(y=0...7),软件通过这些位配置相应的 I/O 端口。

在输入模式(MODE[1:0]=00):

00:模拟输入模式;

01:浮空输入模式(复位后的状态);

10:上拉/下拉输入模式;

11:保留。

在输出模式(MODE[1:0]>00):

00:通用推挽输出模式;

01:通用开漏输出模式;

10:复用功能推挽输出模式;

11:复用功能开漏输出模式。

如果把端口 B 第 2 引脚设置成输出模式,最大速度为 50 MHz,则 GPIOx_CRL 寄存器的第 8、第 9 位设置成 11;如果设置成通用推挽输出模式,则 GPIOx_CRL 寄存器的第 10、第 11 位设置成 00。

为了该例子说明方便,这里暂时把其他没有用到的位都设置成 0。因此只要把第 8、第 9 位设置成 11,对应的十六进制为 0x0300,程序代码如下:

```
(*(unsigned int *)0x40010C00) = 0x0300;
```

5. 查找 GPIO 端口 B 输出寄存器的地址

在"8.5 GPIO 和 AFIO 寄存器地址映像"表里,可以找到输出寄存器的地址,GPIO 输出寄存器的地址如图 6-9 所示。

偏移	寄存器	31–16	15–0
008h	GPIOx_IDR	保留	IDR[15:0]
	复位值		0 0 0 0 0 0 0 0 0 0 0 0 0 0 0 0
00Ch	GPIOx_ODR	保留	ODR[15:0]
	复位值		0 0 0 0 0 0 0 0 0 0 0 0 0 0 0 0
010h	GPIOx_BSRR	BR[15:0]	BSR[15:0]
	复位值	0 0 0 0 0 0 0 0 0 0 0 0 0 0 0 0	0 0 0 0 0 0 0 0 0 0 0 0 0 0 0 0

图 6-9　GPIO 模式寄存器的地址

由于 GPIOx_ODR 是输出寄存器，它的偏移量是 00C，所以 GPIO 端口 B 的 GPIOx_ODR 地址就是 GPIO 端口 B 的起始地址 0x40010C00 加上偏移量 00C，即 0x40010C0C。如果要控制是 GPIO 端口 B 的第 2 引脚输出高电平，则程序代码如下：

```
*(volatile unsigned int *)0x40010C0C = (1 <<2);
```

6. 完整的控制 LED 闪烁程序

根据前面的介绍，把前面五个步骤整合起来，就可以完整地控制 LED 闪烁，采用一个 for 循环来实现程序的延时。完整的程序如下：

```
#include "stm32/bsp.h"
int main(void)
{
    *(volatile unsigned int *)0x40021018 = (1 <<3);
    *(volatile unsigned int *)0x40010C00 = 0x0300;
    while(1)
    {
        *(volatile unsigned int *)0x40010C0C = (1 <<2);
        for(volatile unsigned int i = 0;i <0x3ffff; ++ i);
        *(volatile unsigned int *)0x40010C0C = (1 <<2);
        for(volatile unsigned int i = 0;i <0x3ffff; ++ i);
    }
}
```

7. 改成宏定义

上述程序看起来非常简洁，但是使用了大量的地址数据，程序的可读性很差。为了解决这个问题，可以采用宏定义的方式进行改进。把这些常用的寄存器地址采用宏定义的形式进行描述，改成宏定义之后的程序如下：

```
#include "stm32/bsp.h"
#define RCC_APB2ENR  (*(volatile unsigned int *)0x40021018) //时钟控制控制寄存器
#define GPIOB_CRL    (*(volatile unsigned int *)0x40010C00) //端口 B 配置低寄存器
#define GPIOB_ODR    (*(volatile unsigned int *)0x40010C0C) //端口 B 位复位寄存器
int main(void)
{
    RCC_APB2ENR = (1 <<3);
    GPIOB_CRL = 0x0300;
    while(1)
    {
        GPIOB_ODR = (1 <<2);
```

```
        for(volatile long i = 0;i < 0x3ffff; ++ i);
        GPIOB_ODR = 0;
        for(volatile long i = 0;i < 0x3ffff; ++ i);
    }
}
```

8. 采用官方 STM32 外设库函数

上述宏定义的程序既简洁运行速度又快，可读性也有所改善，基本上可以满足 STM32 程序设计的需要。但是，其都是直接对寄存器进行操作，代码的重用率比较低，并且可读性有点差。ST 官方对 STM32 常用的功能进行了函数封装，建立了一套完整的外设函数库，采用该函数库编程可以进一步提高代码的重用率和可读性。上述程序改用官方 STM32 外设库函数之后，代码如下：

```
int main()
{
    RCC_APB2PeriphClockCmd(RCC_APB2Periph_GPIOB,ENABLE);
    GPIO_InitTypeDef GPIO_InitStructure;
    GPIO_InitStructure.GPIO_Pin = GPIO_Pin_2;
    GPIO_InitStructure.GPIO_Speed = GPIO_Speed_50MHz;
    GPIO_InitStructure.GPIO_Mode = GPIO_Mode_Out_PP;
    GPIO_Init(GPIOA,&GPIO_InitStructure);
    while(1)
    {
        for(volatile long i = 0;i < 0x3ffff; ++ i);
        GPIO_Write(GPIOB,(1 << 2));
        for(volatile long i = 0;i < 0x3ffff; ++ i);
        GPIO_ResetBits(GPIOB,0);
    }
    return 0;
}
```

9. 回顾前面几章介绍的类

可以进一步采用 C++类来对官方 STM32 外设库函数进行封装，代码也可以进一步简化，同时使可读性更好。参考第 1 章的介绍，上述程序可以修改如下：

```
CLed led1(LED1);
void loop()
{
    ! led1;
    delay(300);
}
```

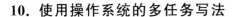

10. 使用操作系统的多任务写法

在后续的章节以及很多实际的应用系统中，一般都有很多任务并且需要并行工作，因此需要采用操作系统并按多任务的形式编程。采用第 4 章介绍的操作系统来完成上述任务，程序如下：

```
#include "main.h"
CLed led1(LED1);
void  task0(void ) {while(1) {delay(900);}}//任务 0
void  task1(void ) //任务 1
{
    while(1)
    {
        !led1;
        sleep(500);
    }
}
void setup()
{
    add(task0);
    add(task1);
}
```

6.2 STM32 GPIO 工作原理

6.2.1 STM32 GPIO 工作模式

STM32 GPIO 工作模式分为 8 种，具体如表 6-1 所列。

表 6-1　GPIO 工作模式

序　号	出　入	GPIO 模式	说　明	速　度
1	4 种 输入模式	输入浮空	输入	可配置 3 种最大翻转速度： 2 MHz; 10 MHz; 50 MHz
2		输入上拉	输入	
3		输入下拉	输入	
4		模拟输入	输入	
5	4 种 输出模式	开漏输出	输出(此模式下为真正的双向 I/O 口)	
6		推挽输出	输出	
7		推挽式复用功能	由复用功能决定	
8		开漏复用功能		

1. 输入浮空模式

输入浮空模式的工作过程如图 6-10 所示。输入浮空模式数据的读取过程包括以下 4 个过程：

① 外部通过 I/O 端口输入电平，外部电平通过上拉和下拉部分（浮空模式下都关闭，既无上拉电阻也无下拉电阻）；

② 传输到施密特触发器（此时施密特触发器为打开状态）；

③ 继续传输到输入数据寄存器 IDR；

④ CPU 通过读输入数据寄存器 IDR 实现读取外部输入电平值。

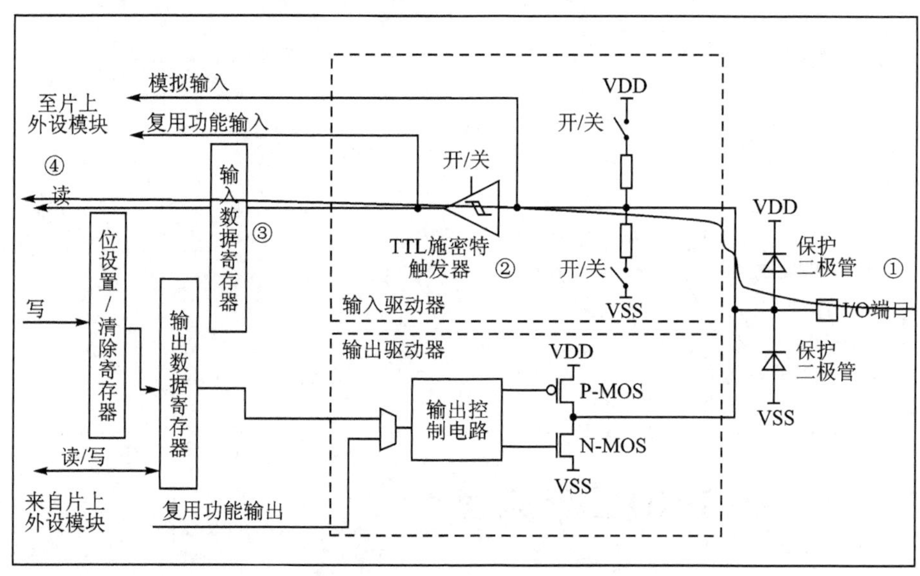

图 6-10 输入浮空模式

在输入浮空模式下可以读取外部输入电平。

2. 输入上拉模式

输入上拉模式的工作过程如图 6-11 所示。

① 与输入浮空模式相比较，不同之处在于内部有一个上拉电阻连接到 VDD（输入上拉模式下，上拉电阻开关接通，阻值为 30～50 kΩ）。

② 外部输入通过上拉电阻，施密特触发器存入输入数据寄存器 IDR，被 CPU 读取。

3. 输入下拉模式

输入下拉模式的工作过程如图 6-12 所示。

① 与输入浮空模式相比较，不同之处在于内部有一个下拉电阻连接到 VSS（输入下拉模式下，下拉电阻开关接通，阻值为 30～50 kΩ）。

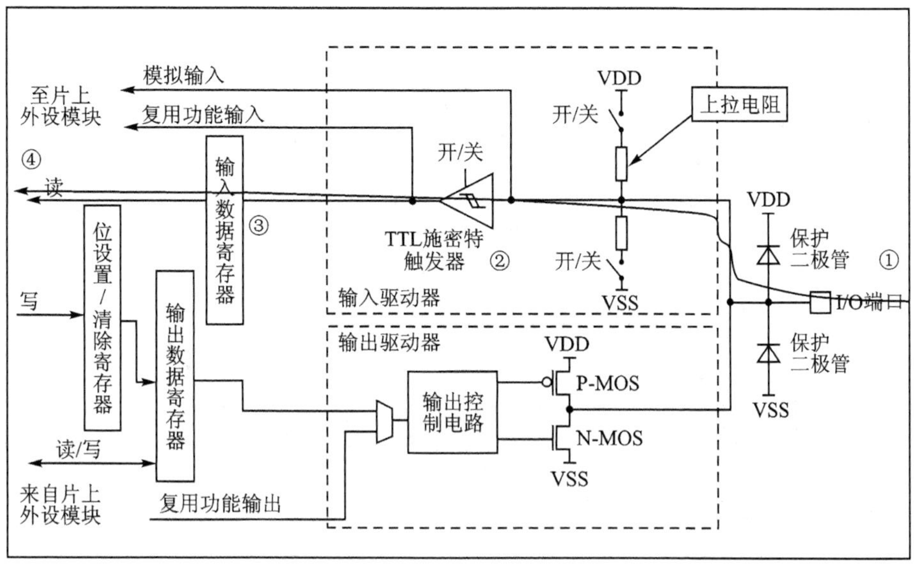

图 6-11　输入上拉模式

② 外部输入通过下拉电阻，施密特触发器存入输入数据寄存器 IDR，被 CPU 读取。

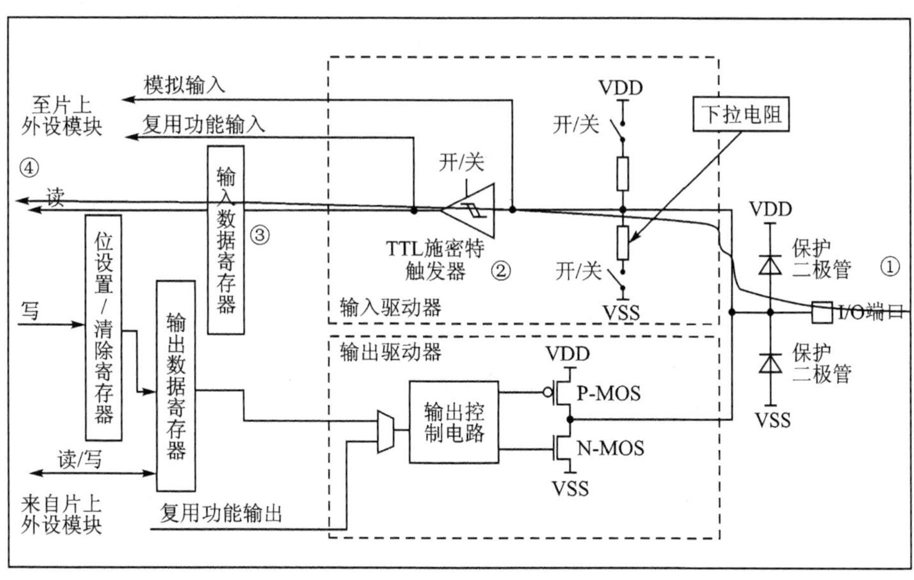

图 6-12　输入下拉模式

4. 输入模拟模式

输入模拟模式的工作过程如图 6-13 所示。

① 上拉和下拉部分均为关闭状态(A/D 转换即模拟量转换为数字量)；

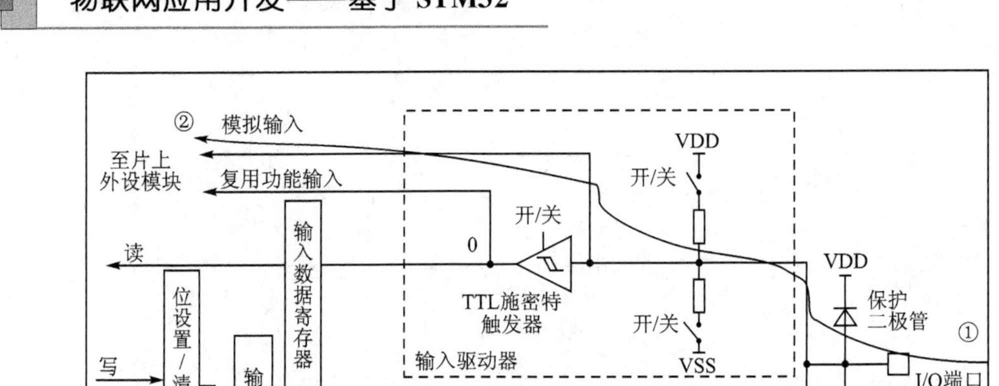

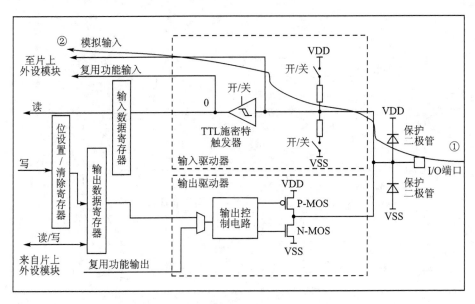

图 6-13　输入模拟模式

② 施密特触发器为截止状态；

③ 通过模拟输入通道输入到 CPU；

④ I/O 端口外部电压为模拟量(电压形式非电平形式)，作为模拟输入范围一般为 0～3.3 V。

5. 开漏输出模式

开漏输出模式的工作过程如图 6-14 所示。

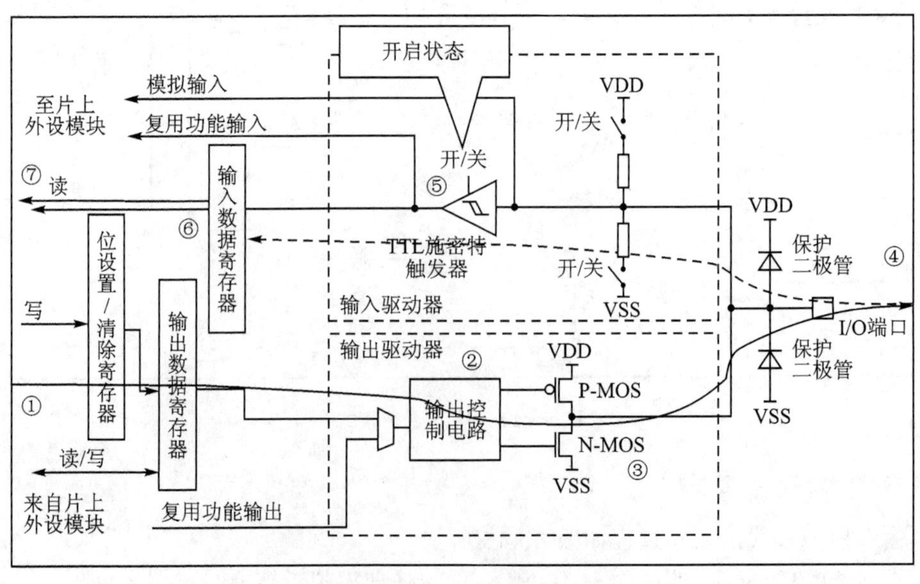

图 6-14　开漏输出模式

① CPU 写入位设置/清除寄存器 BSRR，映射到输出数据寄存器 ODR。

② 联通到输出控制电路(也就是 ODR 的电平)。

③ ODR 电平通过输出控制电路进入 N－MOS 管。

(1) ODR 输出 1

N－MOS 截止，I/O 端口电平不会由 ODR 输出决定，而由外部上拉/下拉部分决定，在输出状态下，输出的电平可以被读取，数据存入输入数据寄存器，由 CPU 读取，实现 CPU 读取输出电平。所以，当 N－MOS 截止时，如果读取到输出电平为 1，不一定是我们输出的 1，有可能是外部上拉产生的 1。

(2) ODR 输出 0

N－MOS 开启，I/O 端口电平被 N－MOS 管拉到 VSS，使 I/O 端口输出低电平；此时输出的低电平同样可以被 CPU 读取到。

6. 开漏复用输出模式

开漏复用输出模式的工作过程如图 6－15 所示。

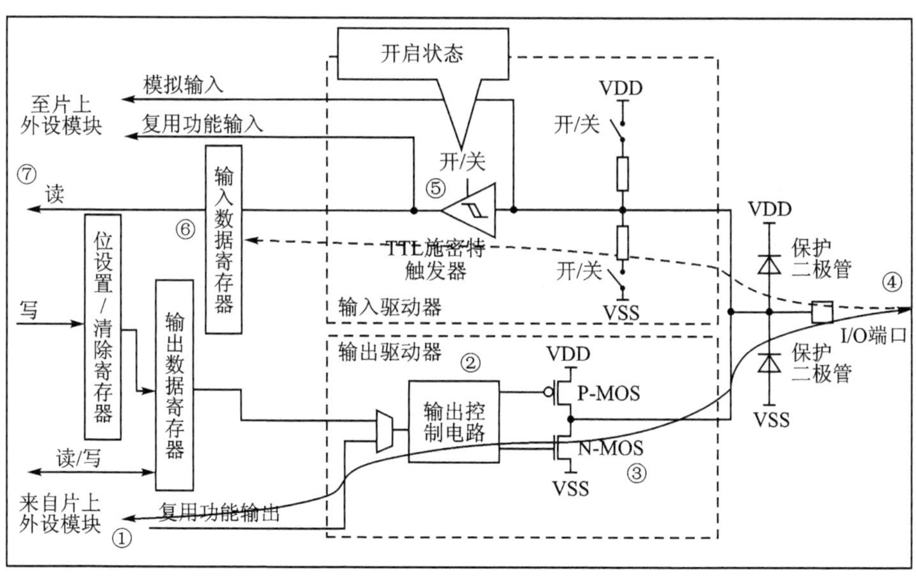

图 6－15　开漏复用输出模式

① 与开漏输出模式唯一的区别在于输出控制电路之前电平的来源不同：

➢ 开漏输出模式的输出电平是由 CPU 写入输出数据寄存器控制的；

➢ 开漏复用输出模式的输出电平是由复用功能外设输出决定的。

② 其他与开漏输出模式相似。

➢ 控制电路输出为 1：N－MOS 截止，I/O 端口电平由外部上拉/下拉部分决定；

➢ 控制电路输出为 0：N－MOS 开启，I/O 端口输出低电平。

7. 推挽输出模式

推挽输出模式的工作过程如图 6－16 所示。

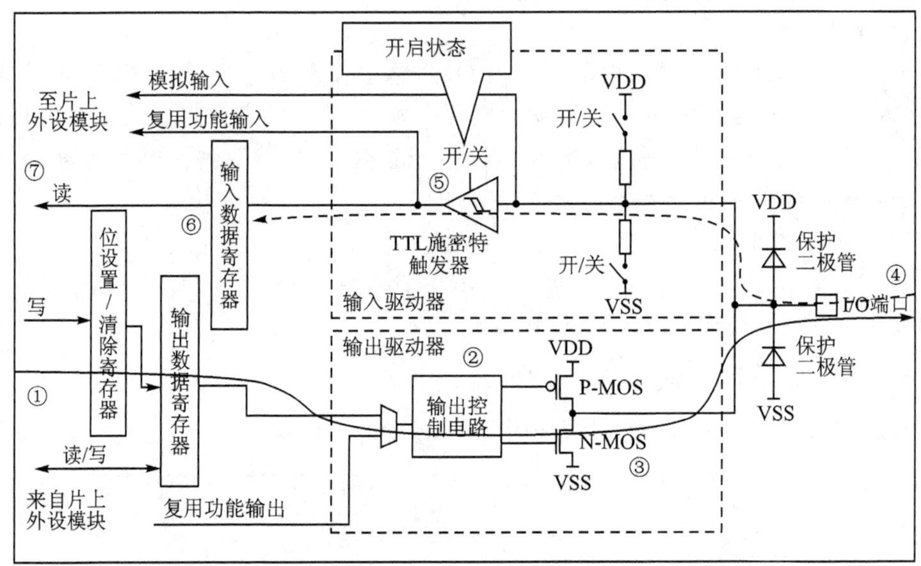

图 6－16　推挽输出模式

① 与开漏输出相比较：

➢ 输出控制寄存器部分相同；

➢ 输出驱动器部分加入了 P－MOS 管部分。

② 当输出控制电路输出 1 时，P－MOS 管导通，N－MOS 管截止，被上拉到高电平，I/O 端口输出为高电平 1。

③ 当输出控制电路输出 0 时，P－MOS 管截止，N－MOS 管导通，被下拉到低电平，I/O 端口输出为低电平 0。

④ 同时 I/O 端口输出的电平可以通过输入电路读取。

8. 复用推挽输出模式

复用推挽输出模式的工作过程如图 6－17 所示。

① 与推挽输出模式唯一的区别在于输出控制电路之前电平的来源不同。

➢ 推挽输出模式的输出电平是由 CPU 写入输出数据寄存器控制的；

➢ 复用推挽输出模式的输出电平是由复用功能外设输出决定的。

② 推挽输出与开漏输出的区别在于：

➢ 推挽输出：可以输出强高/强低电平，可以连接数字器件。

➢ 开漏输出：只能输出强低电平(高电平需要依靠外部上拉电阻拉高)，适合做电流型驱动，吸收电流能力较强(20 mA 之内)。

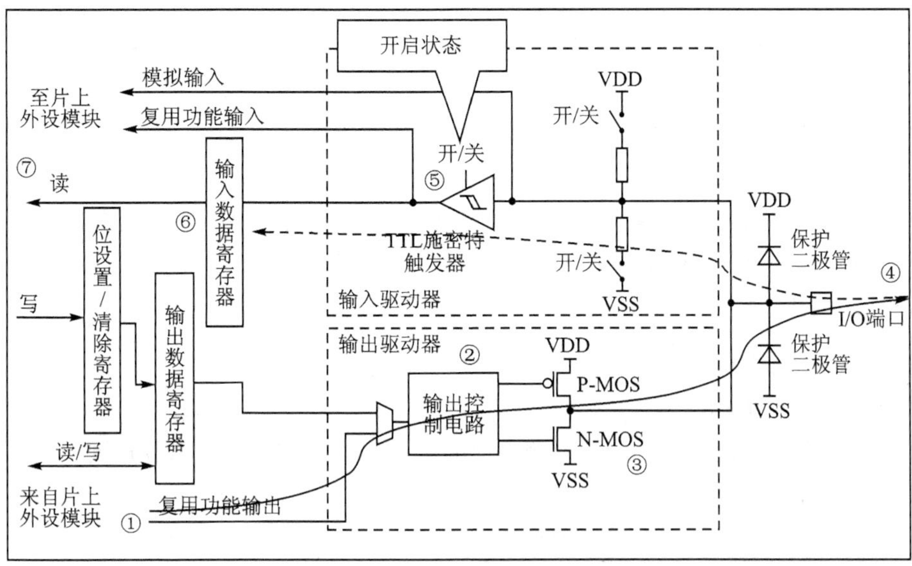

图 6-17　复用推挽输出模式

6.2.2　STM32 GPIO 寄存器

每组 GPIO 包含 7 个寄存器(7 组 GPIO 共包含 7×7=49 个寄存器)。每一个 GPIO 口都配有 2 个 32 位配置寄存器、2 个 32 位的数据寄存器、1 个 32 位的置位/复位寄存器、1 个 16 位的复位寄存器、1 个 32 位的锁存寄存器。寄存器名称和对应的功能如表 6-2 所列。

表 6-2　GPIO 寄存器功能

寄存器名称	寄存器功能
GPIOx_CRL(低位)、GPIOx_CRH(高位)	寄存器配置功能
GPIOx_IDR、GPIOx_ODR	数据寄存器
GPIOx_BSRR	寄存器置位或复位功能
GPIOx_BRR	寄存器复位功能
GPIOx_LCKR	寄存器锁存功能

① 2 个 32 位配置寄存器：
- GPIOx_CRL 低 16 位；
- GPIOx_CRH 高 16 位。

② 2 个 32 位数据寄存器：
- GPIOx_IDR 输入数据寄存器；
- GPIOx_ODR 输出数据寄存器。

③ 1 个 32 位置位/复位寄存器：GPIOx_BSRR。

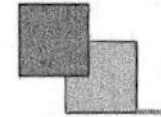

④ 1 个 16 位复位寄存器:GPIOx_BRR。

⑤ 1 个 32 位锁存寄存器:GPIOx_LCKR。

GPIO 的每一个端口位都可以由软件独立配置,每一个端口位都可以自由编程,一般都按照 32 位的寄存器来操作,不允许以半个字(16 位)或者字节(8 位)的方式操作寄存器。GPIOx_BSRR 和 GPIOx_BRR 寄存器允许按位的方式读取或者修改任何一个 GPIO 寄存器。这样,在读取或者修改访问之间产生 IRQ 时不会发生危险(即在操作时,不会被中断打断,所以不用先关中断),因此,I/O 操作具有很好的安全和可靠性,这也是其他很多同类 MCU 所没有的特点。

1. 端口配置寄存器

STM32 每组 GPIO 有 16 个 I/O 口,每 4 位控制 1 个 I/O 口,所以 32 位控制 8 个 I/O 口,分为低 16 位(GPIOx_CRL)和高 16 位(GPIOx_CRH)共 32 位控制一组 GPIO 的 16 个 I/O 口,以低寄存器为例,如图 6-18 所示。

31	30	29	28	27	26	25	24	23	22	21	20	19	18	17	16
CNF7[1:0]		MODE7[1:0]		CNF6[1:0]		MODE6[1:0]		CNF5[1:0]		MODE5[1:0]		CNF4[1:0]		MODE4[1:0]	
rw	rw	rw	rw	rw	rw	rw	rw	rw	rw	rw	rw	rw	rw	rw	rw

15	14	13	12	11	10	9	8	7	6	5	4	3	2	1	0
CNF3[1:0]		MODE3[1:0]		CNF2[1:0]		MODE2[1:0]		CNF1[1:0]		MODE1[1:0]		CNF0[1:0]		MODE0[1:0]	
rw	rw	rw	rw	rw	rw	rw	rw	rw	rw	rw	rw	rw	rw	rw	rw

图 6-18 端口配置寄存器

低寄存器用于低 8 个引脚的模式与速度设置,设置方法如表 6-3 所列。

表 6-3 低寄存器用于低 8 个引脚的模式与速度设置

位	引脚模式与速度设置
31:30	CNFy[1:0]:端口 x 配置位(y=0…7),软件通过这些位配置相应的 I/O 端口。
27:26	在输入模式(MODE[1:0]=00):
23:22	00:模拟输入模式;
19:18	01:浮空输入模式(复位后的状态);
15:14	10:上拉/下拉输入模式;
11:10	11:保留。
7:6	在输出模式(MODE[1:0]>00):
3:2	00:通用推挽输出模式;
	01:通用开漏输出模式;
	10:复用功能推挽输出模式;
	11:复用功能开漏输出模式

续表 6-3

位	引脚模式与速度设置
29:28 25:24 21:20 17:16 13:12 9:8 5:4 1:0	MODEy[1:0]:端口 x 的模式位(y=0…7),软件通过这些位配置相应的 I/O 端口。 00:输入模式(复位后的状态); 01:输出模式,最大速度 10 MHz; 10:输出模式,最大速度 2 MHz; 11:输出模式,最大速度 50 MHz

以端口配置寄存器低 16 位为例,每 4 位控制 1 个 I/O 口(高 16 位同理)。

- MODEx 的 2 位:配置 I/O 口输出/输出模式(1 种输出+3 种不同速度的输出模式);
- CNFx 的 2 位:配置 I/O 口输入/输出状态下(由 MODEx 控制)的输入/输出模式。

以 GPIOA_CRL 为例,配置 I/O 口 PA0 -> MODE0=00(输入模式),CNF0=10(上拉/下拉输入模式),如图 6-19 所示。

配置模式		CNF1	CNF0	MODE1	MODE0	PxODR寄存器
通用输出	推挽(Push-Pull)	0	0	01 10 11		0或1
	开漏(Open-Drain)		1			0或1
复用功能输出	推挽(Push-Pull)	1	0			不使用
	开漏(Open-Drain)		1			不使用
输入	模拟输入	0	0	00		不使用
	浮空输入		1			不使用
	下拉输入	1	0			0
	上拉输入					1

图 6-19　GPIOA_CRL 配置

此种配置下到底是上拉还是下拉输入模式还需由 ODR 寄存器决定,如表 6-4 所列。

表 6-4　速度配置

MODE[1:0]	意　义
00	保留
01	最大输出速度为 10 MHz
10	最大输出速度为 2 MHz
11	最大输出速度为 50 MHz

2. 数据寄存器

数据寄存器包括输入数据寄存器和输出数据寄存器，两个寄存器结构类似。输入数据寄存器 GPIOx_IDR 如图 6－20 所示，每一组 I/O 口都具有一个 GPIOx_IDR 的 32 位寄存器（实际只使用低 16 位，高 16 位保留），即 16 位控制 16 个 I/O 口，每 1 位控制 1 个 I/O 口。

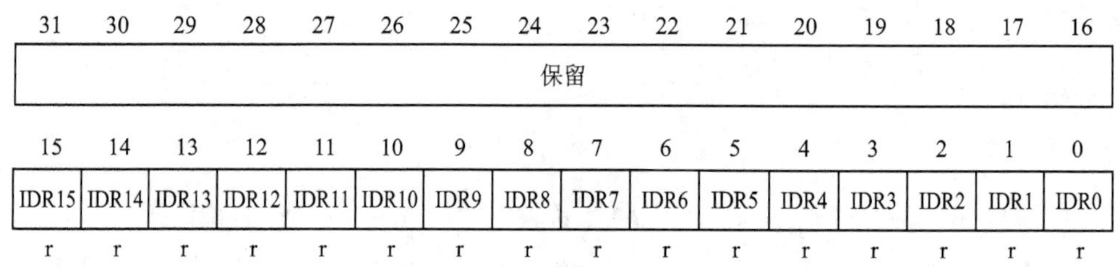

31	30	29	28	27	26	25	24	23	22	21	20	19	18	17	16
保留															
15	14	13	12	11	10	9	8	7	6	5	4	3	2	1	0
IDR15	IDR14	IDR13	IDR12	IDR11	IDR10	IDR9	IDR8	IDR7	IDR6	IDR5	IDR4	IDR3	IDR2	IDR1	IDR0
r	r	r	r	r	r	r	r	r	r	r	r	r	r	r	r

图 6－20 输入数据寄存器 GPIOx_IDR

位 31:16 保留，始终读为 0。位 15:0，IDRy[15:0]：端口输入数据（y＝0…15）（Port Input Data）这些位为只读并只能以字（16 位）的形式读出。读出的值为对应 I/O 口的状态。

IDR 寄存器共 32 位，0～15 位代表一组 I/O 口 16 个 I/O 当前值。当 I/O 口配置为输入模式且配置为上拉/下拉输入模式（即 MODEx＝00 CNFx＝10）时，ODR 决定到底是上拉输入还是下拉输入：

① 当输出模式时，ODR 为输出数据寄存器；

② 当输入模式时，ODR 用于区分当前位输入模式到底是上拉输入（ODRx＝0）还是下拉输入（ODRx＝1）。

3. 端口位设置/清除寄存器

端口位设置/清除寄存器（GPIOx_BSRR）结构如图 6－21 所示。BSRR 寄存器作用如下：

① BSRR 寄存器为 32 位寄存器，低 16 位 BSx 为设置位（1 为设置，0 为不变），高 16 位 BRx 为重置位（1 为清除，0 为不变）；

② 当然，最终的目的还是通过 BSRR 间接设置 ODR 寄存器，改变 I/O 口电平。

31	30	29	28	27	26	25	24	23	22	21	20	19	18	17	16
BR15	BR14	BR13	BR12	BR11	BR10	BR9	BR8	BR7	BR6	BR5	BR4	BR3	BR2	BR1	BR0
w	w	w	w	w	w	w	w	w	w	w	w	w	w	w	w
15	14	13	12	11	10	9	8	7	6	5	4	3	2	1	0
BR15	BR14	BR13	BR12	BR11	BR10	BR9	BR8	BR7	BR6	BR5	BR4	BR3	BR2	BR1	BR0
w	w	w	w	w	w	w	w	w	w	w	w	w	w	w	w

图 6－21 端口位设置/清除寄存器

位 31:16，这些位只能写入并只能以字（16 位）的形式操作。0：对对应的 ODRy 位

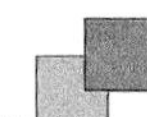

不产生影响；1：清除对应的 ODRy 位为 0。注：如果同时设置了 BSy 和 BRy 的对应位，BSy 位起作用。

位 15：0，BSy：设置端口 x 的位 y（y=0…15）（Port x Set bit y），这些位只能写入并只能以字（16 位）的形式操作。0：对对应的 ODRy 位不产生影响；1：设置对应的 ODRy 位为 1。

GPIOx_BSRR 和 GPIOx_BRR 寄存器，通过这两个寄存器可以直接对对应的 GPIOx 端口置 1 或置 0。

- GPIOx_BSRR 的高 16 位中每一位对应端口 x 的每个位，对高 16 位中的某位置 1，则端口 x 的对应位被清 0；寄存器中的位置 0，则对它对应的位不起作用。
- GPIOx_BSRR 的低 16 位中每一位也对应端口 x 的每个位，对低 16 位中的某位置 1，则它对应的端口位被置 1；寄存器中的位置 0，则对它对应的端口不起作用。

简单地说，GPIOx_BSRR 的高 16 位称为清除寄存器，而 GPIOx_BSRR 的低 16 位称为设置寄存器。另一个寄存器 GPIOx_BRR 只有低 16 位有效，与 GPIOx_BSRR 的高 16 位具有相同功能。

使用 BRR 和 BSRR 寄存器可以方便快速地实现对端口某些特定位的操作，而不影响其他位的状态。比如希望快速地对 GPIOE 的位 7 进行翻转，则可以：

```
GPIOE->BSRR = 0x80;//置 1
GPIOE->BRR = 0x80;//置 0
```

如果使用常规"读—改—写"的方法：

```
GPIOE->ODR = GPIOE->ODR | 0x80;//置 1
GPIOE->ODR = GPIOE->ODR & 0xFF7F;//置 0
```

BSRR 的高 16 位是否是多余的？看下面例子：

假如想在一个操作中对 GPIOE 的位 7 置 1，位 6 置 0，则使用 BSRR 非常方便：

```
GPIOE->BSRR = 0x400080;
```

如果没有 BSRR 的高 16 位，则要分 2 次操作，结果造成位 7 和位 6 的变化不同步。

```
GPIOE->BSRR = 0x80;
GPIOE->BRR = 0x40;
```

4. 端口位清除寄存器

端口位清除寄存器(GPIOx_BRR)如图 6-22 所示。GPIOx_BRR 寄存器的使用比 GPIOx_BSRR 简单，作用同 GPIOx_BSRR 寄存器高 16 位。一般使用 BSRR 低 16 位和 BRR 的低 16 位，STM32F4 系列取消了 BSRR 的高 16 位。

31	30	29	28	27	26	25	24	23	22	21	20	19	18	17	16
保留															

15	14	13	12	11	10	9	8	7	6	5	4	3	2	1	0
BR15	BR14	BR13	BR12	BR11	BR10	BR9	BR8	BR7	BR6	BR5	BR4	BR3	BR2	BR1	BR0
w	w	w	w	w	w	w	w	w	w	w	w	w	w	w	w

图 6-22　端口位清除寄存器

位 15:0,BRy:清除端口 x 的位 y (y=0…15) (Port x Reset bit y)。这些位只能写入并只能以字(16 位)的形式操作。0:对对应的 ODRy 位不产生影响;1:清除对应的 ODRy 位为 0。

5. 锁存寄存器

锁存寄存器(GPIOx_LCKR)如图 6-23 所示,平时比较少用,但在安全性要求严格的场合,具有很好的作用,避免 STM32 的引脚状态发生意外变化。

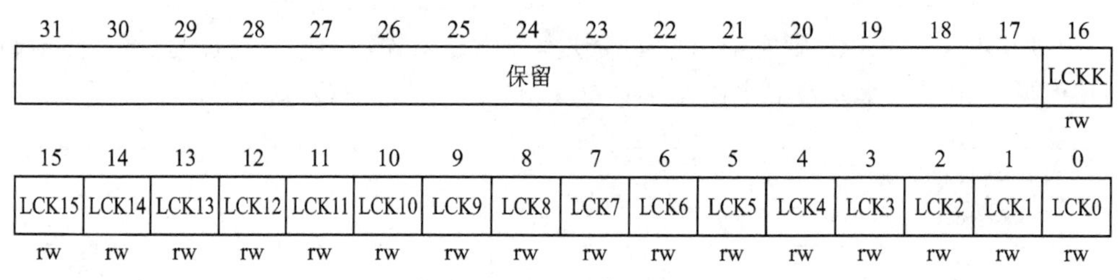

31	30	29	28	27	26	25	24	23	22	21	20	19	18	17	16
保留															LCKK
															rw

15	14	13	12	11	10	9	8	7	6	5	4	3	2	1	0
LCK15	LCK14	LCK13	LCK12	LCK11	LCK10	LCK9	LCK8	LCK7	LCK6	LCK5	LCK4	LCK3	LCK2	LCK1	LCK0
rw	rw	rw	rw	rw	rw	rw	rw	rw	rw	rw	rw	rw	rw	rw	rw

图 6-23　锁存寄存器

① 位 16,LCKK:锁键 (Lock Key),该位可随时读出,它只可通过锁键写入序列修改。

- 0:端口配置锁键位激活;
- 1:端口配置锁键位被激活,下次系统复位前 GPIOx_LCKR 寄存器被锁住。

锁键的写入序列:

写 1→写 0→写 1→读 0→读 1

最后一个读可省略,但可以用来确认锁键已被激活。在操作锁键的写入序列时,不能改变 LCK[15:0]的值。操作锁键写入序列中的任何错误将不能激活锁键。

② 位 15:0,LCKy:端口 x 的锁位 y (y=0…15) (Port x Lock bit y),这些位可读可写,但只能在 LCKK 位为 0 时写入。

- 0:不锁定端口的配置;
- 1:锁定端口的配置。

6.2.3　STM32 端口的复用和重映射

1. 端口的复用

大部分 I/O 口可复用为外部功能引脚,参考芯片数据手册(I/O 口复用和重映射)。

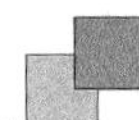

例如：STM32F103ZET6 的 PA9 和 PA10 引脚可复用为串口发送和接收功能引脚，也可复用为定时器 1 的通道 2 和通道 3，如图 6－24 所示。端口复用的作用：最大限度地利用端口资源。

E11	E9	D1	40	66	99	PC9	I/O	FT	PC9	TIM8_CH4/SDIO_D1	TIM3_CH4
E12	D9	E4	41	67	100	PA8	I/O	FT	PA8	USART1_CK/ TIM1_CH1/MCO	
D12	C9	D2	42	68	101	PA9	I/O	FT	PA9	USART1_TX / TIM1_CH2	
D11	D10	D3	43	69	102	PA10	I/O	FT	PA10	USART1_RX / TIM1_CH3	
C12	C10	C1	44	70	103	PA11	I/O	FT	PA11	USART1_CTS/USBDM CAN_RX(7)/TIM1_CH4(7)	

图 6－24　端口的复用

2. 端口的重映射

串口 1 默认引脚是 PA9、PA10，可以通过配置重映射映射到 PB6、PB7，如图 6－25 所示。端口重映射的作用是方便布线。另外，STM32 所有的 I/O 口都可作为中断输入。

Pins						Pin name	Type(1)	I / O Level(2)	Main function(3) (after reset)	Alternate functions	
BGA144	BGA100	WLCSP64	LQFP64	LQFP100	LQFP144					Default	Remap
C6	B5	B5	58	92	136	PB6	I/O	FT	PB6	I2C1_SCL / TIM4_CH1	USART1_TX
D6	A5	C5	59	93	137	PB7	I/O	FT	PB7	I2C1_SDA / FSMC_NADV / TIM4_CH2	USART1_RX

图 6－25　PA9/PA10 端口的重映射

6.2.4　STM32 I/O 口的优点

1. GPIO 的优点

① 兼容性强。所有 I/O 口兼容 CMOS 和 TTL，多数 I/O 口兼容 5 V 电平(除了带有模拟输入功能的 I/O 口之外，因为模拟输入最大能承受 3.6 V 电平信号)。5 V 兼容 I/O 端口位的基本结构如图 6－2 所示。VDD_FT 对 5 V 兼容 I/O 引脚是特殊的，它与 VDD 不同。

② 速度可选。在 I/O 口的输出模式下，有 3 种输出速度可选(2 MHz、10 MHz 和 50 MHz)，可以在速度要求不严格的情况下，降低速度以达到低功耗设计，并且进一步降低噪声干扰。

③ 内部上拉或者下拉功能。所有的 GPIO 口引脚都有一个内部弱上拉或者弱下

拉功能，当配置成输入时，可以被激活，也可以不激活。

④ 外部中断源灵活。每个 GPIO 口都可以作为外部中断的输入(但是，同时最多只能有 16 路)，但必须配置成输入模式。

⑤ 驱动能力强。GPIO 口最大可以吸收 25 mA 电流，但是总吸收电流不能超过 150 mA。

⑥ 独立唤醒功能。具有独立的唤醒 I/O 口。

⑦ 重映射功能。很多 I/O 口的复用功能可以重新映射，STM32 上很多引脚功能可以重新映射。

⑧ 锁存功能。GPIO 口的配置具有上锁功能，当配置好 GPIO 口后，可以通过程序锁住配置组合，直到下次芯片复位才能解锁。避免在意外情况下对 I/O 寄存器的误写操作，即使程序跑飞，其他的 I/O 或者外设不会受到影响。

⑨ 真正双向功能。输出模式下输入寄存器依然有效，在开漏配置模式下实现真正的双向 I/O 功能。

⑩ 高速翻转能力。GPIO 口拥有 18 MHz 的翻转速度，就是往 I/O 口上写 0 或者写 1 的速度可以达到 18 MHz。

⑪ 拥有唤醒专用引脚。一个从待机模式中唤醒的专用引脚(PA00)。

⑫ 拥有防入侵引脚。一个防入侵引脚(PC13)。

2. AFIO 的优点

人脚可以用来走路，这是最基本的功能，还可以用来踢人、踩油门、踩刹车，如果是猪脚还可以做成红烧猪脚或火腿。STM32 的引脚也是如此，可以作为普通功能，也可以使用复用功能(AFIO)。

AFIO(Alternate Function 复用功能)也属于一种外设功能，因此在使用 AFIO 之前都需要像操作其他外设一样，先打开 AFIO 的时钟。AFIO 具有以下功能：

(1) 事件输出信号产生功能

使用 SEV 指令产生脉冲，可以将 MCU 从待机模式中唤醒；此外，每一个 GPIO 都可以用于事件输出。

(2) GPIO 软件重映射功能

通过引脚复用功能，可以将具有复用功能的 I/O 口映射到其他的 I/O 口上，从而优化电路布线，但是这个重映射是固定对应的，而不能随便映射。

所有的 SWJ - DP 调试的 I/O 口都可以用作 GPIO 口，前面章节已经详细介绍了。

(3) 外部中断线的设置功能

每一个外部中断与所有 GPIO 共享，因此 16 路外部中断线都可以任意重映射在 GPIO 口的任意引脚上。

6.3　STM32 GPIO 库函数

6.3.1　STM32 固件库中提供的 GPIO 库函数

STM32 固件库中提供的 GPIO 库函数如表 6-5 所列，这个函数的声明都包含在头文件“stm32f10x_gpio.h”中。

表 6-5　GPIO 库函数

函数名	描　述
DeInit	将外设 GPIOx 寄存器重设为默认值
GPIO_AFIODeInit	将复用功能(重映射事件控制和 EXTI 设置)重设为默认值
GPIO_Init	根据 GPIO_InitStruct 参数初始化外设 GPIOx 寄存器
GPIO_StructInit	把 GPIO_InitStruct 中的每一个参数按默认值填入
GPIO_ReadInputDataBit	读取指定端口引脚的输入
GPIO_ReadInputData	读取指定的 GPIO 端口输入
GPIO_ReadOutputDataBit	读取指定端口引脚的输出
GPIO_ReadOutputData	读取指定的 GPIO 端口输出
GPIO_SetBits	设置指定的数据端口位
GPIO_ResetBits	清除指定的数据端口位
GPIO_WriteBit	设置或者清除指定的数据端口位
GPIO_Write	向指定 GPIO 数据端口写入数据
GPIO_PinLockConfig	锁定 GPIO 引脚设置寄存器
GPIO_EventOutputConfig	选择 GPIO 引脚用于事件输出
GPIO_EventOutputCmd	使能或者失能事件输出
GPIO_PinRemapConfig	改变指定引脚的映射
GPIO_EXTILineConfig	选择 GPIO 引脚用于外部中断线路

6.3.2　GPIO 端口的定义

1. GPIO_TypeDef 结构

GPIO_TypeDef 结构是 GPIO 端口寄存器的一个汇总，把端口配置寄存器、输入数据寄存器、输出数据寄存、位设置/清除寄存器、位清除寄存器、端口配置锁定寄存器等都对应上 GPIO_TypeDef 中的变量，这样可以很方便地通过 GPIO_TypeDef 结构对象来操作 GPIO 端口寄存器。

GPIO_TypeDef 结构定义如下：

```
typedef struct
{
  __IO uint32_t CRL;        //端口配置低寄存器
  __IO uint32_t CRH;        //端口配置高寄存器
  __IO uint32_t IDR;        //端口输入数据寄存器
  __IO uint32_t ODR;        //端口输出数据寄存器
  __IO uint32_t BSRR;       //端口位设置存器
  __IO uint32_t BRR;        //端口位清除寄存器
  __IO uint32_t LCKR;       //端口配置锁定寄存器
} GPIO_TypeDef;
```

GPIO_TypeDef 结构的功能如下：

- 端口配置低寄存器(GPIOx_CRL)（x=A…E)，偏移地址：0x00，复位值：0x4444 4444；
- 端口配置高寄存器(GPIOx_CRH)（x=A…E)，偏移地址：0x04，复位值：0x4444 4444；
- 端口输入数据寄存器(GPIOx_IDR)（x=A…E)，地址偏移：0x08，复位值：0x0000 xxxx；
- 端口输出数据寄存器(GPIOx_ODR)（x=A…E)，地址偏移：0Ch，复位值：00000 000h；
- 端口位设置/清除寄存器(GPIOx_BSRR)（x=A…E)，地址偏移：0x10，复位值：0x0000 0000；
- 端口位清除寄存器(GPIOx_BRR)（x=A…E)，地址偏移：0x14，复位值：0x0000 0000；
- 端口配置锁定寄存器(GPIOx_LCKR)（x=A…E)，当执行正确的写序列设置了位 16(LCKR)时，该寄存器用来锁定端口位的配置，位[15:0]用于锁定 GPIO 端口的配置，在规定的写入操作期间，不能改变 LCKR[15:0]，当对相应的端口位执行了 LOCK 序列后，在下次系统复位之前将不能再更改端口位的配置，每个锁定位锁定控制寄存器(CRL,CRH)中相应的 4 个位。地址偏移：0x18；复位值：0x0000 0000。

2. GPIO 端口的地址与计算

STM32 的 GPIO 端口地址分为 GPIOA、GPIOB、GPIOC、GPIOD、GPIOE、GPIOF、GPIOG 七个，其宏定义如下：

```
#define GPIOA              ((GPIO_TypeDef * ) GPIOA_BASE)
#define GPIOB              ((GPIO_TypeDef * ) GPIOB_BASE)
#define GPIOC              ((GPIO_TypeDef * ) GPIOC_BASE)
```

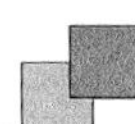

```
#define GPIOD                   ((GPIO_TypeDef *) GPIOD_BASE)
#define GPIOE                   ((GPIO_TypeDef *) GPIOE_BASE)
#define GPIOF                   ((GPIO_TypeDef *) GPIOF_BASE)
#define GPIOG                   ((GPIO_TypeDef *) GPIOG_BASE)
```

GPIOA_BASE 到 GPIOG_BASE 的宏定义是在 APB2PERIPH_BASE 的基础上加一个偏移量，例如：

```
#define GPIOA_BASE              (APB2PERIPH_BASE + 0x0800)
#define GPIOB_BASE              (APB2PERIPH_BASE + 0x0C00)
#define GPIOC_BASE              (APB2PERIPH_BASE + 0x1000)
#define GPIOD_BASE              (APB2PERIPH_BASE + 0x1400)
#define GPIOE_BASE              (APB2PERIPH_BASE + 0x1800)
#define GPIOF_BASE              (APB2PERIPH_BASE + 0x1C00)
#define GPIOG_BASE              (APB2PERIPH_BASE + 0x2000)
```

如果 PORT 代表的是端口号，则其他值分别是 PORT_A 到 PORT_G，即声明：

```
enum PORT{PORT_A = 0,PORT_B,PORT_C,PORT_D,PORT_E
    ,PORT_F,PORT_G,};
```

这样端口地址的偏移量为：

```
uint32_t data = (uint32_t) (uint32_t(2 + por))<<10;
```

最终端口地址可以表示为：

```
Gpio = (GPIO_TypeDef *)((uint32_t)APB2PERIPH_BASE
    + (uint32_t)data);
```

6.3.3　AHB/APB 桥的配置

STM32 两个 AHB/APB 桥在 AHB 和两个 APB 总线间提供同步连接。AHB 到 APB 的桥(AHB2APBx)，它连接所有的 APB 设备，这些都是通过一个多级的 AHB 总线构架相互连接的，如图 6-26 所示。

APB1 操作速度限于 36 MHz，APB2 操作于全速(最高 72 MHz)。在每一次复位后，除 SRAM 和 FLITF 以外的所有外设都被关闭，在使用一个外设之前，必须设置寄存器 RCC_AHBENR 来打开该外设的时钟。当对 APB 寄存器进行 8 位或 16 位访问时，该访问会被自动转换成 32 位的访问。桥电路会自动将 8 位或 32 位数据扩展以配合 32 位向量。

在固件中配置 AHB/APB 桥时钟的函数分别为 RCC_AHBPeriphClockCmd、RCC_

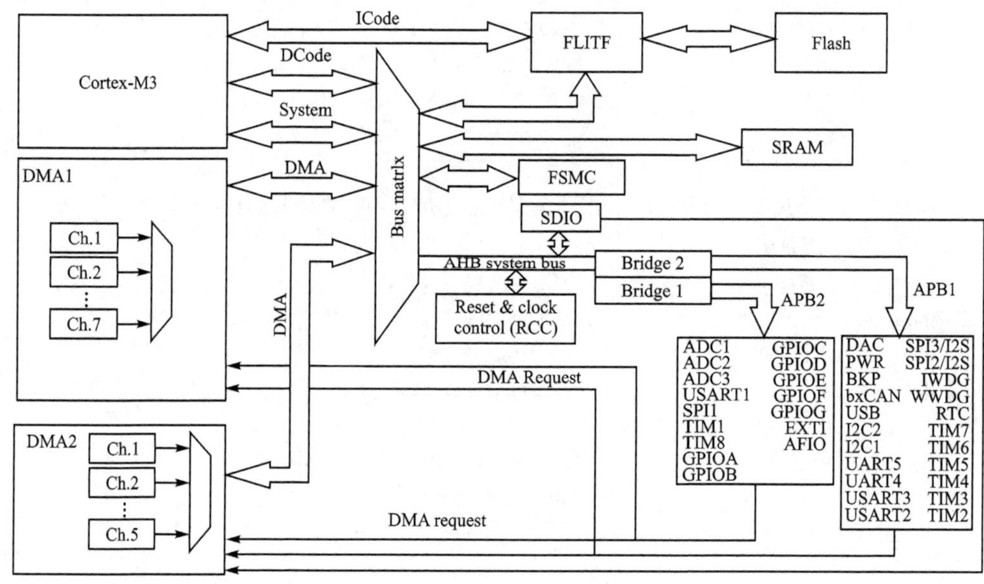

图 6－26　AHB/APB 桥结构

APB2PeriphClockCmd、RCC_APB1PeriphClockCmd。

1. RCC_APB2PeriphClockCmd 函数

RCC_APB2PeriphClockCmd 函数在固件中的定义如下：

```
void RCC_APB2PeriphClockCmd(uint32_t RCC_APB2Periph,FunctionalState NewState)
{
  if (NewState != DISABLE) RCC->APB2ENR |= RCC_APB2Periph;
  else RCC->APB2ENR &= ~RCC_APB2Periph;
}
```

第一个参数是与 APB2 连接的外设，在固件中已经有宏定义，分别是：RCC_APB2Periph_AFIO，RCC_APB2Periph_GPIOA，RCC_APB2Periph_GPIOB，RCC_APB2Periph_GPIOC，RCC_APB2Periph_GPIOD，RCC_APB2Periph_GPIOE，RCC_APB2Periph_GPIOF，RCC_APB2Periph_GPIOG，RCC_APB2Periph_ADC1，RCC_APB2Periph_ADC2，RCC_APB2Periph_TIM1，RCC_APB2Periph_SPI1，RCC_APB2Periph_TIM8，RCC_APB2Periph_USART1，RCC_APB2Periph_ADC3。从这个名字基本也可以看出，哪些外设是可以按 72 MHz 速度操作的。

2. RCC_AHBPeriphClockCmd 函数

RCC_AHBPeriphClockCmd 函数实现 AHB 外设时钟的启用或禁用功能。RCC_AHBPeriphClockCmd 函数声明如下：

```
void RCC_AHBPeriphClockCmd(uint32_t RCC_AHBPeriph,FunctionalState NewState)
{  if (NewState != DISABLE) RCC->AHBENR | = RCC_AHBPeriph;
    else RCC->AHBENR & = ~RCC_AHBPeriph;
}
```

参数 RCC_AHBPeriph:指定 AHB 外设时钟。当 STM32 连接线装置时,此参数可任意组合以下值:RCC_AHBPeriph_DMA1、RCC_AHBPeriph_DMA2、RCC_AHBPeriph_SRAM、RCC_AHBPeriph_FLITF、RCC_AHBPeriph_CRC、RCC_AHBPeriph_OTG_FS、RCC_AHBPeriph_ETH_MAC、RCC_AHBPeriph_ETH_MAC_Tx、RCC_AHBPeriph_ETH_MAC_Rx。当其他 STM32 连接线装置时,此参数可任意组合以下值:RCC_AHBPeriph_DMA1、RCC_AHBPeriph_DMA2、RCC_AHBPeriph_SRAM、RCC_AHBPeriph_FLITF、RCC_AHBPeriph_CRC、RCC_AHBPeriph_FSMC、RCC_AHBPeriph_SDIO。SRAM 和 FLITF 时钟只有在睡眠模式时可以被禁用。参数 NewState:指定外设时钟的新状态。这个参数可以是启用或禁用。

3. RCC_APB1PeriphClockCmd 函数

RCC_APB1PeriphClockCmd 函数启用或禁用 APB1 外设时钟。RCC_APB1PeriphClockCmd 函数定义如下:

```
void RCC_APB1PeriphClockCmd(uint32_t RCC_APB1Periph,FunctionalState NewState)
{ if (NewState != DISABLE) RCC->APB1ENR | = RCC_APB1Periph;
    else RCC->APB1ENR & = ~RCC_APB1Periph;
}
```

参数 RCC_APB1Periph:指定 APB1 外设的时钟。这个参数可以是任何以下值的组合:RCC_APB1Periph_TIM2、RCC_APB1Periph_TIM3、RCC_APB1Periph_TIM4、RCC_APB1Periph_TIM5、RCC_APB1Periph_TIM6、RCC_APB1Periph_TIM7、RCC_APB1Periph_WWDG、RCC_APB1Periph_SPI2、RCC_APB1Periph_SPI3、RCC_APB1Periph_USART2、RCC_APB1Periph_USART3、RCC_APB1Periph_USART4、RCC_APB1Periph_USART5、RCC_APB1Periph_I2C1、RCC_APB1Periph_I2C2、RCC_APB1Periph_USB、RCC_APB1Periph_CAN1、RCC_APB1Periph_BKP、RCC_APB1Periph_PWR、RCC_APB1Periph_DAC。参数 NewState:指定外设时钟的新状态。这个参数可以是启用或禁用。

4. GPIO 端口与 APB2 连接的时钟设置

APB2 外设时钟使能寄存器(RCC_APB2ENR)第 2 位是 I/O 端口 A 时钟使能,第 3 位是 I/O 端口 B 时钟使能,由软件置 1 或清 0。0:I/O 端口 A 时钟关闭;1:I/O 端口 A 时钟开启。以 PORT_A 为例,其值等于 0,那么宏定义的值也可以表示为:(unsigned short)((unsigned short)1 << (por+2))。因此,GPIO 端口与 APB2 连接的时

钟设置方法如下：

```
RCC_APB2PeriphClockCmd((unsigned short)((unsigned short)1 <<(por + 2)),ENABLE);
```

6.3.4 GPIO 引脚的配置

在本小节中，将深入分析 GPIO 引脚配置底层工作原理，包括 GPIO_InitTypeDef 结构、引脚号定义、引脚的模式与速度设置、引脚模式枚举、引脚速度枚举等。

回顾本章前面的例子，GPIO 引脚的配置方法如下：

```
GPIO_InitTypeDef GPIO_InitStructure;
GPIO_InitStructure.GPIO_Pin = Pin;
GPIO_InitStructure.GPIO_Speed = speed;
GPIO_InitStructure.GPIO_Mode = mode;
GPIO_Init(Gpio,&GPIO_InitStructure);
```

1. GPIO_InitTypeDef 结构

在配置函数中，通过 GPIO_InitTypeDef 结构来给指定的 GPIO 引脚进行配置。GPIO_InitTypeDef 结构定义如下：

```
typedef struct
{
    uint16_t GPIO_Pin;                    //指定 GPIO 引脚
    GPIOSpeed_TypeDef GPIO_Speed;         //指定所选取的引脚速度
    GPIOMode_TypeDef GPIO_Mode;           //指定所选取的引脚的操作模式
}GPIO_InitTypeDef;
```

参数 GPIO_Pin 指定引脚，这个参数可以是一个 GPIO_pins_define 参考值。参数 GPIO_Speed 指定所选取的引脚速度，这个参数可以是一个 GPIOSpeed_TypeDef 参考值。参数 GPIO_Mode 指定所选取的引脚的操作模式，这个参数可以是一个 GPIO-Mode_TypeDef 参考值。

2. 引脚号定义

STM32 中用寄存器的某一位来代表一个引脚，在固件中用 GPIO_Pin_1 至 GPIO_Pin_16 宏定义表示，分别代表着 1 左 0 位至 1 左 15 位。为了方便进行函数参数传递，CGpio 类中采用枚举来表示引脚。每个端口有 16 个引脚号，可以用 PIN_1 至 PIN_16 来表示，对象的值为 1～16，通过一个枚举声明实现：

```
enum PIN{ PIN_1 = 0,PIN_1 = 1,PIN_2 = 2,PIN_3 = 3,PIN_4 = 4,PIN_5,PIN_6,PIN_7,PIN_8,PIN_
9,PIN_10,PIN_11,PIN_12,PIN_13,PIN_14,PIN_15,};
```

这样，引脚可以用移位来表示：

```
Pin = (unsigned short)((unsigned short)1 <<pin);
```

3. 引脚的模式与速度设置

引脚的模式与速度设置通过两个寄存器来实现，分别是端口配置低寄存器(GPIOx_CRL)（x＝A…E)和端口配置高寄存器(GPIOx_CRH)（x＝A…E)。

引脚的模式与速度设置主要采用引脚模式枚举和引脚速度枚举中所定义的量进行选择。例如：

```
GPIO_InitTypeDef GPIO_InitStructure;
GPIO_InitStructure.GPIO_Pin = GPIO_Pin_2;
GPIO_InitStructure.GPIO_Speed = GPIO_Speed_50MHz;
GPIO_InitStructure.GPIO_Mode = GPIO_Mode_Out_PP;
GPIO_Init(GPIOA,&GPIO_InitStructure);
```

4. 引脚模式枚举

引脚模式枚举中列出了常见的输入/输出模式，如下所示：

```
typedef enum
{ GPIO_Mode_AIN = 0x0,              //模拟输入
  GPIO_Mode_IN_FLOATING = 0x04,     //悬空输入
  GPIO_Mode_IPD = 0x28,             //下拉输入
  GPIO_Mode_IPU = 0x48,             //上拉输入
  GPIO_Mode_Out_OD = 0x14,          //开漏输出
  GPIO_Mode_Out_PP = 0x10,          //推挽输出
  GPIO_Mode_AF_OD = 0x1C,           //开漏复用
  GPIO_Mode_AF_PP = 0x18            //推挽复用
}GPIOMode_TypeDef;
```

5. 引脚速度枚举

引脚速度枚举中列出了常见的引脚速度，如下所示：

```
typedef enum
{
  GPIO_Speed_10MHz = 1,
  GPIO_Speed_2MHz,
  GPIO_Speed_50MHz
}GPIOSpeed_TypeDef;
```

引脚速度是指I/O口驱动电路的响应速度，而不是输出信号的速度，输出信号的速度与程序有关(芯片内部在I/O口的输出部分安排了多个响应速度不同的输出驱动电路，用户可以根据自己的需要选择合适的驱动电路)。通过选择速度来选择不同的输出驱动模块，达到最佳的噪声控制和降低功耗的目的。高频的驱动电路，噪声也高，当不需要高的输出频率时，请选用低频驱动电路，这样非常有利于提高系统的EMI性能。当然，如果要输出较高频率的信号，但却选用了较低频率的驱动模块，很可能会得到失真的输出信号。

6.4 GPIO的读/写

1. GPIO的写入

GPIO的写入由函数GPIO_WriteBit实现，该函数在固件中的定义如下：

```
void GPIO_WriteBit(GPIO_TypeDef * GPIOx,uint16_t GPIO_Pin
        ,BitAction BitVal)
{
  if (BitVal != Bit_RESET) GPIOx->BSRR = GPIO_Pin;
  else GPIOx->BRR = GPIO_Pin;
}
```

参数GPIOx是端口号，可以是GPIOA到GPIOF；参数GPIO_Pin_x是引脚号，可以是GPIO_Pin_0到GPIO_Pin_15，也可以写成移位的形式(即1<<n，n是0～15的整数)；BitVal是设置引脚值，可以是Bit_RESET和Bit_SET中的一个。Bit_RESET和Bit_SET是枚举类型，Bit_RESET=0，Bit_SET=1，定义形式如下：

```
typedef enum
{     Bit_RESET = 0,
      Bit_SET
}BitAction;
```

2. GPIO的读取

① GPIO_ReadOutputDataBit函数用于读取输出引脚的状态。该函数在固件中的定义如下：

```
uint8_t GPIO_ReadOutputDataBit(GPIO_TypeDef * GPIOx,uint16_t GPIO_Pin)
{
  uint8_t bitstatus = 0x00;
  if((GPIOx->ODR & GPIO_Pin) != (uint32_t)Bit_RESET) bitstatus
          = (uint8_t)Bit_SET;
```

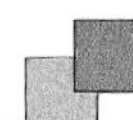

```
    else bitstatus = (uint8_t)Bit_RESET;
  return bitstatus;
}
```

参数 GPIOx 是端口号，可以是 GPIOA 到 GPIOF；参数 GPIO_Pin_x 是引脚号，可以是 GPIO_Pin_0 至 GPIO_Pin_15，也可以写成移位的形式（即 1 <<n，n 是 0～15 的整数）；返回的值可以是 Bit_RESET 和 Bit_SET 之中的一个，即 0 或 1。

② GPIO_ReadInputDataBit 函数用于读取输入引脚的状态。该函数在固件中的定义如下：

```
uint8_t GPIO_ReadInputDataBit(GPIO_TypeDef * GPIOx,uint16_t GPIO_Pin)
{
  uint8_t bitstatus = 0x00;
  if((GPIOx->IDR & GPIO_Pin) != (uint32_t)Bit_RESET) bitstatus
          = (uint8_t)Bit_SET;
  else bitstatus = (uint8_t)Bit_RESET;
  return bitstatus;
}
```

参数与 GPIO_ReadOutputDataBit 函数相同。

3. BSP 类

BSP(Board Support Packet)是板级支持包，是介于主板硬件和操作系统之间的一层，应该说是属于操作系统的一部分。主要目的是支持操作系统，使之能够更好地运行于硬件主板。

通常情况下，BSP 是相对于操作系统而言的，不同的操作系统对应于不同定义形式的 BSP，例如 VxWorks 的 BSP 和 Linux 的 BSP 相对于某一 CPU 来说尽管实现的功能一样，可是写法和接口定义却完全不同，所以写 BSP 一定要按照该系统 BSP 的定义形式来写（BSP 的编程过程大多数是在某一个成型的 BSP 模板上进行修改）。这样才能与上层 OS 保持正确的接口，很好地支持上层 OS。

BSP 就是买开发板时，开发板的生产商提供的一个资料和资源包。CBsp 类的声明如下：

```
class CBsp
{
    public:
        virtual void RCC_Configuration(void);
        virtual void NVIC_Configuration(void);
        virtual void Init(void);
        void UnableJTAG(void);
        virtual void delay(vu32 time);
};
```

4. GPIO 类

为了实现 STM32 GPIO 接口的归类和封装，可以创建一个 CGpio 类，这样既可以把 GPIO 接口的操作过程进行统一与简化，也可以使许多配置参数以类对象的形式保存与使用，方便配置数据的保存与转递。GPIO 类的实现代码如下：

```
class CGpio
{
    unsigned short Pin;
    GPIO_TypeDef * Gpio;
    GPIOMode_TypeDef Mode;
public:
    CGpio(PORT por,PIN pin,GPIOMode_TypeDef mode = GPIO_Mode_ Out_PP,
        GPIOSpeed_TypeDef speed = GPIO_Speed_50MHz):Mode(mode);
    virtual void setBit(bool BitVal);
    virtual bool getBit();
};
```

5. GPIO 接口的配置

GPIO 接口的配置在 CGpio 的构造函数中完成，包括了 GPIO 时钟全能，以及引脚号、模式、速度的配置。在 GPIO 接口配置函数中，GPIO_TypeDef 类型的端口地址(Gpio)不是直接由参数给定，而是使用端口的序号来计算出端口寄存器的基地址。这里也可以改为由函数参数给定，这样可以减少计算工作，但需要多增加一个参数。

GPIO 接口配置函数的实现代码如下：

```
CGpio::CGpio(PORT por,PIN pin,GPIOMode_TypeDef mode = GPIO_Mode_ Out_PP,
      GPIOSpeed_TypeDef speed = GPIO_Speed_50MHz):Mode(mode)
{
    Pin = (unsigned short)((unsigned short)1 <<pin);
    uint32_t data = (uint32_t)(uint32_t(2 + por))<<10;
    Gpio = (GPIO_TypeDef *)((uint32_t)APB2PERIPH_BASE + (uint32_t)data);

    RCC_APB2PeriphClockCmd((unsigned short)((unsigned short)1
                    <<(por + 2)),ENABLE);
    GPIO_InitTypeDef GPIO_InitStructure;
    GPIO_InitStructure.GPIO_Pin = Pin;
    GPIO_InitStructure.GPIO_Speed = speed;
    GPIO_InitStructure.GPIO_Mode = mode;
    GPIO_Init(Gpio,&GPIO_InitStructure);
}
```

6. GPIO 接口写入与读取

GPIO 接口的写入由 CGpio 类的成员函数 setBit 实现，GPIO 接口的读取由 CGpio 类的成员函数 getBit 实现。在读取数据时，分为读取输出寄存器的数据和输入寄存器的数据两种情况，这两种情况根据设置的模式来决定。这里也可以把读取数据的函数分解成两个函数，一个用于读取输出寄存器，另一个用于读取输入寄存器。这样更加灵活，但需要多加一个函数。

GPIO 接口写入与读取代码如下：

```
void CGpio::setBit(bool BitVal)
{
    //if(Mode == GPIO_Mode_Out_OD||Mode == GPIO_Mode_Out_PP)
    ::GPIO_WriteBit(Gpio,Pin,(BitAction)BitVal );
}
bool CGpio::getBit()
{
    if(Mode == GPIO_Mode_Out_OD||Mode == GPIO_Mode_Out_PP)
    return bool(::GPIO_ReadOutputDataBit(Gpio,Pin));
    else
    return bool(::GPIO_ReadInputDataBit(Gpio,Pin));
}
```

7. CLed 类

CLed 类就相当于翻在地上四脚朝天的乌龟，它的脚就只有蹬脚或收脚的可能了。CLed 类派生于 GPIO 类 CGpio，用于操作 LED 的显示，就实现亮和灭两个动作。CLed 其实并没有增加什么功能，只是把对 GPIO 接口的操作封装成 LED 操作所需要的样子，这样代码更加直观，既易读，又易写。CLed 类代码如下：

```
class CLed:public CGpio
{
public:
CLed(PORT por,PIN pin,GPIOMode_TypeDef mode = GPIO_Mode_Out_PP,
      GPIOSpeed_ TypeDef   speed = GPIO_Speed_50MHz):
      CGpio(por,pin,mode,speed){ }
  void On(){setBit(0);}
  void Off(){setBit(1);}
  bool isOn(){return !getBit();}
};
```

8. CKey 类

CKey 类派生于 GPIO 类 CGpio，用于配置和读取 KEY 状态。CKey 类代码如下：

```
class CKey:public CGpio
{
public:
    CKey(PORT por,PIN pin,GPIOMode_TypeDef mode = GPIO_Mode_IN_FLOATING,
        GPIOSpeed_TypeDef speed = GPIO_Speed_50MHz):
        CGpio(por,pin,mode,speed){ }
    bool isUp(){return (getBit() == 1)? true:false;}
    bool isDown(){return (getBit() == 0)? true:false;}
};
```

下面是"\ARM 项目\STM32 项目\STM32F103ZET6 项目\STM32F103ZET6_OS 模板"中完整的 CLed 和 CKey 类程序，包含了常用的运算符重载，代码如下：

```
#include "gpio.h"
#include <vector>
using namespace std;
class CLed:public CGpio
{
    public:
        CLed(PORT por,PIN pin,GPIOMode_TypeDef mode = GPIO_Mode_Out_PP,
            GPIOSpeed_TypeDef speed = GPIO_Speed_50MHz):CGpio(por,pin,mode,speed)
        {
        }
        void On(){setBit(1);}
        void Off(){setBit(0);}
        bool isOn(){return getBit();}
        CLed& operator ! ()
        {
            isOn()? Off():On();
            return *this;
        }
        CLed& operator = (int a)
        {
            (a)? On():Off();
            return *this;
        }
        CLed& operator = (CLed& a)
        {
            a.isOn()? On():Off();
            return *this;
        }
```

```
        //对象 == 对象
        bool operator == (CLed &t1){
            return (isOn() == (t1.isOn()));
        }
        //对象 == int
        bool operator == (bool t1){
            return (isOn() == t1);
        }
        void flashing(int d)
        {
            isOn()? Off():On();
            delay(d);
        }
};

void flashing(PORT por,PIN pin,GPIOMode_TypeDef mode,
            GPIOSpeed_TypeDef speed,int d)
{
    CLed led(por,pin,mode,speed);
    led.isOn()? led.Off():led.On();
    delay(d);
}
void flashing(PORT por,PIN pin,GPIOMode_TypeDef mode,int d)
{
    CLed led(por,pin,mode);
    led.isOn()? led.Off():led.On();
    delay(d);
}
void flashing(PORT por,PIN pin,int d)
{
    CLed led(por,pin);
    led.isOn()? led.Off():led.On();
    delay(d);
}
void flashing(PORT por,PIN pin)
{
    CLed led(por,pin);
    led.isOn()? led.Off():led.On();
    delay(1000);
}

class CLeds
```

```
{
    CLed* pins;
    unsigned char size;
    public:
        CLeds(unsigned char s,CLed* d){size=(s);pins=(d);}
        unsigned char getSize(){return size;}
        CLeds& operator=(unsigned int ch)
        {
            for(unsigned char i=0;i<getSize();i++){
                pins[i].setBit(1&ch);
                ch=ch>>1;
            }
            return *this;
        }
        CLeds& operator=(CLeds& ch)
        {
            for(unsigned int i=0;i<getSize();i++){
                pins[i].setBit(ch.pins[i].getBit());
            }
            return *this;
        }
        CLed& operator[](int i)
        {   if(i<size)
                return pins[i];
            else
                return pins[0];
        }
        unsigned int getData()
        {
            unsigned int ch=0;
            for(unsigned int i=0;i<getSize();i++)
                ch|=((unsigned int)pins[i].getBit())<<i;
            return ch;
        }
        void setData(unsigned int ch)
        {
            for(unsigned char i=0;i<getSize();i++){
                pins[i].setBit(1&ch);
                ch=ch>>1;
            }
        }
        template<typename T>
```

```
        void setData(T ch)
        {
            for(unsigned char i = 0;i <getSize();i ++ ){
                pins[i].setBit(1&ch);
                ch = ch >>1;
            }
        }
        template <typename T >
        T getData()
        {
            T ch = 0;
            for(unsigned char i = 0;i <getSize();i ++ )
                ch| = ((T)pins[i].getBit())<<i;
            return ch;
        }
        void setBit(unsigned int ID,bool d){
            if(ID <getSize())pins[ID].setBit(d);
        }
        bool getBit(unsigned int ID){
            if(ID <getSize())return pins[ID].getBit();
        }
        CLed getPin(unsigned int ID){
            if(ID <getSize())return pins[ID];
        }
};
class CKey:public CGpio
{
    public:
        CKey(PORT por,PIN pin,GPIOMode_TypeDef mode = GPIO_Mode_IN_FLOATING,
GPIOSpeed_TypeDef speed = GPIO_Speed_50MHz):CGpio(por,pin,mode,speed)
        {
        }
        bool isUp(){return (getBit() == = 1)? true:false;}
        bool isDown(){return (getBit() == = 0)? true:false;}
};
class CKeys
{
    CKey * pins;
    unsigned char size;
    public:
        CKeys(unsigned char s,CKey * d){size = (s);pins = (d);}
        unsigned char getSize(){return size;}
```

```
CKeys& operator = (unsigned int ch)
{
    for(unsigned char i = 0;i <getSize();i++){
        pins[i].setBit(1&ch);
        ch = ch>>1;
    }
    return *this;
}
CKeys& operator = (CKeys& ch)
{
    for(unsigned int i = 0;i <getSize();i++){
        pins[i].setBit(ch.pins[i].getBit());
    }
    return *this;
}
CKey& operator[](int i)
{   if(i <size)
        return pins[i];
    else
        return pins[0];
}
unsigned int getData()
{
    unsigned int ch = 0;
    for(unsigned int i = 0;i <getSize();i++)
        ch| = ((unsigned int)pins[i].getBit())<<i;
    return ch;
}
void setData(unsigned int ch)
{
    for(unsigned char i = 0;i <getSize();i++){
        pins[i].setBit(1&ch);
        ch = ch>>1;
    }
}
template <typename T>
void setData(T ch)
{
    for(unsigned char i = 0;i <getSize();i++){
        pins[i].setBit(1&ch);
        ch = ch>>1;
```

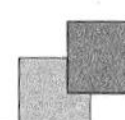

```
        }
    }
    template <typename T>
    T getData()
    {
        T ch = 0;
        for(unsigned char i = 0;i <getSize();i++)
            ch| = ((T)pins[i].getBit())<<i;
        return ch;
    }
    void setBit(unsigned int ID,bool d){
        if(ID <getSize())pins[ID].setBit(d);
    }
    bool getBit(unsigned int ID){
        if(ID <getSize())return pins[ID].getBit();
    }
    CKey getPin(unsigned int ID){
        if(ID <getSize())return pins[ID];
    }
};
```

6.5　NVIC 嵌套中断向量控制器

6.5.1　NVIC 嵌套中断向量控制器基础

1. NVIC 嵌套中断向量控制器介绍

NVIC 即嵌套中断向量控制器(Nested Vectored Interrupt Controller)。NVIC 支持 240 个优先级可动态配置的中断,每个中断的优先级有 256 个选择。低延迟的中断处理可以通过紧耦合的 NVIC 和处理器内核接口来实现,让新的中断可以得到有效的处理。NVIC 通过时刻关注压栈(嵌套)中断来实现中断的末尾连锁(tail-chaining)。NVIC 的访问地址是 0xE000 E000。所有 NVIC 的中断控制/状态寄存器都只能在特权级下访问。不过有一个例外,软件触发中断寄存器可以在用户级下访问,以产生软件中断。所有的中断控制/状态寄存器均可按字/半字/字节的方式访问。

NVIC 驱动有多种用途,例如使能或失能 IRQ 中断,使能或失能单独的 IRQ 通道,改变 IRQ 通道的优先级等。

STM32 固件库中带有 NVIC 库函数如表 6 - 6 所列,所有函数都在头文件 stm32f10x _nvic. h 中声明。

表 6-6　NVIC 库函数

函数名	描　述
NVIC_DeInit	将外设 NVIC 寄存器重设为默认值
NVIC_SCBDeInit	将外设 SCB 寄存器重设为默认值
NVIC_PriorityGroupConfig	设置优先级分组:先占优先级和从优先级
NVIC_Init	根据 NVIC_InitStruct 中指定的参数初始化外设 NVIC 寄存器
NVIC_StructInit	把 NVIC_InitStruct 中的每一个参数按默认值填入
NVIC_SETPRIMASK	使能 PRIMASK 优先级:提升执行优先级至 0
NVIC_RESETPRIMASK	失能 PRIMASK 优先级
NVIC_SETFAULTMASK	使能 FAULTMASK 优先级:提升执行优先级至 1
NVIC_RESETFAULTMASK	失能 FAULTMASK 优先级
NVIC_BASEPRICONFIG	改变执行优先级从 N(最低可设置优先级)提升至 1
NVIC_GetBASEPRI	返回 BASEPRI 屏蔽值
NVIC_GetCurrentPendingIRQChannel	返回当前待处理的 IRQ 标识符
NVIC_GetIRQChannelPendingBitStatus	检查指定的 IRQ 通道待处理位设置与否
NVIC_SetIRQChannelPendingBit	设置指定的 IRQ 通道待处理位
NVIC_ClearIRQChannelPendingBit	清除指定的 IRQ 通道待处理位
NVIC_GetCurrentActiveHandler	返回当前活动的 Handler(IRQ 通道和系统 Handler)的标识符
NVIC_GetIRQChannelActiveBitStatus	检查指定的 IRQ 通道活动位设置与否
NVIC_GetCPUID	返回 ID 号码,M3 内核的版本号和实现细节
NVIC_SetVectorTable	设置向量表的位置和偏移
NVIC_GenerateSystemReset	产生一个系统复位
NVIC_GenerateCoreReset	产生一个内核(内核+NVIC)复位
NVIC_SystemLPConfig	选择系统进入低功耗模式的条件
NVIC_SystemHandlerConfig	使能或者失能指定的系统 Handler
NVIC_SystemHandlerPriorityConfig	设置指定的系统 Handler 优先级
NVIC_GetSystemHandlerPendingBitStatus	检查指定的系统 Handler 待处理位设置与否
NVIC_SetSystemHandlerPendingBit	设置系统 Handler 待处理位
NVIC_ClearSystemHandlerPendingBit	清除系统 Handler 待处理位
NVIC_GetSystemHandlerActiveBitStatus	检查系统 Handler 活动位设置与否
NVIC_GetFaultHandlerSources	返回表示出错的系统 Handler 源
NVIC_GetFaultAddress	返回产生表示出错的系统 Handler 所在位置的地址

2. CBsp 类的 NVIC 配置

在用户程序中,main 函数首先要做的是系统时钟配置,接下来要做的工作是配置向量表,通过 NVIC 实现。CBsp 类的 NVIC 配置函数 NVIC_Configuration 代码如下:

```
void CBsp::NVIC_Configuration(void)
{
  NVIC_InitTypeDef NVIC_InitStructure;
//#ifdef  VECT_TAB_RAM
#if defined (VECT_TAB_RAM)
  /* 将向量表基地址设置为 0x20000000 */
  NVIC_SetVectorTable(NVIC_VectTab_RAM,0x0);
#elif defined(VECT_TAB_FLASH_IAP)
  NVIC_SetVectorTable(NVIC_VectTab_FLASH,0x2000);
#else  /* VECT_TAB_FLASH  */
  /* 将向量表基地址设置为 0x08000000 */
  NVIC_SetVectorTable(NVIC_VectTab_FLASH,0x0);
#endif
  /* 配置 NVIC 抢占优先级位 */
  NVIC_PriorityGroupConfig(NVIC_PriorityGroup_0);
}
```

3. 设置 NVIC 的向量表偏移寄存器

通过 NVIC_SetVectorTable 函数来设置 NVIC 的向量表偏移寄存器。用向量表偏移寄存器来判断矢量表是放在 RAM 中还是在代码存储中,不同的类型其偏移量也不同,因为可以用该向量表偏移寄存器的值来设置偏移到哪个位置。代码如下:

```
void NVIC_SetVectorTable(uint32_t NVIC_VectTab,uint32_t Offset)
{
  SCB->VTOR = NVIC_VectTab | (Offset & (uint32_t)0x1FFFFF80);
}
```

4. 系统控制寄存器(SCB)

在 NVIC_SetVectorTable 函数中,用到了一个 SCB 指针,并对该对象的 VTOR 寄存器进行偏移量的设置,为了理解上述代码,须先清楚 SCB 和 VTOR 是什么,把代码中的定义展开来分析。在固件头文件里有如下宏定义:

```
/* System Control Space memory map */
#define SCS_BASE              ((u32)0xE000E000)
#define SysTick_BASE          (SCS_BASE + 0x0010)
#define NVIC_BASE             (SCS_BASE + 0x0100)
#define SCB_BASE              (SCS_BASE + 0x0D00)
#define SysTick               ((SysTick_TypeDef *) SysTick_BASE)
#define NVIC                  ((NVIC_TypeDef *) NVIC_BASE)
#define SCB                   ((SCB_TypeDef *) SCB_BASE)
```

可见，SCB 指向了 0xE000 ED00 这个存储空间，0xE000 E000 是 NVIC 的起始地址，即 SCS 起始地址，而 NVIC 是其中的一部分(从 SCS 之后的 0x0100 开始)。

NVIC 空间还用来实现系统控制寄存器。NVIC 空间分成以下部分：

- 0xE000 E000～0xE000 E00F，中断类型寄存器。
- 0xE000 E010～0xE000 E0FF，系统定时器。
- 0xE000 E100～0xE000 ECFF，NVIC。
- 0xE000 ED00～0xE000 ED8F，系统控制模块，包括：CPUID；系统控制、配置和状态；故障报告。
- 0xE000 EF00～0xE000 EF0F，软件触发异常寄存器。
- 0xE000 EFD0～0xE000 EFFF，ID 空间。

SCB 是 SCB_Type 结构类型指针，而 SCB_Type 结构在固件中的定义如下所示：

```
typedef struct
{
__I uint32_t CPUID;          /* CPU ID 基址寄存器 */
__IO uint32_t ICSR;          /* 中止控制状态寄存器 */
__IO uint32_t VTOR;          /* 矢量表偏移寄存器 */
__IO uint32_t AIRCR;         /* 应用程序中断/重置控制寄存器 */
__IO uint32_t SCR;           /* 系统控制寄存器 */
__IO uint32_t CCR;           /* 配置控制寄存器 */
__IO uint8_t SHP[12];        /* 系统处理程序优先级寄存器(4-7,8-11,12-15) */
__IO uint32_t SHCSR;         /* 系统处理程序控制和状态寄存器 */
__IO uint32_t CFSR;          /* 可配置故障状态寄存器 */
__IO uint32_t HFSR;          /* 硬故障状态寄存器 */
__IO uint32_t DFSR;          /* 调试故障状态寄存器 */
__IO uint32_t MMFAR;         /* 内存管理地址寄存器 */
__IO uint32_t BFAR;          /* 总线故障地址寄存器 */
__IO uint32_t AFSR;          /* 辅助故障状态寄存器 */
__I uint32_t PFR[2];         /* 处理器功能寄存器 */
__I uint32_t DFR;            /* 调试功能寄存器 */
__I uint32_t ADR;            /* 辅助功能寄存器 */
__I uint32_t MMFR[4];        /* 内存模型功能寄存器 */
__I uint32_t ISAR[5];        /* ISA 功能寄存器 */
} SCB_Type;
```

从上述 SCB_Type 结构的定义可以看出 VTOR 即向量表偏移量寄存器。

5. 设置 NVIC 优先级分组

设置 NVIC 优先级通过 NVIC_PriorityGroupConfig 函数完成。设置 NVIC 优先级分组方式，一共 16 个优先级，分为抢占式和响应式。两种优先级所占的数量由此代码确定，NVIC_PriorityGroup_x 可以是 0、1、2、3、4，分别代表抢占优先级有 1、2、4、8、

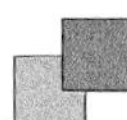

16 个和响应优先级有 16、8、4、2、1 个。规定两种优先级的数量后，所有的中断级别必须在其中选择，抢占级别高的会打断其他中断优先执行，而响应级别高的会在其他中断执行完优先执行。NVIC_PriorityGroupConfig 函数代码如下：

```
void NVIC_PriorityGroupConfig(uint32_t NVIC_PriorityGroup)
{
  /* 根据 NVIC 优先级组设置优先级组[10:8]位 */
  SCB->AIRCR = AIRCR_VECTKEY_MASK | NVIC_PriorityGroup;
}
```

NVIC_PriorityGroupConfig 函数可选择的参数有 NVIC_PriorityGroup_0、NVIC_PriorityGroup_1、NVIC_PriorityGroup_2、NVIC_PriorityGroup_3、NVIC_PriorityGroup_4 五种，定义如下：

```
#define NVIC_PriorityGroup_0 ((uint32_t)0x700)
/* 0 位用于抢先优先级,4 位用于子优先级 */
#define NVIC_PriorityGroup_1 ((uint32_t)0x600)
/* 1 位用于抢先优先级,3 位用于子优先级 */
#define NVIC_PriorityGroup_2 ((uint32_t)0x500)
/* 2 位用于抢先优先级,2 位用于子优先级 */
#define NVIC_PriorityGroup_3 ((uint32_t)0x400)
/* 3 位用于抢先优先级,1 位用于子优先级 */
#define NVIC_PriorityGroup_4 ((uint32_t)0x300)
/* 4 位用于抢先优先级,0 位用于子优先级 */
```

6.5.2　STM32 的 NVIC 优先级

1. NVIC 优先级分组原理

NVIC 支持由软件指定的优先级。通过对中断优先级寄存器的 8 位 PRI_N 区执行写操作，将中断的优先级指定为 0～255。硬件优先级随着中断号的增加而降低。0 优先级最高，255 优先级最低。指定软件优先级后，硬件优先级无效。例如，如果将 INTISR[0]指定为优先级 1，INTISR[31]指定为优先级 0，则 INTISR[31]的优先级比 INTISR[0]高。

软件优先级的设置对复位、NMI 和硬故障无效。它们的优先级始终比外部中断要高。如果两个或更多的中断指定了相同的优先级，则由它们的硬件优先级来决定处理器对它们进行处理时的顺序。例如，如果 INTISR[0]和 INTISR[1]优先级都为 1，则 INTISR[0]的优先级比 INTISR[1]要高。

2. 优先级分组

为了对具有大量中断的系统加强优先级控制，NVIC 支持优先级分组机制。可以使用应用中断和复位控制寄存器中的 PRIGROUP 区来将每个 PRI_N 中的值分为占先优先级区和次优先级区。将占先优先级称为组优先级。

如果有多个挂起异常共用相同的组优先级，则需使用次优先级区来决定同组中的异常的优先级，这就是同组内的次优先级。组优先级和次优先级的结合就是通常所说的优先级。

如果两个挂起异常具有相同的优先级，则挂起异常的编号越低优先级越高。这与优先级机制是一致的。

优先级分组如表 6-7 所列。

表 6-7　优先级分组

PRIGROUP [2:0]	中断优先级区，PRI_N[7:0]				
	二进制点的位置	占先区	次优先级区	占先优先级的数目	次优先级的数目
b000	bxxxxxxx.y[7:1]	[0]	128	2	0
b001	bxxxxxx.yy	[7:2]	[1:0]	64	4
b010	bxxxxx.yyy	[7:3]	[2:0]	32	8
b011	bxxxx.yyyy	[7:4]	[3:0]	16	16
b100	bxxx.yyyyy	[7:5]	[4:0]	8	32
b101	bxx.yyyyyy	[7:6]	[5:0]	4	64
b110	bx.yyyyyyy	[7]	[6:0]	2	128
b111	b.yyyyyyyy	无	[7:0]	0	256

3. NVIC 初始化函数 NVIC_Init

STM32 外部中断程序使用了如下的 NVIC 设置程序：

```
NVIC_InitTypeDef NVIC_InitStructure;
NVIC_InitStructure.NVIC_IRQChannel = channel;
NVIC_InitStructure.NVIC_IRQChannelPreemptionPriority = 0;
NVIC_InitStructure.NVIC_IRQChannelSubPriority = 0;
NVIC_InitStructure.NVIC_IRQChannelCmd = ENABLE;
NVIC_Init(&NVIC_InitStructure);
```

NVIC_Init 函数的代码如下：

```
void NVIC_Init(NVIC_InitTypeDef * NVIC_InitStruct)
{
  u32 tmppriority = 0x00,tmpreg = 0x00,tmpmask = 0x00;
  u32 tmppre = 0,tmpsub = 0x0F;
  if (NVIC_InitStruct->NVIC_IRQChannelCmd != DISABLE)
  {
```

```
    /* 计算符合 IRQ(中断请求) 优先权 ---------- */
    tmppriority = (0x700 - (SCB->AIRC & (u32)0x700))>>0x08;
    tmppre = (0x4 - tmppriority);
    tmpsub = tmpsub >>tmppriority;
    tmppriority = (u32)NVIC_InitStruct->
                    NVIC_IRQChannelPreemptionPriority <<tmppre;
    tmppriority |=   NVIC_InitStruct->NVIC_IRQChannelSubPriority
                  & tmpsub;
    tmppriority = tmppriority <<0x04;
    tmppriority = ((u32)tmppriority) <<((NVIC_InitStruct->
                  NVIC_IRQChannel & (u8)0x03) * 0x08);
    tmpreg = NVIC->Priority[(NVIC_InitStruct->
                        NVIC_IRQChannel >>0x02)];
    tmpmask = (u32)0xFF <<((NVIC_InitStruct->NVIC_IRQChannel &
                      (u8)0x03) * 0x08);
    tmpreg &= ~tmpmask;
    tmppriority &= tmpmask;
    tmpreg |= tmppriority;
    NVIC->IPR[(NVIC_InitStruct->NVIC_IRQChannel >>0x02)] = tmpreg;
    /* 使能选择的 IRQ(中断请求) 通道 */
    NVIC->ISER[(NVIC_InitStruct->NVIC_IRQChannel >>0x05)] =
      (u32)0x01 <<(NVIC_InitStruct->NVIC_IRQChannel & (u8)0x1F);
  }
  else
  {
    /* 失能选择的 IRQ(中断请求) 通道 */
    NVIC->ICER[(NVIC_InitStruct->NVIC_IRQChannel >>0x05)] =
      (u32)0x01 <<(NVIC_InitStruct->NVIC_IRQChannel & (u8)0x1F);
  }
}
```

程序说明：对 NVIC 结构的 IPR 变量计算配置值，计算过程如下：

① 计算响应优先级的位数占四位中的几位：

```
tmppriority = (0x700 - (SCB->AIRC & (u32)0x700))>>0x08;
//tmppre = (0x4 - tmppriority);
```

② 将四位掩码通过抢占优先级位数得到响应优先级的掩码：

```
tmpsub = tmpsub >>tmppriority;
```

③ 把用户输入的优先级组别参数结合计算出来的响应优先级的位数，通过移位放

置到抢占优先级相应的位上与相应优先级掩码得到相应优先级：

```
tmppriority = (u32)NVIC_InitStruct->NVIC_IRQChannelPreemption\ Priority <<tmppre;
```

④ 或上响应优先级，得到了该中断通道8位的优先级数：

```
tmppriority |=   NVIC_InitStruct->NVIC_IRQChannelSubPriority
                  &tmpsub;
```

⑤ 将这个优先级放置到相应通道的中断优先级寄存器中，将这个优先级数左移4位，放置到相应通道优先级寄存器8位的高4位(优先级8位从左边算起的)：

```
tmppriority = tmppriority <<0x04;
```

⑥ 因为1个32位中包含4个8位，而同时又有很多个通道，故包括好几个32位，这样就需要对准，比如现在是第6个通道，就需要将其放置到第2个32位中的第2个8位(从左边数)，具体算法：首先将该通道在32位中的第几个8位算出来。所以同0x03相“与”，将通道序号按照模4(MOD)计算，结果是通道数除以4得到的余数，然后再乘以8便得到该通道在32位中的第几位，共有0×8=0、1×8=8、2×8=16、3×8=24四种情况。总之，该语句将该通道优先级寄存在其32位中从第几位开始的8位找出来，放在tmppriority相应的地方。算法实现如下所示：

```
tmppriority = ((u32)tmppriority) <<((NVIC_InitStruct->
                          NVIC_IRQChannel & (u8)0x03) * 0x08);
```

⑦ 将通道数除以4(这里通过移位来实现除法运算)，得到的是该通道在第几个32位优先级寄存器上，把这个32位寄存结果读出来放在tmpreg中：

```
tmpreg = NVIC->Priority[(NVIC_InitStruct->NVIC_IRQChannel
            >>0x02)];
```

⑧ 该语句将该通道优先级寄存器在32位当中的第几位开始的8位加上了掩码，以便后面写入到该通道优先级寄存器的8位上：

```
tmpmask = (u32)0xFF <<((NVIC_InitStruct->NVIC_IRQChannel & (u8)0x03) * 0x08);
```

⑨ 将该通道在32位的优先级寄存器组上的8位清零，其他位即其他通道的响应优先级寄存器保证相“与”时不会改变：

```
tmpreg &= ~tmpmask;
```

⑩ 该语句只保留该通道的响应优先级寄存器在32位上的8位，其他的通道响应

优先级寄存器全部用 0 屏蔽：

```
tmppriority &= tmpmask;
```

⑪ tmpreg 中该通道响应优先级寄存器的 8 位全部为 0，其他通道响应优先级寄存器的 8 位（还有三组）全部为原来本身的数，而没有改变 tmppriority 中该通道响应优先级寄存器的 8 位数据，其他通道响应优先级寄存器的 8 位（还有三组）全部为 0，两者相“或”，该 32 位 tmpreg 便是已经包含了本次用户输入的通道中断响应优先级寄存器的 8 位数据：

```
tmpreg |= tmppriority;
```

⑫ 输入到包含该通道中断响应优先级寄存器的 32 位寄存器中，是一个“读—修改—写”的过程：

```
NVIC->Priority[(NVIC_InitStruct->NVIC_IRQChannel >>0x02)]
                = tmpreg;//
```

⑬ 使能所选择的 IRQ 通道：

```
NVIC->Enable[(NVIC_InitStruct->NVIC_IRQChannel >>0x05)] =
    (u32)0x01 <<(NVIC_InitStruct->NVIC_IRQChannel & (u8)0x1F);
```

4. NVIC_TypeDef 结构

STM32 的中断在这些寄存器的控制下有序地执行。了解这些中断寄存器，才能方便地使用 STM32 的中断。这些寄存器在 VIC_TypeDef 结构中进行定义。NVIC_TypeDef 结构的定义如下：

```
typedef struct
{
vu32 ISER[2];
u32  RESERVED0[30];
vu32 ICER[2];
u32  RSERVED1[30];
vu32 ISPR[2];
u32  RESERVED2[30];
vu32 ICPR[2];
u32  RESERVED3[30];
vu32 IABR[2];
u32  RESERVED4[62];
vu32 IPR[15];
} NVIC_TypeDef;
```

程序说明：

ISER[2]：ISER 全称是 Interrupt Set-Enable Registers，是一个中断使能寄存器组。STM32 的可屏蔽中断只有 60 个，这里用了 2 个 32 位的寄存器，总共可以表示 64 个中断。而 STM32 只用了其中的前 60 位。ISER[0]的 bit0～bit31 分别对应中断 0～31。ISER[1]的 bit0～bit27 对应中断 32～59。要使能某个中断，必须设置相应的 ISER 位为 1，使该中断被使能(这里仅仅是使能，还要配合中断分组、屏蔽、I/O 口映射等设置才算是一个完整的中断设置)。

ICER[2]：ICER 全称是 Interrupt Clear-Enable Registers，是一个中断失能寄存器组。该寄存器组与 ISER 的作用恰好相反，是用来清除某个中断的使能的。其对应位的功能，也与 ICER 一样。这里要专门设置一个 ICER 来清除中断位，而不是向 ISER 写 0 来清除，是因为 NVIC 的这些寄存器都是写 1 有效，写 0 无效。

ISPR[2]：ISPR 全称是 Interrupt Set-Pending Registers，是一个中断挂起控制寄存器组。每个位对应的中断与 ISER 是一样的。通过置 1，可以将正在进行的中断挂起，而执行同级或更高级别的中断。写 0 是无效的。

ICPR[2]：ICPR 全称是 Interrupt Clear-Pending Registers，是一个中断解挂控制寄存器组。其作用与 ISPR 相反，对应位也与 ISER 是一样的。通过设置 1，可以将挂起的中断接挂。写 0 无效。

IABR[2]：IABR 全称是 Interrupt Active Bit Registers，是一个中断激活标志位寄存器组。对应位所代表的中断与 ISER 一样，如果为 1，则表示该位所对应的中断正在被执行。这是一个只读寄存器，通过它可以知道当前在执行的中断是哪一个。在中断执行完了由硬件自动清零。

IPR[15]：IPR 全称是 Interrupt Priority Registers，是一个中断优先级控制的寄存器组。这个寄存器组相当重要，STM32 的中断分组与这个寄存器组密切相关。IPR 寄存器组由 15 个 32 位寄存器组成，每个可屏蔽中断占用 8 位，这样总共可以表示 15×4=60 个可屏蔽中断。刚好与 STM32 的可屏蔽中断数相等。IPR[0]的[31～24]、[23～16]、[15～8]、[7～0]分别对应中断 3～0，依次类推，总共对应 60 个外部中断。而每个可屏蔽中断占用的 8 位没有全部使用，而只用了高 4 位。这 4 位又分为抢占优先级和子优先级。抢占优先级在前，子优先级在后。而这两个优先级各占几个位又要根据 SCB->AIRCR 的中断分组设置来决定。

6.6 STM32 向量表及配置

6.6.1 STM32 复位后从哪个地址开始执行

对于从 Flash 或 IAP 启动，向量表的偏移量为 0x0，对于 IAP 等启动向量表的偏移量为 0x2000 或者更加大一些的值，这个是由用户的 IAP 程序大小来决定的，只要不小于 IAP 程序大小即可。

从系统存储器启动：系统存储器被映射到启动空间(0x0000 0000)，但仍然能在其原有的地址(0x1FFF F000)访问。从内置 SRAM 启动：只能在 0x2000 0000 开始的地址区访问 SRAM。

Cortex-M3 的 0x0000 0000 或 0x2000 0000(包括映射前的那个实际地址)保存的就是向量表(而是一条指令)。用户程序第 1 条指令所保存的位置则由该向量表中的值所指定。实际上具体的地址还是由编译器自动去计算出来。

6.6.2 STM32 向量表

1. Cortex-M3 响应一个中断的过程

① 入栈：把 8 个寄存器的值压入栈。

② 取向量：从向量表中找出相对应的服务程序的入口地址。

③ 选择堆栈指针 MSP/PSP，更新堆栈指针 SP，接着更新连接寄存器 LR，最后更新程序计数器 PC。

2. STM32 产品的向量表

STM32 产品的向量表如表 6-8 所列，表中只列出了向量表前面的一小部分。

表 6-8　STM32 产品的向量表

优先级	优先级类型	名　称	说　明	地　址
□	□	□	保留	0x0000 0000
−3	固定	Reset	复位	0x0000 0004
−2	固定	NMI	不可屏蔽中断。RCC 时钟安全系统(CSS)连接到 NMI 向量	0x0000 0008
−1	固定	硬件失效	所有类型的失效	0x0000 000C
0	可设置	存储管理	存储器管理	0x0000 0010
1	可设置	总线错误	预取指失败，存储器访问失败	0x0000 0014
2	可设置	错误应用	未定义的指令或非法状态	0x0000 0018
□	□	□	保留	0x0000 001C～0x0000 002B
3	可设置	SVCall	通过 SWI 指令的系统服务调用	0x0000 002C
4	可设置	调试监控	调试监控器	0x0000 0030
□	□	□	保留	0x0000 0034
5	可设置	PendSV	可挂起的系统服务	0x0000 0038
6	可设置	SysTick	系统嘀嗒定时器	0x0000 003C

从上表可以看出，复位后系统来向量表中的 0x0000 0004 位置找程序入口地址。

STM32 向量表并未固化在芯片内部，而是作为用户程序最开始的数据部分，由编译器生成该向量表并由用户包含在程序中一起下载到芯片中。

6.6.3 用户程序中的向量表

STM32 向量表是程序的一部分，放在项目所在目录的\build\lib 目录下的 startup_stm32f10x_md_mthomas.c 文件中，这是一个 C 语言程序的文件。由于该向量表决大多数情况下都是一样的，所以就预先编译成目标文件放在\build\lib\obj\目录下，目标文件名是 startup_stm32f10x_md_mthomas.o，编译项目时会自动链接上该目标文件。

下面摘录 startup_stm32f10x_md_mthomas.c 中的部分关键代码来进行分析，其他未列出部分可以直接查看项目中的文件。把 startup_stm32f10x_md_mthomas.c 分解成几个小部分，并把非关键部分代码省略掉，重点介绍核心代码和编程思路。

1. 变量和函数定义

变量和函数定义部分代码如下：

```
typedef void( *const intfunc )( void );
#define WEAK __attribute__ ((weak))
extern unsigned long _etext;
extern unsigned long _sidata;
extern unsigned long _sdata;
extern unsigned long _edata;
extern unsigned long _sbss;
extern unsigned long _ebss;
extern unsigned long _estack;
/* Private function prototypes ------------ */
void Reset_Handler(void) __attribute__((__interrupt__));
void __Init_Data(void);
void Default_Handler(void);
/* External function prototypes ------------------------- */
extern int main(void);     /* Application's main function */
extern void __libc_init_array(void);/* calls CTORS of static objects */
```

程序说明：

- “typedef void(*const intfunc)(void);”定义一个名为 intfunc 的函数指针。
- 宏定义 WEAK 为__attribute__ ((weak))。
- _etext 是指向数据部分初始值起始地址，在链接描述文件中定义。
- _estack 是初始化堆栈指针值，在链接描述文件中定义。

2. 函数指针

函数指针是指向函数的指针变量。函数指针的声明方法为：

```
数据类型标志符 (指针变量名) (形参列表);
```

“函数类型”说明函数的返回类型，由于“()”的优先级高于“ * ”，所以指针变量名外的括号必不可少，后面的“形参列表”表示指针变量指向的函数所带的参数列表。例如：

```
int func(int x);            /* 声明一个函数 */
int ( * f) (int x);         /* 声明一个函数指针 */
f = func;                   /* 将 func 函数的首地址赋给指针 f */
```

赋值时函数 func 不带括号，也不带参数，由于 func 代表函数的首地址，因此经过赋值以后，指针 f 就指向函数 func(x)的代码的首地址。

函数括号中的形参可有可无，视情况而定。下面的程序说明了函数指针调用函数的方法：

```
#include <stdio.h>
int max(int x,int y){ return(x>y? x:y);}
void main()
{
        int ( * ptr)(int,int);
        int a,b,c;
        ptr = max;
        scanf("%d,%d",&a,&b);
        c = ( * ptr)(a,b);
        printf("a=%d,b=%d,max=%d",a,b,c);
}
```

程序说明：ptr 是指向函数的指针变量，所以可把函数 max()赋给 ptr 作为 ptr 的值，即把 max()的入口地址赋给 ptr，以后就可以用 ptr 来调用该函数，实际上 ptr 和 max 都指向同一个入口地址，而 ptr 是一个指针变量，在程序中把哪个函数的地址赋给它，它就指向哪个函数，然后用指针变量调用，这样就可以先后指向不同的函数。

3. 弱符号与强符号

经常在编程中碰到一种情况叫符号重复定义。多个目标文件中含有相同名字全局符号的定义，那么这些目标文件链接时将会出现符号重复定义的错误。比如在目标文件 A 和目标文件 B 都定义了一个全局整形变量 global，并将它们初始化，那么链接器将 A 和 B 进行链接时会报错：

```
b.o:(.data+0x0):multiple definition of 'global'a.o:(.data+0x0):first defined here
```

这种符号的定义可以称为强符号(Strong Symbol)。有些符号的定义可以称为弱符号(Weak Symbol)。对于 C/C++ 语言来说，编译器默认函数和初始化了的全局变量为强符号，未初始化的全局变量为弱符号。也可以通过 GCC 的“__attribute__((weak))”来定义任何一个强符号为弱符号。注意，强符号和弱符号都是针对定义来说的，不是针对符号的引用。比如有下面这段程序：

```
extern int ext;
int weak;int strong = 1;__attribute__((weak)) weak2 = 2;
int main(){return 0;}
```

程序说明：weak 和 weak2 是弱符号，strong 和 main 是强符号，而 ext 既非强符号也非弱符号，因为它是一个外部变量的引用。针对强弱符号的概念，链接器就会按如下规则处理与选择被多次定义的全局符号。

规则 1：不允许强符号被多次定义（即不同的目标文件中不能有同名的强符号）；如果有多个强符号定义，则链接器报符号重复定义错误。

规则 2：如果一个符号在某个目标文件中是强符号，在其他文件中都是弱符号，那么选择强符号。

规则 3：如果一个符号在所有目标文件中都是弱符号，那么选择其中占用空间最大的一个。比如目标文件 A 定义全局变量 global 为 int 型，占 4 字节；目标文件 B 定义 global 为 double 型，占 8 字节：那么目标文件 A 和 B 链接后，符号 global 占 8 字节（尽量不要使用多个不同类型的弱符号，否则容易导致很难发现的程序错误）。

目前所看到的对外部目标文件的符号引用在目标文件被最终链接成可执行文件时，它们必须要被正确决议，如果没有找到该符号的定义，链接器就会报符号未定义错误，这种称为强引用（Strong Reference）。

与之相对应的还有一种弱引用（Weak Reference），在处理弱引用时，如果该符号有定义，则链接器将该符号的引用决议；如果该符号未被定义，则链接器对于该引用不报错。链接器处理强引用和弱引用的过程几乎一样，只是对于未定义的弱引用，链接器不认为它是一个错误。

一般对于未定义的弱引用，链接器默认其为 0，或者是一个特殊的值，以便于程序代码能够识别。弱引用和弱符号主要用于库的链接过程。

在 GCC 中，可以通过使用“__attribute__((weakref))”这个扩展关键字来声明对一个外部函数的引用为弱引用，比如下面这段代码：

```
__attribute__ ((weakref)) void foo();
int main(){foo();}
```

可以将它编译成一个可执行文件，GCC 并不会报链接错误。但是运行这个可执行文件时，会发生运行错误。因为 main 函数试图调用 foo 函数时，foo 函数的地址为 0，于是发生了非法地址访问的错误。下面是一个改进的例子：

```
__attribute__ ((weakref)) void foo();
int main(){if(foo) foo();}
```

这种弱符号和弱引用对于库来说十分有用，例如：

- 库中定义的弱符号可以被用户定义的强符号所覆盖，从而使程序可以使用自定义版本的库函数。
- 程序可以对某些扩展功能模块的引用定义为弱引用，将扩展模块与程序链接在一起时，功能模块就可以正常使用。
- 如果去掉了某些功能模块，那么程序也可以正常链接，只是缺少了相应的功能，这使得程序的功能更加容易裁剪和组合。

4. 前向声明

前向声明默认的异常处理函数。采用 WEAK 关键词实现，即__attribute__((weak))，这样如果用户程序中没有重新定义这些函数，那么编译时就采用这里定义的这个函数，否则采用用户新定义的函数。在本书大部分的例子中，中断向量表的函数都采用了如下的前向声明：

```
/*************************************************************
*             Forward declaration of the default fault handlers.
*************************************************************
//void WEAK Reset_Handler(void);
void WEAK NMI_Handler(void);
void WEAK HardFault_Handler(void);
void WEAK MemManage_Handler(void);
void WEAK BusFault_Handler(void);
void WEAK UsageFault_Handler(void);
//void WEAK MemManage_Handler(void);
void WEAK SVC_Handler(void);
void WEAK DebugMon_Handler(void);
void WEAK PendSV_Handler(void);
void WEAK SysTick_Handler(void);
/*外部中断*/
void WEAK WWDG_IRQHandler(void);
void WEAK PVD_IRQHandler(void);
void WEAK TAMPER_IRQHandler(void);
void WEAK RTC_IRQHandler(void);
...
```

5. STM32 向量表的定义

STM32 向量表的定义代码如下：

```
#ifdef VECT_TAB_RAM
__attribute__ ((section(".isr_vectorsflash")))
void (* const g_pfnVectorsStartup[])(void) =
```

```
{                                       /*启动期间的初始堆栈指针*/
    (intfunc)((unsigned long)&_estack),
    Reset_Handler,                      /*启动期间的重置处理程序*/
};
__attribute__ ((section(".isr_vectorsram")))
void (* g_pfnVectors[])(void) =
#else                                   /* VECT_TAB_RAM */
__attribute__ ((section(".isr_vectorsflash")))
void (* const g_pfnVectors[])(void) =
#endif                                  /* VECT_TAB_RAM */
{
    (intfunc)((unsigned long)&_estack),//重新定位后的堆栈指针
    Reset_Handler,
    NMI_Handler,
    HardFault_Handler,
    MemManage_Handler,
    BusFault_Handler,
    UsageFault_Handler,
    0,
    0,
    0,
    0,
    SVC_Handler,
    DebugMon_Handler,
    0,
    PendSV_Handler,
    SysTick_Handler,

    WWDG_IRQHandler,
    PVD_IRQHandler,
    TAMPER_IRQHandler,
    RTC_IRQHandler,
    FLASH_IRQHandler,
    RCC_IRQHandler,
    EXTI0_IRQHandler,
    EXTI1_IRQHandler,
    EXTI2_IRQHandler,
    EXTI3_IRQHandler,
    EXTI4_IRQHandler,
    DMA1_Channel1_IRQHandler,
    DMA1_Channel2_IRQHandler,
    DMA1_Channel3_IRQHandler,
```

```
DMA1_Channel4_IRQHandler,
DMA1_Channel5_IRQHandler,
DMA1_Channel6_IRQHandler,
DMA1_Channel7_IRQHandler,
ADC1_2_IRQHandler,
USB_HP_CAN1_TX_IRQHandler,
USB_LP_CAN1_RX0_IRQHandler,
CAN1_RX1_IRQHandler,
CAN1_SCE_IRQHandler,
EXTI9_5_IRQHandler,
TIM1_BRK_IRQHandler,
TIM1_UP_IRQHandler,
TIM1_TRG_COM_IRQHandler,
TIM1_CC_IRQHandler,
TIM2_IRQHandler,
TIM3_IRQHandler,
TIM4_IRQHandler,
I2C1_EV_IRQHandler,
I2C1_ER_IRQHandler,
I2C2_EV_IRQHandler,
I2C2_ER_IRQHandler,
SPI1_IRQHandler,
SPI2_IRQHandler,
USART1_IRQHandler,
USART2_IRQHandler,
USART3_IRQHandler,
EXTI15_10_IRQHandler,
RTCAlarm_IRQHandler,
USBWakeUp_IRQHandler,
//0,0,0,0,0,0,0,
//(intfunc)0xF108F85F//@0x108。这是为了在 STM32F10x Medium 模式下启动密度设备
TIM8_BRK_IRQHandler,
TIM8_UP_IRQHandler,
TIM8_TRG_COM_IRQHandler,
TIM8_CC_IRQHandler,
ADC3_IRQHandler,
FSMC_IRQHandler,
SDIO_IRQHandler,
TIM5_IRQHandler,
```

```
    SPI3_IRQHandler,
    UART4_IRQHandler,
    UART5_IRQHandler,
    TIM6_IRQHandler,
    TIM7_IRQHandler,
    DMA2_Channel1_IRQHandler,
    DMA2_Channel2_IRQHandler,
    DMA2_Channel3_IRQHandler,
   DMA2_Channel4_5_IRQHandler
   };
```

6. __attribute__的用法

__attribute__的 section 子项的使用格式为：

```
__attribute__((section("section_name")))
```

说明：将作用的函数或数据放入指定名为"section_name"的输入段。section 选项控制数据区的基地址，其用法举例如下：

```
int var __attribute__((section(".xdata"))) = 0;
```

这样定义的变量 var 将被放入名为". xdata"的输入段，注意，__attribute__这种用法中的括号一个也不能少。

```
static int __attribute__((section(".xinit"))) functionA(void)
{
...
}
```

说明：这个例子将使函数 functionA 被放入名叫". xinit"的输入段。

注意，__attribute__的 section 属性只指定对象的输入段，它并不能影响所指定对象最终会放在可执行文件的什么段。

7. 定义数组

向量表就是一个数组，用各种中断和异常处理函数的地址来初始化该数组即可得到想要的向量表。"void (* const g_pfnVectors[])(void)"定义一个名字为 g_pfnVectors 的数组，数组的类型为 void (* const)(void)，是一个函数指针数据类型。这样，该数组就可以用于保存函数的指针了。

8. 转换成函数指针

"(intfunc)((unsigned long)&_estack)"，把_estack(初始化堆栈指针值，在链接描

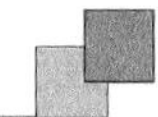

述文件中定义)转换成(unsigned long)类型，然后再转换成 intfunc 类型，即“void(* const intfunc)(void)”类型的函数指针。

_estack 并不在 C 或 C++程序中定义，而是在链接脚本中定义，例如 STM32F10x_128k_20k_flash.ld 的链接脚本程序文件，包括对_estack 的定义“_estack = ORIGIN(RAM) + LENGTH(RAM);”，可见_estack 指向 RAM 最高地址处。

9. 复位中断函数

向量表中的第 2 个位置保存着系统复位的函数入口地址，这个入口函数即 Reset_Handler 函数。当复位事件发生时，这是处理器最先调用的函数，在这个函数里再调用用户主函数 main 函数。这个函数才是真实的最原始的用户程序入口函数。复位中断函数函数代码如下：

```
void Reset_Handler(void)
{
#ifdef STARTUP_DELAY
  volatile unsigned long i;
  for (i = 0;i <500000;i ++ ) {;}
#endif
  __Init_Data();/ * 数据段和 BSS 段初始化 * /
  __libc_init_array();/ * 调用 CTORS 的静态对象 * /
  main();/ * 调用入口应用程序 * /
  while(1) {;}
}
```

10. 初始化 data 和 BSS 段

在复位中断函数中，如果是延时启动模式，就通过一个循环来延时，否则直接启动。然后调用__Init_Data 函数来初始化 DATA 和 BSS 段。

text 段是程序代码段，它是由编译器在编译链接时自动计算的，当在链接定位文件中将该符号放置在代码段后，那么该符号表示的值就是代码段大小，编译链接时，该符号所代表的值会自动代入到源程序中。

data 段的起始位置也是由链接定位文件所确定的，大小在编译链接时自动分配，与程序大小没有关系，但和程序使用到的全局变量、常量数量相关。

BSS 段(BSS Segment)通常是指用来存放程序中未初始化的全局变量的一块内存区域。BSS 是英文 Block Started by Symbol 的简称。BSS 段属于静态内存分配。初始值是由用户自己定义的链接定位文件所确定的，用户应该将它定义在可读/写的 RAM 区内，源程序中使用 malloc 分配的内存就是这一块，它不是根据 data 大小确定，而是主要由程序中同时分配内存最大值所确定，如果超出了范围，即分配失败，可以等空间释放后再分配。

stack 的顶部在可读/写的 RAM 区的最后。

所有这些段用户可以非常灵活地定义其起点和大小，但对大部分用户来说，程序区在 ROM 或 Flash 中，可读/写区域在 SRAM 或 DRAM 中，根据程序规模，函数调用规模，内存使用大小，参照一个链接定位文件稍加修改就可以了。

11. 调用静态对象构造函数

通过__libc_init_array 函数调用静态对象构造函数。库函数__libc_init_array 调用所有 C ++（见链接脚本）静态对象构造函数。此函数调用 BX 指令，允许变换到 Thumb 状态。

12. __Init_Data 函数

__Init_Data 函数实现初始化 DATA 和 BSS 段，实现代码如下：

```
void __Init_Data(void)
{
  unsigned long *pulSrc, *pulDest;
  pulSrc = &_sidata;//将数据段初始化器从闪存复制到 SRAM
  pulDest = &_sdata;
  if ( pulSrc != pulDest )
  {
    for(;pulDest <&_edata;) *(pulDest++) = *(pulSrc++);
  }
  /*零填充 BSS 段*/
  for(pulDest = &_sbss;pulDest <&_ebss;){ *(pulDest++) = 0;}
}
```

13. 默认中断和异常处理函数

为每个异常处理程序以 Default_Handler 弱别名，因此任何具有相同名字的函数将覆盖这个定义。

Default_Handler 函数代码如下：

```
#pragma weak MMI_Handler = Default_Handler
#pragma weak MemManage_Handler = Default_Handler
#pragma weak BusFault_Handler = Default_Handler
#pragma weak UsageFault_Handler = Default_Handler
#pragma weak SVC_Handler = Default_Handler
#pragma weak DebugMon_Handler = Default_Handler
#pragma weak PendSV_Handler = Default_Handler
#pragma weak SysTick_Handler = Default_Handler
```

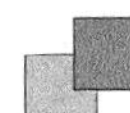

```
#pragma weak WWDG_IRQHandler = Default_Handler
(其他的省略)
void Default_Handler(void)
{
  while(1){ }/*进入无限循环*/
}
```

默认函数 Default_Handler 是一个空的无限循环函数。注意，在开通某个中断后，应该编写新的中断处理函数，否则发现中断后会进行到该默认中断函数中而跳转不出来。当然，如果想避免这样的情况，可以修改该函数，去掉无限循环的部分。

第7章 定时与控制

7.1 定时工作原理

7.1.1 漏刻计时

1. 立表下漏的故事

定时和计时的方法自古就有，例如古代的立表下漏、漏刻计时等。立表是指在阳光下竖立木桩，观察它的影子以测定时间；下漏是指以漏壶中的水下滴来标记时刻。《史记·司马穰苴传》讲述了这样一个故事：春秋时期，齐国将军司马穰苴受齐景公之命抵抗燕晋联军，在新官上任之后与监军庄贾约定第二天中午在兵营门口相见。司马穰苴先赶到军中，“立表下漏”等待庄贾的到来，结果庄贾中午还没有去军营。司马穰苴就“仆表决漏”，开始整顿军队。等到庄贾赶到后，司马穰苴就把他杀了。

《史记·司马穰苴列传》：“穰苴先驰至军，立表下漏待贾(庄贾)。”司马贞索隐：“立表谓立木为表以视日景，下漏谓下漏水以知刻数也。”

《后汉书·律历志下》：“孔壶为漏，浮箭为刻，下漏数刻，以考中星，昏明生焉。”

2. 漏刻计时的原理

漏刻的发明年代已不可考，据史书记载，西周时就已经出现了漏刻。漏刻由漏壶和标尺两部分构成，如图 7-1 所示。漏壶用于泄水或盛水，前者称泄水型漏壶，后者称受水型漏壶。标尺用于标记时刻，使用时置于壶中，随壶内水位变化而上下运动。最早的漏刻也称箭漏。使用时，首先在漏壶中插入一根刻有时刻的标杆，称为箭。箭下以一只箭舟相托，浮于水面。当水流出或流入壶中时，箭杆相应下沉或上升，以壶口处箭上的刻度指示时刻。

7.1.2 定时与控制介绍

1. 老式公共厕所冲水器

老式公共厕所的冲水器是一个很好的定时控制的例子。在水箱中下部位安装一个旋转轴，然后架在一个支架上，并且可以灵活旋转，如图 7-2 所示。当水位在轴的下面

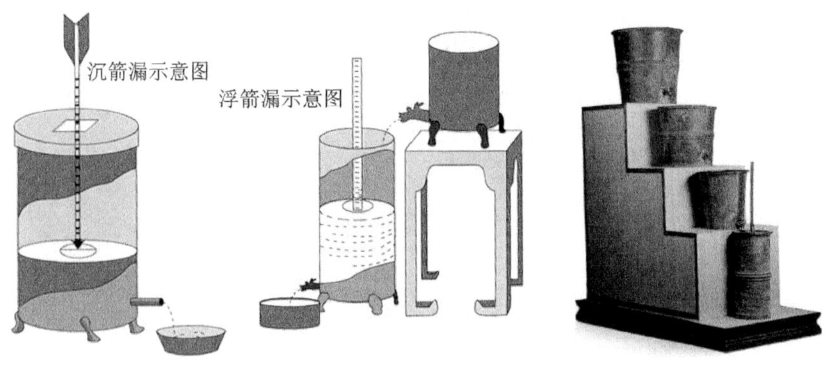

图 7-1　漏刻计时工作原理

时，水箱平衡，如果继续进水，当水位到达轴的上面时，水箱就会失去平衡而翻倒，水倒出来之后，水箱又恢复到平衡位置，实现了定时冲水的功能。只要进水基本上恒定，那么冲水的时间也大致相同，这也是一个非常典型的定时控制的例子。

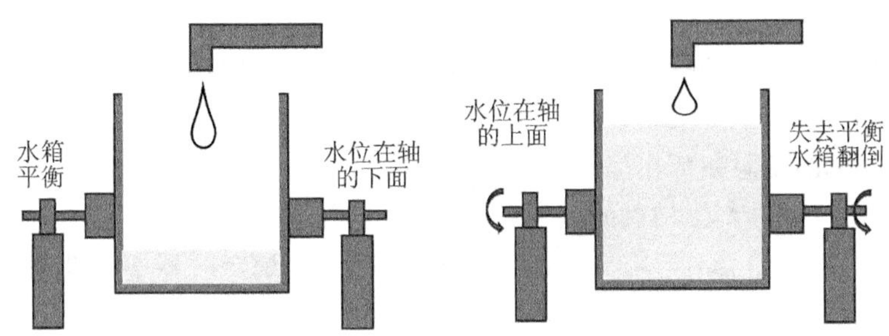

图 7-2　老式公共厕所冲水器

2. 定时继电器

定时继电器又叫时间继电器，例如早期使用的空气阻尼式时间继电器，其结构如图 7-3 所示。当线圈通电后，电磁机构活动使衔铁克服反力弹簧的阻尼，与静铁芯吸合，释放空间，活塞杆在宝塔弹簧作用下向下移动，空气由进气孔进入空气室。经过一段时间后，活塞杆完成全部行程，通过杠杆压动微动开关，使常闭触头延时断开，常开触头延时闭合。当线圈失电后，电磁机构活动衔铁在反力弹簧作用下压缩宝塔弹簧，同时推动活塞杆向上移动至上限位，杠杆随着运动，使微动开关瞬时复位，使常闭触头瞬时闭合，常开触头瞬时断开。

3. 定时控制的应用

定时控制广泛应用于遥控、通信、自动控制等电子设备中，是主要的控制方式之一。定时控制器的种类也很多，包括时间继电器、单片机定时器、专用集成电路定时器等。定时控制的应用场合有很多，例如定时开关灯、定时启动电机、闹钟等。

(1) 时间继电器的应用场合

① 通电延时型。如 A 负载通电后使时间继电器得电，经过延时后，可接通 B 负

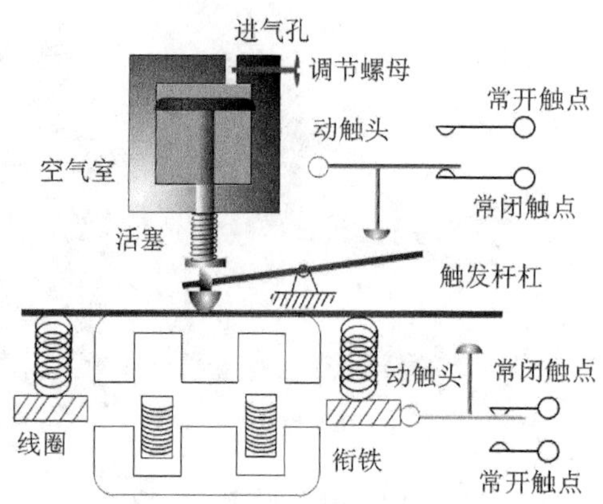

图 7-3 空气阻尼式时间继电器

载,失电后复位。

② 断电延时型。如 A 负载通电,再断电后,时间继电器失电,经过延时后,可接通 B 负载,失电后复位。

③ 自动翻转型。如时间继电器得电后,A 负载先通电 B 失电,经延时 A 失电 B 通电,这样 A 负载与 B 负载就可以轮流循环工作了。

(2) 单片机的定时器应用场合

① 定时功能。可产生精确的定时时间,用来延时等。

② 定时中断功能。对于需要周期性处理的事件,可用定时器中断处理。例如需要固定地 5 s 处理一次事件,最简单的发光管闪烁,可以用这个做。

③ 可以统计一些脉冲信号等。

7.1.3 SysTick 定时器

1. SysTick 定时器的工作原理

SysTick 定时器的工作原理如图 7-4 所示,与立表下漏中的漏刻计时方式原理一样。要使用 SysTick 定时器,只要做下面两个工作即可:

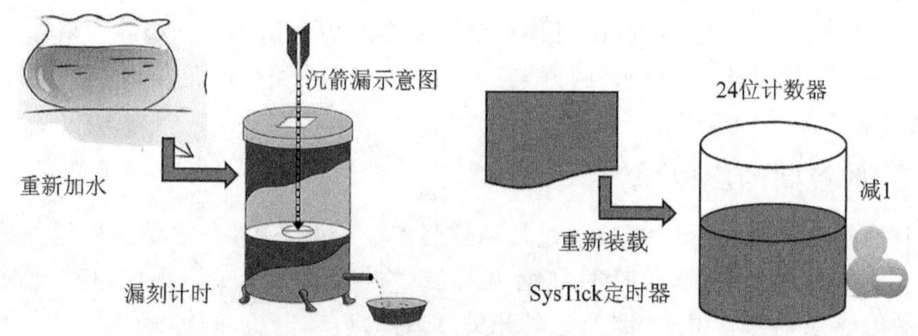

图 7-4 SysTick 定时器的工作原理

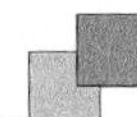

- 设置好自动装载的初值；
- 编写中断处理函数。

如果需要选择非默认的时钟源，则在使用前再多加 SysTick 时钟源的设置。SysTick 定时器的本质是一个 24 位的自动重装倒计时计数器。就像一个心脏跳动一样，它不断地跟着时钟脉搏(AHB)在跳动，每跳动一次“能量”(计数值)减 1，“能量”耗完后，会发出一个“嚎叫声”(SysTick 中断)，并自动补充预设数量的“能量”。

2. SysTick 定时器配置

SysTick 测试程序的实现方法，是在 main.cpp 文件 main 函数之中的 while(1)循环之前，加入 SysTick 定时器配置，其方法是调用 STM32 固件中的 SysTick_Config 函数实现来进行配置，初始值为“SystemFrequency/1000”，意思是采用系统时间除以 1 000 作为初值，表示每 1 ms 就会产生一次 SysTick 中断。实现代码如下：

```
SysTick_Config(SystemFrequency/1000);//(系统时钟分频)
```

3. SysTick 定时器中断处理函数

SysTick 定时器中断处理函数名为“SysTick_Handler”，该函数名在 startup_stm32f10x_md_mthomas.c 文件中声明并在该文件的中断向量表 g_pfnVectors 中引用。在 main.cpp 文件里添加 SysTick 定时器中断处理函数，当中断次数 cnt 到达 500 次时，就让 LED1 状态翻转一次，并让中断次数变量 cnt 为 0。中断处理函数的实现代码如下：

```
CLed led1(LED3);
extern "C" RAMFUNC void SysTick_Handler(void)
{
    static uint16_t cnt = 0;
    if( cnt ++ > = 500 ) {
        cnt = 0;
        led1.isOn()?led1.Off():led1.On();
    }
}
```

io_map.h 头文件里有 LED2 的宏定义：“#define LED2 GPIOF,GPIO_Pin_7”，如果用户的 LED 所连接的端口和引脚不是 GPIOF 和 GPIO_Pin_7 则根据需要进行修改即可。

4. 编译与运行

本书配套资料里，还有一个采用上述配置和中断处理函数的 STM32 SysTick 项目，目录名为 stm32_C++SysTick，读者也可以直接复制该项目的整个目录到硬盘上进行编译。

编译方法和下载方式与前几章相同，编译器采用 GCC，可以用 ISP 方式或 JLink 下载。下载完成后复位或上电，可以看到 LED 按 0.5 s 的时间间隔闪烁(即 0.5 s 亮灭状态翻转一次)。

5. 完整的 SysTick 测试程序

本小节所述的 SysTick 程序是在 stm32_C++KEY_LED 程序的基础上实现的，其功能是采用系统时钟 SysTick 定时器产生一个 1 ms 的精确时间，再以该 1 ms 时间为基准产生延时，控制 LED2 闪烁。

把 stm32_C++KEY_LED 项目整个目录复制一份，然后把复制过来的新目录更名为"stm32_C++SysTick"，把目录下的项目文件"stm32_C++KEY_LED. prj"更名为"stm32_C++SysTick. prj"，最后在 Obtain_Studio 集成开发环境中打开项目，修改程序并编译。

本书配套资料中带有用于第 4 章最小系统板的 SysTick 测试程序，如果用于其他开发板，仅需修改 I/O 端口映射头文件 io_map. h 中 LED3 一项的宏定义即可。最小系统板用的 LED3 宏定义是"#define LED3 PORT_B,PIN_2"。完整的 SysTick 测试程序代码如下：

```
#include "include/bsp.h"
#include "include/led_key.h"
static CBsp bsp;
CLed led1(LED3);
extern "C" RAMFUNC void SysTick_Handler(void)
{
    static uint16_t cnt = 0;
    if( cnt ++ >= 500 ) {
        cnt = 0;
        led1.isOn()? led1.Off():led1.On();
    }
}
int main()
{
    SysTick_Config(SystemFrequency/1000);
    bsp.Init();
    while(1){;}
    return 0;
}
```

采用 CSysTick 类，程序更简洁，该程序采用"\ARM 项目\STM32 项目\STM32F103ZET6 项目\STM32F103ZET6_OS 模板"，完整的程序代码如下：

```
#include "main.h"
#include "include/systick.h"
```

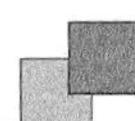

```
void test1(int i)
{
    !led1;
}
void setup()
{
    CSysTick st(test1);
}
```

7.2　日　历

7.2.1　日历的故事

我国古代历法大约始于4 000年以前。根据甲骨文中的一页甲骨历，证明殷代的历法已具有相当的水平，这一页甲骨历是全人类最古老的历书实物，这页甲骨历也就叫日历。

但真正的日历产生，大约在1100年前的唐顺宗永贞元年，那时的皇宫中已经使用了皇历。最初一天一页，记载国家、宫廷大事和皇帝的言行。皇历分为十二册，每册的页数和每月的天数一样，每一页都注明了天数和日期。发展到后来，就把月日、干支、节令等内容事先写在上面，下部空白处留待记事，与现在的“台历”相似。那时，服侍皇帝的太监在日历空白处记下皇帝的言行，到了月终，皇帝审查证明无误后，送交史官存档，这在当时叫日历，这些日历以后就作为史官编写《国史》的依据。

干支是古人用于记年月日时的一种符号系统。天干有10个，即甲、乙、丙、丁、戊、己、庚、辛、壬、癸。地支有12个，即子、丑、寅、卯、辰、巳、午、未、申、酉、戌、亥。为了便于计算，将天干、地支用数字代表。

天干起于甲而终于癸，计有十数，地支起于子而终于亥，计有十二数，天干、地支二者相配合形成了甲子、乙丑、丙寅、丁卯……在配合阴与阴相配，阳与阳相配，这样依据排列组合的方法，共有60种组合方式，即1/2×C(10,1)×C(12,1)=60。这种表示方法用以记录时间，每记录60个就循环回来，形成60环周，也就是每记录60个就重复1次。由于天干有10个，故依照次序，记录10个循环1次，地支有12个，故依照次序，记录12个循环1次。

假如，天干从戊开始，每记录10个后，又重新从戊开始。地支也一样，假如，地支从辰开始，每记录12个后，又重新从辰开始。

7.2.2　日历定时器

1. 实时时钟介绍

RTC(实时时钟)是一个独立的定时器。STM32内部的RTC功能非常实用，它的供电和时钟都独立于内核，可以说是 STM32 内部一个独立的外设模块，并且 RTC 内部寄存器不受系统复位和掉电的影响，它可以用外部电池供电，并且可以使用外部 32 768 Hz 晶振来实现一个真正的 RTC 时钟(实时时钟)。

RTC 模块拥有一组连续计数的计数器，在相应软件配置下，可提供时钟日历的功能。修改计数器的值可以重新设置系统当前的时间和日期。

通过设置备份域控制寄存器(RCC_BDCR)里的 RTCSEL[1:0]位，RTC_CLK 时钟源可以选择 HSE/128、LSE 或 LSI 时钟三者之一提供。除非备份域复位，否则此选择不能被改变。LSE 时钟在备份域里，但 HSE 和 LSI 时钟不是，因此：

- 如果 LSE 被选为 RTC 时钟：只要 VBAT 维持供电，尽管 VDD 供电被切断，RTC 仍继续工作。
- 如果 LSI 被选为自动唤醒单元(AWU)时钟：VDD 供电被切断时，AWU 状态不能被保证。
- 如果 HSE 时钟 128 分频后作为 RTC 时钟：VDD 供电被切断或内部电压调压器被关闭(1.8 V 域的供电被切断)时，RTC 状态不能被保证。

2. RTC 的特点

RTC 具有如下特点：

- 可编程的预分频系数：分频系数最高为 2^{20}。
- 32 位的可编程计数器：可用于较长时间段的测量。
- 2 个单独的时钟：用于 APB1 接口的 PCLK1 和 RTC 时钟(此时的 RTC 时钟必须小于 PCLK1 时钟的四分之一以上)。
- 可以选择以下 3 种 RTC 的时钟源：
  - HSE 时钟除以 128；
  - LSE 振荡器时钟；
  - LSI 振荡器时钟。
- 2 种独立的复位类型：
  - APB1 接口由系统复位；
  - RTC 核心(预分频器、闹钟、计数器和分频器)只能由后备域复位。
- 3 个专门的可屏蔽中断：
  - 闹钟中断，用来产生一个软件可编程的闹钟中断；
  - 秒中断，用来产生一个可编程的周期性中断信号(最长可达 1 s)；
  - 溢出中断，检测内部可编程计数器溢出并回转为 0 的状态。

7.2.3 RTC 的本质与测试程序

1. RTC 定时器的本质

RTC 定时器的本质是计算从某个时刻开始经过了多少秒时间。一个 32 位的可编程计数器，它的时间源正好是一个秒的脉冲(可以从 LSE、LSI、HSE_Div128 这三种时

钟源通过计数得到)。该计数器不受系统复位、掉电的影响,可以用外部电池供电和 32 768 Hz 晶振来实现真正 RTC(实时时钟)功能。

2. 创建一个 RTC 测试程序

创建一个 RTC 测试程序的方法如下:

① 在第 8 章 USART 通用串口通信项目 stm32_C++USART 的基础上添加 RTC 测试功能,方法是把第 8 章 USART 通用串口通信项目 stm32_C++USART 所在目录复制并把新目录改为 stm32_mini_rtc。

② 使用 Obtain_Studio 里创建一个名为 stm32_mini_rtc 的新项目,项目的模板选择 stm32_C++RTC 模板、stm32_C++USART 模板等都可以。

③ 从本书配套资料中的源程序中复制一份 stm32_mini_rtc 项目。

RTC 测试程序最关键的代码放在 rtc.h 头文件中。也可以把该头文件复制到别的项目中,用于实现 RTC 功能。

3. 在 main.cpp 中添加 RTC 测试功能

在 main.cpp 文件的 main 函数里,创建一个 RTC 类对象,用外部高速时钟(晶振) 128 分频(RCC_RTCCLKSource_HSE_Div128)作为 RTC 的时钟源进行初始化。然后,调用成员函数 setCounter 设置初值为 0。最后,在无限循环里读取当前计数值并通过串口发送出来。

完整的 main.cpp 文件代码如下:

```
#include "include/bsp.h"
#include "include/led_key.h"
#include "include/usart.h"
#include "include/rtc.h"
static CBsp bsp;
CUsart usart1(USART1,57600);
int main()
{
    bsp.Init();
    usart1.start();
    CLed led1(LED1);
    RTC_DATA tm_t;
    CRtc rtc(RCC_RTCCLKSource_HSE_Div128);
    rtc.setCounter(0);
    while(1)
    {
        led1.isOn()?led1.Off():led1.On();
        bsp.delay(2000);
        printf("累计秒数 = %d\r\n",rtc.getCounter());
```

```
    }
    return 0;
}
```

4. 编译、下载、运行与监测

采用GCC进行编译并用ISP方式下载到最小系统板上运行(也可以在其他开发板上运行,只要注意修改LED1的I/O映射宏定义即可),在PC上用串口调试程序可监测到RTC当前值,在正常情况下,可以看到RTC的计数值按每秒增加1的速度递增。

7.2.4 日历算法

1. 日期计算方法

一个回归年为365天5小时48分45.5秒,闰年规则如下:

- 普通年能被4整除而不能被100整除的为闰年,例如2004年就是闰年,1900年不是闰年;
- 世纪年能被400整除而不能被3 200整除的为闰年,例如2000年是闰年,3200年不是闰年;
- 对于数值很大的年份能整除3 200,但同时又能整除172 800则也是闰年,例如172800年是闰年,86400年不是闰年。

在STM32里使用的普通应用软件,第3小点可以不去考虑,这一点可以留下给子孙的子孙们去考虑。

2. 星期的计算方法

对于星期的计算,可以采用两种办法:方法一是把参考日期与星期作为起点,因为星期没有闰星期,因为知道了天数又知道了参考星期,那么非常容易推算出当前星期;方法二是根据日期推算出星期,这个方法不需要保存参考星期,但计算方式复杂许多。为了编程的方便,采用第一种方法比较合适。

3. 实现方法

选择2001年1月1日0点0分0秒(星期一)作为参考点。

(1) 知道了日期计算总秒数

例如,当前时间是2011年4月1号2点3分4秒,计算距离参考点的总秒数,可将这个数保存到STM32中作为开始计时的数。

① 计算整年的天数:

$$Y=(y-2\,001)$$

$$\text{整年的天数为 } Y\times 365+Y\gg 2$$

② 计算整月的天数：

```
M1[] = {31,59,90,120,151,181,212,243,273,304,334,365};//非闰年
M2[] = {31,60,91,121,152,182,213,244,274,305,335,366};//闰年
```

整月的天数为 M1[$n-1$]。

③ 计算总秒数：

$$((((Y \times 365 + Y \gg 2) + \text{M1}[n-1] + d) \times 24 + h) \times 60 + \text{min}) \times 60 + \text{sec}$$

(2) 知道了总秒数计算日期

① 计算总天数：

```
Minutes = SEC/60
Sec = SEC % 60
hours = Minutes/60
Minutes = Minutes % 60
Days = hours/24
```

② 计算年数：

$$\text{Yes} = \text{Day}/265.25 = (\text{Day} \ll 2)/1\,461$$

③ 计算月份：

$$\text{剩下的天数} = (\text{Yes} * 365) + (\text{Yes} \gg 2)$$

到 M1[]找到月份。

④ 最后剩下的就是天数。

7.2.5　STM32 的 RTC 日历测试程序

1. STM32 的 RTC 日历本质

RTC 日历的本质是把秒计数转换成日期，这个转换在 STM32F1 中并没有用硬件实现，因此得靠开发人员根据秒计数自己写软件来处理。转换步骤：一是把秒数转换成天数；二是用天数与参考日期进行比较，推算出当前日期；三是根据日期设计星期。

2. STM32 的 RTC 秒计时与日期之间的转换

STM32 的 RTC 秒计时与日期之间的转换方法与上一小节介绍的方法完全一样，转换的函数代码也完全一样。采用 RTC_DATA 所定义的日期-时间结构；采用 Timer2Seconds 函数实现日期到总秒数的转换；采用 Seconds2Timer 函数实现总秒数到日期的转换。这两个函数放入 CRtc 类中作为其公共成员函数。

3. 创建 STM32 RTC 日历测试程序

在 7.2.3 小节所介绍的 stm32_mini_rtc 项目的基础上，创建 STM32 RTC 日历测试程序，把 stm32_mini_rtc 项目所在目录整个复制一份，并把目录名修改为 stm32_ mini_Calendar，把项目根目录下的 stm32_mini_rtc.prj 文件名修改为 stm32_mini_Calendar.prj。

4. 添加日历测试程序

在 main.cpp 文件中，添加 CRtc 类的头文件"#include "include/rtc.h""；在 main 函数里创建 CRtc 类对象"CRtc rtc(RCC_RTCCLKSource_HSE_Div128);"，创建日期结构对象"RTC_DATA timer;"；在 main 函数无限循环里添加提取日期的函数调用，并用 printf 函数把日期数据通过串口 1 发送出来。

日历测试主程序代码如下：

```
#include "include/bsp.h"
#include "include/led_key.h"
#include "include/usart.h"
#include "include/rtc.h"
static CBsp bsp;
CUsart usart1(USART1,57600);
int main()
{
    bsp.Init();
    usart1.start();
    CLed led1(LED1);
    RTC_DATA timer;
    CRtc rtc(RCC_RTCCLKSource_HSE_Div128);
    rtc.Init();
    while(1)
    {
        led1.isOn()? led1.Off():led1.On();
        bsp.delay(2000);
        rtc.getTimer(timer);
        printf("%0.2d年%0.2d月%0.2d日,%0.2d:%0.2d:%0.2d,
            %0.1d\r\n",timer.year,timer.mon,timer.day,
            timer.hour,timer.min,timer.sec,timer.wday);
    }
    return 0;
}
```

5. 编译、下载和运行

采用 GCC 编译器编译，可采用 ISP 或其他方式下载，然后运行。在 PC 端用串口程序检测 STM32 开发板送过来的数据。如果显示的日期正确，时间能不断正常累加上去，则说明程序正确。

7.3 STM32定时器

7.3.1 STM32定时器的种类

STM32定时器的种类非常多,除了前面介绍的SysTick定时器、RTC定时器之外,还包括通用定时器TIMx(TIM2、TIM3、TIM4和TIM5)、高级定时器(TIM1和TIM8)以及基本定时器(TIM6和TIM7)。实际上,看门狗也可以看作是一种定时器。

1. SysTick定时器

SysTick是一个24位的倒计数定时器,当计到0时,将从RELOAD寄存器中自动重装载定时初值。只要不把它在SysTick控制及状态寄存器中的使能位清除,SysTick定时器就永不停息地计数。

2. RTC定时器

实时时钟是一个独立的定时器。RTC模块拥有一组连续计数的计数器,在相应软件配置下,可提供时钟日历的功能。修改计数器的值可以重新设置系统当前的时间和日期。RTC模块和时钟配置系统(RCC_BDCR寄存器)是在后备区域,即在系统复位或从待机模式唤醒后RTC的设置和时间维持不变。系统复位后,禁止访问后备寄存器和RTC,防止对后备区域(BKP)的意外写操作。

3. 通用定时器

通用定时器TIMx(TIM2、TIM3、TIM4和TIM5)功能包括:

- 16位向上、向下、向上/向下自动装载计数器。
- 16位可编程(可以实时修改)预分频器,计数器时钟频率的分频系数为1~65 536的任意数值。
- 4个独立通道:
  - 输入捕获;
  - 输出比较;
  - PWM生成(边缘或中间对齐模式);
  - 单脉冲模式输出。
- 使用外部信号控制定时器和定时器互连的同步电路。
- 如下事件发生时产生中断/DMA:
  - 更新:计数器向上溢出/向下溢出,计数器初始化(通过软件或者内部/外部触发);
  - 触发事件(计数器启动、停止、初始化或者由内部/外部触发计数);
  - 输入捕获;
  - 输出比较。

- 支持针对定位的增量(正交)编码器和霍尔传感器电路。
- 触发输入作为外部时钟或者按周期的电流管理。

4. 高级定时器

TIM1 和 TIM8 定时器的功能包括：

- 16 位向上、向下、向上/下自动装载计数器。
- 16 位可编程(可以实时修改)预分频器，计数器时钟频率的分频系数为 1～65 535 的任意数值。
- 多达 4 个独立通道：
  - ◆ 输入捕获；
  - ◆ 输出比较；
  - ◆ PWM 生成(边缘或中间对齐模式)；
  - ◆ 单脉冲模式输出。
- 死区时间可编程的互补输出。
- 使用外部信号控制定时器和定时器互联的同步电路。
- 允许在指定数目的计数器周期之后更新定时器寄存器的重复计数器。
- 刹车输入信号可以将定时器输出信号置于复位状态或者一个已知状态。
- 如下事件发生时产生中断/DMA：
  - ◆ 触发事件(计数器启动、停止、初始化或者由内部/外部触发计数)；
  - ◆ 更新：计数器向上溢出/向下溢出，初始化(通过软件或者内部/外部触发)；
  - ◆ 输入捕获；
  - ◆ 输出比较；
  - ◆ 刹车信号输入。
- 支持针对定位的增量(正交)编码器和霍尔传感器电路。
- 触发输入作为外部时钟或者按周期的电流管理。

5. 基本定时器

TIM6 和 TIM7 定时器的主要功能包括：

- 16 位自动重装载累加计数器；
- 16 位可编程(可实时修改)预分频器，用于对输入的时钟按系数为 1～65 536 的任意数值分频；
- 触发 DAC 的同步电路(此项是 TIM6/7 独有功能)；
- 在更新事件(计数器溢出)时产生中断/DMA 请求。

6. 独立看门狗

独立看门狗 Iwdg——有自主的驱动时钟(内部低速时钟 LSI 为 40 kHz)，所以是不受系统硬件影响的系统障碍探测器，主要用于监测硬件错误。

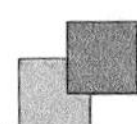

7. 窗口看门狗

窗口看门狗 Wwdg——采用系统时钟驱动，主要用于测试软件错误。如果系统时钟不走了，这个狗也就失去了作用。

7.3.2　通用定时器介绍

通用定时器是由一个通过可编程预分频器驱动的 16 位自动装载计数器构成。它适用于多种场合，包括测量输入信号的脉冲长度(输入捕获)或者产生输出波形(输出比较和 PWM)。使用定时器预分频器和 RCC 时钟控制器预分频器，脉冲长度和波形周期可以在几微秒到几毫秒之间调整。定时器是完全独立的，而且没有共享任何资源。它们可以同步操作。

可编程通用定时器的主要部分是一个 16 位计数器和与其相关的自动装载寄存器。这个计数器可以向上计数、向下计数或者向上/向下双向计数。此计数器时钟由预分频器分频得到。计数器、自动装载寄存器和预分频器寄存器可以由软件读/写，在计数器运行时仍可以读/写。

时基单元包含：

- 计数器寄存器(TIMx_CNT)；
- 预分频器寄存器 (TIMx_PSC)；
- 自动装载寄存器 (TIMx_ARR)。

自动装载寄存器是预先装载的，写或读自动重装载寄存器将访问预装载寄存器。根据在 TIMX_CR1 寄存器中的自动装载预装载使能位(ARPE)的设置，预装载寄存器的内容被立即或在每次的更新事件 UEV 时传送到影子寄存器。当计数器达到溢出条件(向下计数时的下溢条件)并当 TIMX_CR1 寄存器中的 UDIS 位等于 0 时，产生更新事件。更新事件也可以由软件产生。随后会详细描述每一种配置下更新事件的产生。

计数器由预分频器的时钟输出 CK_CNT 驱动，仅当设置了计数器 TIMX_CR1 寄存器中的计数器使能位(CEN)时，CK_CNT 才有效。(有关计数器使能的细节，请参见控制器的从模式描述。)真正的计数器使能信号 CNT_EN 是在 CEN 后的一个时钟周期后被设置。

7.3.3　通用定时器基本应用程序设计

所谓基本应用，就是只用到了它的计数功能和中断功能，没用到外部输入功能和 PWM 输出功能。

1. 主程序

通用定时器基本应用的创建项目、代码编辑、编译、下载以及运行与前面所介绍的都一样，因此从本小节开始，将不再分别介绍这几个内容。项目名称为 stm32_mini_

Timx，该项目与前面项目唯一不同之处在于使用通用定时器类 CTimx，该类在头文件 Timx.h 中定义和实现。

这里特别说明一下，不要把本书前面和后面将用到的类（文件）当作是类似于 STM32 标准固件库看待，而应看作是 STM32 开发和用户程序设计的一部分，不仅仅要懂得应用本书定义的类，还要懂得如何自己写这样的类，熟练这些类的实现方法，并清楚类里面调用到的所有固件库函数的功能和用法。清楚了这一点，就可以很灵活地把这个代码移植到纯 C 程序中，移植到非 GCC 编译器下编译，以及移植到其他任何 STM32 开发板上运行。

在主程序中，主要是使用了通用定时器类 CTimx 类来实现，包括创建 CTimx 类对象，用定时器号、最大计数值（即预设计数值）、时钟分频系数来初始化对象；并调用初始化成员函数 Init 实现定时器配置，同时设置用户中断回调函数。主程序代码如下：

```
#include "include/bsp.h"
#include "include/led_key.h"
#include "include/usart.h"
#include "include/timx.h"
CBsp bsp;
CUsart usart1(USART1,9600);
CLed led1(LED1),led2(LED2),led3(LED3);
void test1(int pos)
{
     printf("TIM2 中断! \r\n");
     led2.isOn()?led2.Off():led2.On();
}
void test2(int pos)
{
    led3.isOn()?led3.Off():led3.On();
    printf("TIM3 中断! \r\n");
}
int main()
{
    bsp.Init();
    usart1.start();
    CTimx timer2(TIM2,6000);
    timer2.Init(test1);
    CTimx timer3(TIM3,9300);
    timer3.Init(test2);
```

```
    while(1)
    {
        led1.isOn()?led1.Off():led1.On();
        bsp.delay(2000);
    }
    return 0;
}
```

采用“\ARM项目\STM32项目\STM32F103ZET6项目\STM32F103ZET6_OS模板”,并且在多任务程序使用定时器,程序代码如下:

```
#include "main.h"
void task0(void);//任务 0
void task1(void);//任务 1
CLed led1(LED1),led2(LED2),led3(LED3);
void test1(int pos)
{
    !led3;
}
void setup()
{
    add(task0);
    add(task1);
}
void  task0(void )//任务 0
{
    while(1)
    {
        !led1;
        delay(900);
    }
}
void  task1(void ) //任务 1
{
    CTimx timer2(TIM2,6000);
    timer2.Init(test1);
    while(1)
    {
        !led2;
        sleep(500);
}
}
```

7.4 PWM 控制

7.4.1 PWM 控制的基本原理

PWM(Pulse Width Modulation)控制技术就是对脉冲的宽度进行调制的技术，即通过对一系列脉冲的宽度进行调制，来等效地获得所需要的波形(含形状和幅值)。

面积等效原理

冲量相等而形状不同的窄脉冲加在具有惯性的环节上时，如图 7-5 所示，其效果基本相同。冲量指窄脉冲的面积。效果基本相同，是指环节的输出响应波形基本相同。低频段非常接近，仅在高频段略有差异。

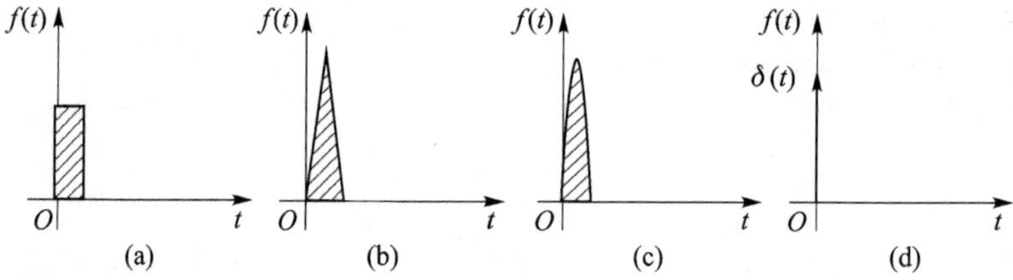

图 7-5　形状不同而冲量相同的各种窄脉冲

可以用一系列等幅不等宽的脉冲来代替一个正弦半波，正弦半波 N 等分，可看成 N 个相连的脉冲序列，宽度相等，但幅值不等；用矩形脉冲代替，等幅，不等宽，中点重合，面积(冲量)相等，宽度按正弦规律变化。

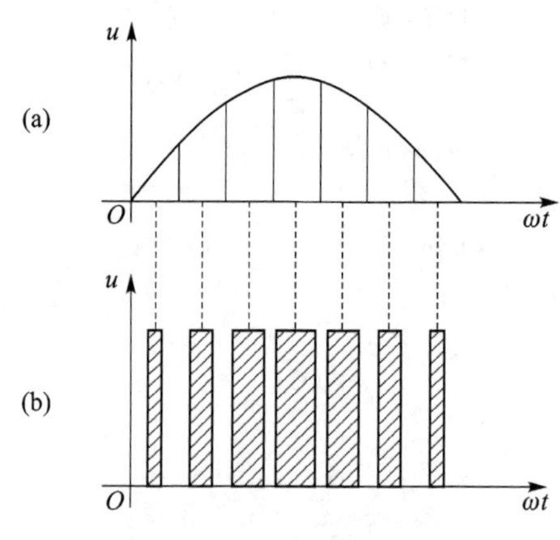

图 7-6　用 PWM 波代替正弦半波

SPWM 波形——脉冲宽度按正弦规律变化而与正弦波等效的 PWM 波形，如图 7-6 所示。要改变等效输出正弦波幅值，按同一比例改变各脉冲宽度即可。SPWM 波等效正弦波形，还可以等效成其他所需波形，如等效所需非正弦交流波形等，其基本原理和 SPWM 控制相同，也基于面积等效原理。

7.4.2 STM32 的 PWM 波形输出

1. TIMER 分类

STM32 中一共有 11 个定时器，如表 7-1 所列，其中 TIM6、TIM7 是基本定时器，TIM2、TIM3、TIM4、TIM5 是通用定时器，TIM1 和 TIM8 是高级定时器，以及 2 个看

门狗定时器和 1 个系统嘀嗒定时器。系统嘀嗒定时器是前文中所描述的 SysTick。

表 7-1　STM32 定时器类别

定时器	分辨率	计数器类型	预分频系数	DMA 请求	通道	互补输出
TIM1、TIM8	16 位	向上,向下,向上/向下	1～65 536 的任意数	可以	4	有
TIM2、TIM3 TIM4、TIM5	16 位			可以	4	没有
TIM6、TIM7	16 位	向上		可以	0	没有

其中,TIM1 和 TIM8 能够产生 3 对 PWM 互补输出,常用于三相电机的驱动,时钟由 APB2 的输出产生。TIM2～TIM5 是通用定时器,TIM6 和 TIM7 是基本定时器,其时钟由 APB1 输出产生。

2. PWM 波形产生的原理

通用定时器可以利用 GPIO 引脚进行脉冲输出,当配置为比较输出、PWM 输出功能时,捕获/比较寄存器 TIMx_CCR 被用作比较功能,下面把它简称为比较寄存器。

这里直接举例说明定时器的 PWM 输出工作过程:若配置脉冲计数器 TIMx_CNT 为向上计数,而重载寄存器 TIMx_ARR 被配置为 N,即 TIMx_CNT 的当前计数值数值 X 在 TIMxCLK 时钟源的驱动下不断累加,当 TIMx_CNT 的数值 X 大于 N 时,会重置 TIMx_CNT 数值为 0 开始重新计数。

而在 TIMxCNT 计数的同时,TIMxCNT 的计数值 X 会与比较寄存器 TIMx_CCR 预先存储了的数值 A 进行比较,当脉冲计数器 TIMx_CNT 的数值 X 小于比较寄存器 TIMx_CCR 的值 A 时,输出高电平(或低电平),相反地,当脉冲计数器的数值 X 大于或等于比较寄存器的值 A 时,输出低电平(或高电平)。

如此循环,得到的输出脉冲周期就为重载寄存器 TIMx_ARR 存储的数值($N+1$)乘以触发脉冲的时钟周期,其脉冲宽度则为比较寄存器 TIMx_CCR 的值 A 乘以触发脉冲的时钟周期,即输出 PWM 的占空比为 $A/(N+1)$。

3. STM32 产生 PWM 的配置方法

(1) 配置 GPIO 口

配置 I/O 口时无非就是开启时钟,然后选择引脚、模式、速率,最后就是用结构体初始化。不过在 STM32 上,不是每一个 I/O 引脚都可以直接使用于 PWM 输出的,因为在硬件上已经规定了用某些引脚来连接 PWM 的输出口。下面是定时器的引脚重映像,其实就是引脚的复用功能选择。定时器 1 的引脚复用功能映像如表 7-2 所列,定时器 2 的引脚复用功能映像如表 7-3 所列,定时器 3 的引脚复用功能映像如表 7-4 所列,定时器 4 的引脚复用功能映像如表 7-5 所列。

表 7-2　定时器 1 的引脚复用功能映像

复用功能映像	TIM_1REMAP[1:0]=00 (没有重映像)	TIM1_REMAP[1:0]=01 (部分重映像)	TIM1_REMAP[1:0]=11 (完全重映像)
TIM1_ETR	PA12		PE7
TIM1_CH1	PA8		PE9
TIM1_CH2	PA9		PE11
TIM1_CH3	PA10		PE13
TIM1_CH4	PA11		PE14
TIM1_BKIN	PB12	PA6	PE15
TIM1_CH1N	PB13	PA7	PE8
TIM1_CH2N	PB14	PB0	PE10
TIM1_CH3N	PB15	PB1	PE12

表 7-3　定时器 2 的引脚复用功能映像

复用功能	TIM2_REMAP[1:0]= 00(没有重映像)	TIM2_REMAP[1:0]= 01(部分重映像)	TIM2_REMAP[1:0]= 10(部分重映像 1)	TIM2_REMAP[1:0]= 11(完全重映像 1)
TIM2_CH1_ETR	PA0	PA15	PA0	PA15
TIM2_CH2	PA1	PB3	PA1	PB3
TIM2_CH3	PA2		PB10	
TIM2_CH4	PA3		PB11	

表 7-4　定时器 3 的引脚复用功能映像

复用功能	TIM3_REMAP[1:0]=00 (没有重映像)	TIM3_REMAP[1:0]=10 (部分重映像)	TIM3_REMAP[1:0]=11 (完全重映像)
TIM3_CH1	PA6	PB4	PC6
TIM3_CH2	PA7	PB5	PC7
TIM3_CH3	PB0		PC8
TIM3_CH4	PB1		PC9

表 7-5　定时器 4 的引脚复用功能映像

复用功能	TIM4_REMAP=00(没有重映像)	TIM4_REMAP=10(部分重映像)
TIM4_CH1	PB6	PD12
TIM4_CH2	PB7	PD13
TIM4_CH3	PB8	PD14
TIM4_CH4	PB9	PD15

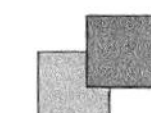

根据以上重映像表，使用定时器 3 的通道 2 作为 PWM 的输出引脚，所以需要对 PB5 引脚进行配置，对 I/O 口操作代码如下：

```
GPIO_InitTypeDef GPIO_InitStructure;//定义结构体
//使能 GPIO 外设和 AFIO 复用功能模块时钟
RCC_APB2PeriphClockCmd(RCC_APB2Periph_GPIOB|RCC_APB2Periph_AFIO,ENABLE);GPIO_PinRe-
mapConfig(GPIO_PartialRemap_TIM3,ENABLE);//选择 TIM3 部分重映像
//选择定时器 3 的通道 2 作为 PWM 的输出引脚 TIM3_CH2->PB5    GPIOB.5
GPIO_InitStructure.GPIO_Pin = GPIO_Pin_5;//TIM_CH2
GPIO_InitStructure.GPIO_Mode = GPIO_Mode_AF_PP;  //复用推挽功能
GPIO_InitStructure.GPIO_Speed = GPIO_Speed_50MHz;
GPIO_Init(GPIOB,&GPIO_InitStructure);//初始化引脚
```

(2) 初始化定时器

```
TIM_TimeBaseInitTypeDef  TIM_TimeBaseStructure;//定义初始化结构体
RCC_APB1PeriphClockCmd(RCC_APB1Periph_TIM3,ENABLE);//使能定时器 TIM3
//初始化 TIM3
TIM_TimeBaseStructure.TIM_Period = arr;//自动重装载寄存器的值
TIM_TimeBaseStructure.TIM_Prescaler = psc;//TIMX 预分频的值
TIM_TimeBaseStructure.TIM_ClockDivision = 0;//时钟分割
TIM_TimeBaseStructure.TIM_CounterMode = TIM_CounterMode_Up;  //向上计数
TIM_TimeBaseInit(TIM3,&TIM_TimeBaseStructure);//根据以上功能对定时器进行初始化
```

(3) 设置 TIM3_CH2 的 PWM 模式，使能 TIM3 的 CH2 输出

```
TIM_OCInitTypeDef  TIM_OCInitStructure;//定义结构体
TIM_OCInitStructure.TIM_OCMode = TIM_OCMode_PWM2;//选择定时器模式,TIM 脉冲宽度调制
                                                 //模式 2
TIM_OCInitStructure.TIM_OutputState = TIM_OutputState_Enable;//比较输出使能
TIM_OCInitStructure.TIM_OCPolarity = TIM_OCPolarity_Low;//输出比较极性低
TIM_OC2Init(TIM3,&TIM_OCInitStructure);//根据结构体信息进行初始化
TIM_OC2PreloadConfig(TIM3,TIM_OCPreload_Enable);//使能定时器 TIM2 在 CCR2 上的预装
                                                 //载值
```

(4) 使能定时器 3

```
TIM_Cmd(TIM3,ENABLE);  //使能定时器 TIM3
```

经过以上的操作，定时器 3 的第二通道已经可以正常工作并输出 PWM 波了，只是其占空比和频率都是固定的，可以通过改变 TIM3_CCR2 来控制它的占空比。修改占空比的函数为 TIM_SetCompare2(TIM3,n)：n 不同，占空比不同。

(5) 修改 PWM 波形的占空比

编写一个函数"void TIM3_PWM_Init(u16 arr,u16 psc);",将以上所有的代码都加进这个函数中,只要在 main 函数中调用该函数进行初始化,然后使用 TIM_SetCompare2()函数修改 PWM 的占空比,就可以在 PB5 脚得到需要的 PWM 波形了。关于频率以及占空比的计算方法有以下例子:

```
int main(void)
{
    TIM3_PWM_Init(9999,143);//频率为:72 * 10^6/(9999 + 1)/(143 + 1) = 50 Hz
    TIM_SetCompare1(TIM3,4999);//得到占空比为 50 % 的 pwm 波形
    while(1);
}
```

调用函数 TIM_SetCompare1(TIM_TypeDef * TIMx,uint16_t Compare1)时,前一项参数为 TIMx,TIMx 中的 *X* 可以取 1～17 且除了 6、7 的数,Compare1 是用于与 TIMx 比较的数,相当于用 TIMx 的一个周期的时间减去这个 Compare1,使得 TIMx 的周期从后面开始的 Compare1 的时间为 TIMx 的前部分时间的反向,即若前部分时间为高电平,则 Compare1 段所在时间为低电平。若前部分时间为低电平,则 Compare1 段所在时间为高电平。

```
void TIM_SetCompare1(TIM_TypeDef * TIMx,uint16_t Compare1)
{
  TIMx->CCR1 = Compare1;
}//TIM_SetCompare1 这个函数名中的数字 1 代表的是 TIMx 的通道 1,TIMx 中的 x 可以取 1～17
 //且除了 6、7 的数
```

7.4.3 完整的 PWM 测试程序

根据上述介绍,把上述配置过程封装成一个 PWM 类,完整的程序如下:

```
class CPwm
{
public:
    int frequency;//频率
    int Compare;//占空比
    CPwm(int m_f,int m_c):frequency(m_f),Compare(m_c)
    {
```

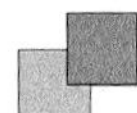

```
        Init();
    }
    void Init()
    {
        long a = 72000000/142/frequency;
        long b = a * Compare/100;
         TIM3_PWM_Init(a,143);//频率为 72 * 10^6/(9999 + 1)/(143 + 1) = 50Hz
         TIM_SetCompare2(TIM3,b);//得到占空比为 50 % 的 PWM 波形
         TIM_SetCompare3(TIM3,b);//得到占空比为 50 % 的 PWM 波形
         TIM_SetCompare4(TIM3,b);//得到占空比为 50 % 的 PWM 波形
    }
void TIM3_PWM_Init(u16 arr,u16 psc)
{
    GPIO_InitTypeDef GPIO_InitStructure;
    TIM_TimeBaseInitTypeDef TIM_TimeBaseStructure;
    TIM_OCInitTypeDef TIM_OCInitStructure;
    RCC_APB1PeriphClockCmd(RCC_APB1Periph_TIM3,ENABLE);//使能定时器 TIM3
    RCC_APB2PeriphClockCmd(RCC_APB2Periph_GPIOB|RCC_APB2Periph_AFIO,
    ENABLE);
    //使能 GPIO 和 AFIO 复用功能时钟
    GPIO_PinRemapConfig(GPIO_PartialRemap_TIM3,ENABLE);
    //重映射 TIM3_CH2->PB5
    //设置该引脚为复用输出功能,输出 TIM3 CH2 的 PWM 脉冲波形 GPIOB.5
    GPIO_InitStructure.GPIO_Pin = GPIO_Pin_0|GPIO_Pin_1;  //TIM_CH2
    GPIO_InitStructure.GPIO_Mode = GPIO_Mode_AF_PP;  //复用推挽输出
    GPIO_InitStructure.GPIO_Speed = GPIO_Speed_50MHz;
    GPIO_Init(GPIOB,&GPIO_InitStructure);//初始化 GPIO
    //初始化 TIM3
    TIM_TimeBaseStructure.TIM_Period = arr;  //设置在自动重装载周期值
    TIM_TimeBaseStructure.TIM_Prescaler = psc;  //设置预分频值
    TIM_TimeBaseStructure.TIM_ClockDivision = 0;//设置时钟分割:TDTS = Tck_tim
    TIM_TimeBaseStructure.TIM_CounterMode = TIM_CounterMode_Up;//TIM 向上计数模式
    TIM_TimeBaseInit(TIM3,&TIM_TimeBaseStructure);//初始化 TIMx
    //初始化 TIM3 Channel2 PWM 模式
    TIM_OCInitStructure.TIM_OCMode = TIM_OCMode_PWM2;//选择 PWM 模式 2
    TIM_OCInitStructure.TIM_OutputState = TIM_OutputState_Enable;//比较输出使能
    TIM_OCInitStructure.TIM_OCPolarity = TIM_OCPolarity_High;//输出极性高
    TIM_OC2Init(TIM3,&TIM_OCInitStructure);  //初始化外设 TIM3 OC2
    TIM_OC2PreloadConfig(TIM3,TIM_OCPreload_Enable);//使能预装载寄存器
    TIM_OC3Init(TIM3,&TIM_OCInitStructure);          //通道 3
    TIM_OC3PreloadConfig(TIM3,TIM_OCPreload_Disable);
    TIM_OC4Init(TIM3,&TIM_OCInitStructure);          //通道 4
```

```
        TIM_OC4PreloadConfig(TIM3,TIM_OCPreload_Disable);
        TIM_Cmd(TIM3,ENABLE);   //使能 TIM3
    }
    };
```

使用方法：

```
CPwm pwm3(10000,60);//频率 = 10 000,占空比 = 60
```

7.5 深入了解 STM32 定时器工作原理

7.5.1 STM32 定时器结构

1. STM32 定时器结构简介

通用定时器 TIMx 的触发源（计数器时钟的时钟源）有 4 个：

① 内部时钟（CLK_INT）；

② 外部时钟模式 1：外部输入引脚（TIx），分别经 TIMx_CHx 通道传入；

③ 外部时钟模式 2：外部触发输入（ETR）；

④ 内部触发输入（ITRx）：定时器主从模式下由 ITRx 定义从定时器和主定时器。

下面选取触发源为内部时钟时进行分析，如图 7-7 所示，基本定时器主要由下面三个寄存器组成：计数器寄存器（TIMx_CNT）、预分频器寄存器（TIMx_PSC）、自动重载寄存器（TIMx_ARR）。

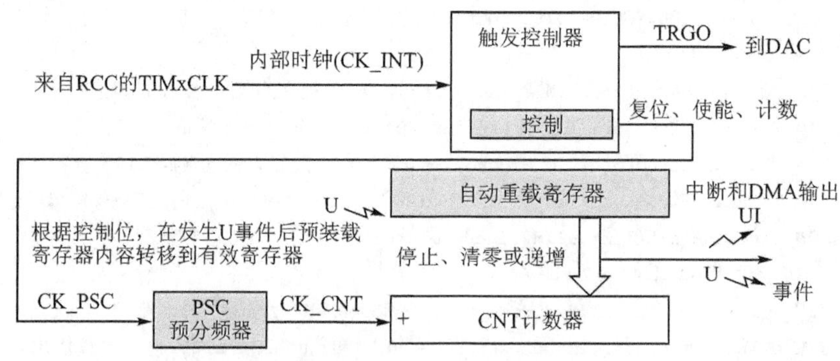

图 7-7　基本定时器

计数器寄存器（TIMx_CNT）存储的是当前的计数值。预分频器（TIMx_PSC）为多少个 CK_PSC 脉冲计数一次，如图 7-7 预分频器的值为 1（预分频寄存器默认为 0，为不分频），则为 2 个脉冲计数一次，即为二分频。如果要 10 000 分频，则预分频器的值为（1 000－1）。具体来说，若 CK_PSC 的频率为 10 MHz，预分频器值为（10－1），则

是每隔 1 ms 计数器计数一次。

自动重载寄存器的数值代表计数的次数，例如当值为 59 时，计数器若是向上计数模式，则从 0 计到 59 时，如图 7 - 7 所示会产生事件 U 或中断 UI，计数器也会被清零而重新计数。

通用定时器的内部时钟挂在了 APB1 时钟线上，若内部时钟不分频(CKD=0)，则 CK_PSC 的时钟频率等于 APB1 的时钟频率。定时器有如下三种计数模式：

① 递增计数模式：计数器从 0 计数到自动重载值，然后重新从 0 开始计数并生成计数器上溢事件。

② 递减计数模式：计数器从自动重载值开始递减到 0，然后重新从自动重载值开始计数并生成计数器下溢事件。

③ 中心对齐模式：计数器从 0 开始计数到自动重载值－1，生成计数器上溢事件；然后从自动重载值开始向下计数到 1 并生成计数器下溢事件。之后从 0 开始重新计数。

2. 通用定时器类

通用定时器类用于封装通用定时器的配置、回调函数设置等功能，通用定时器的配置主要包括如下几项：

- TIM_TimeBaseStructure. TIM_Period：最大计数值；
- TIM_TimeBaseStructure. TIM_Prescaler：分频；
- TIM_TimeBaseStructure. TIM_ClockDivision：时钟分割；
- TIM_TimeBaseStructure. TIM_CounterMode：计数方向向上计数；
- TIM_TimeBaseStructure. TIM_RepetitionCounter：周期计数器值。

通用定时器类 CTimx 的定义内容如下：

```
class CTimx
{
    TIM_TypeDef * timx;
    TIM_TimeBaseInitTypeDef  TIM_TimeBaseStructure;
public:
    CTimx(TIM_TypeDef * m_timx,
    uint16_t m_TIM_Period = 1000,
    uint16_t m_TIM_Prescaler = 36000,
    uint16_t m_TIM_ClockDivision = TIM_CKD_DIV1,
    uint16_t m_TIM_CounterMode = TIM_CounterMode_Up,
    uint8_t m_TIM_RepetitionCounter = 0
    ):timx(m_timx)
    {
TIM_TimeBaseStructure.TIM_Period = m_TIM_Period;
TIM_TimeBaseStructure.TIM_Prescaler = m_TIM_Prescaler;
```

```
    TIM_TimeBaseStructure.TIM_ClockDivision = m_TIM_ClockDivision;
TIM_TimeBaseStructure.TIM_CounterMode = m_TIM_CounterMode;
TIM_TimeBaseStructure.TIM_RepetitionCounter =
m_TIM_RepetitionCounter;
    }
    void Init(Callback fun);
    void NVIC_Configuration(void);
    void TIMx_Config(Callback fun);
};
```

3. 初始化成员函数

在初始化成员函数 Init 中,配置不同定时器的回调函数,并且调用 NVIC_Configuration 函数实现定时器中断配置,调用 TIMx_Config 配置相应定时器的定时参数。

初始化成员函数代码如下:

```
void CTimx::Init(Callback fun)
{
    if(timx == TIM1)rtcfun[0] = fun;
    else if(timx == TIM2)rtcfun[1] = fun;
    else if(timx == TIM3)rtcfun[2] = fun;
    else if(timx == TIM4)rtcfun[3] = fun;
    else if(timx == TIM5)rtcfun[4] = fun;
    else if(timx == TIM6)rtcfun[5] = fun;
    else if(timx == TIM7)rtcfun[6] = fun;
    else if(timx == TIM8)rtcfun[7] = fun;
    if(fun!= 0) NVIC_Configuration();
    TIMx_Config(fun);
}
```

4. 中断配置函数

中断配置函数主要实现中断通道的配置和中断优先级的配置,中断配置函数实现代码如下:

```
void CTimx::NVIC_Configuration(void)
{
    NVIC_InitTypeDef NVIC_InitStructure;
    //设置 TIMx 通道输入中断
    //if(timx == TIM1)
    NVIC_InitStructure.NVIC_IRQChannel = TIM1_IRQChannel;
    if(timx == TIM2)
```

```
    NVIC_InitStructure.NVIC_IRQChannel = TIM2_IRQChannel;
    else if(timx == TIM3)
    NVIC_InitStructure.NVIC_IRQChannel = TIM3_IRQChannel;
    else if(timx == TIM4)
    NVIC_InitStructure.NVIC_IRQChannel = TIM4_IRQChannel;
    else if(timx == TIM5)
    NVIC_InitStructure.NVIC_IRQChannel = TIM5_IRQChannel;
    else if(timx == TIM6)
    NVIC_InitStructure.NVIC_IRQChannel = TIM6_IRQChannel;
    else if(timx == TIM7)
    NVIC_InitStructure.NVIC_IRQChannel = TIM7_IRQChannel;
    //else if(timx == TIM8)
    NVIC_InitStructure.NVIC_IRQChannel = TIM8_IRQChannel;
    NVIC_InitStructure.NVIC_IRQChannelPreemptionPriority = 0;
    //配置优先级组
    NVIC_InitStructure.NVIC_IRQChannelSubPriority = 0;
    NVIC_InitStructure.NVIC_IRQChannelCmd = ENABLE;
    //允许 TIM2 全局中断
    NVIC_Init(&NVIC_InitStructure);
}
```

5. 普通定时器配置函数

普通定时器配置函数实现时钟的使能，并且调用固件库中的定时器初始化函数TIM_TimeBaseInit实现某普通定时器最大计数值、分频系数、时钟分割、计数方向、周期计数器值等配置。

普通定时器配置函数代码如下：

```
void TIMx_Config(Callback fun)
{
    CTimx::TIM_DeInit(timx);//复位 TIM2 定时器
    //if(timx == TIM1)
    //RCC_APB2PeriphClockCmd(RCC_APB2Periph_TIM1,ENABLE);
    if(timx == TIM2)
    RCC_APB1PeriphClockCmd(RCC_APB1Periph_TIM2,ENABLE);
    else if(timx == TIM3)
    RCC_APB1PeriphClockCmd(RCC_APB1Periph_TIM3,ENABLE);
    else if(timx == TIM4)
    RCC_APB1PeriphClockCmd(RCC_APB1Periph_TIM4,ENABLE);
    else if(timx == TIM5)
    RCC_APB1PeriphClockCmd(RCC_APB1Periph_TIM5,ENABLE);
```

```
    else if(timx == TIM6)
    RCC_APB1PeriphClockCmd(RCC_APB1Periph_TIM6,ENABLE);
    else if(timx == TIM7)
    RCC_APB1PeriphClockCmd(RCC_APB1Periph_TIM7,ENABLE);

    TIM_TimeBaseInit(timx,&TIM_TimeBaseStructure);
    /* Clear timx update pending flag[清除 TIM2 溢出中断标志] */
    TIM_ClearFlag(timx,TIM_FLAG_Update);
    /* Enable timx Update interrupt [TIM2 溢出中断允许] */
    if(fun!= 0) TIM_ITConfig(timx,TIM_IT_Update,ENABLE);
    /* timx enable counter [允许 TIM2 计数] */
    TIM_Cmd(timx,ENABLE);
}
```

7.5.2 通用定时器常用模式

1. 计数器模式

(1) 向上计数模式

在向上计数模式中,计数器从 0 计数到自动加载值(TIMx_ARR 计数器的内容),然后重新从 0 开始计数并且产生一个计数器溢出事件。每次计数器溢出时可以产生更新事件,在 TIMx_EGR 寄存器中设置 UG 位(通过软件方式或者使用从模式控制器)也同样可以产生一个更新事件。

(2) 向下计数模式

在向下计数模式中,计数器从自动装入的值(TIMx_ARR 计数器的值)开始向下计数到 0,然后从自动装入的值重新开始并且产生一个计数器向下溢出事件。每次计数器溢出时可以产生更新事件,在 TIMx_EGR 寄存器中设置 UG 位(通过软件方式或者使用从模式控制器)也同样可以产生一个更新事件。

(3) 中央对齐模式(向上/向下计数)

在中央对齐模式,计数器从 0 开始计数到自动加载的值(TIMx_ARR 寄存器)−1,产生一个计数器溢出事件,然后向下计数到 1 并且产生一个计数器下溢事件;然后再从 0 开始重新计数。在这个模式,不能写入 TIMx_CR1 中的 DIR 方向位。它由硬件更新并指示当前的计数方向。

2. 输入捕获模式

在输入捕获模式下,当检测到 ICx 信号上相应的边沿后,计数器的当前值被锁存到捕获/比较寄存器(TIMx_CCRx)中。当捕获事件发生时,相应的 CCxIF 标志(TIMx_SR 寄存器)被置 1,如果开放了中断或者 DMA 操作,则将产生中断或者 DMA 操作。如果捕获事件发生时 CCxIF 标志已经为高,那么重复捕获标志 CCxOF(TIMx_SR 寄

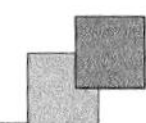

存器）被置 1。写 CCxIF=0 可清除 CCxIF，或读取存储在 TIMx_CCRx 寄存器中的捕获数据也可清除 CCxIF。写 CCxOF=0 可清除 CCxOF。

3. PWM 输入模式

该模式是输入捕获模式的一个特例，除下列区别外，操作与输入捕获模式相同：

- 两个 ICx 信号被映射同一个 TIx 输入；
- 这两个 ICx 信号为边沿有效，但是极性相反。

其中一个 TIxFP 信号被作为触发输入信号，而从模式控制器被配置成复位模式。

4. 强置输出模式

在输出模式（TIMx_CCMRx 寄存器中 CCxS=00）下，输出比较信号（OCxREF 和相应的 OCx）能够直接由软件强置为有效或无效状态，而不依赖于输出比较寄存器和计数器间的比较结果。置 TIMx_CCMRx 寄存器中相应的 OCxM=101，即可强置输出比较信号（OCxREF/OCx）为有效状态。这样，OCxREF 被强置为高电平（OCxREF 始终为高电平有效），同时 OCx 得到 CCxP 极性位相反的值。

5. 输出比较模式

此项功能是用来控制一个输出波形或者指示何时一段给定的时间已经到时。当计数器与捕获/比较寄存器的内容相同时，输出比较功能做如下操作：

① 将输出比较模式（TIMx_CCMRx 寄存器中的 OCxM 位）和输出极性（TIMx_CCER 寄存器中的 CCxP 位）定义的值输出到对应的引脚上，在比较匹配时，输出引脚可以保持它的电平（OCxM=000）、被设置成有效电平（OCxM=001）、被设置成无有效电平（OCxM=010）或进行翻转（OCxM=011）；

② 设置中断状态寄存器中的标志位（TIMx_SR 寄存器中的 CCxIF 位）；

③ 若设置了相应的中断屏蔽（TIMx_DIER 寄存器中的 CCXIE 位），则产生一个中断；

④ 若设置了相应的使能位（TIMx_DIER 寄存器中的 CCxDE 位，TIMx_CR2 寄存器中的 CCDS 位选择 DMA 请求功能），则产生一个 DMA 请求。

6. PWM 模式

脉冲宽度调制模式可以产生一个由 TIMx_ARR 寄存器确定频率、由 TIMx_CCRx 寄存器确定占空比的信号。在 TIMx_CCMRx 寄存器中的 OCxM 位写入 110（PWM 模式 1）或 111（PWM 模式 2），能够独立地设置每个 OCx 输出通道产生一路 PWM。必须设置 TIMx_CCMRx 寄存器 OCxPE 位以使能相应的预装载寄存器，最后还要设置 TIMx_CR1 寄存器的 ARPE 位使能自动重装载的预装载寄存器（在向上计数或中心对称模式中）。

因为仅当发生一个更新事件时，预装载寄存器才能被传送到影子寄存器，因此在计数器开始计数之前，必须通过设置 TIMx_EGR 寄存器中的 UG 位来初始化所有的寄存器。

7. 单脉冲模式

单脉冲模式(OPM)是前述众多模式的一个特例。这种模式允许计数器响应一个激励,并在一个程序可控的延时之后产生一个脉宽可程序控制的脉冲。

可以通过从模式控制器启动计数器,在输出比较模式或者PWM模式下产生波形。设置TIMx_CR1寄存器中的OPM位将选择单脉冲模式,这样可以让计数器自动地在产生下一个更新事件UEV时停止。

8. 编码器接口模式

选择编码器接口模式的方法如下:

① 如果计数器只在TI2的边沿计数,则置TIMx_SMCR寄存器中的SMS=001;

② 如果只在TI1边沿计数,则置SMS=010;

③ 如果计数器同时在TI1和TI2边沿计数,则置SMS=011。

通过设置TIMx_CCER寄存器中的CC1P和CC2P位,可以选择TI1和TI2极性;如果需要,还可以对输入滤波器编程。两个输入TI1和TI2用来作为增量编码器的接口。

9. 定时器和外部触发的同步

TIMx定时器能够在多种模式下和一个外部的触发同步:复位模式、门控模式和触发模式。

① 从模式:复位模式。在发生一个触发输入事件时,计数器和它的预分频器能够重新被初始化;同时,如果TIMx_CR1寄存器的URS位为低,还产生一个更新事件UEV;然后所有的预装载寄存器(TIMx_ARR,TIMx_CCRx)都被更新了。

② 从模式:门控模式。计数器的使能依赖于选中的输入端的电平。

③ 从模式:触发模式。计数器的使能依赖于选中的输入端上的事件。

④ 从模式:外部时钟模式2+触发模式。外部时钟模式2可以与另一种从模式(外部时钟模式1和编码器模式除外)一起使用。这时,ETR信号被用作外部时钟的输入,在复位模式、门控模式或触发模式时可以选择另一个输入作为触发输入。不建议使用TIMx_SMCR寄存器的TS位选择ETR作为TRGI。

10. 定时器同步

所有TIMx定时器在内部相连,用于定时器同步或链接。当一个定时器处于主模式时,它可以对另一个处于从模式的定时器的计数器进行复位、启动、停止或提供时钟等操作。

7.5.3 输出模式的例子

1. 添加输出模式测试函数

在7.3.3小节stm32_mini_Timx项目的基础上,添加输出模式的测试代码。输出

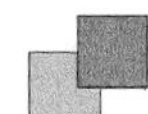

模式的配置函数为 TIM_Out_Test，首先配置输出 I/O 口，再把定时器配置为 PWM 模式，同时配置占空比、输出使能等功能。

完整的添加输出模式测试函数代码如下：

```
void TIM_Out_Test(void)
{
    GPIO_InitTypeDef   GPIO_InitStruct;
    GPIO_InitStruct.GPIO_Pin = GPIO_Pin_0;
    GPIO_InitStruct.GPIO_Speed = GPIO_Speed_50MHz;
    GPIO_InitStruct.GPIO_Mode = GPIO_Mode_AF_PP;
    GPIO_Init(GPIOB,&GPIO_InitStruct);
    TIM_OCInitTypeDef    TIM_OCInitStructure;//通道输出初始化结构
    /* TIM3 配置在 PWM1 模式 */
    TIM_OCInitStructure.TIM_OCMode = TIM_OCMode_Toggle;
    TIM_OCInitStructure.TIM_OutputState = TIM_OutputState_Enable;
    //输出使能
    TIM_OCInitStructure.TIM_OutputNState =   TIM_OutputNState_Disable;
    TIM_OCInitStructure.TIM_Pulse = 0;   /* 占空比初始化为 0 */
    TIM_OCInitStructure.TIM_OCPolarity =     TIM_OCPolarity_High;
    //高电平有效
    TIM_OCInitStructure.TIM_OCIdleState =     TIM_OCIdleState_Reset;
    TIM_OC3Init(TIM3,&TIM_OCInitStructure);
    TIM_OC3PreloadConfig(TIM3,TIM_OCPreload_Enable);
}
```

2. 在 main 函数中调用输出模式测试函数

在 main 函数中启用 timer3 对象的 Init()函数实现初始化，也可以写成前一小节的“timer3. Init(test2);”，这样既可以看到 PB0 引脚输出矩形波，同时 TIM3 的中断也起作用，可以在 PC 机上用串口调试程序监测到 TIM3 中断时发出的“TIM3 中断!”消息。

完整的 main 函数代码如下：

```
int main()
{
    bsp.Init();
    usart1.start();
    CTimx timer2(TIM2,6000,3600);
    timer2.Init(test1);
    CTimx timer3(TIM3,9300,3600);
    timer3.Init();
```

```
    TIM_Out_Test();
    while(1)
    {
        led1.isOn()?led1.Off():led1.On();
        bsp.delay(2000);
    }
    return 0;
}
```

3. 测　试

完成上面两个步骤之后,编译、下载和运行,然后用示波器监测 PB0 引脚的波形,在正常的情况下,可以看到 PBO 引脚输出矩形波。也可以连接上带限流电阻的 LED 直接观察 LED 闪烁的情况。

7.5.4 用输入捕获模式测试例子

TIM3_int_Test 是定时器另一种常用的功能,常用于测试中低频率信号的频率,而频率的测量又可以用于各种脉冲传感器的测试,例如用于电动机转速的测试、脉冲型流量的测量、电容与电感的测试等。

1. 添加输入模式测试函数

在 7.3.3 小节的 stm32_mini_Timx 项目的基础上,添加输入模式的测试代码,主要通过 TIM3_int_Test 函数实现,代码如下:

```
void TIM3_int_Test(void)
{
    TIM_ICInitTypeDef   TIM_ICInitStructure;
    RCC_APB1PeriphClockCmd(RCC_APB1Periph_TIM3,ENABLE);
    /* GPIOA 和 GPIOB 时钟启用 */
    RCC_APB2PeriphClockCmd(RCC_APB2Periph_GPIOA,ENABLE);
    NVIC_InitTypeDef NVIC_InitStructure;
    /* 启用 TIM3 全局中断 */
    NVIC_InitStructure.NVIC_IRQChannel = TIM3_IRQn;
    NVIC_InitStructure.NVIC_IRQChannelPreemptionPriority = 0;
    NVIC_InitStructure.NVIC_IRQChannelSubPriority = 1;
    NVIC_InitStructure.NVIC_IRQChannelCmd = ENABLE;
    NVIC_Init(&NVIC_InitStructure);
    GPIO_InitTypeDef GPIO_InitStructure;
    /* TIM3 通道 2 引脚(PA.07)配置 */
    GPIO_InitStructure.GPIO_Pin =   GPIO_Pin_7;
    GPIO_InitStructure.GPIO_Mode = GPIO_Mode_IN_FLOATING;
```

```
    GPIO_InitStructure.GPIO_Speed = GPIO_Speed_50MHz;

    GPIO_Init(GPIOA,&GPIO_InitStructure);
    /* TIM3 配置:输入捕获模式 - - - - - - - - - - - -
        外部信号连接到 TIM3 CH2 引脚(PA.07)。
        上升沿用作活动边缘,
    TIM3 CCR2 用于计算频率值 */
    TIM_ICInitStructure.TIM_Channel = TIM_Channel_2;
    TIM_ICInitStructure.TIM_ICPolarity = TIM_ICPolarity_Rising;
    TIM_ICInitStructure.TIM_ICSelection = TIM_ICSelection_DirectTI;
    TIM_ICInitStructure.TIM_ICPrescaler = TIM_ICPSC_DIV1;
    TIM_ICInitStructure.TIM_ICFilter = 0x0;
    TIM_ICInit(TIM3,&TIM_ICInitStructure);
    /* 启用计数器 */
    TIM_Cmd(TIM3,ENABLE);
    /* 启用 CC2 中断请求 */
    TIM_ITConfig(TIM3,TIM_IT_CC2,ENABLE);
}
```

2. 添加 TIM3 的中断处理函数

在 TIM3 的中断处理函数中,读取外部脉冲的计数值,然后推算出脉冲的频率值。TIM3 的中断处理函数代码如下:

```
extern "C" void TIM3_IRQHandler(void)
{
  if(TIM_GetITStatus(TIM3,TIM_IT_CC2) == SET)
  {
    /* 清除 TIM3 捕获比较中断标志位 */
    TIM_ClearITPendingBit(TIM3,TIM_IT_CC2);
    if(CaptureNumber == 0)
    {
      /* 获取输入捕获值 */
      IC3ReadValue1 = TIM_GetCapture2(TIM3);
      CaptureNumber = 1;
    }
    else if(CaptureNumber == 1)
    {
      /* 获取输入捕获值 */
      IC3ReadValue2 = TIM_GetCapture2(TIM3);
      /* 捕获计算 */
```

```
            if (IC3ReadValue2 > IC3ReadValue1)
            {
              Capture = (IC3ReadValue2 - IC3ReadValue1);
            }
            else
            {
              Capture = ((0xFFFF - IC3ReadValue1) + IC3ReadValue2);
            }
            /* 频率计算 */
            TIM3Freq = (uint32_t) SystemFrequency / Capture;
            printf("TIM3Freq = %d\r\n",TIM3Freq);
            CaptureNumber = 0;
        }
    }
}
```

3. 测试程序的 main 函数

在 main 函数中调用输出模式测试函数，代码如下：

```
int main()
{
    bsp.Init();
    usart1.start();
    TIM3_int_Test();
    while(1)
    {
        led1.isOn()?led1.Off():led1.On();
        bsp.delay(2000);
    }
    return 0;
}
```

4. 测　试

完成上面三个步骤之后，编译、下载和运行，在 PA7 引脚输入待测试的信号，在 PC 串口调试程序中监测，可以看到 STM32 测试到的信号频率值。

第 8 章 电脑串口通信与控制

8.1 双鲤尺素

8.1.1 关于双鲤尺素

双鲤尺素是古代通信的一个代名词。双鲤尺素出自秦汉时期一乐府诗集《饮马长城窟行》：

客从远方来，遗我双鲤鱼，
呼儿烹鲤鱼，中有尺素书。
长跪读素书，书中竟何如？
上言加餐饭，下言长相忆。

"行"者歌也，相传古长城边有水窟，可供饮马，曲名由此而来。双鲤，古时汉族对书信的称谓。纸张出现以前，书信多写在白色丝绢上，为使传递过程中不致损毁，古人常把书信扎在两片竹木简中，简多刻成鱼形，故称双鲤，诗中有意写成真鱼而"烹"之。古人写信，多用一尺长的绢帛，因之称为"尺素书"。后用此典指书信，多用以抒发相思之情。双鲤尺素传递信息的过程大致如图 8-1 所示。

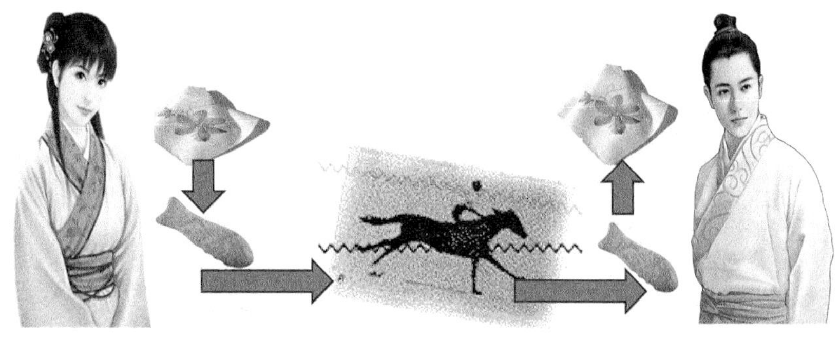

图 8-1　双鲤尺素

8.1.2 STM32 的通信原理

STM32 的通信原理，与上述双鲤尺素类似，如图 8-2 所示，绢帛变成了数学字符串,竹木简变成了 STM32 处理器,马变成了 UART 通信接口。

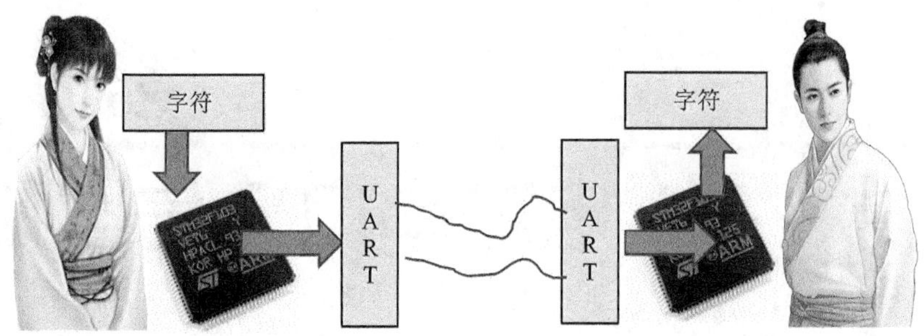

图 8-2 STM32 的通信模型

STM32 的通信原理如图 8-3 所示,包括控制寄存器、输出寄存器、输出端口三个重要组成部分。对于通信的波特、停止位等的设置,都通过控制寄存器的配置来实现;同时还要配置输出端口;然后把要发送的字符放到输出寄存器;最后通过输出端口输出 bit 数据。

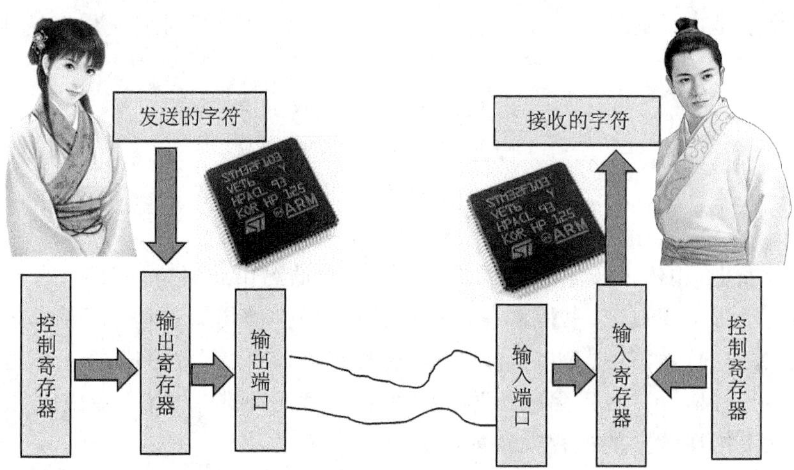

图 8-3 STM32 的通信原理

为了简化 STM32 通信程序的设计难度,可以把 STM32 的方法和数据封装成一个类,这样在 STM32 通信程序中,只要调用该通信类的成员函数即可以完成。STM32 的面向对象通信模型如图 8-4 所示。

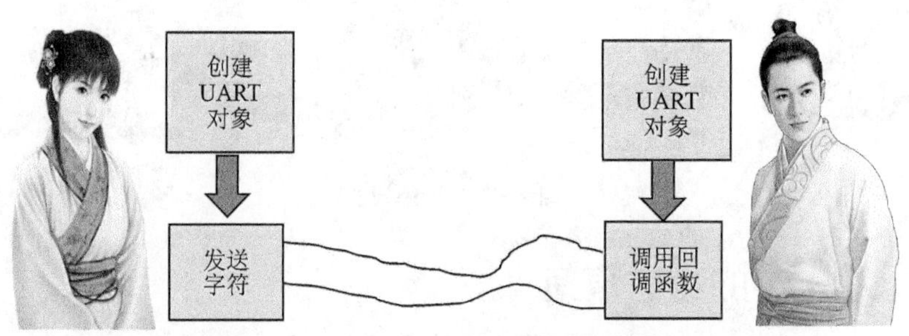

图 8-4 STM32 的面向对象通信模型

STM32 的面向对象通信过程如图 8－5 所示。发送过程包括创建 UART 对象、配置接收中断回调函数、启动串口通信、准备发送的数据、发送字符、关闭串口通信；接收过程包括创建 UART 对象、配置接收中断回调函数、启动串口通信、调用回调函数、保存接收到的数据、关闭串口通信。

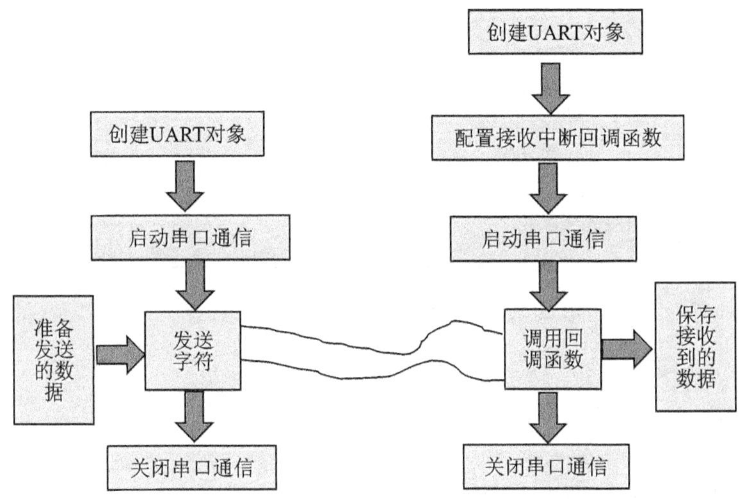

图 8－5　STM32 的面向对象通信过程

8.2　STM32 的 UART 通信入门

STM32 的 UART 通信接口电路如图 8－6 所示。STM32 的通信接口引脚分配如表 8－1 所列。

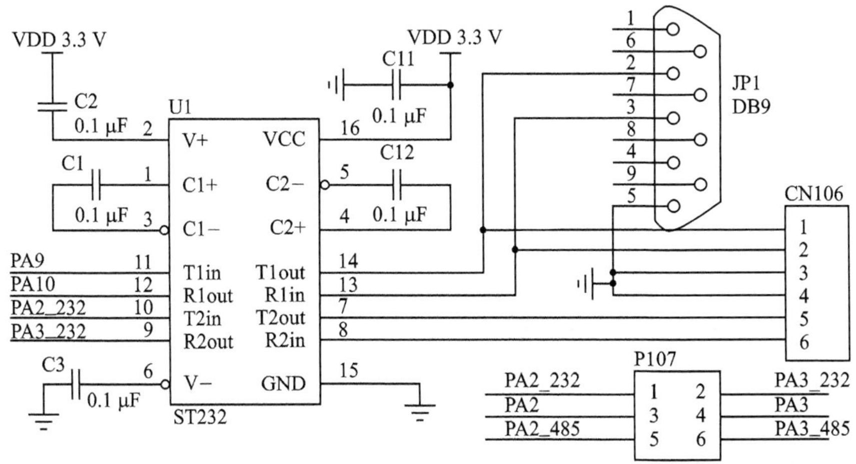

图 8－6　STM32 的 UART 通信接口电路

表 8-1　STM32 的通信接口引脚分配

引　脚	串口功能	STM32F103 其他功能	STM32F407 其他功能
PA9	UART1_TX		
PA10	UART1_RX		
PA2	UART2_TX		ENET_MDIO
PA3	UART2_RX		
PB10	UART3_TX		
PB11	UART3_RX		ENET_TX_EN
PA0	UART4_TX		
PA1	UART4_RX		ENET_RS_CLK

采用 STM32 串口通信类实现的通信测试程序代码如下：

```
#include "include/bsp.h"
#include "include/led_key.h"
#include "include/usart.h"
CLed led1(LED1),led2(LED2),led3(LED3),led4(LED4);
CUsart uart1;
void getChar(int ch)
{
    if(ch == 'a') ! led1;
}
void setup()
{
    uart1.setCallback(getChar);
    uart1.start();
}
void loop()
{
    uart1.Send('a');
    bsp.delay(1000);
}
```

1. STM32 串口通信程序测试

(1) 自发自收测试

要测试开发板的串口硬件和软件是否正确，最简单的方式就是让它自发自收。方法是采用焊锡或其他导电金属线短接开发板串口 1 的收发两引脚，如图 8-7 所示，短接引脚 2 和 3。

从原理图可以看出，引脚 2 是开发板串口 1 的输出引脚，引脚 3 是开发板串口 1 的

图 8-7　STM32 自发自收通信测试

输入引脚。从原理图上还可以看出，也可以用跳线直接短接 CN106 的引脚 1 和 2。

上述程序在循环中每秒发一个"a"字符出来。由于收发端口短接，发出去的字符会送回到板上的输入端口。STM32 接收到字符之后，调用 getChar 函数，如果收到"a"字符，则 LED 的状态(亮/灭)翻转一次。因此，可以看到 LED 按每秒一次的速度在闪烁。

(2) 使用电脑串口调试程序

STM32 与电脑串口的连接如图 8-8 所示。这里使用的是 USB 转 RS232 串口线，型号一般是 HL-340，并且在使用之前需要安装 HL-340 驱动(支持 win7 64 位)程序。

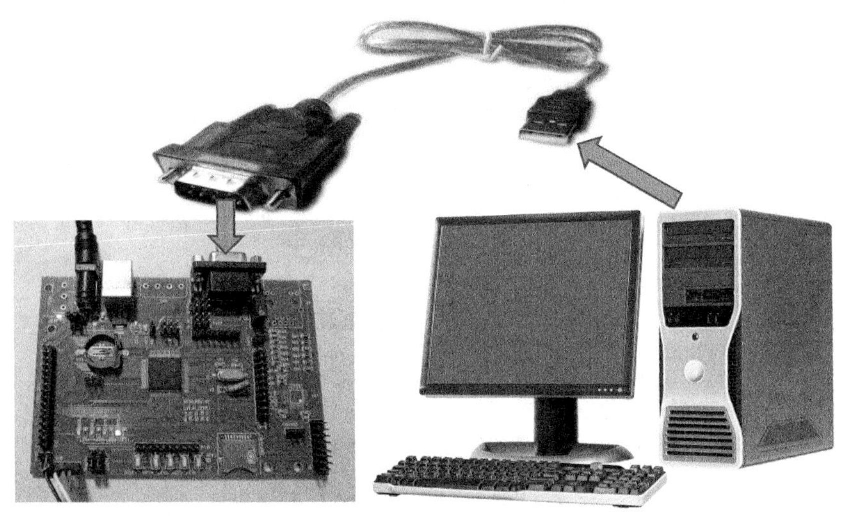

图 8-8　STM32 与电脑串口的连接

也可以采用 USB 转 TTL 串口线连接 STM32 和电脑，RS232 与 TTL 不同点如下：

- TTL232 的 0 是用 0 V 表示，1 是用 5 V 表示。
- RS232 的 0 是用＋3～＋15 V 表示，1 是用－3～＋15 V 表示。

从上述电路原理图可以看出，由于串口 1 的两个引脚都已经连接到了 RS232 芯片上，因此不能再连接 USB 转 TTL 串口线，但串口 2 的两个引脚 PA2/PA3 连接到了一个双列直插的插针上。因此，USB 转 TTL 串口线可以直接连接到这两个插针上，如图 8－9 所示。

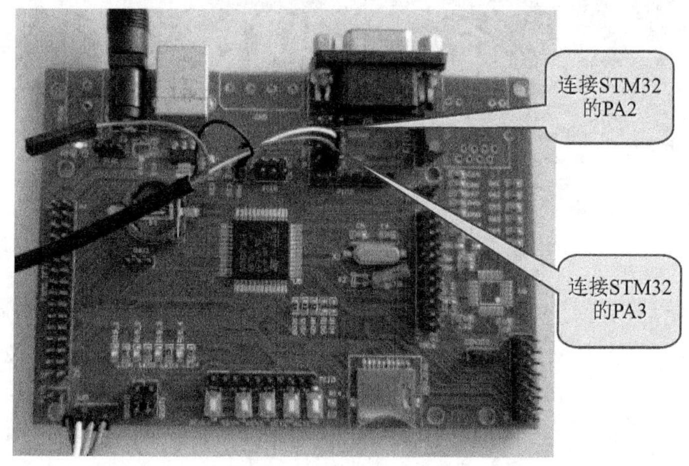

图 8－9　STM32 与 USB 转 TTL 串口线的连接方法

电脑串口调试程序可以选择从网上下载通用的串口调试程序，例如 sscom42、串口调试精灵等。也可以在 Obtain_Studio 中自己创建一个串口调试程序。采用“\SmartWin 新项目\桌面与 WinCE 公共项目\串口通信模板”，创建一个名为“smartwin_uart_001”的项目，如图 8－10 所示。

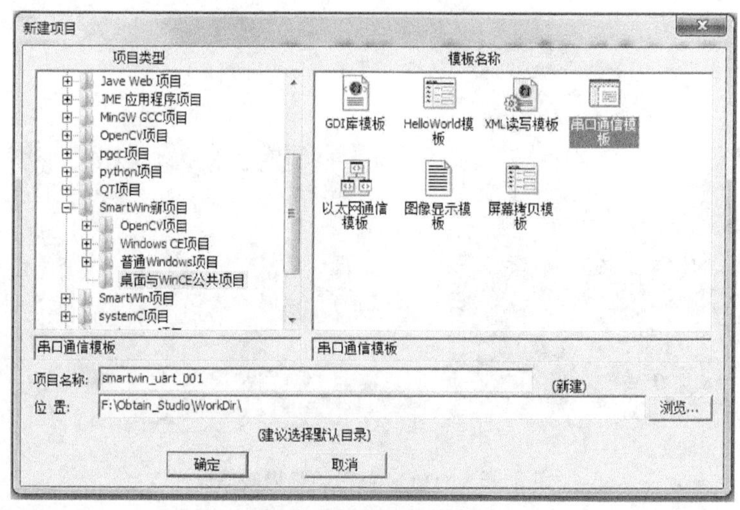

图 8－10　串口通信模板

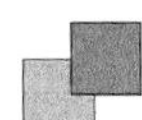

打开项目 src 目录下的 SWMainForm.h 文件，切换到“可视化编辑”状态，然后根据实际需要调整界面，如图 8-11 所示。

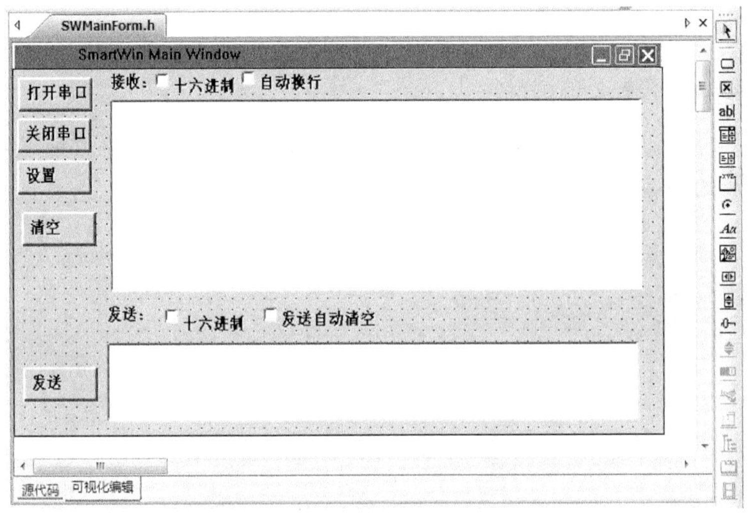

图 8-11 可视化编辑界面

通过 Obtain_Studio 工具栏上的按钮进行编译和运行，运行效果如图 8-12 所示。在选择“打开串口”之前，需要先单击“设置”，配置好端口号、波特率等参数。

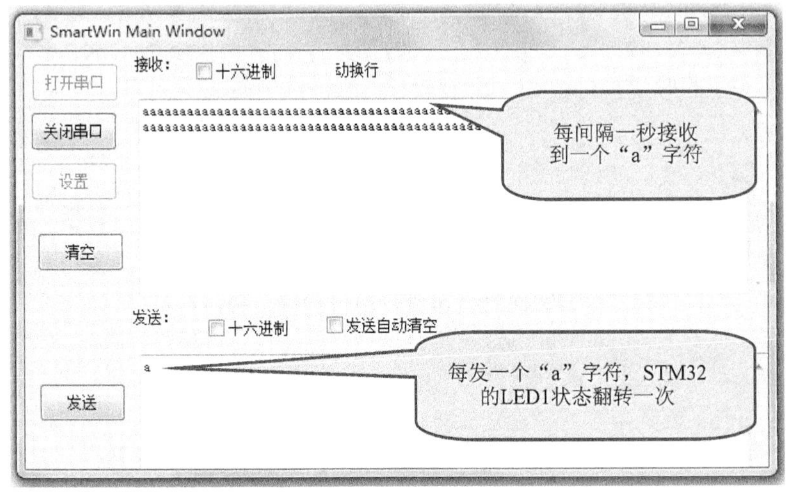

图 8-12 STM32 通信程序运行效果

可以使用串口调度程序来控制 LED1 的亮灭。例如发一个“a”字符让 LED1 亮，发一个“b”字符让 LED1 灭。那么，只需要把上述程序中的 getChar 函数修改如下：

```
void getChar(int ch)
{
```

```
    if(ch == 'a')led1 = 1;
    if(ch == 'b')led1 = 0;
}
```

2. CUsart 类默认参数

CUsart 类的构造函数带有了默认参数，后面没有写出来的参数都将采用默认参数，CUsart 类的构造函数原型为：

```
CUsart(USART_TypeDef * USARTx = USART1,unsigned long  BaudRate = 9600,
uint16_t WordLength = USART_WordLength_8b,uint16_t StopBits = USART
_StopBits_1,uint16_t Parity = USART_Parity_No);
```

从 CUsart 类的构造函数原型可以看出以下默认参数：

- 串口号默认为 USART1；
- 波特率默认为 9600；
- 数据宽度默认为 8 位(USART_WordLength_8b)；
- 停止位默认为 1 位(USART_StopBits_1)；
- 奇偶效验默认为无(USART_Parity_No)。

上述程序有“CUsart usart1(USART1,9600);”这样一行，其中 USART1 和 9600 都与默认参数相同，因此也可以不写，直接定义为“CUsart usart1;”。按照构造函数的规则，只能往后默认，而不能在后面不默认的情况下把前面的参数给默认了。使用默认参数可以写成以下形式：

- CUsart usart1;
- CUsart usart1(USART1);
- CUsart usart1(USART1,9600);
- CUsart usart1(USART1,9600,USART_WordLength_8b);
- CUsart usart1(USART1,9600,USART_WordLength_8b,
  USART_StopBits_1);

如果要写完整的参数，还可以写成如下形式：

```
CUsart usart1(USART1,9600,USART_WordLength_8b,USART_StopBits_1,
             USART_Parity_No)
```

如果需要配置的参数与上面不同，则修改相应位置的数据即可。例如需要使用串口 2，波特率为 115 200，则可以如下方式定义一个对象：

```
CUsart usart2(USART1,115200);
```

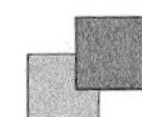

注:STM32F103 的 CUsart 类目前支持 USART1、USART2、USART3,不支持 UART4、UART5,因为这两个串口的引脚与 SD 卡的接口 SDIO 共用(冲突),所以 CUsart 类不使用它们,留给 SDIO 用。如果希望使用这两个串口,可以改用 STM32F2、STM32F4、STM32F7 系列,它们在该问题上进行了改进,不再与 SDIO 接口冲突。

3. USART 通信其他参数的设置

USART 通信参数的设置主要包括以下几种:

- 串口号可选择项:USART1、USART2、USART3、UART4、UART5;
- 波特率可选择项:9 600、19 200、38 400、57 600、115 200;
- 数据宽度可选择项:USART_WordLength_8b、USART_WordLength_9b;
- 停止位可选择项:USART_StopBits_1、USART_StopBits_0_5、USART_StopBits_2、USART_StopBits_1_5;
- 奇偶效验可选择项:USART_Parity_No、USART_Parity_Even、USART_Parity_Odd。

上述选择项的宏定义为:

```
#define USART_WordLength_8b        ((uint16_t)0x0000)
#define USART_WordLength_9b        ((uint16_t)0x1000)
#define USART_StopBits_1           ((uint16_t)0x0000)
#define USART_StopBits_0_5         ((uint16_t)0x1000)
#define USART_StopBits_2           ((uint16_t)0x2000)
#define USART_StopBits_1_5         ((uint16_t)0x3000)
#define USART_Parity_No            ((uint16_t)0x0000)
#define USART_Parity_Even          ((uint16_t)0x0400)
#define USART_Parity_Odd           ((uint16_t)0x0600)
```

8.3 电脑控制系统

下面介绍一款比较复杂的、功能强大的串口调试程序“Obtain_HMI”,该软件的使用方法见该软件根目录下的文档“Obtain_HMI 组态软件使用说明.doc”。

采用工具条上的图像按钮。选择两个按钮图片并放置在主界面中间,如图 8-13 所示。

给这两个图片按钮编写程序。让第一个按钮被按下时发一个“a”字符,第二个按钮被按下时发一个“b”字符。双击图片,选择“脚本编辑”,输入程序之后单击“生成”按钮,生成控制命令,如图 8-14 所示。

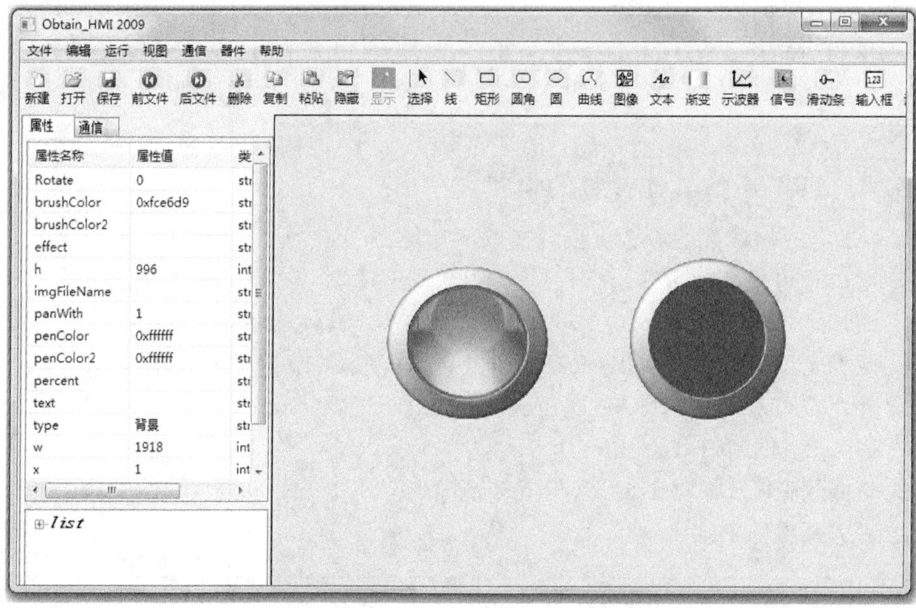

图 8 - 13 Obtain_HMI 组态软件按钮设计

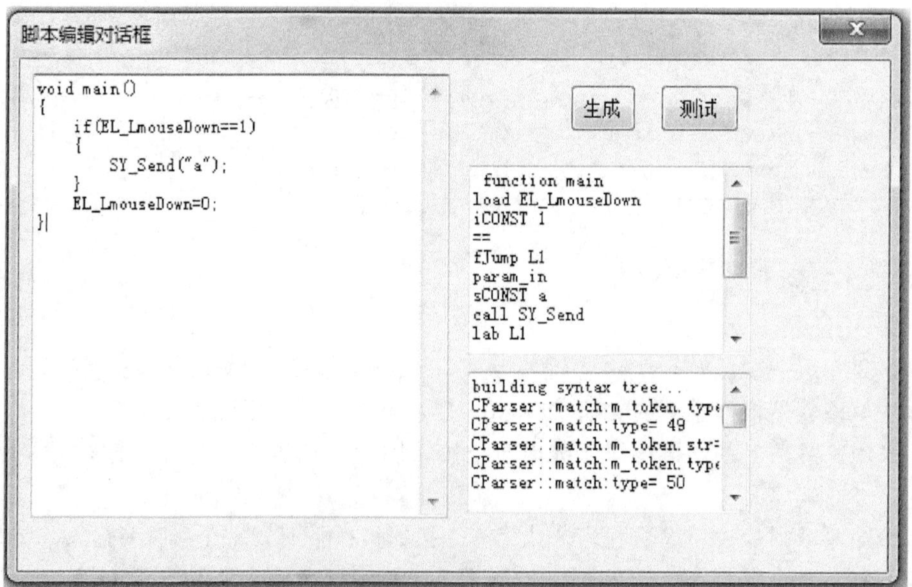

图 8 - 14 Obtain_HMI 组态软件按钮脚本编辑

两个按钮的程序如下：

第一个按钮的程序	第二个按钮的程序

void main()
{
    if(EL_LmouseDown == 1)
    {
        SY_Send("a");
    }
    EL_LmouseDown = 0;
}
	void main()
	{
	    if(EL_LmouseDown == 1)
	    {
	        SY_Send("b");
	    }
	    EL_LmouseDown = 0;
	}

配置串口参数。方式是选择 Obtain_HMI 左边的“通信”栏，根据实际情况配置串口参数——串口号和波特率，完成之后启动串口。最后通过 Obtain_HMI 的“运行”菜单开始运行上述程序。单击第一个按钮，可以看到 STM32 板上的 LED1 亮，单击第二个按钮则 LED1 灭。

使用 Obtain_HMI，可以绘制各种复杂的控制界面。例如先加一个控制背景界面，然后添加上述图片按钮和配置程序，就可以得到比较具有实用价值的界面，如图 8 - 15 所示。

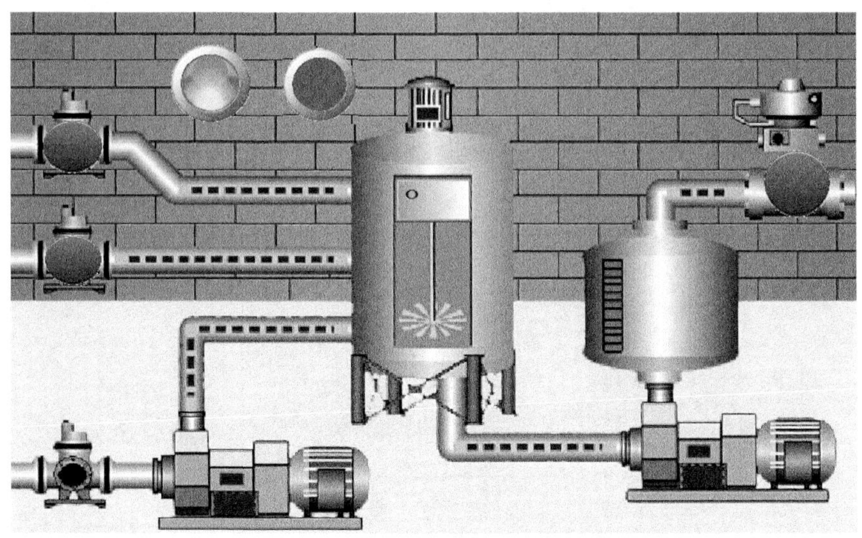

图 8 - 15　Obtain_HMI 组态软件复杂的控制界面

上面的界面文件，可以在 Obtain_HMI 的用户目录下找到，文件名为“简单 STM32 串口控制例子.draw”。

与上面 Obtain_HMI 组态软件配合的 STM32 程序采用“\ARM 项目\STM32 项目\STM32F103ZET6 项目\STM32F103ZET6_OS 模板”，代码如下：

```
#include "main.h"
void task0(void);//任务 0
void task1(void);//任务 1
void simple_Callback(int ch);
CLed led1(LED1),led2(LED2),led3(LED3);

void setup()
{
    add(task0);
    add(task1);
}
void  task0(void )//任务 0
{
    while(1)delay(900);
}
void  task1(void ) //任务 1
{
    usart1.setCallback(simple_Callback);
    usart1.start();
    usart1.Printf("usart1.start();\r\n");
    while(1)
    {
        usart1.Printf("班级 -- 姓名 -- 学号 \r\n");
        sleep(2000);
    }
}
void simple_Callback(int ch)
{
    if(ch == 'a')led1.On();
    if(ch == 'b')led1.Off();
    if(ch == 'c')led2.On();
    if(ch == 'd')led2.Off();
}
```

8.4 深入 USART 工作原理

8.4.1 STM32 USART 介绍

任何 USART 双向通信至少需要接收数据输入(RX)和发送数据输出(TX)两个引脚。

1. RX 和 TX

- RX:接收数据串行输入,通过采样技术来区别数据和噪声,从而恢复数据。
- TX:发送数据输出,当发送器被禁止时,输出引脚恢复到它的 I/O 端口配置。当发送器被激活,并且不发送数据时,TX 引脚处于高电平,在单线和智能卡模式里,此 I/O 口被同时用于数据的发送和接收。

2. 数据格式

总线在发送或接收前应处于空闲状态,数据格式如下:

- 1 个起始位;
- 1 个数据字(8 位或 9 位),最低有效位在前;
- 0.5 个、1.5 个、2 个的停止位,由此表明数据帧的结束。

3. 分数波特率发生器

使用分数波特率发生器——12 位整数和 4 位小数的表示方法。

- 1 个状态寄存器(USART_SR);
- 1 个数据寄存器(USART_DR);
- 1 个波特率寄存器(USART_BRR),12 位的整数和 4 位小数;
- 1 个智能卡模式下的保护时间寄存器(USART_GTPR)。

4. 同步模式下需要的 SCLK 引脚

在同步模式下需要 SCLK 引脚用于发送器时钟输出。此引脚输出用于同步传输的时钟(在 Start 位和 Stop 位上没有时钟脉冲,软件可选在最后一个数据位送出一个时钟脉冲)。数据可以在 RX 上同步被接收。这可以用来控制带有移位寄存器的外部设备(例如 LCD 驱动器)。时钟相位和极性都是软件可编程的。在智能卡模式下,SCLK 可以为智能卡提供时钟。

5. IrDA 模式下需要的引脚

在 IrDA 模式下需要下列引脚:

- IrDA_RDI:IrDA 模式下的数据输入;
- IrDA_TDO:IrDA 模式下的数据输出。

6. 硬件流控模式下需要的引脚

在硬件流控模式下需要下列引脚:

- nCTS:清除发送,若是高电平,则在当前数据传输结束时阻断下一次的数据发送;
- nRTS:发送请求,若是低电平,则表明 USART 准备好接收数据。

7. GPIO 引脚速度匹配

GPIO 的引脚速度与应用匹配。例如,假如最大波特率只需 115.2 kb/s,那么用

2 Mb/s 的 GPIO 的引脚速度就够了，既省电又噪声小。

对于 I^2C 接口，假如使用波特率为 400 kb/s，若想把余量留大一些，那么用 2 Mb/s 的 GPIO 的引脚速度或许不够，这时可以选用 10 Mb/s 的 GPIO 引脚速度。

对于 SPI 接口，假如使用波特率为 18 Mb/s 或 9 Mb/s，用 10 Mb/s 的 GPIO 的引脚速度显然不够了，需要选用 50 Mb/s 的 GPIO 的引脚速度。

8. USART 特性描述

字长可以通过编程 USART_CR1 寄存器中的 M 位，选择 8 位或 9 位。在起始位期间，TX 引脚处于低电平，在停止位期间处于高电平。

空闲符号被视为完全由“1”组成的一个完整的数据帧，后面跟着包含了数据的下一帧的开始位(“1”的位数也包括了停止位的位数)。

断开符号被视为在一个帧周期内全部收到“0”(包括停止位期间也是“0”)。在断开帧结束时，发送器再插入 1 个或 2 个停止位(“1”)来应答起始位。

发送和接收由一个共用的波特率发生器驱动，当发送器和接收器的使能位分别置位时，分别为其产生时钟。

8.4.2 发送器

发送器根据 M 位的状态发送 8 位或 9 位的数据字。当发送使能位(TE)被设置时，发送移位寄存器中的数据在 TX 脚上输出，相应的时钟脉冲在 SCLK 脚上输出。

1. 字符发送

在 USART 发送期间，在 TX 引脚上首先移出数据的最低有效位。在此模式下，USART_DR 寄存器包含了一个内部总线与发送移位寄存器之间的缓冲器。每个字符之前都有一个低电平的起始位，之后跟着的停止位，其数目可配置。需要注意：

- 在数据传输期间不能复位 TE 位，否则将破坏 TX 引脚上的数据，因为波特率计数器停止计数，正在传输的当前数据将丢失。
- TE 位被激活后将发送一个空闲帧。

2. 可配置的停止位

随每个字符发送的停止位的位数可以通过控制寄存器 2 的位 13、12 进行编程。

- 1 个停止位：停止位位数的默认值；
- 2 个停止位：可用于常规 USART 模式、单线模式以及调制解调器模式；
- 0.5 个停止位：在智能卡模式下接收数据时使用；
- 1.5 个停止位：在智能卡模式下发送数据时使用。

空闲帧包括了停止位。断开帧是 10 位低电平，后跟停止位(当 $m=0$ 时)；或者是 11 位低电平，后跟停止位($m=1$ 时)。不可能传输更长的断开帧(长度大于 10 位或 11 位)，如图 8-16 所示。

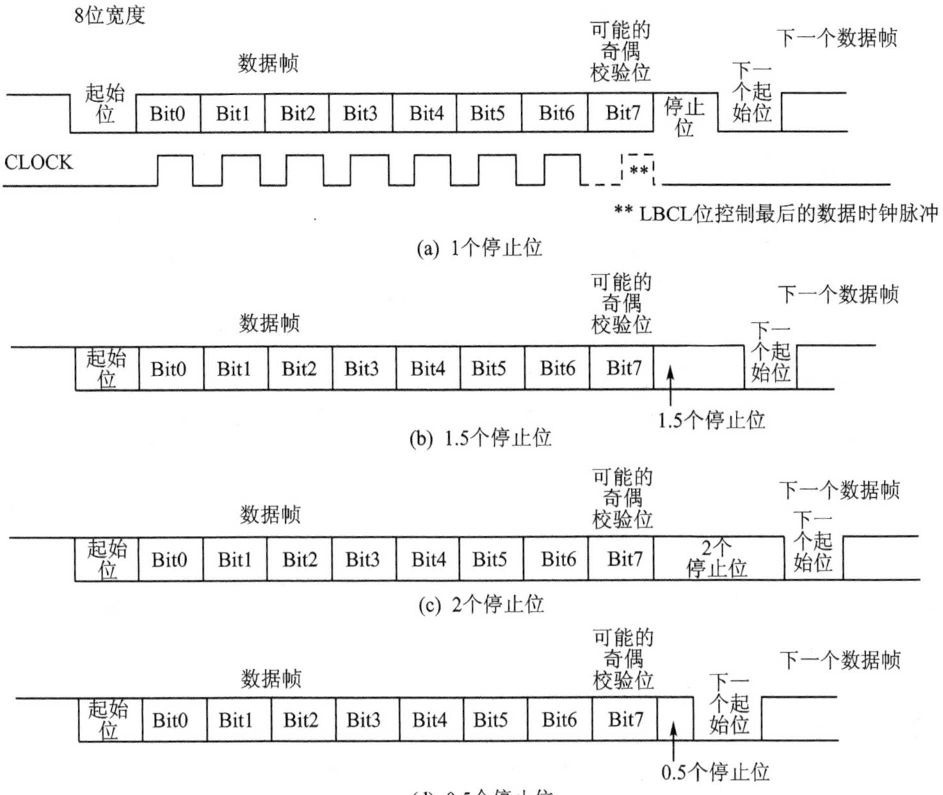

(a) 1个停止位

(b) 1.5个停止位

(c) 2个停止位

(d) 0.5个停止位

图 8-16　配置停止位

3. 发送器的配置方法

发送器的配置步骤如下：

① 通过在 USART_CR1 寄存器上置 UE 位来激活 USART；

② 编程 USART_CR1 的 M 位来定义字长；

③ 在 USART_CR2 中编程停止位的位数；

④ 如果采用多缓冲器通信，配置 USART_CR3 中的 DMA 使能位(DMAT)，按多缓冲器通信中的描述配置 DMA 寄存器；

⑤ 设置 USART_CR1 中的 TE 位，发送一个空闲帧作为第一次数据发送；

⑥ 利用 USART_BRR 寄存器选择要求的波特率；

⑦ 把要发送的数据写进 USART_DR 寄存器(此动作清除 TXE 位)，在只有一个缓冲器的情况下，对每个待发送的数据依次写进 USART_DR 寄存器。

4. 单字节通信

清零 TXE 位总是通过对数据寄存器的写操作来完成的。TXE 位由硬件来设置，它表明：

- 数据已经从 TDR 移送到移位寄存器,数据发送已经开始;
- TDR 寄存器被清空;
- 下一个数据可以被写进 USART_DR 寄存器而不会覆盖先前的数据。

如果 TXEIE 位被设置,此标志将产生一个中断。如果此时 USART 正在发送数据,对 USART_DR 寄存器的写操作把数据存进 TDR 寄存器,并在当前传输结束时把该数据复制进移位寄存器。如果此时 USART 没有发送数据,处于空闲状态,对 USART_DR 寄存器的写操作直接把数据放进移位寄存器,数据传输开始,TXE 位立即被置起。当一帧发送完成时(停止位发送后),TC 位被置起,并且当 USART_CR1 寄存器中的 TCIE 位被置起时,中断产生。先读一下 USART_SR 寄存器,再写一下 USART_DR 寄存器,可以完成对 TC 位的清零。

注意:TC 位也可以通过软件对它写“0”来清除。此清零方式只在多缓冲器通信模式下推荐使用。

5. 断开符号

设置 SBK 可发送一个断开符号。断开帧长度取决 M 位。如果设置 SBK=1,则在完成当前数据发送后,将在 TX 线上发送一个断开符。当断开符号发送完成时(在断开符号的停止位时)SBK 被硬件复位。USART 在最后一个断开帧的结束处插入一逻辑“1”,以保证能识别下一帧的起始位。

注意:如果在开始发送断开帧之前,软件又复位了 SBK 位,则断开符号将不被发送。如果要发送两个连续的断开帧,则 SBK 位应该在前一个断开符号的停止位之后置起。

6. 空闲符号

置位 TE 将使 USART 在第一个数据帧前发送一空闲帧。

8.4.3 接收器

USART 可以根据 USART_CR1 的 M 位接收 8 位或 9 位的数据字。

1. 起始位侦测

在 USART 中,如果辨认出一个特殊的采样序列,那么就认为侦测到一个起始位,如图 8-17 所示。该序列为:1110x0x0x0x0x0x0。

注意:如果该序列不完整,那么接收端将退出起始位侦测,并回到空闲状态(不设置标志位)等待下降沿。

如果 3 个采样点上仅有 2 个是零(第 3、第 5 和第 7 个采样点或者第 8、第 9 和第 10 个采样点),那么起始位仍然是有效的,但是会设置 NE 噪声标志位。

如果最后 3 个(第 8、第 9 和第 10)采样点为 0,那么起始位将被确认。

2. 字符接收

在 USART 接收期间,数据的最低有效位首先从 RX 脚移进。在此模式下,USART_DR 寄存器包含的缓冲器位于内部总线和接收移位寄存器之间。配置步骤如下:

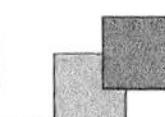

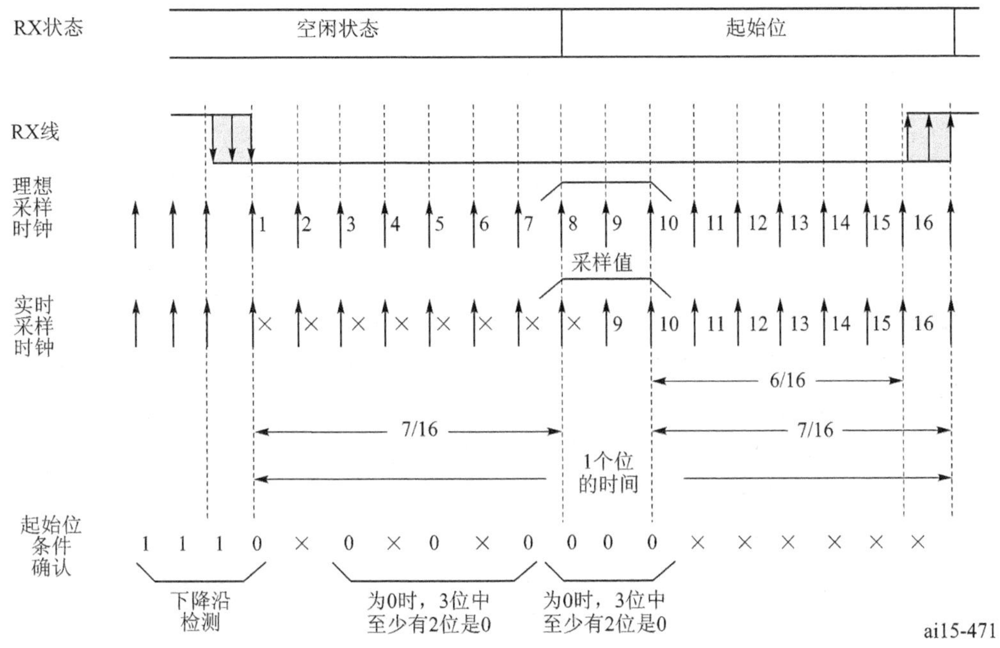

图 8－17　起始位侦测

① 将 USART_CR1 寄存器的 UE 置 1 来激活 USART；

② 编程 USART_CR1 的 M 位定义字长；

③ 在 USART_CR2 中编写停止位的个数；

④ 如果需多缓冲器通信，则选择 USART_CR3 中的 DMA 使能位(DMAR)，按多缓冲器通信的要求配置 DMA 寄存器；

⑤ 利用波特率寄存器 USART_BRR 选择希望的波特率；

⑥ 设置 USART_CR1 的 RE 位，激活接收器，使它开始寻找起始位。

3. 接收到一个字符

① RXNE 位被置位。它表明移位寄存器的内容被转移到 RDR。换句话说，数据已经被接收并且可以被读出(包括与之有关的错误标志)。

② 如果 RXNEIE 位被设置，则产生中断。

③ 在接收期间如果检测到帧错误，噪声或溢出错误，错误标志将被置起。

④ 在多缓冲器通信时，RXNE 在每个字节接收后被置起，并由 DMA 对数据寄存器的读操作而清零。

在单缓冲器模式里，由软件读 USART_DR 寄存器完成对 RXNE 位的清除。RXNE 标志也可以通过对它写 0 来清除。RXNE 位必须在下一字符接收结束前被清零，以避免溢出错误。

注意：在接收数据时，RE 位不应被复位。如果 RE 位在接收时被清零，则当前字节的接收将丢失。

4. 断开符号

当接收到一个断开帧时，USART 像处理帧错误一样处理它。

5. 空闲符号

当一空闲帧被检测到时，其处理步骤与接收到普通数据帧一样，但如果 IDLEIE 位被设置将产生一个中断。

6. 溢出错误

如果 RXNE 还没有被复位，又接收到一个字符，则发生溢出错误。数据只有当 RXNE 位被清零后才能从移位寄存器转移到 RDR 寄存器。RXNE 标志是接收到每个字节后被置位的。如果下一个数据已被收到或先前 DMA 请求还没被服务时，RXNE 标志仍是置起的，溢出错误产生。当溢出错误产生时：

- ORE 位被置位；
- RDR 内容将不会丢失，读 USART_DR 寄存器仍能得到先前的数据；
- 移位寄存器中以前的内容将被覆盖，随后接收到的数据都将丢失；
- 如果 RXNEIE 位被设置或 EIE 和 DMAR 位都被设置，则产生中断；
- 顺序执行对 USART_SR 和 USART_DR 寄存器的读操作，可复位 ORE 位。

当 ORE 位被置位时，表明至少有 1 个数据已经丢失。有以下两种可能性：

- 如果 RXNE=1，上一个有效数据还在接收寄存器 RDR 上，可以被读出；
- 如果 RXNE=0，这意味着上一个有效数据已经被读走，RDR 已经没有东西可读。

当上一个有效数据在 RDR 中被读取的同时又接收到新的（也就是丢失的）数据时，此种情况可能发生。在读序列期间（在 USART_SR 寄存器读访问和 USART_DR 读访问之间）接收到新的数据时，此种情况也可能发生。

8.4.4 STM32 固件库中提供的 USART 库函数

STM32 固件库中提供的 USART 库函数如表 8-2 所列，所有的函数都会在头文件 stm32f10x_usart.h 中声明。

表 8-2 USART 库函数

函数名	描 述
USART_DeInit	将外设 USARTx 寄存器重设为默认值
USART_Init	根据 USART_InitStruct 中指定的参数初始化外设 USARTx 寄存器
USART_StructInit	把 USART_InitStruct 中每个参数按默认值填入
USART_Cmd	使能或失能 USART 外设
USART_ITConfig	使能或失能指定的 USART 中断
USART_DMACmd	使能或失能指定 USART 的 DMA 请求

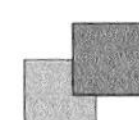

续表 8-2

函数名	描　述
USART_SetAddress	设置 USART 节点的地址
USART_WakeUpConfig	选择 USART 的唤醒方式
USART_ReceiverWakeUpCmd	检查 USART 是否处于静默模式
USART_LINBreakDetectLengthConfig	设置 USART LIN 中断检测长度
USART_LINCmd	使能或失能 USARTx 的 LIN 模式
USART_SendData	通过外设 USARTx 发送单个数据
USART_ReceiveData	返回 USARTx 最近接收到的数据
USART_SendBreak	发送中断字
USART_SetGuardTime	设置指定的 USART 保护时间
USART_SetPrescaler	设置 USART 时钟预分频
USART_SmartCardCmd	使能或失能指定 USART 的智能卡模式
USART_SmartCardNackCmd	使能或失能 NACK 传输
USART_HalfDuplexCmd	使能或失能 USART 半双工模式
USART_IrDAConfig	设置 USART IrDA 模式
USART_IrDACmd	使能或失能 USART IrDA 模式
USART_GetFlagStatus	检查指定的 USART 标志位设置与否
USART_ClearFlag	清除 USARTx 的待处理标志位
USART_GetITStatus	检查指定的 USART 中断发生与否
USART_ClearITPendingBit	清除 USARTx 的中断待处理位

8.4.5　初始化函数 USART_Init

初始化函数 USART_Init 是实现 USART 通信最核心和最关键的一个函数，在该函数里对 USART 的 CR1、CR2、CR3 三个控制寄存器进行配置，包括波特率之外的大部分 USART 通信模式的配置。在函数的后半部分，还实现了 USART 波特率的计算和配置。

USART_Init 实现代码如下：

```
void USART_Init(USART_TypeDef * USARTx,
               USART_InitTypeDef * USART_InitStruct)
{
  uint32_t tmpreg = 0x00,apbclock = 0x00;
  uint32_t integerdivider = 0x00;
  uint32_t fractionaldivider = 0x00;
  uint32_t usartxbase = 0;
  RCC_ClocksTypeDef RCC_ClocksStatus;
```

```
/* 检查参数,仅仅 USART1、USART2 和 USART3 有效 */
  if (USART_InitStruct->USART_HardwareFlowControl !=
           USART_HardwareFlowControl_None)
  {
    assert_param(IS_USART_123_PERIPH(USARTx));
  }
  usartxbase = (uint32_t)USARTx;
/*---------- USART CR2 Configuration ----------------------- */
  tmpreg = USARTx->CR2;
/* 清除 STOP[13:12] 位 */
  tmpreg &= CR2_STOP_CLEAR_Mask;
/* 配置 USART 结束位、时钟、时钟极性、时钟相位和末位 ------------ */
/* 设置 STOP[13:12] 位,按照 USART_StopBits 的值 */
  tmpreg |= (uint32_t)USART_InitStruct->USART_StopBits;
  /* 写 USART CR2 */
  USARTx->CR2 = (uint16_t)tmpreg;
/*---------------- USART CR1 配置 ------------- */
  tmpreg = USARTx->CR1;
/* 清除 M,PCE,PS,TE 和 RE 位 */
  tmpreg &= CR1_CLEAR_Mask;
/* 配置 USART 字长,奇偶和模式 ----------------------- */
  /* 设置 M 位,按照 USART_WordLength 的值 */
  /* 设置 PCE 和 PS 位,按照 USART_Parity 的值 */
  /* 设置 TE 和 RE 位,按照 USART_Mode 的值 */
   tmpreg |= (uint32_t)USART_InitStruct->USART_WordLength
         | USART_InitStruct->USART_Parity|USART_InitStruct->USART_Mode;
/* 写 USART CR1 */
  USARTx->CR1 = (uint16_t)tmpreg;
/*------------- USART CR3 配置-------------- */
  tmpreg = USARTx->CR3;
  /* 清除 CTSE 和 RTSE 位 */
  tmpreg &= CR3_CLEAR_Mask;
  /* 配置 USART HFC ----------------------------- */
  /* 设置 CTSE 和 RTSE 位,通过 USART_HardwareFlowControl */
  tmpreg |= USART_InitStruct->USART_HardwareFlowControl;
  /* 写入 USART CR3 */
  USARTx->CR3 = (uint16_t)tmpreg;

/*------------ USART BRR 配置------------- */
  /* 配置 USART 波特率 --------------- */
  RCC_GetClocksFreq(&RCC_ClocksStatus);
  if (usartxbase == USART1_BASE)
```

```
    {
      apbclock = RCC_ClocksStatus.PCLK2_Frequency;
    }
    else
    {
      apbclock = RCC_ClocksStatus.PCLK1_Frequency;
    }
  #ifdef MOD_MTHOMAS_STMLIB
    USARTx->BRR = ((2 * apbclock) / (USART_InitStruct->USART_BaudRate) + 1)/2;
    fractionaldivider = integerdivider = 0x00;
  #else
    /* 确定整数部分 */
    integerdivider = ((0x19 * apbclock)/(0x04 * (USART_InitStruct->USART_BaudRate)));
    tmpreg = (integerdivider / 0x64) <<0x04;
    /* 确定分数部分 */
    fractionaldivider = integerdivider - (0x64 * (tmpreg >>0x04));
    tmpreg |= ((((fractionaldivider * 0x10) + 0x32)/0x64))&((uint8_t)0x0F);
    /* 写入 USART BRR */
    USARTx->BRR = (uint16_t)tmpreg;
  #endif
  }
```

在上述 USART_Init 函数实现代码之中，在进行波特率计算时调用了 RCC_GetClocksFreq 函数来读取系统频率值，而该函数里又使用了一个名字 HSE_Value 的宏定义，它定义了系统所有的外部调整时钟（晶振）的频率。如果所有的晶振不是 8 MHz，那么要修改该宏定义，否则波特率不正确，具体见第 9 章有关 STM32 固件库设置时钟部分的介绍。

8.4.6　波特率的计算方法

1. 分数波特率的产生

接收器和发送器的波特率在 USARTDIV 的整数和小数寄存器中的值应设置成相同，波特率的计算公式为

$$\text{Tx/Rx 波特率} = f_{\text{PCLKx}}/(16 \times \text{USARTDIV}) \tag{8.1}$$

这里的 $f_{\text{PCLKx}}(x=1,2)$ 是给外设的时钟（PCLK1 用于 USART2、3、4、5，PCLK2 用于 USART1）。

USARTDIV 是一个无符号的定点数。这 12 位的值设置在 USART_BRR 寄存器。如何从 USART_BRR 寄存器值得到 USARTDIV？如果想要得到某个波特率，那么整数部分和小数部分的计算公式如下：

➢ 整数部分＝((PCLKx)/(16×(USART_InitStruct->USART_BaudRate)))

➢ 小数部分=((IntegerDivider-((uint32_t) IntegerDivider))×16)+0.5

例 1：

如果 DIV_Mantissa=27,DIV_Fraction=12(USART_BRR=1BCh),于是

Mantissa (USARTDIV)=27

Fraction (USARTDIV)=12/16=0.75

所以 USARTDIV=27.75

例 2：

要求 USARTDIV=25.62,就有：

DIV_Fraction=16×0.62=9.92,近似等于 10=0x0A

DIV_Mantissa=mantissa(25.620)=25=0x19

于是,USART_BRR=0x19A

例 3：

要求 USARTDIV=50.99,就有：

DIV_Fraction=16×0.99=15.84⇒近似等于 16=0x10

DIV_Mantissa=mantissa (50.990)=50=0x32

2. 波特比率寄存器(USART_BRR)

波特比率寄存器(USART_BRR)的结构如图 8-18 所示。如果 TE 或 RE 被分别禁止,波特计数器停止计数,USART_BRR 寄存器位功能如表 8-3 所列。地址偏移：0x08;复位值:0x0000。

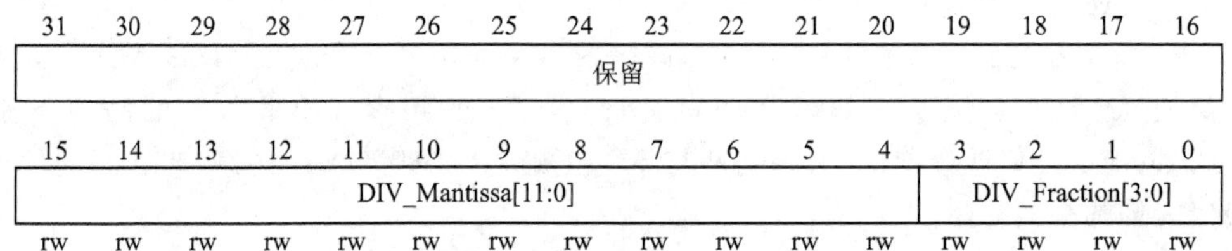

图 8-18 波特比率寄存器(USART_BRR)的结构

表 8-3 USART_BRR 寄存器位功能

位	功 能
31:16	保留位,硬件强制为 0
15:4	DIV_Mantissa[11:0]:USARTDIV 的整数部分 这 12 位定义了 USART 分频器除法因子(USARTDIV)的整数部分
3:0	DIV_Fraction[3:0]:USARTDIV 的小数部分 这 4 位定义了 USART 分频器除法因子(USARTDIV)的小数部分

注意:更新波特率寄存器 USART_BRR 后,波特率计数器中的值也立刻随之更新。所以在通信进行时不应改变 USART_BRR 中的值。

第 9 章 手机蓝牙通信与控制

9.1 关于蓝牙

9.1.1 蓝牙简介

蓝牙是一种支持设备短距离通信(一般是 10 m 之内)的低功耗、低成本无线电技术,能在移动电话、PDA、无线耳机、笔记本电脑、相关外设等众多设备之间进行无线信息交换。

“蓝牙”的故事,它的名字源自一位丹麦国王(见图 9-1)。10 世纪丹麦国王 Harold Blatand(哈洛德·蓝牙)对蓝莓情有独钟,以至于将自己的牙齿涂成了永久性的蓝色。“Bluetooth”是与“Blatand”对应的英文单词。这位国王的丰功伟绩是统一北欧部落,建立了一个王国。同样,蓝牙统一通信协议,形成了一个通用标准。

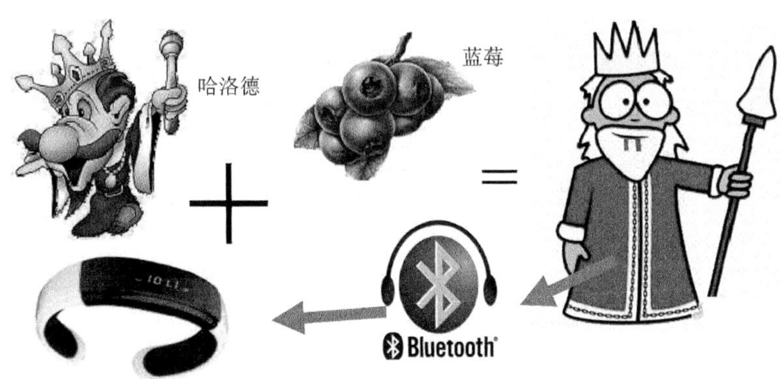

图 9-1 “蓝牙”的故事

蓝牙的应用,如图 9-2 所示,能在可穿戴设备、移动电话、平板电脑、无线耳机、笔记本电脑、相关外设等众多设备之间进行无线信息交换。

蓝牙四大关键技术如图 9-3 所示,包括蓝牙网络拓扑结构、蓝牙调制方式、频率范围和信道、跳频技术。

海蒂·拉玛(1914 年 11 月 9 日—2000 年 1 月 19 日)年轻时迷上了表演,放弃选修的通信专业,跟随著名戏剧导演马克思·莱因哈特(Max Reinhardt)到柏林学习表演。

图 9-2　蓝牙的应用

➢ 蓝牙网络拓扑结构

➢ 蓝牙调制方式　　蓝牙使用称为0.5 BT高斯频移键(GFSK)

➢ 频率范围和信道　　2.45 GHz的不要授权的工业、医疗免费ISM频段

➢ 跳频技术

跳频通信之母——海蒂·拉玛

图 9-3　蓝牙四大关键技术

最初她在影圈充当场记，凭着无与伦比的外表和表演欲，16 岁的海蒂·拉玛就迎来了她的第一部电影《街上的钱》。1932 年，一家捷克斯洛伐克电影公司邀请 18 岁的海蒂·拉玛担当《神魂颠倒》(*Ecstacy*)的女主角，并承诺将这部电影推向国际市场，唯一的条件是她必须全裸出镜。她答应了。1933 年，《神魂颠倒》在捷克斯洛伐克首映，海蒂·拉玛成为世界上首位全裸出镜的明星。海蒂·拉玛曾被誉为是全世界最美丽的女人，她同时有另一项宝贵财富——发明了跳频技术，为当今大热的通信技术 LAN 和手机移动通信技术奠定了基础，永远造福于后人。

9.1.2　蓝牙模块

1. CC2540/CC2541 蓝牙模块

CC2540/CC2541 是一个真正的系统单晶片解决方案，结合德州仪器公司的协议栈及应用支援，CC2540/CC2541 成为市场上最具有弹性及成本效益的单模式低功率蓝牙解决方案。CC2541 功耗低，价格也较低，带 I^2C 接口；CC2540 功耗较高，当然信号就较强，带 USB 接口和协议。

蓝牙 4.0 模块如图 9-4 所示。BT V4 模块接口和单片机连接只需要 4 根线：5 V

(VCC)、GND、TXD、RXD。

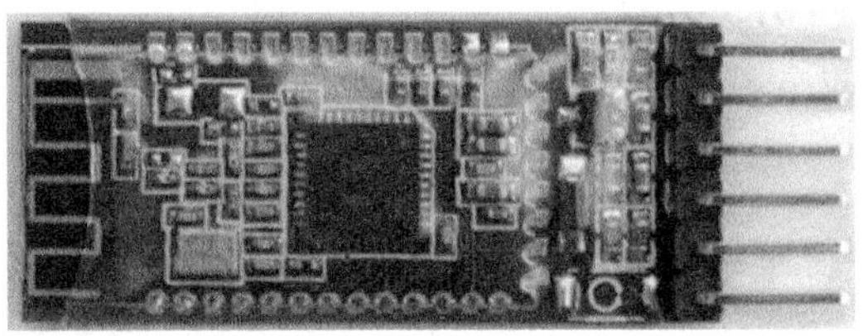

图 9-4　CC2541 蓝牙 4.0 模块

安卓手机的要求：

➢ 首先确认安卓手机硬件的蓝牙模块是否支持蓝牙 4.0(手机硬件模块不支持，软件做得再正确也连不上)。
➢ 系统升级到 4.3 或更新版本。

无线配对后，数据直接透明传输了：

➢ 在未和远端设备配对连接的情况下，LED 慢闪烁，此时可以采用 AT 命令进行模块相关配置。
➢ HM-10 模块只能识别全部大写的 AT 命令，不支持小写和大小写混合写法。
➢ 出厂默认波特率为 9 600,8 位数据位，无奇偶校验(n),1 位停止位。

蓝牙 4.0 模块的应用如图 9-5 所示，包括智能手环、智能手表、蓝牙遥控器、蓝牙 LED 亮等。

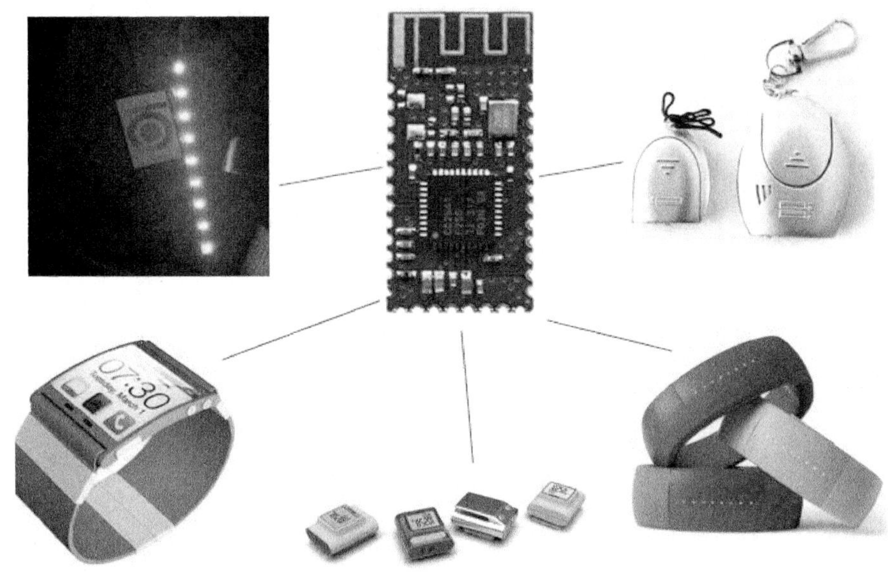

图 9-5　蓝牙 4.0 模块的应用

低功率蓝牙，适用于消费性医疗、行动装置周边、运动及健康应用等产品的超低功率无线连接。市场上最具有弹性及成本效益的单模式低功率蓝牙解决方案——德州仪器公司的 CC2540/CC2541 2.4 GHz 低功率蓝牙系统单晶片。

德州仪器公司的 CC2540/CC2541 系列产品提供用于感应器应用及行动手持装置周边的低功率蓝牙解决方案，是一个真正的系统单晶片解决方案，结合德州仪器公司的协定堆叠、轮廓软体及应用支援，成为市场上最具有弹性及成本效益的单模式低功率蓝牙解决方案。

CC2540/CC2541 是一个超低消耗功率的真正系统单晶片，它整合了包含微控制器、主机端及应用程序在一个元件上，并结合一个优异的无线射频传送接收器及一个工业标准的加强型 8051 微控制器，包括连接类比及数位感应器的周边，内建可程式的 Flash、精确的无线射频信号强度指示、全速 USB 2.0 界面和 AES-128 加密引擎。

CC2540/CC2541 可让强固的主控或从属式节点以很低的成本建立起来，它具有很低的睡眠模式功率消耗及不同工作模式间短暂的转换时间，适用于需要超低消耗功率的系统。

CC2540/CC2541 有两个版本：CC2540/CC2541F128/F256，各含有 128 KB 及 256 KB Flash，为 40pin 6 mm×6 mm 的 QFN 包装。通过整合低功率蓝牙协议栈，CC2540/CC2541 F128/F256 成为市场上最具弹性及成本效益的单模式低功率蓝牙解决方案。

主要功能：

① 增强型 8051 微控制器：128 KB 或 256 KB 内建 Flash，8 KB SRAM。

② 完全整合的无线射频功能：低功率蓝牙(1 Mbps GFSK)。

③ 数字外设：21 个通用型输出/输入接口，2 个 USART（UART 或 SPI)，全速 USB 2.0，2 个 16 位元及 2 个 8 位元计时器，专属的连接层计时器用于低功率蓝牙协定时脉，AES-128 硬件加密/解密功能。

④ 先进的类比周边：8 通道 8 位到 12 位元 delta-sigma 类比数位转换器，超低功率类比比较器，内建高效能运算放大器。

⑤ 完整解决方案：2.4 GHz 系统单晶片，德州仪器协定堆叠，轮廓软体及应用支援。

⑥ 超低消耗功率：感应器应用可使用一个硬币型电池运作超过一年的时间。

⑦ 领先的无线射频效能：最高达+97 dB link budget，可用于大范围通信，与其他 2.4 GHz 装置优异的共存性。

⑧ 单晶片整合解决方案：微控制器、主机端及应用程式整合在一个 6 mm×6 mm 的元件中，有效降低了所需的印刷电路板面积，应用程式可直接写入 CC2540/CC2541，它支援类比及数位界面。

⑨ 具备 Flash 及具有弹性的元件：韧体可在使用场所更新，资料可储存于晶片上。

⑩ 单一模式及双模式：作为一个同时提供单一模式及双模式低功率蓝牙解决方案的厂商，德州仪器公司提供由智慧型感应器到智慧型手机的完整验证及强固的节能系统解决方案。

2. TLSR8266 蓝牙模块

TLSR8266F512 是泰凌微电子有限公司开发的完全与标准兼容的 BLE SoC，可以实现与蓝牙智慧连接（Bluetooth Smart Ready）手机、平板电脑、笔记本电脑之间的便利连接。TLSR8266F512 支持 slave 和 mater 模式操作，包括广播、加密、连接更新与通道映射更新。

TLSR8266/TLSR8266F512 可提供高集成度、超低功耗的应用功能，在单片芯片上集成了强大的 32 位 MCU，BLE/2.4 G 射频收发器，16 KB SRAM，512 KB 内部 Flash（TLSR8266F512），14 位带 PGA 的 ADC，6 通道 PWM，3 个正交解码器，硬件按键扫描模块（Keyscan），丰富的 GPIO 接口，多级电源管理模块，以及蓝牙低功耗（BLE）应用开发所需的几乎所有的外设。

(1) TTL 串口与蓝牙模块数据透明传输

TLSR8266 蓝牙模块支持 TTL 串口，实现与单片机之间的数据透明传输，如图 9－6 所示。

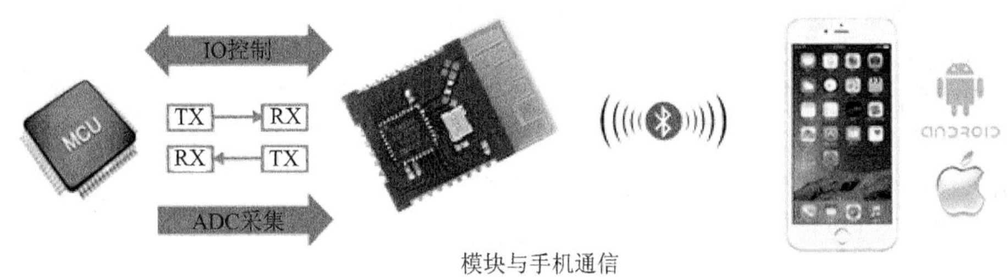

图 9－6　TLSR8266 蓝牙模块支持 TTL 串口应用

(2) 模块支持 Mesh 自组网

Mesh 网络即“无线网格网络”，它是“多跳（multi-hop）”网络，是由 ad hoc 网络发展而来，是解决“最后一公里”问题的关键技术之一。在向下一代网络演进的过程中，无线是一个不可缺少的技术。无线 mesh 可以与其他网络协同通信，是一个动态的可以不断扩展的网络架构，任意的两个设备均可以保持无线互联。TLSR8266 蓝牙模块 Mesh 自组网应用如图 9－7 所示。

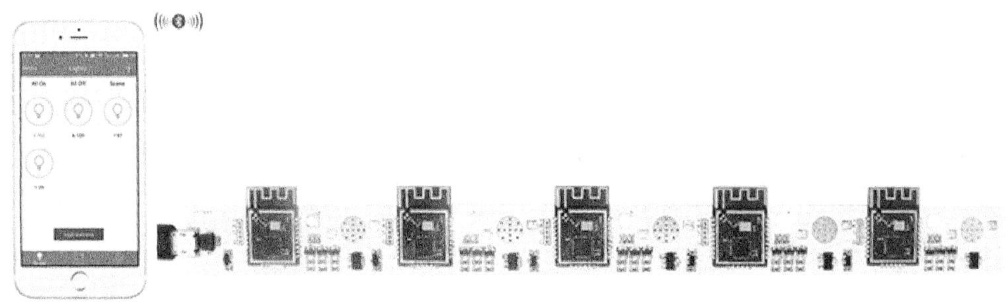

图 9－7　TLSR8266 蓝牙模块 Mesh 自组网应用

9.2 蓝牙模块指令集

9.2.1 常用指令

1. 注意事项

所有的 AT 指令中的符号，如问号(?)、冒号(:)，都是英文半角格式，需要携带参数 para 的指令必须显式地添加中括号[]，指令末尾不携带"\r\n"。所有的应答指令最后都有"\r\n"回车换行符，方便用户编程判断。

(1) 模块连接与未连接

- 未连接状态：在此状态下，用户发送的串口数据如果是 AT 指令则会收到相应的回复，如果不是 AT 指令则无任何作用和回复。
- 连接状态：在此状态下，用户可以通过控制 WK 引脚的电平实现对远端设备的数据透明传输和控制，具体功能参见 WK 引脚功能说明。

(2) 模块工作状态

休眠状态：功耗降低，能维持连接，模块可以将接收到的蓝牙数据通过串口输出，但是无法接收串口输入的数据。如果设置了 AT+NOTI[Y]，在退出休眠时用户将会收到 OK+WAKE。有两种方法可以退出休眠状态。

① 发送 AT+WAKE 命令。

② 在 WK 引脚输入一个上升沿。

- 正常工作状态——数据收发正常进行，且传输速率高达 10 Kbps。
- 待机状态——模块处于无连接状态，串口无数据收发。

(3) WK 引脚的功能说明

① 模块处于休眠状态时：在 WK 引脚输入上升沿，模块将被唤醒至正常工作状态。

② 模块处于连接状态时：WK 引脚的电平决定了数据的去向。

- 高电平——远控模式，用户可以发送远控 AT 指令对远端模块进行操作控制，发送其他数据无作用也无回复。
- 低电平——透传模式，用户输入的数据将会在远端模块的串口输出。若远端设备为移动应用，则会收到一个 NOTIFY。

(4) LED 引脚的功能说明：LED 为输出引脚，指示模块当前连接状态。默认状态如下：

- 未连接时慢闪——1 000 ms 脉冲。
- 连接时常亮——高电平。

2. 常用指令集

① AT+——测试。

例如：AT+　OK　无

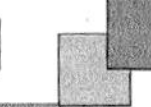

② AT+HELP——帮助查询。

例如:AT+HELP　帮助信息　无

③ AT+VERS——软件版本查询。

例如:AT+VERS　版本信息　无

④ AT+NAME? ——查询/设置模块名称。

例如:AT+NAME?　OK+GET:para　Para:模块名称

最长允许 15 个字符,包括:字母、数字、下画线,默认 para=MTUartBle。

设置:AT+NAME[para]　OK+SET:para

⑤ AT+RENEW——恢复出厂设置。

例如:AT+RENEW　OK+RENEW　无(此操作会导致模块重启)

⑥ AT+RESET——重启模块。

例如:AT+RESET　OK+RESET　无

⑦ AT+ROLE? ——查询/设置主从模式。

例如:AT+ROLE?　OK+GET:para　Para:P,C

P:从设备;C:主设备;默认 para=P。

设置:AT+ROLE[para]　OK+SET:para

⑧ AT+NOTI? ——查询/设置是否把当前连接状态通知给用户。

例如:AT+NOTI?　OK+GET:para　Para:Y,N

Y:通知用户;N:不通知用户;默认 para=Y。

设置:AT+NOTI[para]　OK+SET:para

注意:设置了通知用户,连接成功会回复"OK+ CONN:S",连接失败会回复"OK+CONN:U";在任何模式任何时候下,连接断开后会向上位机发送"OK+CONN:L"。

⑨ AT+IMME? ——查询/设置模块工作方式。

例如:AT+IMME?　OK+GET:para　Para:Y,N

Y:上电立即自动工作;N:上电暂不工作,等待用户的手动操作默认 para=Y。

设置:AT+IMME[para]　OK+SET:para

注意:模块主机模式下手动操作流程:

- AT+START;
- AT+SCAN;
- AT+CON/AT+CONN。

模块从机模式下设置了 AT+IMME[N]将不会自动广播,需发送 AT+START 启动广播。

⑩ AT+START——开始工作。

例如:AT+START　OK+START　无

⑪ AT+TYPE? ——查询/设置模块密码验证类型。

例如:AT+TYPE?　OK+GET:para　Para:N,Y

N:连接不需要密码;Y:连接需要密码;默认 para=N。

设置:AT+TYPE[para]　OK+SET:para

9.2.2 串口指令

① AT+BAUD?——查询/设置波特率。

例如:AT+BAUD?　OK+GET:para　Para:A~G

A:2 400;B:4 800;C:9 600;D:19 200;E:38 400;F:57 600;G:115 200 H:230 400;默认 para=G。

设置:AT+BAUD[para]　OK+SET:para

注意:变更了波特率后,上位机在原有的波特率下无法接收到回复"OK+SET:para",用户需要把上位机的波特率修改成相应的值后才能进行通信,这样即可验证波特率是否修改成功。

② AT+FLOW?——查询/设置硬件流控。

例如:AT+FLOW?　OK+GET:para　Para:N,Y

N:关闭流控制;Y:开启流控制;默认 para=N。

设置:AT+FLOW[para]　OK+SET:para

③ AT+PARI?——查询/设置串口校验。

例如:AT+PARI?　OK+GET:para　Para:A~C

A:无校验;B:偶校验;C:奇校验;默认 para=A。

设置:AT+PARI[para]　OK+SET:para

④ AT+STOP?——查询/设置停止位。

例如:AT+STOP?　OK+GET:para　Para:A,B

A:1 位停止位;B:2 位停止位;默认 para=A。

设置:AT+STOP[para]　OK+SET:para

9.2.3 从机指令

① AT+ADVI?——查询/设置广播时间间隔。

例如:AT+ADVI?　OK+GET:para　Para:100~7 000(单位:ms)默认 para=100。

设置:AT+ADVI[para]　OK+SET:para

建议:虽然广播间隔越大模块越省电,但是苹果公司 IOS 系统建议最大广播间隔为 1 285 ms,所以如果模块是用来与 IOS 设备连接,广播时间间隔尽量不要超过 1 285 ms。

② AT+POWE?——查询/设置模块发射功率。

例如:AT+POWE?　OK+GET:para　Para:A~D

A:-23 dbm;B:-6 dbm;C:0 dbm;D:4 dbm;默认 para=D。

设置:AT+POWE[para]　OK+SET:para

③ AT+PWRM?——查询/设置模块自动进入休眠的时间。

例如:AT+PWRM?　OK+GET:para　Para:0～99 999 999(单位:ms)

0:不自动休眠,等待 AT+ SLEEP 命令进入休眠;默认 para=0。

设置:AT+PWRM[para]　OK+SET:para

注意:自动进入休眠的时间意义在于,模块处于待机状态的时间达到这个时间后将会进入休眠状态。

9.2.4　主机指令

① AT+SCAN——搜索可连接模块。

例如:AT+SCAN　OK+BEGIN OK+MAC:para

……

OK+END　　Para:模块搜索到的蓝牙设备 MAC 地址,最多返回 8 个,序号从 0 开始。

② AT+SHOW?——查询/设置模块在手动搜索时是否返回名字。

例如:AT+SHOW?　OK+GET:para　Para:Y,N

Y:返回名称 NAME;N:不返回名称 NAME;默认 para=N。

设置:AT+SHOW[para]　OK+SET:para

③ AT+CONN——搜索到的蓝牙模块的序号。

例如:AT+CONN[para1]　OK+CONN:para2　Para1:0～7,Para2:U,S,L

注意:此设置是方便用户在使用 AT+ SCAN 命令时,获得搜索到的模块的名称,效果如下:

OK+BEGIN;OK+MAC:addr1;OK+NAME:name1;OK+MAC:addr2;OK+NAME:name2;OK+END

④ AT+CON[para1]——连接指定蓝牙 MAC 地址的从模块。

例如:AT+CON[para1]　OK+CONN:para2　Para1:蓝牙设备 MAC 地址,如 0025AEBEEF88,Para2:U,S,L

U:连接失败;S:连接成功;L:连接断开。

注意:只有 AT+NOTI[Y],即设置了通知上位机,连接成功后才会回复 OK+CONN:S,下同。

⑤ AT+CONN[para1]——连接搜索返回的模块。

U:连接失败;S:连接成功;L:连接断开。

⑥ AT+CONNL——连接最后一次连接成功的从模块。

例如:AT+CONNL　OK+CONN:para　Para:U,S,L,E

U:连接失败;S:连接成功;L:连接断开;E:空地址。

9.2.5　连接相关指令

① AT+ISCON——查询当前模块是否处于连接状态。

例如:AT+ ISCON　OK+ ISCON:para　Para:Y,N

Y:处于连接状态;N:处于非连接状态。

② AT+DISCON——断开连接。

例如:AT+DISCON　OK+DISCON　无

注意:当用户的本地模块与远端模块处于连接状态时,如果想对本地模块进行设置操作,那么须先将 WK 引脚置为高电平切换到远控模式,然后发送 AT+DISCON 命令让远端模块主动断开连接,就可对本地设备进行操作。

③ AT+CLEAR——清除模块配对信息。

例如:AT+CLEAR　OK+CLEAR　无(清除成功连接过的设备地址信息)

④ AT+RADD——查询成功连接过的远程设备地址。

例如:AT+RADD　OK+RADD:para

Para:蓝牙设备 MAC 地址最多返回 20 个设备地址。

⑤ AT+SAVE?——查询/设置模块成功连接后是否保存连接地址。

例如:AT+SAVE?　OK+GET:para　Para:Y,N

Y:保存;N:不保存;默认 para=Y。

设置:AT+SAVE[para] OK+SET:para

注意:如果用户希望每次上电时,模块都直接去搜索可连接设备,而不是连接上次成功连接过的设备,则可先执行 AT+SAVE[N]设置模块但不保存连接地址,然后执行 AT+CLEAR 清除掉上次的地址。

9.2.6 模块信息相关指令

① AT+PASS?——查询/设置配对密码。

例如:AT+PASS?　OK+GET:para　Para:000000～999999

密码必须是 6 位整数;默认 para=888888。

设置:AT+PASS[para]　OK+SET:para

② AT+MAC——查询本机 MAC 地址。

例如:AT+MAC　OK+MAC:para　Para:蓝牙设备 MAC 地址

③ AT+RSSI——读取 RSSI 信号值(可作为远控指令)。

例如:AT+RSSI　OK+RSSI:para　Para:信号强度,单位为 db

Para 是一个负数,绝对值越小说明信号强度越大。

注意:此命令返回的是远端设备的 RSSI 值,如果读取到的 RSSI=-255,则说明当前无连接。

④ AT+TEMP——查询模块温度(可作为远控指令)。

例如:AT+TEMP　OK+TEMP:para　Para:温度,单位为℃

9.2.7 I/O 监控指令

① AT+LED?——查询/设置 LED 输出状态。

例如:AT+LED?　OK+GET:para　Para:S,N

S:待机慢闪,连接后常亮;N:待机不闪,连接后常亮;默认 para=S。

设置:AT+LED[para]　OK+SET:para

② AT+PDIR?——查询/设置 PIO 口的输入/输出方向(可作为远控指令)。

例如:AT+PDIR?　OK+GET:para　Para:0000~07FF

Para 是 2 字节的十六进制数;1:输出;0:输入;默认 para=07FF。

设置:AT+PDIR[para]　OK+SET:para

注意: PIOA~PIO0 分别对应 para 的[10:0]这 11 位;如发送 AT+PDIR[000F]指令,就把 PIO0~PIO3 这 4 个 I/O 口设置为输出,PIO4~PIOA 设置为输入了。

③ AT+PDAT?——查询/设置 PIO 口的输入/输出状态(可作为远控指令)。

例如:AT+PDAT?　OK+GET:para　Para:0000~07FF

Para 是 2 字节的十六进制数;1:高电平;0:低电平;默认 para=0000。

设置:AT+PDAT[para]　OK+SET:para

注意: PIOA~PIO0 分别对应 para 的[10:0]这 11 位;如成功发送了 AT+PDIR[000F]指令,再发送 AT+PDAT[000F]指令,就把 PIO0~PIO3 这 4 个 I/O 口设置成了输出高电平。

9.2.8　电源管理指令

① AT+SLEEP——让模块进入休眠状态。

例如:AT+SLEEP　OK+SLEEP　无

② AT+WAKE——将模块唤醒至正常工作状态。

例如:AT+WAKE　OK+WAKE　无

③ AT+BATC?——查询/设置电量信息广播开关(可作为远控指令)。

例如:AT+BATC?　OK+GET:para　Para:Y/N

N:电量信息广播关闭;Y:电量信息广播开启;默认 para=N。

设置:AT+BATC[para]　OK+SET:para

注意: 设置了电量信息广播开启后,电量信息会加入扫描响应信息中,这样即可在无须连接的情况下获取电量信息。

④ AT+BATT——查询电量信息(可作为远控指令)。

例如:AT+BATT　OK+BATT:para　Para:0~100(单位:%)

本指令只对电池供电方案有效,100%=3 V,0%=2 V。

注意: 实际上如果电量信息广播开启,电量信息已经包含在扫描响应信息中,则仅需 BLE 主机设备(如手机)发起一次扫描就可以从扫描响应信息中获得电量信息。电量信息格式为:0x02,0x32,电量值。手机 APP 对这个数据进行拆分,取得的第三个字节,就是设备的电量值。

9.3 手机蓝牙通信与控制的实现

9.3.1 STM32 板与蓝牙模块的连接及程序

STM32 板与蓝牙模块的连接如图 9-8 所示。

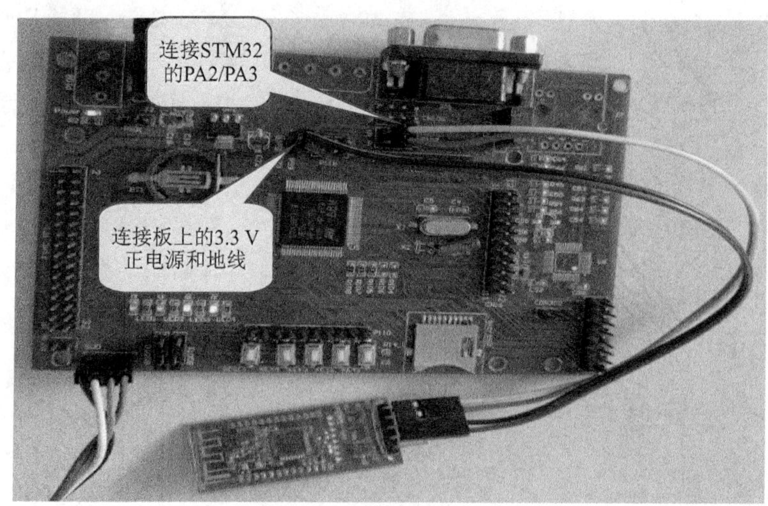

图 9-8 STM32 板与蓝牙模块的连接

STM32 程序如下：

```
#include "include/bsp.h"
#include "include/led_key.h"
#include "include/usart.h"

CLed led1(LED1),led2(LED2),led3(LED3),led4(LED4);
CUsart uart1(USART2,9600);

void getChar(int ch)
{
    if(ch == 'a')led1 = 1;
    if(ch == 'b')led1 = 0;
    if(ch == 'c')led2 = 1;
    if(ch == 'd')led2 = 0;
}
void setup()
{
```

```
    uart1.setCallback(getChar);
    uart1.start();
}
void loop()
{
    uart1.Send('a');
    bsp.delay(1000);
}
```

9.3.2　安卓的蓝牙4.0应用程序

在 Obtain_Studio 中，采用"傻瓜 STM32 项目\Android_蓝牙 4.0 应用模板"，创建一个蓝牙的安卓应用程序，项目名称为"Android_BLE_silly_001"。然后根据需要修改界面布局文件和 Java 程序代码，对于只进行简单的蓝牙通信和简单的控制 LED 亮灭，则不需要修改界面和程序，直接编译即可。

编译之后，在 Android_BLE_silly_001 项目目录的 bin 子目录下，可以找到编译后生成的安卓安装包"hello-debug.apk"。把该安装包发到安卓手机上安装和运行，安卓的版本需要 4.3 以上，并且有蓝牙 BLE 硬件，则可以正常运行。在运行主界面里，单击右上角的"搜索"按钮，可以看到在蓝牙设备的列表，运行效果如图 9-9 所示。

图 9-9　蓝牙设备的列表

单击设备列表中的某一个设备，如名为 HMSoft 的设备，则进入主界面，如图 9-10 所示。

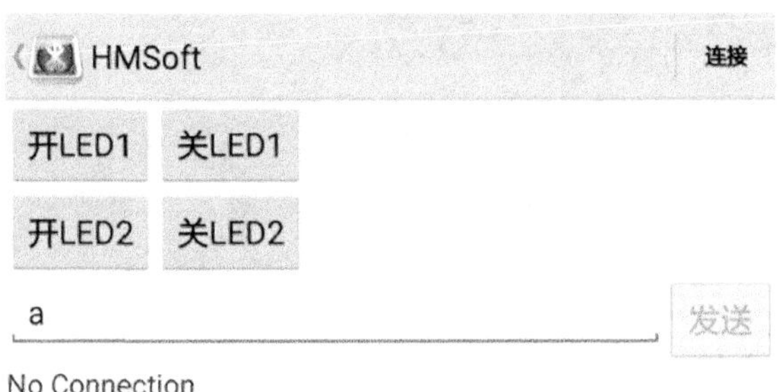

图 9-10　蓝牙控制界面

单击右上角的"连接"按钮。正常情况下，可以看到手机上大约每秒接收到一个字符“a”，单击界面上的“开 LED1”和“开 LED2”，则 STM32 板上的 LED1 和 LED2 亮，如图 9－11 所示。

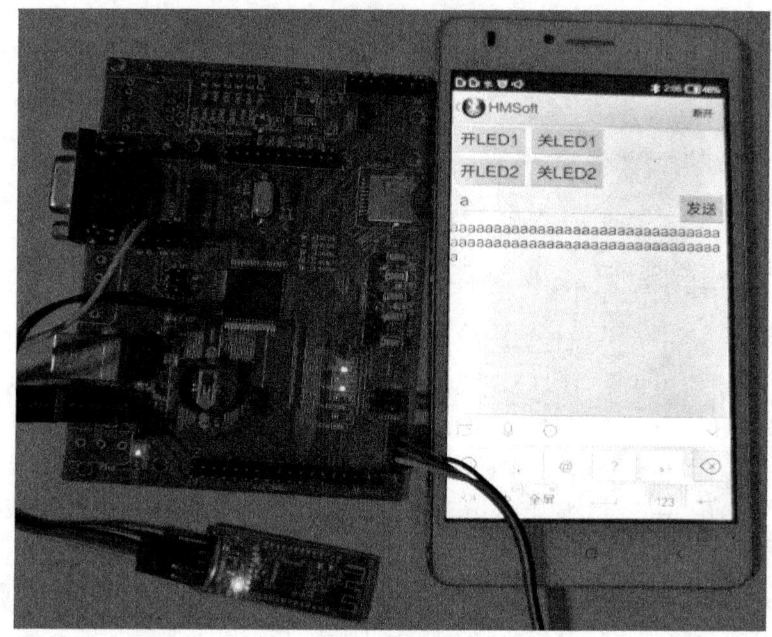

图 9－11 手机通过蓝牙控制 LED 灯的运行效果

安卓主界面的布局文件是 main. xml，代码如下：

```
<LinearLayout
    android:layout_width = "fill_parent"
    android:layout_height = "wrap_content"
    android:orientation = "horizontal"
    >
    <Button android:id = "@ + id/Led1On"
      android:layout_height = "wrap_content"
      android:layout_width = "wrap_content"
      android:text = "开 LED1">
    </Button>
    <Button android:id = "@ + id/Led1Off"
      android:layout_height = "wrap_content"
      android:layout_width = "wrap_content"
      android:text = "关 LED1">
    </Button>
</LinearLayout>
<LinearLayout
    android:layout_width = "fill_parent"
```

```
    android:layout_height = "wrap_content"
    android:orientation = "horizontal"
    >
    <Button android:id = "@ + id/Led2On"
      android:layout_height = "wrap_content"
      android:layout_width = "wrap_content"
      android:text = "开 LED2">
    </Button>
    <Button android:id = "@ + id/Led2Off"
      android:layout_height = "wrap_content"
      android:layout_width = "wrap_content"
      android:text = "关 LED2">
    </Button>
</LinearLayout>
```

安卓主界面对应的 Java 程序中，文件名为 mainActivity.java，实现 LED1 开关的代码如下：

```
Button Led1On = (Button)findViewById(R.id.Led1On);
Led1On.setOnClickListener(new View.OnClickListener(){
  //@Override
    public void onClick(View v)
    {
mBluetoothLeService.WriteValue("a");
    }
});
Button Led1Off = (Button)findViewById(R.id.Led1Off);
Led1Off.setOnClickListener(new View.OnClickListener(){
  //@Override
    public void onClick(View v)
    {
mBluetoothLeService.WriteValue("b");
    }
});
```

第 10 章 手机 Wi-Fi 通信与控制

10.1 Wi-Fi 模块

10.1.1 ESP8266 模块介绍

1. ESP8266 模块

Wi-Fi 模块——ESP8266 尺寸为 5 mm×5 mm，ESP8266 模组需要的外围器件有：10 个电阻/电容/电感、1 个无源晶振、1 个 Flash。工作温度范围：－40～125 ℃。

ESP8266 是一个完整且自成体系的 Wi-Fi 网络解决方案，能够独立运行，也可以作为 Slave 搭载于其他 Host 运行。

ESP8266 在搭载应用并作为设备中唯一的应用处理器时，能够直接从外接 Flash 中启动。内置的高速缓冲存储器有利于提高系统性能，并减少内存需求。

另一种情况是，无线上网接入承担 Wi-Fi 适配器的任务时，可以将其添加到任何基于微控制器的设计中，连接简单易行，只需通过 SPI/SDIO 接口或中央处理器 AHB 桥接口即可。

ESP8266 强大的片上处理和存储能力，使其可通过 GPIO 口集成传感器及其他应用的特定设备，实现了前期开发成本最低和运行中最少占用系统资源。

2. 无线组网

ESP8266 支持 SoftAP 模式、Station 模式、SoftAP ＋Station 共存模式三种。利用 ESP8266 可以实现十分灵活的组网方式和网络拓扑。

SoftAP，即无线接入点，是一个无线网络的中心节点。通常使用的无线路由器就是一个无线接入点。

Station，即无线终端，是一个无线网络的终端。

(1) ESP8266 的 SoftAP 模式

ESP8266 作为 SoftAP，手机、电脑、用户设备、其他 ESP8266 Station 接口等均可以作为 Station 连入 ESP8266，组建成一个局域网，如图 10－1 所示。

(2) ESP8266 的 Station 模式

ESP8266 作为 Station，通过路由器（AP）连入 Internet，可向云端服务器上传、下

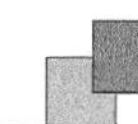

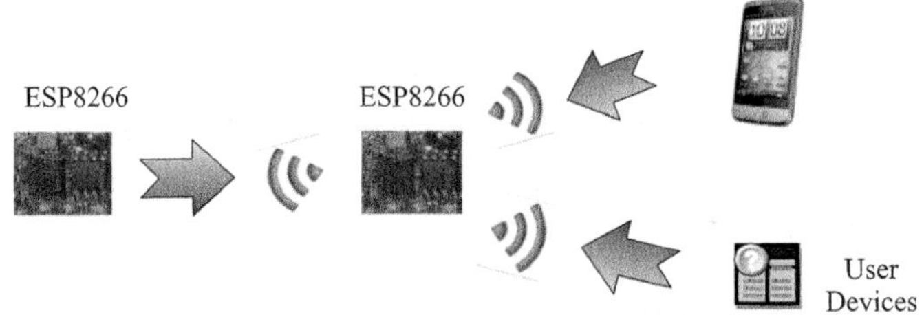

图 10-1　ESP8266 的 SoftAP 模式

载数据。用户可随时使用移动终端(手机、笔记本等),通过云端监控 ESP8266 模块的状况,向 ESP8266 模块发送控制指令,如图 10-2 所示。

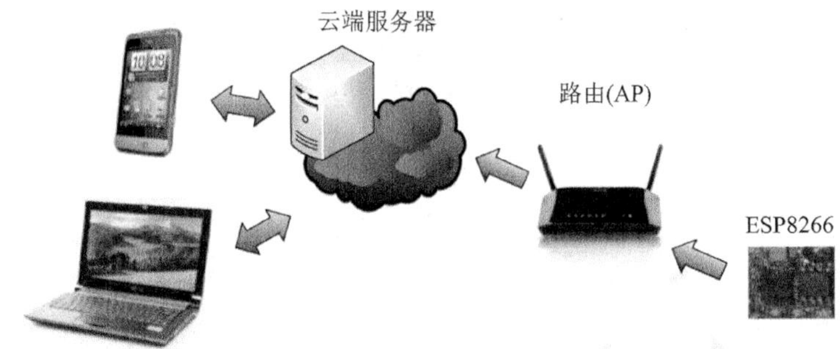

图 10-2　ESP8266 在 Station 模式

(3) ESP8266 的 SoftAP +Station 共存模式

ESP8266 支持 SoftAP+Station 共存模式,用户设备、手机等可以作为 Station 连入 ESP8266 的 SoftAP 接口,同时,可以控制 ESP8266 的 Station 接口通过路由器(AP)连入 Internet,如图 10-3 所示。

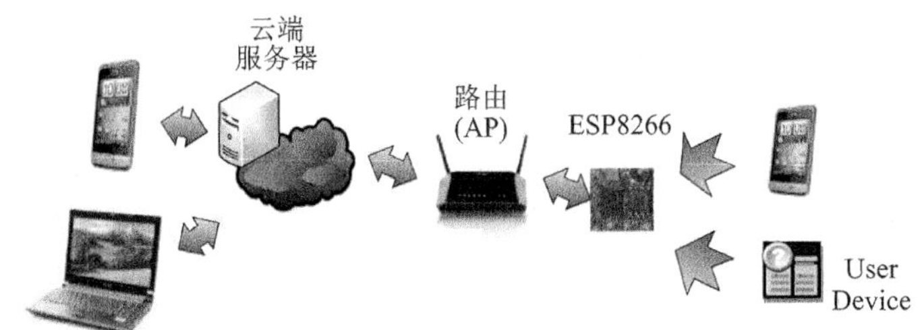

图 10-3　ESP8266 的 SoftAP +Station 共存模式

3. ESP8266 的透传功能

透传,即透明传输功能。Host 通过 UART 将数据发给 ESP8266,ESP8266 再通过无线网络将数据传出去;ESP8266 通过无线网络接收到的数据,同理通过 UART 传到 Host。ESP8266 只负责将数据传到目标地址,不对数据进行处理,发送方和接收方的数据内容、长度完全一致,传输过程就好像透明的一样。

4. UART 成帧机制

ESP8266 判断 UART 传来的数据时间间隔,若时间间隔大于 20 ms,则认为一帧结束;否则,一直接收数据到上限值 2 KB,认为一帧结束。ESP8266 模块判断 UART 来的数据一帧结束后,通过 Wi-Fi 接口将数据转发出去。

成帧时间间隔为 20 ms,一帧上限值为 2 KB。

5. ESP8266 的烧写方式

ESP8266 除了传统的串口烧录方式,还支持云端升级的方式来更新固件。只需将新版固件上传至服务器,在 ESP8266 联网的情况下,服务器会推送更新消息到用户,用户可自行选择是否升级。

6. ESP8266 的网络接口

ESP8266 有两种组网接口,SoftAP 接口和 Station 接口,且两种接口可同时并存使用。用户按照实际需求应用:

(1) SoftAP 接口

Phone 或 PC 作为 Station,连入 ESP8266 的 SoftAP 接口,如需调试,可用 PC 连接 ESP8266 的串口查看 log 信息。

(2) Station 接口

ESP8266 作为 Station,连入无线路由(AP),如需调试,可用 PC 连接 ESP8266 的串口查看 log 信息。

10.1.2 ESP8266 使用方法

1. ESP8266 连接 Wi-Fi

ESP8266 连接 Wi-Fi,也就是上网用的无线信号,假设当前现场的无线信号为 TP-LINK_EYELAKE,密码:123456789。

第一步:ESP8266 复位。

复位分两种:第一种是由 AT 指令实行,即 AT+RST,延时 2 s;第二种由硬件执行,此处不做详细说明,这是各个模块的硬件设计决定的。建议使用第一种。

第二步:AT+CWMODE=1。

这是设置 STA 模式,延时 2.5 s。这个命令发出去之后,会得到返回的信息:

AT+CWMODE=1 0x0d 0x0d 0x0a 0x0d 0x0a OK 0x0d 0x0a

注意:这是一条字符串,中间是没有空格的,0x0d 与 0x0a 是换行和回车的 ASCII 码,其实就是字符“/r”“/n”。

AT+CWMODE=1 使发出去的命令同样返回,这个叫回显。回显是可以通过命令关闭的,感兴趣的可以自己去查 ESP8266 的 AT 命令表。这里为了调试不关闭回显,下面也不再对这个作解释。不同的设备可能会有差异,但是成功了肯定是有 OK 的。

第三步：AT+CWLAP，延时1 s。

这个命令发出去返回的字符串很长。这条命令的意思是列出现在能够查到的Wi-Fi信号。调试时可以仔细看一看，当前所有可用的无线路由或热点名称是否都列了出来。在整个字符串的最后，同样会有OK。

第四步：AT+CIPMUX=0，设置成单路连接模式，延时1 s。

第五步：AT+CWJAP="TP-LINK_EYELAKE"，"123456789"。

这一步便是连接Wi-Fi，延时的时间要长一些，否则会等不到返回的信息。测试时延时18 s，成功了会有OK的返回。可以将这步的延时时间改了，进入调试状态，看存储器，会发现接收了一半就没有了，所以这里延时的时间很重要。这一命令发出去后，会立刻收到一个Wi-Fi DISCONNECTED的字符串，不用急，等一会儿会有Wi-Fi CONNECTED的字符串，连上网络是需要一定时间的。

2. ESP8266连接TCP

ESP8266连接TCP，也就是连接服务器：

第一步：AT+CIPSTART="TCP"，"10.10.150.222"，61613。

这一步的参数需要根据自己的IP的地址来设置，成功了会返回OK，延时4 s。

第二步，AT+CIPMODE=1，AT+CIPSEND。

这两个依次发出去。第一步的意思是设置为透传模式，第二步则是进入透传模式。进入透传模式成功，会返回">"符号。一旦进入透传模式，那么发送AT命令就失效了。这两个命令各延时2 s，建议第一步之后再延时1 s，将会更加稳定，这里需要根据自己的代码和硬件进行调试。

3. ESP8266设置成服务器

ESP8266设置成服务器，通俗点讲，就是ESP8266设置一个热点。

第一步：AT+RST，复位。

第二步：AT+CWMODE=2，设置为AP模式。

第三步：AT+RST。

这里需要注意，第一步的复位是退出其他的设置，准备AP设置。这一步的复位是必须加的，否则第二步的设置就没有用。

第四步：AT+CWSAP="ESP8266"，"123456"，1，4。

这就是设置ESP8266的热点名称和密码，参数可以去查AT命令表是什么意思。

第五步：5. AT+CIPMUX=1。

第六步：AT+CIPSERVER=1，8086；AT+CIPSTO=5000。

第一条指令是设置本地端口号，也就是之后连接上这个热点后，需要设置的一个端口号。

第七步：AT+CIFSR。

这是列出IP地址，也就是ESP8266模块作为TCP服务器时的IP地址，手机或者其他模块作为TCP客户端可以使用该IP连接到该ESP8266 TCP服务器。这是在AP

模式下的设置,设置完成后就可以连接 ESP8266 的热点了,网上下载一个网络串口调试器就可发送数据了。

10.2 ESP8266 AT 指令集

10.2.1 ESP8266 AT 指令集介绍

1. 常用的 AT 指令集

① AT+GMR——查看版本信息。

② AT+CWMODE=? ——响应返回当前可支持哪些模式。

③ AT+CWMODE=mode——参数说明。

mode:1——Station 模式;2——AP 模式;3——AP 兼 Station 模式。

④ AT+ CWJAP=ssid,pwd——参数说明。

ssid:字符串参数,接入点名称。

pwd:字符串参数,密码最长 64 字节 ASCII 码。

⑤ AT+CIPSTART=? ——设置 AT+CIPMUX=0。

+CIPSTART:(type 取值列表)(IP address 范围)(port 范围)。

⑥ AT+CIPSERVER=mode,port——参数说明。

mode:0——关闭 server 模式;1——开启 server 模式。

port:端口号,默认值为 333。

⑦ AT+CIPSTO=Time——参数说明。

Time:0~28 800,服务器超时时间,单位为 s。

⑧ AT+CIPMODE=mode——参数说明。

mode:0——非透传模式;1——透传模式。

2. ESP8266 指令集

ESP8266 指令集主要分为基础 AT 命令、Wi-Fi 功能 AT 命令、Top/IP 工具箱 AT 命令。

(1) 基础 AT 指令

① AT:测试 AT 启动,返回 OK;

② AT+RST:重启模块,返回 ready;

③ AT+GMR:查看版本信息,返回 OK,为 8 位版本号。

(2) Wi-Fi 功能 AT 指令

① AT+CWMODE?:查询 Wi-Fi 应用模式;返回+CWMODE:OK。

② AT+ CUMODE = mode:设置 Wi-Fi 应用模式,返回 OK;指令重启后生效。mode:1——Station 模式;2——AP 模式;3——AP + Station 兼容模式。备注:Station——客户端,AP——服务器。

Station 模式下:

③ AT+CWJAP?:查询当前选择的 AP;返回+CWJAP:OK。

④ AT+CWJAP="ssid","pwd":加入 AP,返回 OK 或 ERROR;ssid:接入点名称;pwd:密码,最长 64 字节 ASCII 码。

⑤ AT+CWLAP:列出当前可用 AP;返回+CWLAP:…… OK/ERROR;ecn:0. OPEN,1. WEP,2. WPA_PSK,3. WPA2_PSK,4. WPA_WPA2_PSK;ssid:接入点名称;rssi:信号强度。

⑥ AT+CWQAP:退出与 AP 的连接,返回 OK。

AP 模式下:

⑦ AT+CWSAP?:查询当前 AP 模式下的参数;返回+CWSAP:……

⑧ AT+CWSAP="ssid","pwd","chl","ecn":设置 AP 参数,返回 OK/ERROR;ssid:接入点名称;pwd:密码,最长 64 字节 ASCII 码;chl:通道号;ecn:0. OPEN,1. WEP,2. WPA_PSK,3. WPA2_PSK,4. WPA_WPA2_PSK。

⑨ AT+CWLIF:查看已接入设备的 IP,返回 OK。

(3) TCP/IP 工具箱 AT 指令

① AT+CIPSTATUS:获得连接状态和连接参数;返回 STATUS+CIPSTATUS:"type","addr",OK;id:连接的 id 号 0～4;type:TCP 或 UDP;addr:IP 地址;port:端口号;tetype:0——本模块做 client 的连接,1——本模块做 server 的连接。

② 单路连接:AT+CIPSTART="type","addr",建立 TCP 连接或注册 UDP 端口号,返回 OK/ERROR/ALREAY CONNECT;id:连接的 id 号 0～4;type:TCP/UDP;addr:远程服务器 ip 地址;port:远程服务器端口号。

③ 多路连接:AT+CIPSTART="type","addr",返回,同上。

④ 单路连接:AT+CIPSEND=数据长度,发送数据,返回,换行返回,ERROR/SENDOK。

⑤ 多路连接:AT+CIPSEND=id,数据长度,id 指用于传输连接的 id 号。

⑥ 透传模式:AT+CIPSEND,发送数据,收到本次命令后,先换行返回,然后进入透传模式,每包数据以 20 ms 间隔区分,每包最大 2 048 字节,当输入单独一包"+++"返回指令模式,该指令必须在开启透传模式以及单连接模式下使用。

⑦ 多路连接:AT+CIPCLOSE=id,关闭 TCP/UDP,返回,OK/Link is not;id:需要关闭的连接 id,id=5 时关闭所有连接(开启 server 后 id=5 无效)。

⑧ 单路连接:AT+CIPCLOSE,关闭 TCP/UDP,返回,OK/ERROR/unlink。

⑨ AT+CIFSR:获取本地 IP 地址;返回+CIFSR: OK/ERROR;IP addr:本机 ip 地址(station),AP 模式无效。

⑩ AT+CIPMUX=:启动多连接,返回 OK/Link isbuilded;mode:0. 单路连接模式,1. 多路连接模式;备注:只有当连接都断开后才能更改,如果开启过 server 需要重启模块。

⑪ AT+CIPSERVER=mode,port:配置为服务器,返回 OK,关闭 server 需重启;mode:0——关闭 server 模式,1——开启 server 模式;port:端口号,默认值为 333;备

注：开启 server 后自动建立 server 监听，当有 client 接入会自动按顺序占用一个连接，多连接模式才能开启服务器。

⑫ AT+CIPMODE：设置模块传输模式，返回 OK/Link isbuilded；mode：0——非透传模式，1——透传模式。

⑬ AT+CIPSTO=超时时间：设置服务器超时时间，返回 OK，0～28 800，服务器超时时间，单位为 s。

10.2.2 ESP8266 AT 指令示例

1. 智能配网(Smartconfig)示例

说明：使用两种方式进行配网，乐鑫 ESP-Touch 和微信 Airkiss。

方式 1：ESP-Touch

① AT+CWMODE_DEF=1　配置 Wi-Fi 模组工作模式为单 STA 模式，并把配置保存在 Flash；

② AT+CWAUTOCONN=1　使能上电自动连接 AP；

③ AT+CWSTARTSMART=3　支持 ESP-Touch 和 Airkiss 智能配网；

④ 手机连上需要配网的 AP，打开手机 APP ESP-Touch 输入密码，点击确定，等待配网成功；

⑤ AT+CWSTOPSMART　无论配网是否成功，都需要释放快连所占的内存；

⑥ AT+CIPSTATUS　查询网络连接状态。

方式 2：Airkiss

① AT+CWMODE_DEF=1　配置 Wi-Fi 模组工作模式为单 STA 模式，并把配置保存在 Flash；

② AT+CWAUTOCONN=1　使能上电自动连接 AP；

③ AT+CWSTARTSMART=3　支持 ESP - Touch 和 Airkiss 智能配网；

④ 打开微信，关注微信公众号“安信可科技”，点击 Wi-Fi 配置，点击开始配置，输入密码，点击连接；

⑤ AT+CWSTOPSMART　无论配网是否成功，都需要释放快连所占的内存；

⑥ AT+CIPSTATUS　查询网络连接状态。

2. HTTP 通信示例

① AT+GMR　启动查询版本信息；

```
AT version:1.2.0.0(Jul 1 2016 20:04:45)
    SDK version:1.5.4.1(39cb9a32)
    Ai-Thinker Technology Co.,Ltd.
    Integrated AiCloud 2.0 v0.0.0.5
    Build:1.5.4.1 Mar 24 2017 11:06:56
    OK
```

② AT+CWMODE_DEF=1　配置 Wi-Fi 模组工作模式为单 STA 模式，并把配置保存在 Flash；

③ AT+CWJAP_DEF="newifi_F8A0","anxinke123"　连接网络；

```
WIFI CONNECTED
WIFI GOT IP
OK
```

④ AT+CWAUTOCONN=1　使能上电自动连接 AP；

⑤ AT+CIPSTART="TCP","183.230.40.33",80　连接服务器；

```
CONNECT
    OK
```

⑥ AT+CIPMODE=1　设置透传；

⑦ AT+CIPSEND　启动发送；

⑧ GET 请求：

```
GET /devices/5835707 HTTP/1.1
    api-key: xUrvOCDB=iRuS5noq9FsKrvoW=s=
    Host:api.heclouds.com
    \r\n\r\n(结束)
```

回应：

```
HTTP/1.1 200 OK
    Date: Tue,09 May 2017 01:21:06 GMT
    Content-Type: application/json
    Content-Length: 213
    Connection: keep-alive
    Server: Apache-Coyote/1.1
    Pragma: no-cache
    {"errno":0,"data":{"private":false,"protocol":"EDP","create_time":"2017-05-06 12:51:52","online":false,"location":{"lon":0,"lat":0},"id":"5835707","auth_info":"Light001","title":"SLight","tags":[]},"error":"succ"}
```

⑨ POST 请求；

```
POST /devices/5835707/datapoints HTTP/1.1
    api-key: xUrvOCDB=iRuS5noq9FsKrvoW=s=
    Host:api.heclouds.com
    Content-Length:60
```

```
\r\n
{"datastreams":[{"id":"switch","datapoints":[{"value":1}]}]}|(结束)
```

回应：

```
HTTP/1.1 200 OK
Date: Tue,09 May 2017 01:28:42 GMT
Content-Type: application/json
Content-Length: 26
Connection: keep-alive
Server: Apache-Coyote/1.1
Pragma: no-cache
{"errno":0,"error":"succ"}
10,+++       //退出透传,不要选择新行(\r\n)
```

3. STA+连接 TCP Server

① AT+CWMODE_DEF=1　工作在单 station 模组，设置参数保存到 Flash；

② AT+CWJAP_DEF="newifi_F8A0","anxinke123"　连接路由器，保存到 Flash；

③ AT+CIPSTART="TCP","192.168.99.217",6001　连接 TCP 服务器，本实验用网络调试助手进行测试；

④ AT+CIPSEND=5　方式一：发送指定数据长度的数据(Data:test1)；

⑤ AT+CIPMODE=1　方式二：使用透传模式发送数据；

⑥ AT+CIPSEND　发送数据(Data:Test2)；

⑦ 发送：+++　退出透传发送三个连续的+++，不要选择新行(\r\n)；

⑧ 退出成功，即可发送 AT 指令。

10.3　STM32 与 ESP8266 模块的连接

10.3.1　STM32 与 ESP8266 模块的硬件连接

1. STM32 串口 3

前面使用 STM32 的串口 2 连接蓝牙模块，本节将采用串口 3 来连接 ESP8266 模块。USART3_TX：PB10；USART3_RX：PB11。由于该 STM32 板设计为与 STM32F407 兼容，又由于 PB11 被 STM32F407 的以太网接口共用，所以把 PB11 连接到了以太网接口 CN16 上。另外，PB10 连接到了 P110 接口上，如图 10-4 所示。

2. ESP8266 模块的连接

Wi-Fi 模块目前用得比较多的是 ESP8266 模块，一个模块的价格在 8 元左右，外观

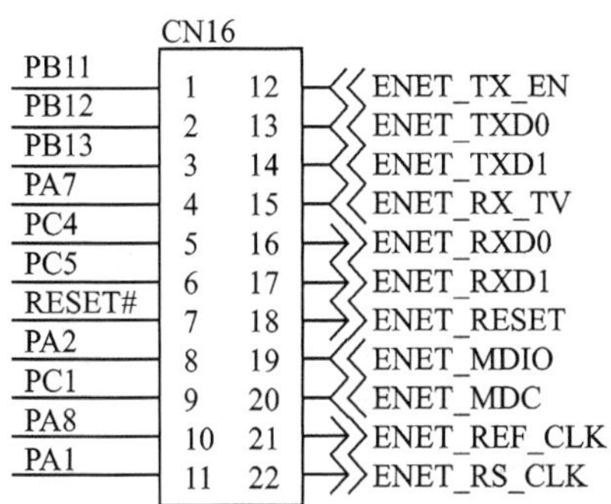

图 10－4　STM32 串口 3 与 ESP8266 模块的连接

小巧，很方便应用于 STM32 系统。ESP8266 模块的引脚安排如图 10－5 所示。

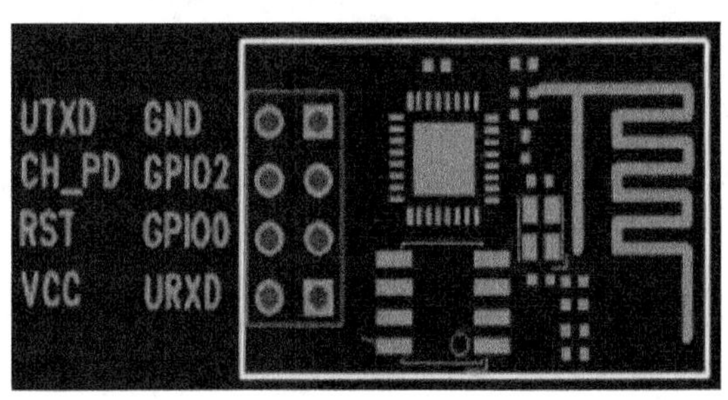

图 10－5　ESP8266 模块引脚定义

Flash 启动进入 AT 系统，只需 CH－PD 引脚接 VCC 或接上拉（不接上拉的情况下，串口可能无数据），其余三个引脚可选择悬空或接 VCC，但一般复位引脚 RST 可以连接 STM32 开发板的复位引脚或者采用一个专门的 I/O 口来负责 ESP8266 模块的复位。与 STM32 的连接通常可以选择如表 10－1 所列的引脚。

STM32 与 ESP8266 模块的连接如图 10－6 所示。

表 10－1　STM32 串口常用引脚

引　脚	说　明
PA0	USART4_TX
PA1	USART4_RX
PA2	USART2_TX
PA3	USART2_RX
PA9	USART1_TX
PA10	USART1_RX
PB10	USART3_TX
PB11	USART3_RX

图 10－6　STM32 与 ESP8266 模块的连接

10.3.2　STM32 与 ESP8266 Station 模式的应用模型

采用电脑作为 TCP 服务器，如图 10-7 所示。

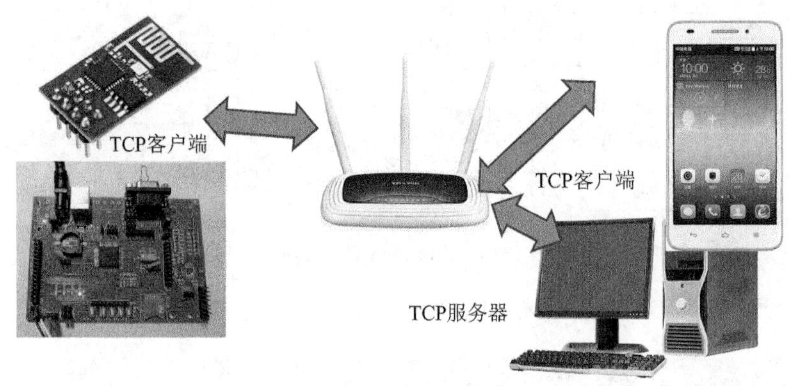

图 10-7　采用电脑作为 TCP 服务器

采用片式电脑（树莓派、香蕉派、香橙派等）作为 TCP 服务器，如图 10-8 所示。

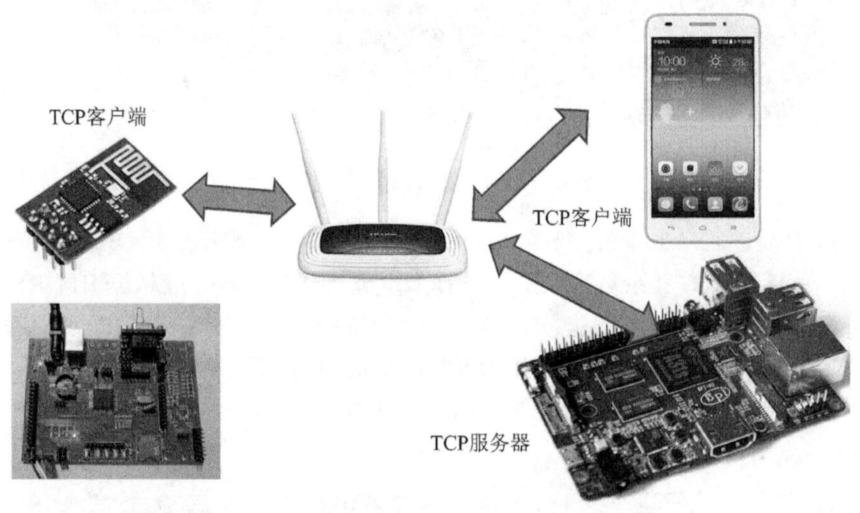

图 10-8　采用片式电脑作为 TCP 服务器

10.4　STM32 与 ESP8266 模块的程序设计

10.4.1　TCP 服务器程序

1. PC 和 Windows 7 下的 TCP 服务器程序

在 Obtain_Studio 之中，采用“\傻瓜 STM32 项目\wxWidgets_TCP 服务器模板”

创建名为"wx_tcpserver_005"的 TCP 服务器程序，然后编译和运行，单击"启动服务器"按钮，正常情况下显示"Server listening."，运行效果如图 10－9 所示。

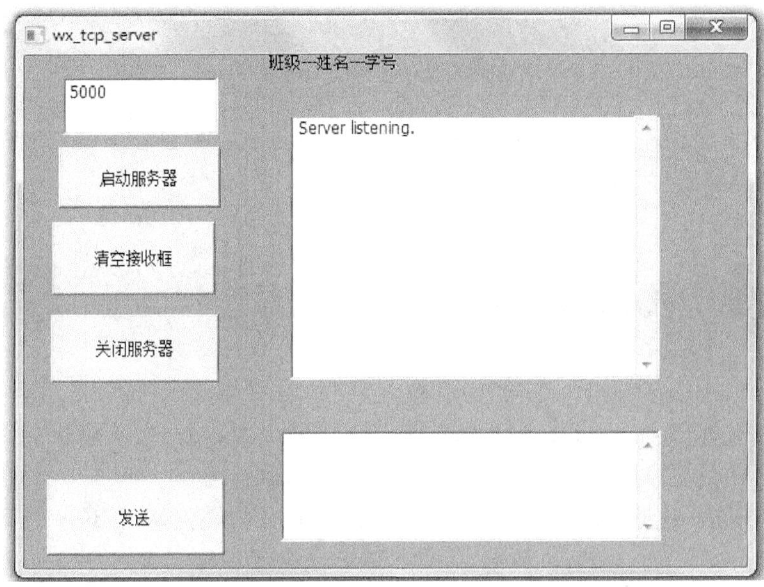

图 10－9　PC 和 Windows 7 下的 TCP 服务器程序运行效果

2. 香蕉派和 Linux 下的 TCP 服务器程序

香蕉派开发板连接好电源线、网线以及串口线，如图 10－10 所示，然后在香蕉派开发板上安装 Raspbian 系统，通过远程桌面管理 Raspbian 系统。

图 10－10　香蕉派开发板连接好电源线、网线以及串口线连接

(1) 安装 wxWidgets

Raspbian 系统上安装 wxWidgests 的方法如下：

```
$ sudo apt-get install libgtk2.0-dev
$ sudo apt-get install wx2.8-headers libwxgtk2.8-0 libwxgtk2.8-dev
```

输入 wx-config——cxxflags，检查 wxWidgests、wxGTK 是否正确配置安装。

(2) 编译和运行 wxWidgets 项目

通过远程桌面连接香蕉派板，或者通过香蕉派板上的 HDMI 接口联系到显示器，把在 Obtain_Studio 里创建、编写好的项目，整个项目目录通过 ftp 复制到香蕉派开发板 Raspbian 系统上，在终端上切换到项目的 Linux 子目录下，然后输入 make 命令编译项目。

编译过程中，如果提示字符集中有错误，则针对有错误的文件用 leafpad 或 gedit 等文本编译器打开，选择“另存为”，选择字符集模式为“UTF-8”，然后保存为与原来同名的文件名并覆盖掉原来的文件，完成之后重新编译即可。

编译完成后，在 Linux 目录下生成一个名为 main 的文件，运行该文件即可。运行效果与前面介绍的 PC 和 Windows 7 下的 TCP 服务器程序完全相同。

10.4.2 ESP8266 模块的 STM32 程序

在 STM32 程序中，通过程序配置 ESP8266 模块，把 ESP8266 模块设置成 TCP 客户端。同时也配置 ESP8266 的路由器参数，让它能正常连接到与 PC、香蕉派和手机共同的路由器上。

在 Obian_Studio 中，创建一个“\ARM 项目\STM32 项目\STM32F103ZET6 项目\STM32F103ZET6_OS 模板”的新项目，项目名为“stm32f103vet6_silly_006”。主程序代码如下：

```
#include "main.h"
void task0(void);//任务 0
void task1(void);//任务 1
void processing(string str);
void setup()
{
    add(task0);
    add(task1);
}
void  task0(void ){ while(1) delay(900);}//任务 0
void  task1(void ) //任务 1
{
    CKey key1(KEY1);
```

```
        if(key1.isDown())
        {
            wifi.TCP_Server_init("iot1","012345678","5000","1","0001","123456");
            wifi.TCP_Server_start(processing);
        }
        else
        {
            wifi.TCP_Client_init("iot1","000","192.168.1.100","5000","1","0001","
123456");
            wifi.TCP_Client_start(processing);
        }
        while(1)
        {
          if(wifi.isReady())
          {
              wifi.send("adc1",adc1.getValue());
              wifi.delay(200);
          }
          sleep(50);
        }
    }
    void processing(string str)
    {
        string name = wifi.get_name(str);
        string idata = wifi.get_idata(str);
        if(name == "led1"&&idata == "0"){led1.On();wifi.send("led1_s",1);}
        if(name == "led1"&&idata == "1"){led1.Off();wifi.send("led1_s",0);}
        if(name == "led2"&&idata == "0"){led2.On();wifi.send("led2_s",1);}
        if(name == "led2"&&idata == "1"){led2.Off();wifi.send("led2_s",0);}
    }
```

1. 创建 CEsp8266 对象

创建 CEsp8266 对象的方法如下：

CEsp8266 Wi-Fi("kui004","12345678","192.168.4.101","5000","1","0001");

① 第一个参数是路由器的名称，与电脑、手机所连接的路由器的名称相同。

② 第二个参数是路由器的密码。

③ 第三个参数是 TCP 服务器的 IP 地址。

④ 第四个参数是 TCP 服务器的端口号。

⑤ 第五个参数是系统号，如果要组成多个不同的系统，那么就使用该参数来区别不同的系统。

⑥ 第六个参数是设备号。如果有多块 STM32 板，那么第一块设备号为 0001，第二块设备号为 0002。

2. processing 函数

processing 函数是处理接收字 Wi-Fi 数据的函数，函数的参数是一个 json 数据包。格式为：

```
({success:'[{"id":"1","deviceID":"0001","name":"led1","idata":"0","strdata":""}]'})
```

3. setup 函数

setup 函数是整个系统的配置函数。初始化的代码可以写在这个函数内。

4. loop 函数

setup 函数是整个系统的主循环函数。它会反复地被执行，所以这些不需要 while(1)语句来做无限循环。

5. Wi-Fi 对象的 send 函数

Wi-Fi 对象的 send 函数是发送 Wi-Fi 数据的函数，第一个参数是数据名称，第二个参数是数据的值。

6. Wi-Fi 对象的 delay 函数

Wi-Fi 对象的 delay 函数是延时函数。该延时函数与普通的延时函数有很大的区别，它除了具有延时功能之外，最重要的是它边延时边干活，主要是对 Wi-Fi 接收的数据进行处理。这样做的优点是让 STM32 能及时地处理接收到的数据。

程序中使用到了 ADC(模/数转换)的功能，这部分的内容将在下一章中详细讲解。通过 ADC 采集 I/O 口的电压值，然后通过 Wi-Fi 发送到服务器。服务器再转发到手机上。

10.4.3 安卓 TCP 客户端程序

采用"\傻瓜 STM32 项目\Android_TCP 客户端模板"创建一个新的项目，项目名称为" Android_TCP_silly_005"。编译之后启动模拟器。在 Obtain_Studio 中，启动 Android 模拟器的工具如图 10-11 所示。

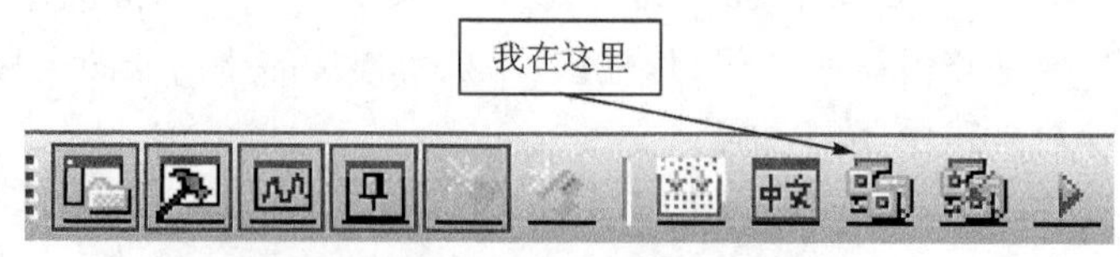

图 10-11 启动 Android 模拟器工具

启动 Android 模拟器的过程特别慢，请耐心等待。启动完成之后，可以保持模拟器的运行状态，不要关闭。Android 模拟器及其开锁之后的界面，如图 10-12 所示。

模拟器 90°旋转，快捷键：Ctrl+F11 或 Ctrl+F12。

在 Obtain_Studio 中，运行 Android 应用程序的工具如图 10-13 所示。

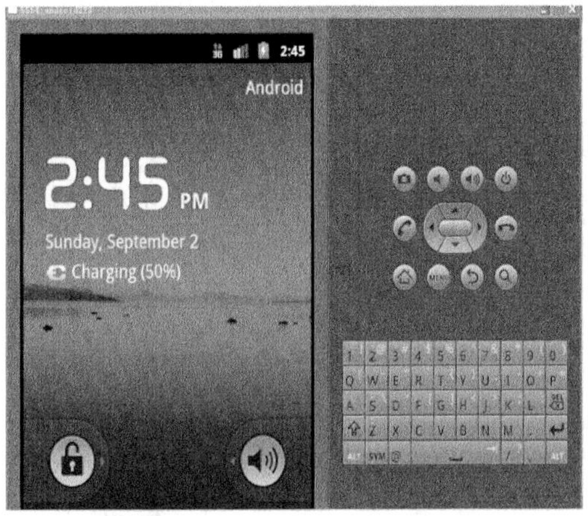

(a) 模拟器界面

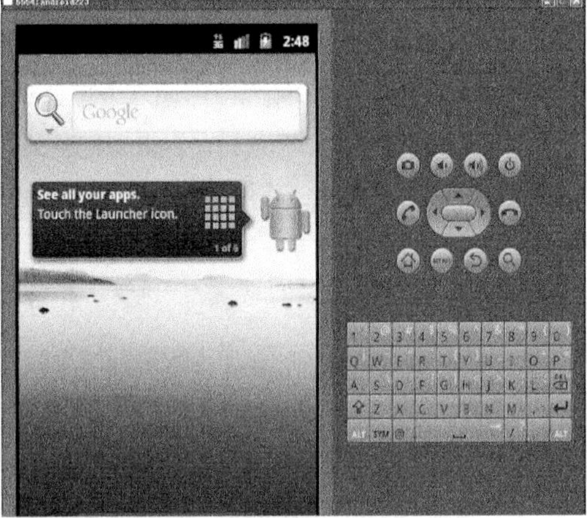

(b) 开锁后的界面

图 10－12　Android 模拟器

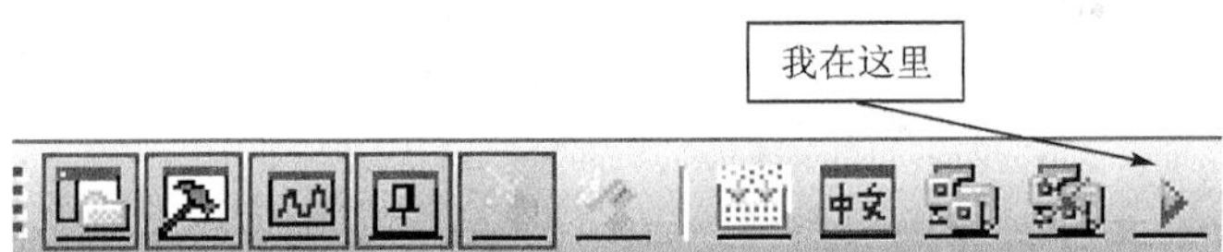

图 10－13　运行 Android 应用程序的工具

在模拟器中，可以看到运行的程序界面，如图 10－14 所示。

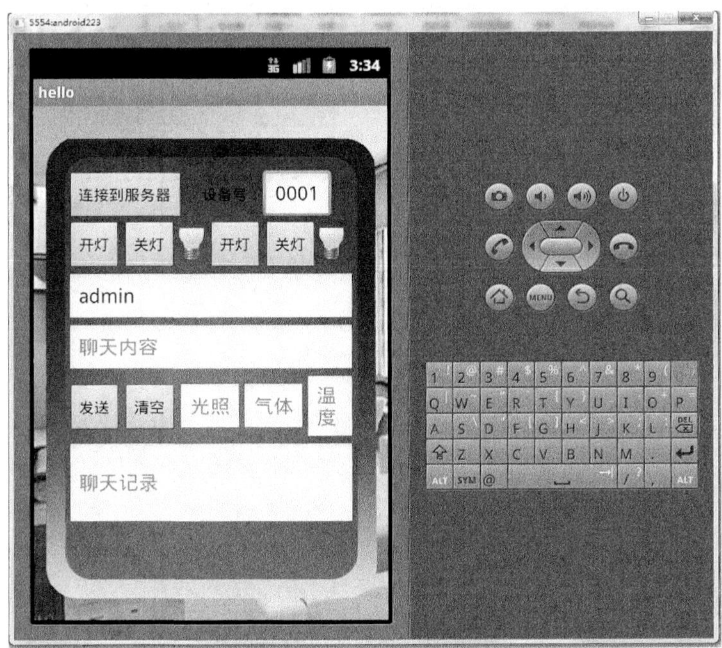

图 10－14　程序界面

在模拟器上测试没问题之后，可以把 Android_TCP_silly_005 项目 bin 子目录下的 hello-debug.apk 文件通过 QQ 或者其他方式传到手机上，然后安装和运行。运行界面如图 10－15 所示，图(a)界面中的 IP 地址就是 TCP 服务器 IP 地址。单击登录就进入控制界面，在控制界面里，单击“连接到服务器”按钮就可以连接到 TCP 服务器，成功连接之后，可以接收 STM32 开发板送上来的 ADC 数据和温度数据，以及 LED 的状态。单击控制界面上的“开灯”和“关灯”按钮，可以控制 STM32 板上的 LED 灯的亮灭。

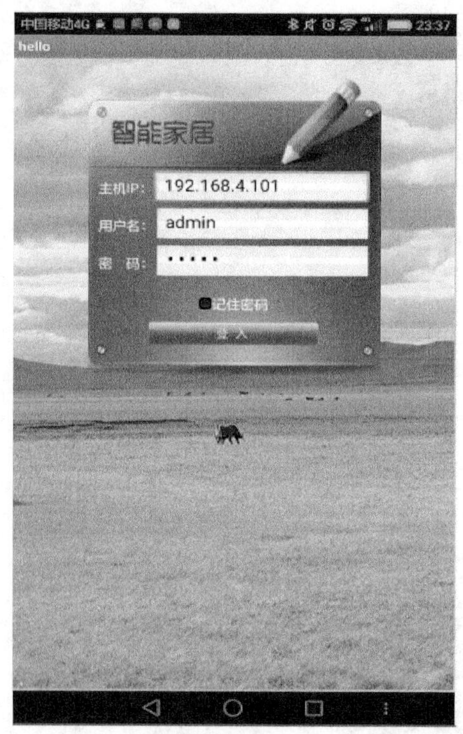

(a) IP地址

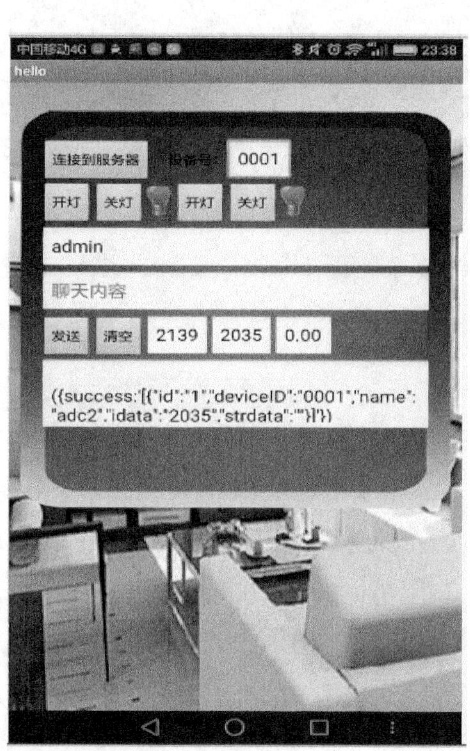

(b) 控制界面

图 10－15 模块通信程序运行效果

第11章 感知与信号采集

11.1 物联网感知技术

11.1.1 结绳记数

1. 关于结绳记数

早在原始人时代，人们在生产活动中慢慢地注意到1只羊和许多羊、1头狼和许多狼的差异。随着时间的推移慢慢地产生了数的概念。最早人们利用自己的手指来记数，当自己的手指不够用的时候，人们开始采用“石头记数”。

当人们觉得“石头记数”法比较麻烦且容易出错时，又想出了“结绳记数”法，如图11-1所示。结绳记事(计数)：原始社会创始的以绳结形式反映客观经济活动及其数量关系的记录方式。结绳记事(计数)是被原始先民广泛使用的记录方式之一。文献记载：“上古结绳而治，后世圣人易以书契，百官以治，万民以察。”(《易·系辞下》)

图11-1 结绳记数

在我国古代的甲骨文中，数学的“数”，它的右边表示一只右手，左边则是一根打了许多绳结的木棍：“数”者，图结绳而记之也。

2. 从结绳记数到模/数转换

如果我们需要检测亮度，应该如何做呢？古代对于亮度描述方法有：较亮、光明、熠熠闪光、耀眼夺目、金碧辉煌、微亮、明亮、明晃晃、明朗、明媚、明灭、闪烁、明闪闪、明晰、光彩夺目等。如果采用结绳记数法来对亮度进行描述，则可如图 11－2 所示。

图 11－2　以结绳记数法来描述亮度

如果采用一个模拟集成电路——比较器来对亮度等级进行检测，结构如图 11－3 所示。

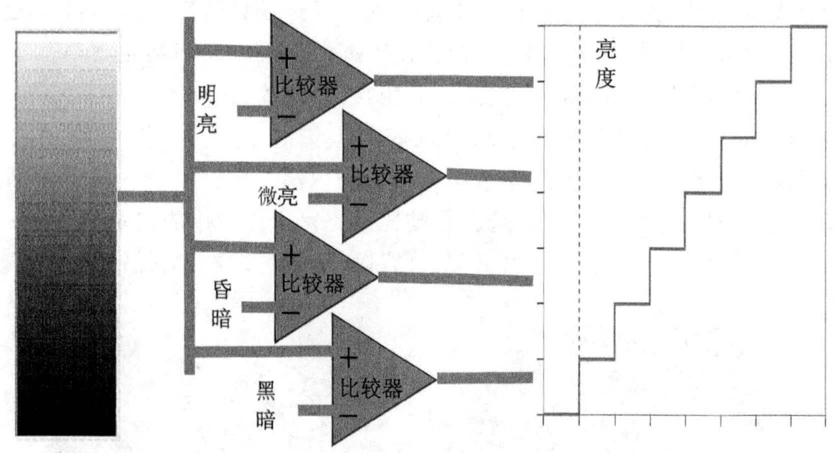

图 11－3　用比较器进行亮度等级检测

采用比较器来对亮度等级进行检测，并且把结果输入到单片机中，结构如图 11－4 所示。

11.1.2　关于物联网感知技术

1. 物联网感知技术介绍

物联网一共分三层：感知层、网络层、应用层。感知层主要负责采集信号，网络层主要负责传输信号，应用层主要负责与用户交互。物联网的精髓是感知，感知包括传感器的信号采集、协同处理、智能组网、信息服务，以达到控制和指挥的目的。

物联网感知技术的核心就是信号采集技术与信号处理技术。现代社会从信息时

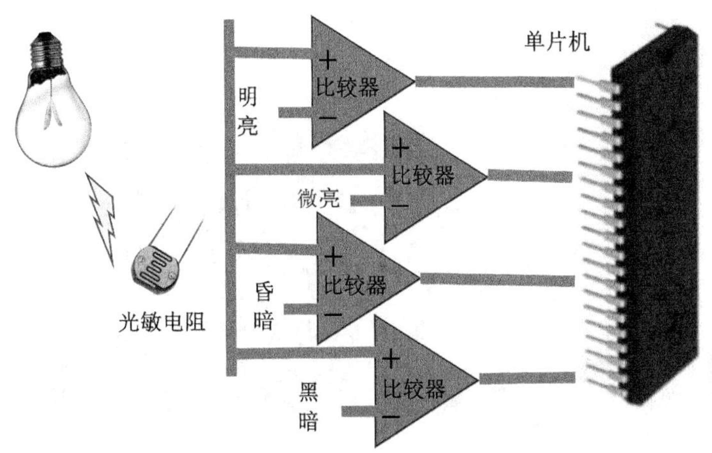

图 11－4　比较器与单片机的连接

代、互联网时代过渡到了 AI 物联网时代。产业对智能化的需求，依赖的是大数据与人工智能技术。智能物联网通过网络赋予万物感知，最终在云端形成大量数据，并通过智能化落地应用，IoT 数据成为驱动 AI 的新能源，我们正在进入 IoT 数据驱动的 AI 时代。

2. 物联网感知的实现

物联网感知的实现过程，就是信号的采集与处理过程。其中，ADC 是信号采集的一个重要环节，下面以 STM32 ADC 为例子进行介绍。

由于 STM32 已经集中了从模拟信号到数字信号转换的功能，上面与比较器和单片机的连接可以简化成如图 11－5 所示的结构。STM32 的 ADC 模块是 12 位逐次逼近模拟/数字转换器。它拥有多达 18 路输入，可测量来自 16 个外部、2 个内部的信号。各通道可以进行单次、连续、扫描或断续模式的 A/D 转换。ADC 转换结果存储到左或右对齐的 16 位数据寄存器。

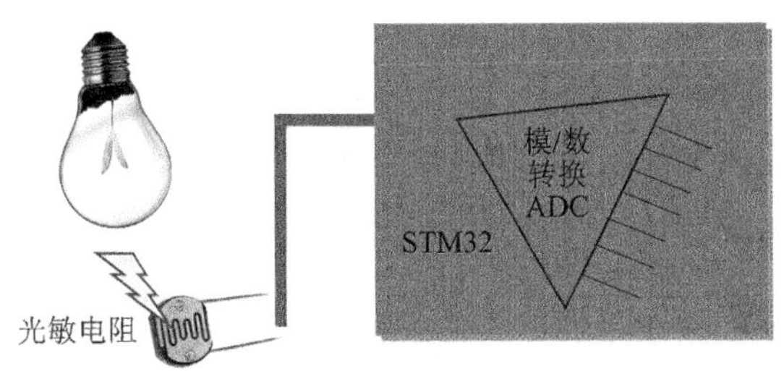

图 11－5　STM32 检测亮度

在物联网系统中，经常要感知外界的温度、光线强度等，这些感知可以通过温敏、光敏传感器采集信号，然后通过单片机进行信号的 ADC 转换与处理，实现对外界的感知过程。例如对光线的感知，可以通过 STM32 开发板与光敏电阻来实现，其连接如

图 11－6 所示。

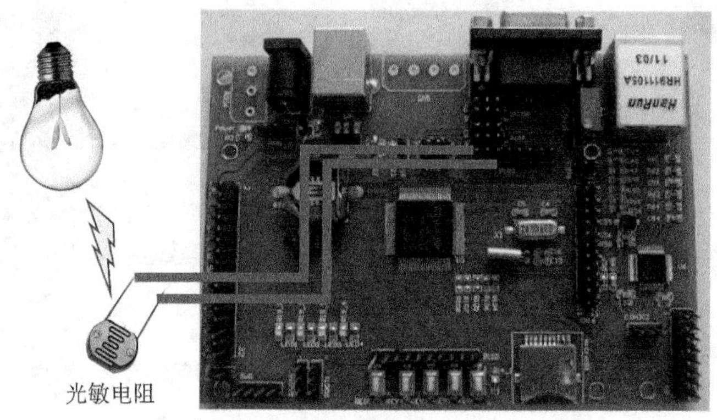

图 11－6　STM32 开发板与光敏电阻的连接

11.2　STM32 ADC 的程序设计

1. 光敏电阻输入电路的设计

光敏电阻输入电路如图 11－7 所示，采用于电阻 R_x 与光敏电阻组合成一个分压电路。

光线最弱时光敏电阻的阻值为 R_{t0}，光线最强时光敏电阻的阻值为 R_{t1}，下面将计算如何取 R_x 的值，才能让 V_o 输出的动态范围最大。动态范围越大，通过 STM32 的 ADC 采集到的亮度范围越大，分辨率越高。

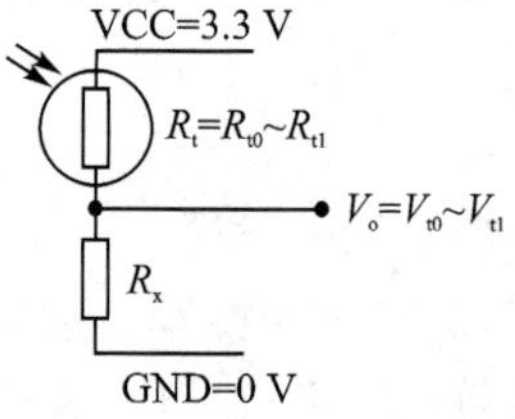

$$V_{t0}=\mathrm{VCC}\times R_x/(R_x+R_{t0})$$

$$V_{t1}=\mathrm{VCC}\times R_x/(R_x+R_{t1})$$

图 11－7　光敏电阻输入电路

设变化范围为 Y：

$$\begin{aligned} Y&=V_{t1}-V_{t0}\\ &=\mathrm{VCC}\times R_x/(R_x+R_{t1})-\mathrm{VCC}\times R_x/(R_x+R_{t0})\\ &=\mathrm{VCC}\times R_x[1/(R_x+R_{t1})-1/(R_x+R_{t0})]\\ &=\mathrm{VCC}\times R_x\{(R_{t0}-R_{t1})/[(R_x+R_{t1})\times(R_x+R_{t0})]\}\end{aligned}$$

如让 Y 取最大值，则要 $1/Y$ 取最小值，设 $f=(R_x+R_{t1})\times(R_x+R_{t0})/R_x$，则 f 取最小值时 Y 得最大值。

$$\begin{aligned} f&=(R_x+R_{t1})\times(R_x+R_{t0})/R_x\\ &=[R_x\times R_x+(R_{t1}+R_{t0})R_x+R_{t1}\times R_{t0}]/R_x\\ &=R_x+(R_{t1}+R_{t0})+(R_{t1}\times R_{t0})/R_x\end{aligned}$$

$$f'=1-(R_{t1}\times R_{t0})/R_x\times R_x$$

当 $f'=0$ 时，f 有最小值。

$$1-(R_{t1}\times R_{t0})/R_x\times R_x=0$$

$$R_x\times R_x=R_{t1}\times R_{t0}$$

$$R_x=\sqrt{R_{t0}\times R_{t1}}$$

因此，当 $R_x=\sqrt{R_{t0}\times R_{t1}}$ 时，光敏电阻输入电路的输出变化范围最大。例如：当前选择的光敏电阻，当光线最暗时，用万用表测量得到的电阻值是 200 kΩ 左右；最亮时，电阻是 0.5 kΩ 左右。那么 R_x 选择 10 kΩ 比较合适。

2. STM32 ADC 程序设计

光敏电阻检测程序的代码如下：

```
#include "main.h"
void task0(void);//任务 0
void task1(void);//任务 1
CLed led1(LED1),led2(LED2),led3(LED3);
CAdc adc1(ADC_Channel_10);
void setup()
{
    add(task0);
    add(task1);
}
void  task0(void ){while(1){delay(900);! led1;}}//任务 0
void  task1(void ) //任务 1
{
    usart1.start();
    usart1.Printf("usart1.start();\r\n");
    while(1)
    {
        usart1.Printf("班级 -- 姓名 -- 学号 \r\n");
        usart1.Printf("adc1 = % d\r\n",adc1.getValue());
        sleep(2000);
    }
}
```

把 STM32 采集到的光敏电压数据发送到电脑上，在电脑上即可看到如图 11－8 所示的数据。

从测试的效果看，具有很好的动态范围。最黑时(用手指在光敏电阻上)，ADC 输出值是 100 多，最亮时(用手机 LED 灯近距离(5 cm)直射在光敏电阻上)，ADC 输出值是 3 700 多。

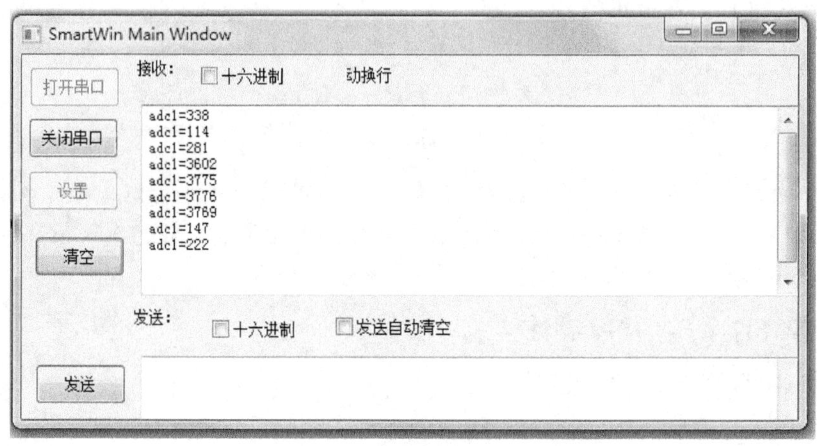

图 11－8　电脑上接收的 ADC 数据

11.3　深入 STM32 的 ADC 原理

11.3.1　STM32 的 ADC 简介

1. STM32 的 ADC 转换器

STM32 的 ADC 是一种 12 位逐次逼近型(SAR)模拟/数字转换器。STM32 ADC 内部结构如图 11－9 所示，它有 18 个通道，可测量 16 个外部和 2 个内部信号源。各通道的 ADC 转换可以单次、连续、扫描或间断模式执行。ADC 的结果可以左对齐或右对齐方式存储在 16 位数据寄存器中。模拟看门狗特性允许应用程序检测输入电压是否超出用户定义的高/低阈值。

STM32 ADC 主要特征如下：

- 12 位分辨率。
- 转换结束，注入转换结束和发生模拟看门狗事件时产生中断。
- 单次和连续转换模式。
- 从通道 0 到通道 n 的自动扫描模式。
- 自校准。
- 带内嵌数据一致的数据对齐。
- 通道之间采样间隔可编程。
- 规则转换和注入转换均有外部触发选项。
- 间断模式。
- 双重模式(带 2 个或以上 ADC 的器件)。
- ADC 转换时间：
  - STM32F103xx 增强型：ADC 时钟为 56 MHz 时为 1 μs(ADC 时钟为

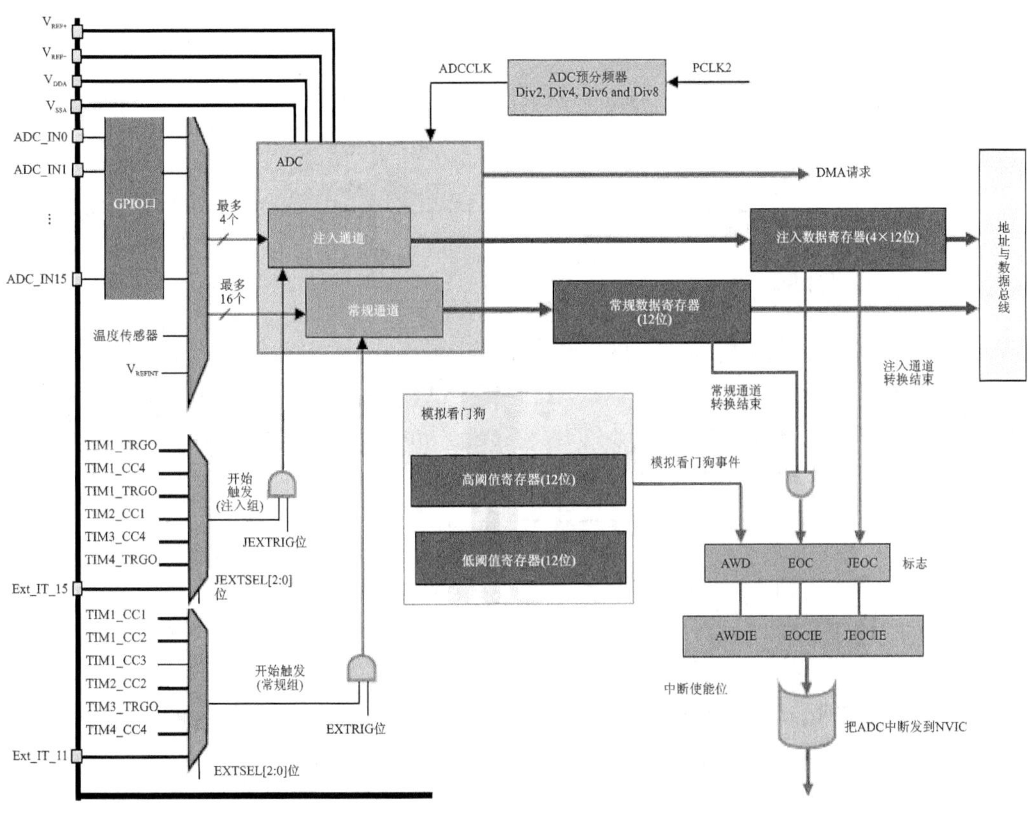

图 11-9　STM32 ADC 内部结构

72 MHz 时为 1 μs)；

◆ STM32F101xx 基本型：ADC 时钟为 28 MHz 时为 1 μs(ADC 时钟为 36 MHz 时为 1.55 μs)；

◆ STM32F102xxUSB 型：ADC 时钟为 48 MHz 时为 1.21 μs。

➢ ADC 供电要求：2.4～3.6 V。

➢ ADC 输入范围：VREF－≤VIN≤VREF＋。

➢ 规则通道转换期间有 DMA 请求产生。

ADC 引脚功能如表 11-1 所列。

表 11-1　ADC 引脚功能

名　称	信号类型	注　释
VREF＋	输入，模拟参考正极	ADC 使用的高端/正极参考电压，2.4 V≤VREF＋≤VDDA
VDDA	输入，模拟电源	等效于 VDD 的模拟电源且：2.4 V≤VDDA≤VDD(3.6V)

续表 11-1

名　称	信号类型	注　释
VREF－	输入，模拟参考负极	ADC 低端/负极参考电压，VREF－＝VSSA
VSSA	输入，模拟电源地	等效于 VSS 的模拟电源地
ADC_IN[15:0]	模拟输入信号	16 个模拟输入通道

注：VDDA 和 VSSA 应该分别连接到 VDD 和 VS。

2. SAR ADC 工作原理

SAR ADC 的主要优点是低功耗、高分辨率、高精度、输出数据不存在延时以及小尺寸。SAR 结构的主要局限是采样速率较低。SAR ADC 的结构如图 11-10 所示。它由采样保持电路(Track/Hold)、比较器(Comparator)、DAC(数字/模拟转换器)、寄存器(N-bit 寄存器)和移位寄存器(SAR Logic)组成。

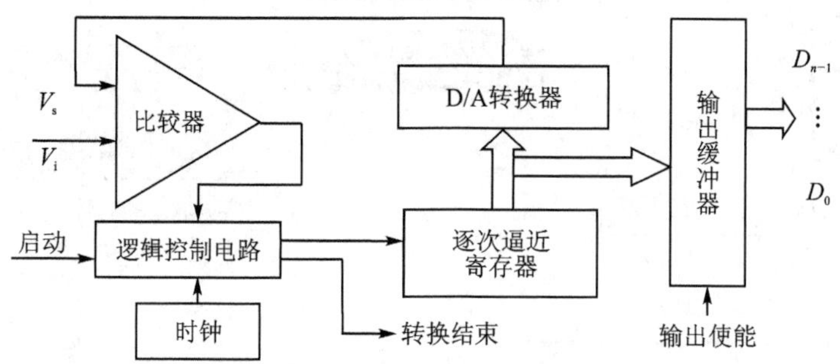

图 11-10　SAR ADC 结构

SAR ADC 的主要工作过程如下：

① 模拟输入电压(Vi)由采样/保持电路保持，寄存器(SAR)各位清 0。

② 为了实现二进制搜索算法，当第一个时钟脉冲到来时，SAR 最高位置 1，N 位寄存器首先设置在数字中间刻度(即 100...00)。这样，数字/模拟转换器(DAC)输出(V_s)被设置为 $V_{ref}/2$。比较器判断 V_i 是小于还是大于 V_s。如果 $V_i > V_s$，则比较器输出逻辑高电平为 1，N 位寄存器的 MSB 保持 1。反之，比较器输出逻辑低电平，N 位寄存器清 0。

③ 当第二个时钟脉冲到来时，SAR 次高位置为 1，将寄存器中新的数字量送至 D/A 转换器，输出的 V_s 再与 V_i 比较，若 $V_s < V_i$，则保留该位的 1；否则次高位清 0。

④ 重复上述过程，这个过程一直持续到最低有效位(LSB)。最后寄存器中的内容即为输入模拟值转换成的数字量。

11.3.2　STM32 ADC 的程序设计

STM32 ADC 的初始化过程如图 11-11 所示，主要分为 GPIO 初始化、ADC 初始化、ADC 自动校准 3 个步骤。

在下面的 STM32 ADC 入门实例主程序中，配置了 3 个通道的 ADC，其中 ADC_

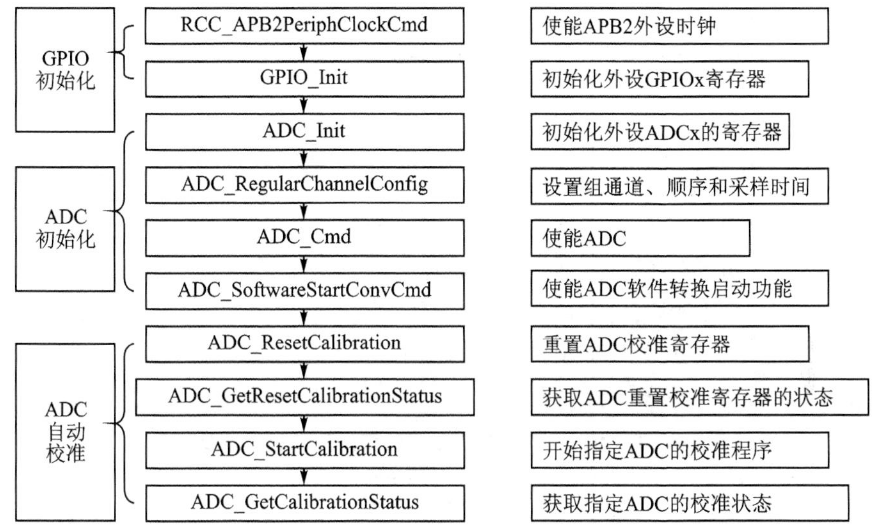

图 11 - 11　STM32 ADC 初始化过程

Channel_0 通道用于外部 ADC 输入测量，ADC_Channel_16 通道用于芯片内部温度测量，ADC_Channel_17 通道用于内部标准电压的测量。然后在主循环里，按 ADC 数值、温度值、电压值 3 种不同的方式读取数据，并把数据通过串口发送出来。

STM32 ADC 入门实例主程序的实现代码如下：

```
#include "include/bsp.h"
#include "include/led_key.h"
#include "include/adc.h"
#include "include/usart.h"
static CBsp bsp;
CUsart usart1(USART1,9600);
CLed led1(LED1),led2(LED2),led3(LED3);
int main()
{
    bsp.Init();
    usart1.start();
    CAdc adc1(ADC_Channel_0);
    CAdc adc2(ADC_Channel_16);
    CAdc adc3(ADC_Channel_17);
    while(1)
    {
        led1.isOn()?led1.Off():led1.On();
        printf("adc1 数值 = %d \r\n",adc1.getValue());
        bsp.delay(10000);
        printf("adc2 温度 = %3.2f \r\n",adc2.GetTemp());
```

```
        bsp.delay(10000);
        printf("adc3 电压 = %3.3f \r\n",adc3.GetVolt());
        bsp.delay(10000);
    }
    return 0;
}
```

STM32 有 16 个多路通道,通道对应的端口引脚以及通道宏定义如表 11-2 所列。可以把转换分成两组:规则组和注入组。在任意多个通道上以任意顺序进行的一系列转换构成组转换。例如,可以如下顺序完成转换:通道 3、通道 8、通道 2、通道 2、通道 0、通道 2、通道 2、通道 15。

表 11-2　通道对应的端口引脚以及通道宏定义

通　道	ADC1	ADC2	ADC3	通道宏定义
通道 0	PA0	PA0	PA0	ADC_Channel_0
通道 1	PA1	PA1	PA1	ADC_Channel_1
通道 2	PA2	PA2	PA2	ADC_Channel_2
通道 3	PA3	PA3	PA3	ADC_Channel_3
通道 4	PA4	PA4	PF6	ADC_Channel_4
通道 5	PA5	PA5	PF7	ADC_Channel_5
通道 6	PA6	PA6	PF8	ADC_Channel_6
通道 7	PA7	PA7	PF9	ADC_Channel_7
通道 8	PB0	PB0	PF10	ADC_Channel_8
通道 9	PB1	PB1		ADC_Channel_9
通道 10	PC0	PC0	PC0	ADC_Channel_10
通道 11	PC1	PC1	PC1	ADC_Channel_11
通道 12	PC2	PC2	PC2	ADC_Channel_12
通道 13	PC3	PC3	PC3	ADC_Channel_13
通道 14	PC4	PC4		ADC_Channel_14
通道 15	PC5	PC5		ADC_Channel_15
通道 16	温度传感器			ADC_Channel_16
通道 17	内部参考电压			ADC_Channel_17

注:1. ADC1 的模拟输入通道 16 和通道 17 在芯片内部分别连到了温度传感器和 VREFINT;

2. ADC2 的模拟输入通道 16 和通道 17 在芯片内部连到了 Vss;

3. ADC3 模拟输入通道 14,15,16,17 与 Vss 相连。

规则组由多达 16 个转换组成。规则通道和它们的转换顺序在 ADC_SQRx 寄存器中选择。规则组中转换的总数写入 ADC_SQR1 寄存器的 L[3:0]位中。

注入组由多达 4 个转换组成。注入通道和它们的转换顺序在 ADC_JSQR 寄存器

中选择。注入组里的转换总数目必须写入 ADC_JSQR 寄存器的 L[1:0]位中。

如果 ADC_SQRx 或 ADC_JSQR 寄存器在转换期间被更改，当前的转换被清除，一个新的启动脉冲将发送到 ADC 以转换新选择的组。

11.3.3 STM32 ADC 程序分析

1. CAdc 类

CAdc 类采用了以下 5 种工作方式实现：

- ADC1 和 ADC2 独立工作；
- 单通道；
- 非连续模式；
- 转换由软件而不是外部触发启动；
- 右对齐。

CAdc 类的工作方式是，在每次调用成员函数 getValue 读取数据时，开始进行一次 ADC 转换，函数会等待这一次转换完成后才返回一个数值，并且会停止转换，直到下一次调用读取函数时才又启动 ADC 转换功能。

要读取多个数据，就多次调用 getValue 函数。如果要读取多个通道的数据，则为每个通道创建一个 CAdc 类的对象，然后调用对象的 getValue 函数来读取某个通道的数据。CAdc 类适合在实时性要求不是很高及采用查询方式读取 ADC 数据的场合中应用。

CAdc 类的声明如下：

```
    class CAdc
    {
        ADC_TypeDef * ADCx;//哪个 ADC,包括 ADC1、2 和 3
        uint8_t ADC_Channel;//哪个通道
        uint8_t ADC_SampleTime;//采样时间
        ADC_InitTypeDef  ADC_InitStructure;
    public:
        CAdc(ADC_TypeDef * m_ADCx,uint8_t m_ADC_Channel,uint8_t m_ADC_SampleTime)
        :ADCx(m_ADCx),ADC_Channel(m_ADC_Channel),ADC_SampleTime(m_ADC_SampleTime) {adc_
config();}
        CAdc(uint8_t m_ADC_Channel,uint8_t m_ADC_SampleTime):ADCx(ADC1),ADC_Channel (m_
ADC_Channel),ADC_SampleTime(m_ADC_SampleTime) {adc_config();}
        CAdc(uint8_t m_ADC_Channel):ADCx(ADC1),ADC_Channel(m_ADC_Channel),ADC_SampleTime
(ADC_SampleTime_239Cycles5) {adc_config();}
        void adc_config();
        void ADCCLKConfig(uint32_t m_RCC_PCLK){RCC_ADCCLKConfig(m_RCC_PCLK);}
        uint16_t getValue();
        double GetTemp(vu32 advalue);//读取采用值
```

```
    double GetVolt(vu32 advalue);//读取采用后的电压值
    double GetTemp(){return GetTemp(getValue());}
    double GetVolt(){return GetVolt(getValue());}
    void delay(vu32 time);//延时子函数
};
```

2. 读取ADC转换结果

读取ADC转换结果的方式有很多种，包括直接查询、中断读取以及DMA方式读取等。最简单的是直接查询，它的优点：一是简单；二是在需要它时才让它进行转换，无须做无用的转换；三是可以灵活地变换要读取的通道号。直接查询的缺点：一是需要等待一次转换的完成，速度慢一些；二是等待的时间也会消耗处理器时间，浪费处理器运算资源。

读取ADC转换数值函数的实现代码如下：

```
uint16_t CAdc::getValue()
{
    ADC_RegularChannelConfig(ADCx,ADC_Channel,1,ADC_SampleTime);
    //将ADCx信道1的转换通道1的采样时间设置为ADC_SampleTime个周期
    ADC_SoftwareStartConvCmd(ADCx,ENABLE);//使能软件转换启动功能
    //检查制定ADC标志位置1与否ADC_FLAG_EOC转换结束标志位
    while(ADC_GetFlagStatus(ADCx,ADC_FLAG_EOC)==RESET);
    return ADC_GetConversionValue(ADCx);//返回ADCx转换出的值
}
```

3. ADC的配置

ADC配置主要有两个工作：一是通道的配置；二是ADC自动校准。通道的配置包括ADC模式、扫描模式、触发方式、数据对齐方式、扫描通道数等。另外，还需要进行采样时间的配置。

ADC的配置函数的实现代码如下：

```
Void CAdc::adc_config()
{
    //(省略了GPIO的初始化部分)
    ADC_InitStructure.ADC_Mode=ADC_Mode_Independent;//独立模式
    ADC_InitStructure.ADC_ScanConvMode=DISABLE;//失能连续多通道模式
    ADC_InitStructure.ADC_ContinuousConvMode=DISABLE;//失能连续转换
    ADC_InitStructure.ADC_ExternalTrigConv=ADC_ExternalTrigConv_None;
    ADC_InitStructure.ADC_DataAlign=ADC_DataAlign_Right;//右对齐
```

```
    ADC_InitStructure.ADC_NbrOfChannel = 1;//扫描通道数
    ADC_Init(ADCx,&ADC_InitStructure);//用上面的参数初始化 ADCx
    ADC_RegularChannelConfig(ADCx,ADC_Channel,1,ADC_SampleTime);
    //将 ADCx 信道 1 的转换通道 1 的采样时间设置为 ADC_SampleTime 个周期
    ADC_Cmd(ADCx,ENABLE);//使能 ADC
    ADC_SoftwareStartConvCmd(ADCx,ENABLE);//使能软件转换启动功能
    //下面是 ADC 自动校准,开机后需执行一次,保证精度
    ADC_ResetCalibration(ADCx);//重置 ADCx 校准寄存器
    while(ADC_GetResetCalibrationStatus(ADCx));//得到重置校准寄存器状态
    ADC_StartCalibration(ADCx);//开始校准 ADCx
    while(ADC_GetCalibrationStatus(ADCx));//得到校准寄存器状态
    //ADC 自动校准结束 -- -- -- -- -- -- ---
}
```

4. ADC 工作模式

ADC_Mode 设置 ADC 工作在独立或者双 ADC 模式,可选择的模式如下:

- ADC_Mode_Independent　ADC1 和 ADC2 工作在独立模式;
- ADC_Mode_RegInjecSimult　ADC1 和 ADC2 工作在同步规则和同步注入模式;
- ADC_Mode_RegSimult_AlterTrig　ADC1 和 ADC2 工作在同步规则模式和交替触发模式;
- ADC_Mode_InjecSimult_FastInterl　ADC1 和 ADC2 工作在同步规则模式和快速交替模式;
- ADC_Mode_InjecSimult_SlowInterl　ADC1 和 ADC2 工作在同步注入模式和慢速交替模式;
- ADC_Mode_InjecSimult　ADC1 和 ADC2 工作在同步注入模式;
- ADC_Mode_RegSimult　ADC1 和 ADC2 工作在同步规则模式;
- ADC_Mode_FastInterl　ADC1 和 ADC2 工作在快速交替模式;
- ADC_Mode_SlowInterl　ADC1 和 ADC2 工作在慢速交替模式;
- ADC_Mode_AlterTrig　ADC1 和 ADC2 工作在交替触发模式。

5. 扫描模式

ADC_ScanConvMode 规定了模/数转换工作在扫描模式(多通道)还是单次(单通道)模式,可以设置这个参数为 ENABLE 或者 DISABLE。

此模式用来扫描一组模拟通道。扫描模式可通过设置 ADC_CR1 寄存器的 SCAN 位来选择。一旦这个位被设置,ADC 扫描所有被 ADC_SQRX 寄存器(对规则通道)或 ADC_JSQR(对注入通道)选中的所有通道。

在每个组的每个通道上都执行单次转换。在每个转换结束时,同一组的下一个通道被自动转换。如果设置了 CONT 位,那么转换不会在选择组的最后一个通道上停止,而是再次从选择组的第一个通道继续转换。

如果设置了 DMA 位,在每次 EOC 后,DMA 控制器把规则组通道的转换数据传输到 SRAM 中。而注入通道转换的数据总是存储在 ADC_JDRx 寄存器中。

6. 工作模式

ADC_ContinuousConvMode 规定了模/数转换工作是否是连续模式。

(1) 单次转换模式

单次转换模式下,ADC 只执行一次转换。该模式既可通过设置 ADC_CR2 寄存器的 ADON 位(只适用于规则通道)启动,也可通过外部触发启动(适用于规则通道或注入通道),这时 CONT 位为 0。一旦选择通道的转换完成:

① 如果一个规则通道被转换:

- 转换数据被储存在 16 位 ADC_DR 寄存器中;
- EOC(转换结束)标志被设置;
- 如果设置了 EOCIE,则产生中断。

② 如果一个注入通道被转换:

- 转换数据被储存在 16 位的 ADC_DRJ1 寄存器中;
- JEOC(注入转换结束)标志被设置;
- 如果设置了 JEOCIE 位,则产生中断。

然后 ADC 停止。

(2) 连续转换模式

在连续转换模式中,当前面 ADC 转换一结束马上就启动另一次转换。此模式可通过外部触发启动或通过设置 ADC_CR2 寄存器上的 ADON 位启动,此时 CONT 位是 1。每个转换后:

① 如果一个规则通道被转换:

- 转换数据被储存在 16 位的 ADC_DR 寄存器中;
- EOC(转换结束)标志被设置;
- 如果设置了 EOCIE,则产生中断。

② 如果一个注入通道被转换:

- 转换数据被储存在 16 位的 ADC_DRJ1 寄存器中;
- JEOC(注入转换结束)标志被设置;
- 如果设置了 JEOCIE 位,则产生中断。

7. ADC 的转换触发方式

ADC_ExternalTrigConv 定义了使用外部触发来启动规则通道的模/数转换。转换可以由外部事件触发(例如定时器捕获、EXTI 线)。如果设置了 EXTTRIG 控制位,则外部事件就能够触发转换。EXTSEL[2:0]和 JEXTSEL[2:0]控制位允许应用程序选择 8 个可能的事件中的某一个可以触发规则和注入组的采样。当外部触发信号被选为 ADC 规则或注入转换时,只有它的上升沿可以启动转换。上面各选项的意义如表 11-3 所列。

表 11-3 ADC_ExternalTrigConv 选项的意义

ADC1 和 ADC2 用于规则通道的外部触发			ADC1 和 ADC2 用于注入通道的外部触发		
触发源	类型 EXTSEL[2:0]		触发源	连接类型 JEXTSEL[2:0]	
定时器 1 的 CC1 输出	片上定时器的内部信号	000	定时器 1 的 TRGO 输出	片上定时器的内部信号	000
定时器 1 的 CC2 输出		001	定时器 1 的 CC4 输出		001
定时器 1 的 CC3 输出		010	定时器 2 的 TRGO 输出		010
定时器 2 的 CC2 输出		011	定时器 2 的 CC1 输出		011
定时器 3 的 TRGO 输出		100	定时器 3 的 CC4 输出		100
定时器 4 的 CC4 输出		101	定时器 4 的 TRGO 输出		101
EXTI 线 11	外部引脚	110	EXTI 线 15	外部引脚	110
SWSTART	软件控制	111	JSWSTART	软件控制	111

ADC_ExternalTrigConv 可选项有:

```
#define ADC_ExternalTrigConv_T1_CC1((uint32_t)0x00000000)//ForADC1andADC2
#define ADC_ExternalTrigConv_T1_CC2((uint32_t)0x00020000)//ForADC1andADC2
#define ADC_ExternalTrigConv_T2_CC2((uint32_t)0x00060000)//ForADC1andADC2
#define ADC_ExternalTrigConv_T3_TRGO((uint32_t)0x00080000)//ForADC1andADC2
#define ADC_ExternalTrigConv_T4_CC4((uint32_t)0x000A0000)//ForADC1andADC2
#define ADC_ExternalTrigConv_Ext_IT11_TIM8_TRGO((uint32_t)0x000C0000)
//ForADC1andADC2
#define ADC_ExternalTrigConv_T1_CC3((uint32_t)0x00040000)//ForADC1,ADC2andADC3
#define ADC_ExternalTrigConv_None((uint32_t)0x000E0000)//ForADC1,ADC2andADC3
#define ADC_ExternalTrigConv_T3_CC1((uint32_t)0x00000000)//ForADC3only
#define ADC_ExternalTrigConv_T2_CC3((uint32_t)0x00020000)//ForADC3only
#define ADC_ExternalTrigConv_T8_CC1((uint32_t)0x00060000)//ForADC3only
#define ADC_ExternalTrigConv_T8_TRGO((uint32_t)0x00080000)//ForADC3only
#define ADC_ExternalTrigConv_T5_CC1((uint32_t)0x000A0000)//ForADC3only
#define ADC_ExternalTrigConv_T5_CC3((uint32_t)0x000C0000)//ForADC3only
```

TIM8_TRGO 事件只存在于大容量产品,对于规则通道,选中 EXTI 线路 11 和 TIM8_TRGO 作为外部触发事件,可以通过设置 ADC1 和 ADC2 的 ADC1_ETRGREG_REMAP 位和 ADC2_ETRGREG_REMAP 位实现。

TIM8_CC4 事件只存在于大容量产品,对于规则通道,选中 EXTI 线路 15 和 TIM8_CC4 作为外部触发事件,可以通过设置 ADC1 和 ADC2 的 ADC1_ENTRGINJ_

REMAP 位和 ADC2_ENTRGINJ_REMAP 位实现。

软件触发事件可以通过对寄存器 ADC_CR2 的 SWSTART 或 JSWSTART 位置 1 产生。规则组的转换可以被注入触发打断。

8. ADC 数据对齐方式

DC_DataAlign 规定了 ADC 数据向左边对齐还是向右边对齐。ADC_CR2 寄存器中的 ALIGN 位选择转换后数据储存的对齐方式。数据可以左对齐或右对齐，如图 11－12 所示。注入组通道转换的数据值已经减去了在 ADC_JOFRx 寄存器中定义的偏移量，因此结果可以是一个负值。SEXT 位是扩展的符号值。对于规则组通道，不需减去偏移值，因此只有 12 个位有效。

注入组

SEXT	SEXT	SEXT	SEXT	D11	D10	D9	D8	D7	D6	D5	D4	D3	D2	D1	D0

规则组

0	0	0	0	D11	D10	D9	D8	D7	D6	D5	D4	D3	D2	D1	D0

注入组

SEXT	D11	D10	D9	D8	D7	D6	D5	D4	D3	D2	D1	D0	0	0	0

规则组

D11	D10	D9	D8	D7	D6	D5	D4	D3	D2	D1	D0	0	0	0	0

图 11－12　数据对齐方式

9. ADC 采样时间

ADC_RegularChannelConfig 设置指定 ADC 的规则组通道，设置它们的转化顺序和采样时间。第 1 个参数是选择哪个 ADC，第 2 个参数是哪一个通道，第 3 个参数是通道转换时进行的先后顺序号，第 5 个参数是可选择的转换时间。

时间可选项定义如下：

```
#define ADC_SampleTime_1Cycles5 ((uint8_t)0x00)
#define ADC_SampleTime_7Cycles5 ((uint8_t)0x01)
#define ADC_SampleTime_13Cycles5 ((uint8_t)0x02)
#define ADC_SampleTime_28Cycles5 ((uint8_t)0x03)
#define ADC_SampleTime_41Cycles5 ((uint8_t)0x04)
#define ADC_SampleTime_55Cycles5 ((uint8_t)0x05)
#define ADC_SampleTime_71Cycles5 ((uint8_t)0x06)
#define ADC_SampleTime_239Cycles5 ((uint8_t)0x07)
```

STM32 提供编程的通道采样时间。ADC 使用若干个 ADC_CLK 周期对输入电压采样，采样周期数目可以通过 ADC_SMPR1 和 ADC_SMPR2 寄存器中的 SMP[2:0]位

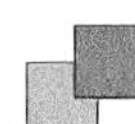

而更改。每个通道可以以不同的时间采样。总转换时间如下计算：

TCONV＝采样时间＋ 11.5 周期

例如，当 ADCCLK＝14 MHz 和 1.5 周期的采样时间：

TCONV＝1.5 ＋ 11.5＝14 周期＝1 μs

SMPx[2:0]：选择通道 x 的采样时间。这些位用于独立地选择每个通道的采样时间。在采样周期中通道选择位必须保持不变。可选择的值有：000 为 1.5 周期；100 为 41.5 周期；001 为 7.5 周期；101 为 55.5 周期；010 为 13.5 周期；110 为 71.5 周期；011 为 28.5 周期；111 为 239.5 周期。

10. ADC 使能

ADC_Init 函数根据 ADC_InitStruct 中指定的参数初始化外设 ADC1 的寄存器。

11. ADC 开关控制

通过设置 ADC_CR1 寄存器的 ADON 位可给 ADC 上电。当第一次设置 ADON 位时，它将 ADC 从断电状态下唤醒。ADC 上电延迟一段时间后（tSTAB），再次设置 ADON 位时开始进行转换。通过清除 ADON 位可以停止转换，并将 ADC 置于断电模式。在这个模式中，ADC 几乎不耗电（仅几个 μA）。

ADC 开关控制可以调用固件中 ADC_Cmd 函数来完成，ADC_Cmd 函数只能在其他 ADC 设置函数之后被调用，完成 ADC 的使能。ADC_Cmd 设置的是 ADC 的 ADON 位，可以理解为 ADC 的电源开关。

12. ADC 校准

ADC 有一个内置自校准模式。校准可大幅度减小因内部电容器组的变化而造成的准精度误差。在校准期间，每个电容器上都会计算出一个误差修正码（数字值），这个码用于消除在随后的转换中每个电容器上产生的误差。通过设置 ADC_CR2 寄存器的 CAL 位启动校准。一旦校准结束，CAL 位被硬件复位，可以开始正常转换。建议在上电时执行一次 ADC 校准。校准阶段结束后，校准码储存在 ADC_DR 中。校准时序如图 11－13 所示。

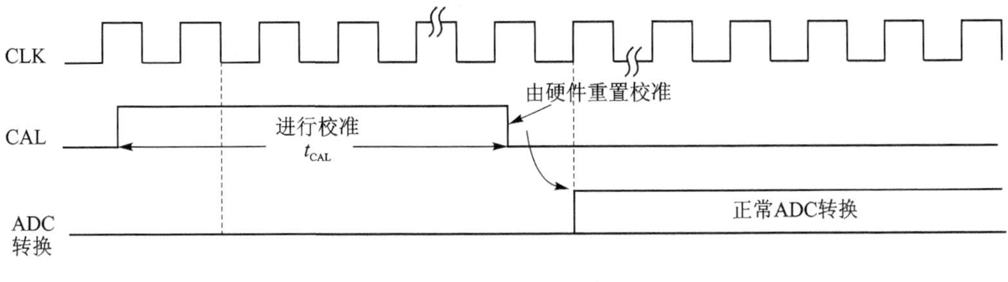

图 11－13　ADC 校准时序

注意：

- 建议在每次上电后执行校准；
- 启动校准前，ADC 必须处于关电状态（ADON＝'0'）超过至少两个 ADC 时钟周期。

ADC 校准的步骤如下：

- 重置指定的 ADC 的校准寄存器，例如：ADC_ResetCalibration(ADC1)；
- 获取 ADC 重置校准寄存器的状态，例如：
  while(ADC_GetResetCalibrationStatus(ADC1))；
- 开始指定 ADC 的校准状态，例如：ADC_StartCalibration(ADC1)；
- 获取指定 ADC 的校准程序，例如：
  while(ADC_GetCalibrationStatus(ADC1))；

13. ADC 转换开始

ADC 有软件和硬件两大触发类型，硬件类型在前面已经介绍过。如果 ADC 是由软件触发，那么调用一次 ADC_Cmd 就能使 ADC 开始工作。如果 ADC 是由硬件触发，那么调用 ADC_Cmd 以后，还要等待硬件触发信号到达，ADC 才会开始转换。

可调用 ADC_SoftwareStartConvCmd 函数来触发 ADC 转换开始，如果是硬件触发，那就等定时器或外部信号来触发再开始转换。

14. ADC 转换过程与时序图

ADC 在开始精确转换前需要一个稳定时间 tSTAB。在开始 ADC 转换和 14 个时钟周期后，EOC 标志被设置，16 位 ADC 数据寄存器包含转换的结果。ADC 转换过程如图 11－14 所示。

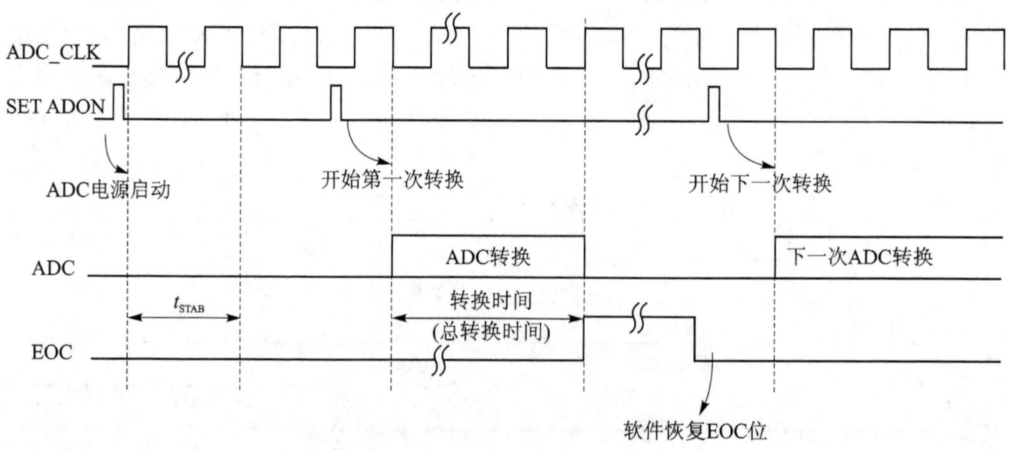

图 11－14　ADC 转换时序

15. ADC 时钟

由时钟控制器提供的 ADCCLK 时钟和 PCLK2(APB2 时钟)同步。例如：

```
/* HCLK = SYSCLK */
    RCC_HCLKConfig(RCC_SYSCLK_Div1);
    /* PCLK2 = HCLK */
    RCC_PCLK2Config(RCC_HCLK_Div1);
```

在 CAdc 类中，可以调用成员函数 ADCCLKConfig 来设置时钟，也可以直接调用固件库中的 RCC_ADCCLKConfig 函数来设置，在时钟配置寄存器(RCC_CFGR)中为位 15:14(ADCPRE)提供一个专用的可编程预分器。RCC_ADCCLKConfig 函数参数可选的项有 RCC_HCLK_Div2、RCC_HCLK_Div4、RCC_HCLK_Div6、RCC_HCLK_Div8，其功能如表 11-4 所列。

表 11-4　RCC_ADCCLKConfig 函数参数可选

可选项(宏定义)	ADCPRE	时钟源	说　明
RCC_HCLK_Div2	00	PCLK2	2 分频后作为 ADC 时钟
RCC_HCLK_Div4	01	PCLK2	4 分频后作为 ADC 时钟
RCC_HCLK_Div6	10	PCLK2	6 分频后作为 ADC 时钟
RCC_HCLK_Div8	11	PCLK2	8 分频后作为 ADC 时钟

另外，通过 RCC_APB2PeriphClockCmd 函数设置 ADC 时钟使能：

```
RCC_APB2PeriphClockCmd(RCC_APB2Periph_ADC1|RCC_APB2Periph_ADC2
        ,ENABLE);
```

11.3.4　STM32 内部温度测量

1. STM32 内部温度传感器

温度传感器可以用来测量器件周围的温度(TA)。温度传感器在内部和 ADCx_IN16 输入通道相连接，此通道把传感器输出的电压转换成数字值。温度传感器模拟输入推荐采样时间是 17.1 μs。

当没有被使用时，传感器可以置于关电模式。必须设置 TSVREFE 位激活内部通道：ADCx_IN16(温度传感器)和 ADCx_IN17(VREFINT)的转换。

STM32 内部温度传感器支持的温度范围：−40～125 ℃，精确度：±1.5 ℃。温度传感器特性如表 11-5 所列。

表 11-5　温度传感器特性

符　号	参　数	最小值	典型值	最大值	单　位
$T^{L①}$	VSENSE 相对于温度的线性度	w	±1	±2	℃
Avg_Slope①	平均斜率	4.0	4.3	4.6	mV/℃
V25①	在 25oC 时的电压	1.34	1.43	1.52	V

续表 11-5

符 号	参 数	最小值	典型值	最大值	单 位
tSTART②	建立时间	4	w	10	μs
TS_temp②③	当读取温度时,ADC 采样时间	w	w	17.1	μ

① 由综合评估保证,不在生产中测试。

② 由设计保证,不在生产中测试。

③ 最短的采样时间可以由应用程序通过多次循环决定。

温度传感器使用步骤:

- 选择 ADCx_IN16 输入通道;
- 选择采样时间大于 2.2 μs;
- 设置 ADC 控制寄存器 2(ADC_CR2)的 TSVREFE 位,以唤醒关电模式下的温度传感器;
- 通过设置 ADON 位启动 ADC 转换(或用外部触发);
- 读 ADC 数据寄存器上的 VSENSE 数据结果。

利用下列公式得出温度:

$$温度(℃)=\{(V25-VSENSE)/Avg\_Slope\}+25$$

其中,V25 是温度传感器在 25 ℃时的输出电压,典型值 1.43 V;Avg_Slope 是温度传感器输出电压和温度的关联参数,典型值 4.3 mV/℃。

2. CAdc 类中温度函数

CAdc 类中包括了 2 个温度读取函数和 2 个电压读取函数,代码如下:

```
double GetTemp()//温度传感器读取转换结果
{
     return GetTemp(getValue());
}
double GetVolt()//读取 AD 转换结果
{
     return GetVolt(getValue());
}
double CAdc::GetVolt(vu32 advalue) //转换成电压值子函数
{
    double volt = (double)advalue;
    volt = (volt * 3.3)/4096;
    return volt;
}
double CAdc::GetTemp(vu32 advalue) //转换成温度值子函数
{
```

```
    double volt = (double)advalue;
    volt = (volt * 3.3)/4096;
    double Current_Temp = (1.43-volt)/0.0043 + 25.00;
    return Current_Temp;
}
```

11.4　STM32 ADC 注入方式

11.4.1　STM32 ADC 注入方式介绍

1. ADC 注入方式的特点

注入方式相当于在正常的规则转换序列中，可以优先插入另外几个（最多 4 个）通道进行转换，完成插入通道的转换之后，又返回到原先规则转换的位置继续转换。插入的方式有两种：一种是触发信号来时再插入，另一种是自动插入。自动插入就相当于把规则序列和注入序列看成一个大的序列进行转换。比较适合用注入方式的情况有以下两种：

① 如果某些通道只是在少部分时间或只是在某个事件发生时才需要转换，那么采用注入方式最合适，它在平时不会影响到规则序列的转换，但在事件发生时它又能优先地进行转换。

② 如果想"同时"进行多个通道连续的转换，但又不想用 DMA 方式，则用注入方式比较合适。因为规则方式中的所有通道的转换结果都放在一个地方，在多个通道转换的情况下很难知道当前值是哪个通道的，而注入方式有 4 个独立的存放转换结果的寄存器，所以很容易读取某个通道的转换结果，即使不能及时读取，数据也只是被本通道的结果覆盖，而不像规则方式被其他通道的结果覆盖。

2. 注入通道管理

注入方式有触发注入和自动注入两种。

(1) 触发注入

清除 ADC_CR1 寄存器的 JAUTO 位，并且设置 SCAN 位，即可使用触发注入功能。

- 利用外部触发或通过设置 ADC_CR2 寄存器的 ADON 位，启动一组规则通道的转换；
- 如果在规则通道转换期间产生一外部注入触发，则当前转换被复位，注入通道序列被以单次扫描方式进行转换；
- 然后，恢复上次被中断的规则组通道转换。如果在注入转换期间产生一规则事件，注入转换不会被中断，但是规则序列将在注入序列结束后被执行。

注：当使用触发的注入转换时，必须保证触发事件的间隔长于注入序列。例如：序列长度为 28 个 ADC 时钟周期(即 2 个具有 1.5 个时钟间隔采样时间的转换)，触发之间最小的间隔必须是 29 个 ADC 时钟周期。

(2) 自动注入

如果设置了 JAUTO 位，在规则组通道之后，注入组通道被自动转换。这可以用来转换在 ADC_SQRx 和 ADC_JSQR 寄存器中设置的多至 20 个转换序列。在此模式里，必须禁止注入通道的外部触发。如果除 JAUTO 位外还设置了 CONT 位，则规则通道至注入通道的转换序列将被连续执行。

对于 ADC 时钟预分频系数为 4～8，当从规则转换切换到注入序列或从注入转换切换到规则序列时，会自动插入 1 个 ADC 时钟间隔；当 ADC 时钟预分频系数为 2 时，则有 2 个 ADC 时钟间隔的延迟。

11.4.2 STM32 双 ADC 模式

在有 2 个或以上 ADC 的器件中，可以使用双 ADC 模式。在双 ADC 模式里，根据 ADC1_CR1 寄存器中 DUALMOD[2:0]位所选的模式，转换的启动可以是 ADC1 主和 ADC2 从的交替触发或同时触发。

注意：在双 ADC 模式里，当转换配置成由外部事件触发时，用户必须将其设置成仅触发主 ADC，从 ADC 设置成软件触发，这样可以防止意外的触发从转换。但是，主和从 ADC 的外部触发必须同时被激活。

共有 6 种可能的模式：

① 同时注入模式；

② 同时规则模式；

③ 快速交替模式；

④ 慢速交替模式；

⑤ 交替触发模式。

⑥ 独立模式。

还可以用下列方式组合使用上面的模式：

① 同时注入模式＋同时规则模式；

② 同时规则模式＋交替触发模式；

③ 同时注入模式＋交替模式。

在双 ADC 模式里，为了从主数据寄存器上读取从转换数据，DMA 位必须被使能，即使并不用它来传输规则通道数据。

11.4.3 STM32 ADC 注入方式例子

1. 主程序

在注入方式中，注入通道有独立的保存转换结果的寄存器，这样更加方便读取转换

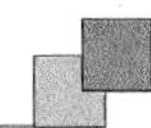

数据。在 STM32 ADC 注入方式例子的主程序，通过一个数组来定义所选择的通道，可以是 1 个、2 个、3 个或 4 个通道，然后对注入通道初始化。在主循环里，分别读取各通道的转换结果，并通过串口输出，可以在上位机中监测这些数据。由于每个注入通道都有独立保存转换结果的寄存器，因此无须在读取时等待转换的完成，而是可以直接读取数据马上返回。

采用注入方式的测试主程序代码如下：

```
#include "include/bsp.h"
#include "include/led_key.h"//GPIO 外设设置
#include "include/ADC_Injected.h"//ADC 设置
#include "include/usart.h"//串口设置
static CBsp bsp;
CUsart usart1(USART1,9600);//串口波特率设置
CLed led1(LED1),led2(LED2),led3(LED3);
int main()
{
    bsp.Init();//系统初始化
    usart1.start();//串口初始化
    uint8_t m_ADC_Channel[3] = {ADC_Channel_11,
        ADC_Channel_12,ADC_Channel_13};//通道选择
    CAdc_Injected adc_inj(m_ADC_Channel,3);//通道数目
    while(1)
    {
        led1.isOn()? led1.Off():led1.On();//灯的亮灭
        printf("Channel_11 = %d \r\n",
            adc_inj.getValue(ADC_InjectedChannel_1));
            //显示通道 1 转换采样结果
        bsp.delay(5000);
        printf("Channel_12 = %d \r\n",
            adc_inj.getValue(ADC_InjectedChannel_2));
        bsp.delay(5000);
        printf("Channel_13 = %d \r\n",
            adc_inj.getValue(ADC_InjectedChannel_3));
        bsp.delay(5000);
    }
    return 0;
}
```

2. ADC 注入类

ADC 注入类实现对 STM32 ADC 注入通道功能的封装，为了方便对多个注入通道进行统一的管理，也为了方便同时对多个注入通道进行配置，ADC 注入类中采用通道

指针的方式来指定多个通道,可以是一个通道数组的首地址(也相当于通道指针)。在 ADC 注入类中,完成了注入通道的配置、数据读取和数据处理 3 个方面的功能。

ADC 注入类实现代码如下:

```
class CAdc_Injected
{
    ADC_TypeDef * ADCx;//哪个 ADC,包括 ADC1、2 和 3;
    uint8_t * ADC_Channel;//哪个通道
    uint8_t ADC_SampleTime;//采样时间
    uint8_t Rank;//总通道数

public:
    CAdc_Injected(ADC_TypeDef * m_ADCx,uint8_t * m_ADC_Channel,uint8_t
        m_ADC_SampleTime,uint8_t m_Rank):ADCx(m_ADCx),ADC_Channel
        (m_ADC_Channel),ADC_SampleTime(m_ADC_SampleTime),Rank(m_Rank)
        {adc_config();}
    CAdc_Injected(uint8_t * m_ADC_Channel,uint8_t m_ADC_SampleTime,
        uint8_t m_Rank):ADCx(ADC1),ADC_Channel(m_ADC_Channel),
        ADC_SampleTime(m_ADC_SampleTime),Rank(m_Rank)
        {adc_config();}
    CAdc_Injected(uint8_t * m_ADC_Channel,uint8_t m_Rank)
    :ADCx(ADC1),ADC_Channel(m_ADC_Channel)
    ,ADC_SampleTime(ADC_SampleTime_239Cycles5),Rank(m_Rank)
        {adc_config();}
    void adc_config();
    void ADCCLKConfig(uint32_t m_RCC_PCLK)
        { RCC_ADCCLKConfig(m_RCC_PCLK);}
    u16 GetTemp(u16 advalue);
    u16 GetVolt(u16 advalue);
    void ADC_Channel_config();
    uint16_t getValue( uint8_t ADC_InjChannel)
    {
        uint16_t ADC_Inject_PowerV
            = ADC_GetInjectedConversionValue(ADCx,ADC_InjChannel);
        return ADC_Inject_PowerV;
    }
};
```

从 ADC 注入类的实现代码中可以看出,读取数据成员函数 getValue 的实现中并没有等待转换的过程,直接调用 ADC_GetInjectedConversionValue 函数的返回值,该函数也没有等待过程。该固件函数的源程序如下:

```
    uint16_t ADC_GetInjectedConversionValue(ADC_TypeDef * ADCx,uint8_t ADC_InjectedChan-
nel)
    {
        __IO uint32_t tmp = 0;
        /* 检查参数 */
        assert_param(IS_ADC_ALL_PERIPH(ADCx));
        assert_param(IS_ADC_INJECTED_CHANNEL(ADC_InjectedChannel));
        tmp = (uint32_t)ADCx;
        tmp += ADC_InjectedChannel + JDR_Offset;
        /* 返回选定的注入通道转换数据值 */
        return (uint16_t) ( * (__IO uint32_t * )  tmp);
    }
```

3. ADC 注入类端口配置函数

ADC 注入类端口配置函数里，完成 ADC 所使用的 GPIO 端口和对应引脚的配置工作。该函数是一个通用的端口配置函数，它可以根据所使用的 ADC 通道自动选择相应的 GPIO 口进行配置。

ADC 注入类端口配置函数实现代码如下：

```
    void CAdc_Injected::ADC_Channel_config()
    {
      GPIO_InitTypeDef GPIO_InitStructure;
      for(int i = 0;i < Rank;i++)
      {
      uint8_t m_ADC_Channel = ADC_Channel[i];//哪个通道
      if(ADCx == ADC1||ADCx == ADC2)
      {
        if(m_ADC_Channel <= 7)//开通 PA 的 0～7 口
        {
        RCC_APB2PeriphClockCmd(RCC_APB2Periph_GPIOA,ENABLE);
        //使能由 APB2 时钟控制的外设中的 PA 端口
        GPIO_InitStructure.GPIO_Pin   = (uint16_t)1 << m_ADC_Channel;//I/O 端口的第几位
        GPIO_InitStructure.GPIO_Mode = GPIO_Mode_AIN;//端口模式为模拟输入方式
        GPIO_Init(GPIOA,&GPIO_InitStructure);//默认速度为 2 MHz
        }
        else if(m_ADC_Channel <= 9) //开通 PB 的 0～9 口
        {
        RCC_APB2PeriphClockCmd(RCC_APB2Periph_GPIOB,ENABLE);
        GPIO_InitStructure.GPIO_Pin   = (uint16_t)1 << (m_ADC_Channel-8);
```

```
    GPIO_InitStructure.GPIO_Mode = GPIO_Mode_AIN;
    GPIO_Init(GPIOB,&GPIO_InitStructure);//默认速度为 2 MHz
    }
    else if(m_ADC_Channel < = 15) //开通 PC 的 0～15 口
    {
    RCC_APB2PeriphClockCmd(RCC_APB2Periph_GPIOC,ENABLE);
    GPIO_InitStructure.GPIO_Pin   = (uint16_t)1 <<(m_ADC_Channel-10);
    GPIO_InitStructure.GPIO_Mode = GPIO_Mode_AIN;
    GPIO_Init(GPIOC,&GPIO_InitStructure);//默认速度为 2 MHz
    }
    else if(ADC_Channel == 16||ADC_Channel == 17)
    {
    //ADC 内置温度传感器使能(要使用片内温度传感器,切记要开启它)
    ADC_TempSensorVrefintCmd(ENABLE);
    }
  }
  else
  {
    if(m_ADC_Channel < = 3)
    {
    RCC_APB2PeriphClockCmd(RCC_APB2Periph_GPIOA,ENABLE);
    GPIO_InitStructure.GPIO_Pin   = (uint16_t)1 <<m_ADC_Channel;
    GPIO_InitStructure.GPIO_Mode = GPIO_Mode_AIN;
    GPIO_Init(GPIOA,&GPIO_InitStructure);//默认速度为 2 MHz
    }
    else if(m_ADC_Channel < = 8)
    {
    RCC_APB2PeriphClockCmd(RCC_APB2Periph_GPIOF,ENABLE);
    GPIO_InitStructure.GPIO_Pin   = (uint16_t)1 <<(m_ADC_Channel-4);
    GPIO_InitStructure.GPIO_Mode = GPIO_Mode_AIN;
    GPIO_Init(GPIOF,&GPIO_InitStructure);//默认速度为 2 MHz
    }
    else if(m_ADC_Channel < = 15)
    {
    RCC_APB2PeriphClockCmd(RCC_APB2Periph_GPIOC,ENABLE);
    GPIO_InitStructure.GPIO_Pin   = (uint16_t)1 <<(m_ADC_Channel-10);
    GPIO_InitStructure.GPIO_Mode = GPIO_Mode_AIN;
    GPIO_Init(GPIOC,&GPIO_InitStructure);//默认速度为 2 MHz
    }
  }
  ADC_InjectedSequencerLengthConfig(ADC1,Rank);
  ADC_InjectedChannelConfig(ADCx,m_ADC_Channel,i + 1,ADC_SampleTime);
  }
}
```

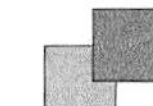

4. ADC 注入类通道配置函数

在 ADC 注入类通道配置函数里，主要实现 ADC 模式、多通道模式、扫描模式等，这些配置与本章前面介绍的 ADC 配置基本一样，只是在这里 ADC 应该配置成多通道模式、连续转换的方式。同时还进行 ADC 通道转换的校准工作。

特别之处在于，ADC 注入类通道配置函数调用了 ADC_InjectedDiscModeCmd 函数来使能注入组间断模式；还调用了 ADC_AutoInjectedConvCmd 函数来使能规则组转化后自动开始注入组转换。

ADC 注入类通道配置函数的实现代码如下：

```
void CAdc_Injected::adc_config()
{
    ADC_InitTypeDef ADC_InitStructure;
    if(ADCx == ADC1)RCC_APB2PeriphClockCmd(RCC_APB2Periph_ADC1,ENABLE);
    else if(ADCx == ADC2)RCC_APB2PeriphClockCmd(RCC_APB2Periph_ADC2,ENABLE);
    else if(ADCx == ADC3)RCC_APB2PeriphClockCmd(RCC_APB2Periph_ADC3,ENABLE);
    ADC_Channel_config();

    ADC_InjectedDiscModeCmd(ADCx,ENABLE);
    ADC_AutoInjectedConvCmd(ADCx,ENABLE);

    ADC_InitStructure.ADC_Mode = ADC_Mode_Independent;//ADC1 和 ADC2 工作的独立模式
    ADC_InitStructure.ADC_ScanConvMode = ENABLE;// = DISABLE;//多通道模式
    ADC_InitStructure.ADC_ContinuousConvMode = ENABLE;//ENABLE;//连续转换
    ADC_InitStructure.ADC_ExternalTrigConv = ADC_ExternalTrigConv_None;
    //转换不受外界决定,由软件控制开始转换(还有触发方式等)
    ADC_InitStructure.ADC_DataAlign = ADC_DataAlign_Right;///AD 输出数值为右端对齐方式
    ADC_InitStructure.ADC_NbrOfChannel = 2;//扫描通道数
    ADC_Init(ADC1,&ADC_InitStructure);//用上面的参数初始化 ADC1
    ADC_Cmd (ADCx,ENABLE);//使能或者失能指定的 ADC

    ADC_SoftwareStartConvCmd(ADCx,ENABLE);//使能或者失能指定的 ADC 的软件转换启动功能
    //下面是 ADC 自动校准,开机后需执行一次,保证精度
    ADC_ResetCalibration(ADCx);//重置 ADCX 校准寄存器
    while(ADC_GetResetCalibrationStatus(ADCx));//得到重置校准寄存器状态
    ADC_StartCalibration(ADCx);//开始校准 ADCX
    while(ADC_GetCalibrationStatus(ADCx));//得到校准寄存器状态
    //ADC 自动校准结束---------------
    ADC_SoftwareStartConvCmd(ADCx,DISABLE);//使能 ADCX 由软件控制开始转换
    ADC_SoftwareStartInjectedConvCmd(ADCx,ENABLE);
}
```

第 12 章 传感器信号采集

12.1 夸父逐日

“夸父逐日”是中国上古时代的神话传说故事，故事出自《山海经·海外北经》。相传在黄帝王朝的时代，夸父族其中一个首领想要把太阳摘下，放到人们的心里面，于是就开始逐日。他口渴的时候喝干了黄河、渭水，准备往北边的大湖（或大海）去喝水，奔于大泽路途中被渴死。他的手杖化作邓林，成为桃花园；而他的身躯化作了夸父山。

下面是采用 STM32 的 ADC 功能实现的一种夸父逐日模型——电子向日葵玩具模型，小向日葵跟着光线转。该玩具模型的工作原理，也可以应用于太阳能板的自动转向。电子向日葵玩具模型主要包括四大部分：STM32、相步进电机、向日葵花盘及传感器等。STM32 作为整个系统的控制核心，主要负责模拟量的采集以及根据采集的模拟量驱动相步进电机；步进电机则是用于控制向日葵花的转动，其受 STM32 控制；传感器采用光敏电阻，在接受光照时会发生阻值的变化，系统根据阻值变化调节相步进电机运转，最终让电子向日葵玩具模型自动转向光线强的方向。

采用两个光敏电阻来测量左右两边光线的强度。可以把两个光敏电阻测量到的电压值分别送到 STM32 的两个 ADC 通道进行采集，然后通过比较它们的大小来判断哪边光线强。也可以把两个光敏电阻串联起来，如图 12-1 所示，根据其中点的电压值的高低可以判断哪边光敏比较强。假设两边光线一样强时的中点电压值为 V_o，如果输出电压大于 V_o，则代表左边的光线强，因此左边光线强时 Rx0 的电阻变小，它上边的分压值就小，中点连接出来的输出电压就变高。反过来，如果中点输出电压低于 V_o，则说明右边的光线强。

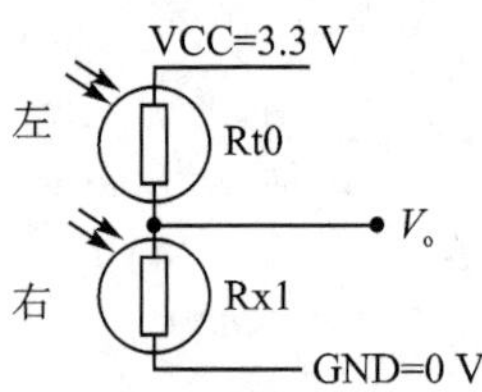

图 12-1　两个光敏电阻串联

如果能选择到两个相同光线强度下电阻值一致的光敏电阻就最好，这里 V_o 就等于 VCC。但平时这位的光敏电阻不容易找，则需要实际测量一下 V_o 的值。可以采用一个简便的办法，就是在 STM32 初始化时，保持两边的光线强度相同，并且在初始化时采用 V_o 的值。

```
#include "include/io_map__stm32f103vet6.h"
#include "include/bsp.h"
#include "include/led_key.h"
#include "include/usart.h"
#include "include/adc.h"

CUsart usart1(USART1,115200);
CLed led1(LED1),led2(LED2),led3(LED3),led4(LED4);

CAdc adc1(ADC_Channel_10);
long Vo = 0;
int Vi = 0;
void setup()
{
    usart1.start();
    for(int i = 0;i <10;i ++ )
    {
        Vo += adc1.getValue();
        bsp.delay(50);
    }
    Vo/ = 10;
    usart1.Printf("Vo = %d\r\n",Vo);
}
Void loop()
{
    Vi = adc1.getValue();
    if(Vi >Vo + 400)
    {
        if(!led1.isOn())
        {
            led1.On();led2.Off();
            usart1.Printf("led1.Off();led2.On();adc1 = %d\r\n",Vi);
        }
    }
    else if(Vi <Vo-400)
    {
        if(!led2.isOn())
        {
            led2.On();led1.Off();
            usart1.Printf("led2.Off();led1.On();adc1 = %d\r\n",Vi);
        }
    }
```

```
        else
        {
            if(led1.isOn())
            {
                led1.Off();
                usart1.Printf("led1.Off();adc1 = %d\r\n",Vi);
            }
            if(led2.isOn())
            {
                led2.Off();
                usart1.Printf("led2.Off();adc1 = %d\r\n",Vi);
            }
        }
    }
```

上述程序运行的效果是，当左边的光线强时，LED1 亮，LED2 灭；当右边的光线强时，LED2 亮，LED1 灭；当两边光线基本相同时，LED1 和 LED2 都不亮。

接下来就把 STM32 上的 LED1、LED2、LED3、LED4 四个连接引脚（如图 12－2 所示）连接到一个步进电路驱动板的四个输入信号引脚上。

引脚	端口	功能
1	PB10	TIM2_CH3
2	PA0	KEY1
3	PB14	KEY2
4	PB15	KEY3
5	PC13	KEY4
6	PB2	LED1
7	PD3	LED2
8	PE2	LED3
9	PE3	LED4
10	GND	

图 12－2　STM32 上的 LED1、LED2、LED3、LED4 四个连接引脚

采用的 ADC 和步进电机驱动程序如下：

```
#include "include/io_map__stm32f103vet6.h"
#include "include/bsp.h"
#include "include/led_key.h"
#include "include/usart.h"
#include "include/adc.h"
CUsart usart1(USART1,115200);
CLed led1(LED1),led2(LED2),led3(LED3),led4(LED4);//,led5(LED5),led6(LED6);

CAdc adc1(ADC_Channel_10);
CAdc adc2(ADC_Channel_11);
long Vo = 0;
int Vi = 0;

CLed led[] = {CLed(LED1),CLed(LED2),CLed(LED3),CLed(LED4)};
```

```
CLeds leds(4,led);

void left(int M)
{
    for(int j = 0;j <M;j ++ )
    for(int i = 0;i <4;i ++ )
    {
        leds = (1 <<i);
        bsp.delay(10);
    }
}
void right(int M)
{
    for(int j = 0;j <M;j ++ )
    for(int i = 3;i > = 0;i -- )
    {
        leds = (1 <<i);
        bsp.delay(10);
    }
}

void setup()
{
    usart1.start();
    for(int i = 0;i <10;i ++ )
    {
        Vo + = adc1.getValue();
        bsp.delay(50);
    }
    Vo/ = 10;
    usart1.Printf("Vo = % d\r\n",Vo);
}
void loop()
{
    Vi = adc1.getValue();
    if(Vi >Vo + 400) left(1);
    else if(Vi <Vo-400) right(1);
    else
    {
        led1.Off();led2.Off();led3.Off();led4.Off();
    }
}
```

设计完成的电子向日葵玩具效果如图 12-3 所示。

图 12-3　电子向日葵玩具模型

12.2　MQ-2 烟雾传感器模块

MQ-2 气体传感器所使用的气敏材料是在清洁空气中电导率较低的二氧化锡(SnO_2)。当传感器所处环境中存在可燃气体时,传感器的电导率随空气中可燃气体浓度的增加而增大。使用简单的电路即可将电导率的变化转换为与该气体浓度相对应的输出信号。MQ-2 气体传感器对液化气、丙烷、氢气的灵敏度高,对天然气和其他可燃蒸气的检测也很理想。这种传感器可检测多种可燃性气体,是一款适合多种应用的低成本传感器。

MQ-2 气体传感器模块如图 12-4 所示。MQ-2 气体传感器模块应用:可以用于家庭和工厂的气体泄漏监测装置,适宜于液化气、丁烷、丙烷、甲烷、烟雾等的探测。

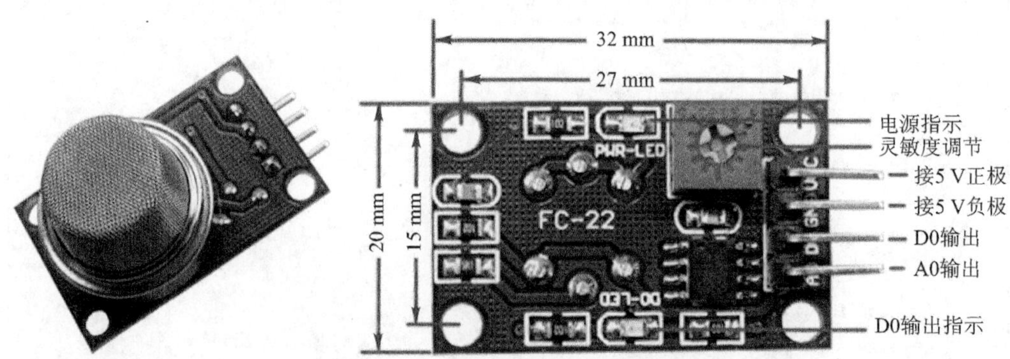

图 12-4　MQ-2 气体传感器模块

MQ-2 气体传感器模块特色:

① 采用优质双面板设计,具有电源指示和 TTL 信号输出指示。

② 具有 DO 开关信号(TTL)输出和 AO 模拟信号输出。

③ TTL 输出有效信号为低电平。(当输出低电平时信号灯亮,可直接接单片机或继电器模块。)

④ 模拟量输出电压随浓度的增高而增高。

⑤ 对液化气、天然气、城市煤气、烟雾都有较高的灵敏度。

⑥ 有 4 个螺丝孔,便于定位。

⑦ 产品外形尺寸:32 mm(L)×20 mm(W)×22 mm(H)。

⑧ 具有长期的使用寿命和可靠的稳定性。

⑨ 快速的响应恢复特性。

MQ-2 气体传感器模块的电路原理图如图 12-5 所示。

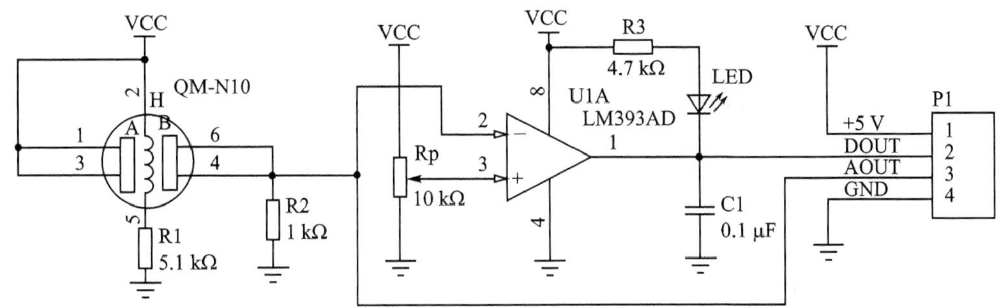

图 12-5　MQ-2 气体传感器模块的电路原理图

电气性能:

输入电压:DC 5 V;功耗(电流):150 mA。

DO 输出:TTL 数字量 0 和 1(0.1 V 和 5 V)。

AO 输出:0.1～0.3 V(相对无污染),最高浓度电压 4 V 左右。

特别提醒:传感器通电后,需要预热 20 s 左右,测量的数据才稳定,传感器发热属于正常现象,因为内部有电热丝,如果烫手就不正常了。

MQ-2 烟雾传感器模块使用前请预热 20 s 左右:

第一步:给模块供 5 V 直流电(注意正负极别接反,否则容易烧毁芯片)。

第二步:如果选择 DOUT,TTL 高低电平端,输出信号可以直接接单片机 I/O 口或者接一个 NPN 型三极管去驱动继电器,电位器 Rp 在这里用于调节输出电平跳变的阈值,由图 12-5 可以分析,当传感器检测到被测气体时,比较器 LM393 引脚 2 点的电压值,跟传感器检测到气体的浓度成正比,当浓度值超过电位器 Rp 设定的阈值时,比较器引脚 2 的点位高于 3 脚的点位,这时,比较器引脚 1 输出低电平,LED 灯亮,R3 为 LED 灯限流电阻,C1 为滤波电容。传感器输出低电平;反之,当没有信号时,传感器输出高电平,等于电源电压。

第三步:如果选择 AOUT,模拟量输出,那样就不用管电位器了,直接将 AOUT 脚接 A/D 转换的输入端或者带有 A/D 功能的单片机就可以了。根据经验:在正常环境中,即没有被测气体的环境,设定传感器输出电压值为参考电压,这时,AOUT 端的电压在 1 V 左右，当传感器检测到被测气体时，电压每升高 0.1 V，实际被测气体的浓度增加 200×10^{-6}（简单地说：1×10^{-6} = 1 mg/kg = 1 mg/L，常用来表示气体浓度，或者溶液浓度），根据这个参数就可以在单片机里面将测得的模拟量电压值转换为浓度值。注意：如果您是用来做精密仪器，请购买市场上标准的校准仪器，不然存在误差，因为，输出浓度和电压关系的比值并非线性，而是趋于线性。

特别提醒：传感器通电后，需要预热 20 s 左右，测量的数据才稳定，传感器发热属于正常现象，因为内部有电热丝，如果烫手就不正常了。

STM32 与 MQ-2 气体传感器模块接线方式：

① VCC：接电源正极（5 V）。

② GND：接电源负极。

③ DO：TTL 开关信号输出。

④ AO：模拟信号输出。

在 STM32 之中读取 MQ-2 气体传感器的程序比较简单，直接通过 STM32 内部的 ADC 转换并读取数据即可。例如：

```
CAdc adc1(ADC_Channel_10);
printf("adc1 数值 = %d \r\n",adc1.getValue());
bsp.delay(10000);
```

12.3 E-201 型 pH 复合电极

在智慧农业、环境监测等等应用系统中，pH 的检测是一个重要的内容，其中 E-201 型 pH 复合电极是常用的 pH 测量传感器。E-201 型 pH 复合电极工作原理是用氢离子玻璃电极与参比电极组成原电池，在玻璃膜与被测溶液中氢离子进行离子交换过程中，通过测量电极之间的电位差，来检测溶液中的 pH，从而测得被测液体的 pH。

pH 传感器俗称 pH 探头，由玻璃电极和参比电极两部分组成，如图 12-6 所示。

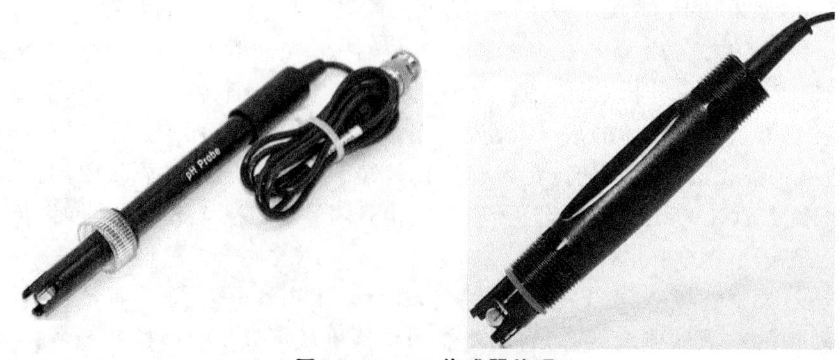

图 12-6　pH 传感器外观

玻璃电极由玻璃支杆、玻璃膜、内参比溶液、内参比电极、电极帽、电线等组成。参比电极具有已知和恒定的电极电位，常用甘汞电极或银/氯化银电极。由于 pH 与温度有关，所以，一般还要增加一个温度电极进行温度补偿，组成三极复合电极。

该电极由 pH 玻璃电极和银氯化银参比电极复合组成，是 pH 计的测量元件，用以测量水溶液的 pH。型号和主要技术参数如表 12－1 所列。

表 12－1　型号和主要技术参数

电极型号	pH 测量范围	测量温度/℃	pH 零点	误差/mV	PTS	响应时间/min	内阻/MΩ	重复性	噪声/mV
65－1	0～14	0～80	7±1	<15	>98	<2	<250	<0.017	
Bx－5	0～14	0～80	7±1	<15	>98	<2	<250	<0.017	
E－201	0～14	0～80	7±0.5	<15	>98	<2	<250	<0.017	<0.5
E－201～9	0～14	0～80	7±0.5	<15	>98	<2	<250	<0.017	<0.5
95－1	0～14	0～80	7±0.5	<15	>98	<2	<250	<0.017	<0.5
E－900	0～14	0～80	7±0.5	<15	>98	<2	<250	<0.017	<0.5

使用和注意事项：

① 电极在初次使用或久置重新使用时，把电极球泡及砂芯，浸在 3 N KCL 溶液中活化 8 h。

② 电极插头应保持清洁干燥。

③ 电极的外参比溶液为 3 N KCL 溶液。

④ 测量时应避免溶液间交叉污染。以免影响测量精度。

⑤ 电极球泡或砂芯被污染会使 PTS 下降，响应减慢。如此，则应根据污染物性质，以适当溶液清洗，使电极性能恢复。

⑥ 电极应避免长期浸在酸性氟化物溶液中。

⑦ 电极使用时，应把套在陶瓷砂芯和加液口上的橡皮圈移开，以使盐桥溶液维持一定流速。

E－201 型 pH 复合电极可以采用 AD623 模块进行信号放大。AD623 是一个集成单电源仪表放大器，它能在单电源（＋3～＋12 V）下提供满电源幅度的输出。它允许使用单个增益设置电阻进行增益编程，以得到更好的灵活性。符合 8 引脚的工业标准配置。在无外接电阻条件下，AD623 被设置为单增益（$G=1$）。在外接电阻后，AD623 可编程设置增益，增益最高可达 1 000 倍。AD623 通过提供极好的随增益增大而增大的交流共模抑制比（AC CMRR）而保持最小的误差。线路噪声及谐波将由于 CMRR 在高达 200 Hz 时仍保持恒定。它有较宽的共模输入范围，可以放大具有低于地电平 150 mV 共模电压信号。它在双电源（2.5～6 V）仍能提供优良性能。低功耗，宽电源电压范围，满电源幅度输出，使 AD623 成为电池供电的理想选择。在低电源电压下工作时，满电源幅度输出级使动态范围达最大。它可以取代分立的仪表放大器设计，且在最小的空间提供很好的线性度，温度稳定性很可靠。

E-201 型 pH 复合电极的输出信号连接到 AD623 模块进行信号放大，然后对 E-201 型 pH 复合电极的信号进行采集。

在 STM32 中读取 pH 的程序也是比较简单，与读取 MQ-2 气体传感器数据的方法相同。在实际的测量过程中，需要使用标准 pH 测量仪器或者标准的 pH 溶液来对 E-201 型 pH 复合电极的测量数据进行标定。

12.4 心跳传感器

PulseSensor 是一款用于脉搏、心率测量的光电反射式模拟传感器。将其佩戴于手指、耳垂等处，通过导线连接可将采集到的模拟信号传输给 Arduino 等单片机，用来转换为数字信号，再通过 arduino 等单片机简单计算后就可以得到心率数值，此外还可将脉搏波形通过串口上传到电脑显示波形。PulseSensor 是一款开源硬件，目前国外官网上已有其对应的开源 Arduino 程序和上位机 Processing 程序，其适用于心率方面的科学研究和教学演示，也非常适合用于二次开发。

传统的脉搏测量方法主要有三种：一是从心电信号中提取；二是从测量血压时压力传感器测到的波动来计算脉率；三是光电容积法。前两种方法提取信号都会限制病人的活动，如果长时间使用会增加病人生理和心理上的不舒适感。而光电容积法脉搏测量作为监护测量中最普遍的方法之一，其具有方法简单、佩戴方便、可靠性高等特点。

光电容积法的基本原理是利用人体组织在血管搏动时造成透光率不同来进行脉搏测量的。其使用的传感器由光源和光电变换器两部分组成，通过绑带或夹子固定在病人的手指或耳垂上。光源一般采用对动脉血中氧和血红蛋白有选择性的一定波长(500～700 nm)的发光二极管。当光束透过人体外周血管时，由于动脉搏动充血容积变化导致这束光的透光率发生改变，此时由光电变换器接收经人体组织反射的光线，转变为电信号并将其放大和输出。由于脉搏是随心脏的搏动而周期性变化的信号，动脉血管容积也呈周期性变化，因此光电变换器的电信号变化周期就是脉搏率。

根据相关文献和实验结果，560 nm 波长左右的波可以反映皮肤浅部微动脉信息，适合用来提取脉搏信号。PulseSensor 传感器原理如图 12-7 所示，采用了峰值波长为 515 nm 的绿光 LED，型号为 AM2520，而光接收器采用了 APDS-9008，这是一款环境光感受器，感受峰值波长为 565 nm，两者的峰值波长相近，灵敏度较高。此外，由于脉搏信号的频带一般为 0.05～200 Hz，信号幅度均很小，一般在毫伏级水平，容易受到各种信号干扰。在传感器后面使用了低通滤波器和由运放 MCP6001 构成的放大器，将信号放大了 330 倍，同时采用分压电阻设置直流偏置电压为电源电压的 1/2，使放大后的信号可以很好地被单片机的 AD 采集到。

PulseSensor 传感器的输出信号连接到 STM32 的 ADC 引脚，可以直接对 PulseSensor 传感器的信号进行采集。

① 定义 ADC 对象，例如采用 STM32 单片机的 PC0 连接 PulseSensor 传感器，也

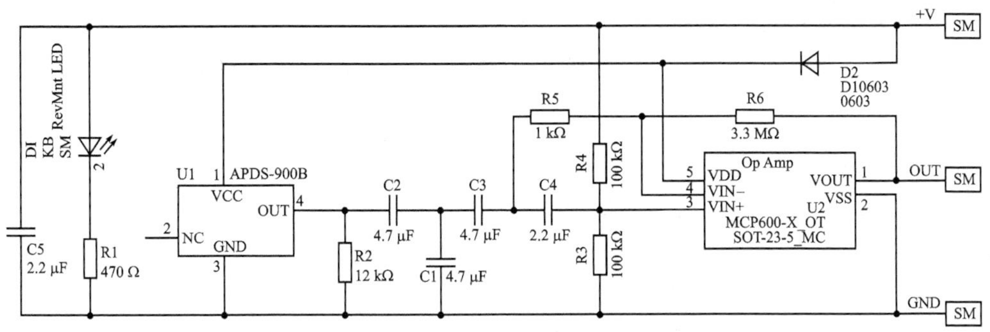

图 12-7　PulseSensor 传感器原理

就是采用 ADC 通道 10，程序如下：

```
CAdc adc1(ADC_Channel_10);
```

② 在 main 函数或者 setup 函数中设置好定时器，例如采用定时器 2，设置程序如下：

```
CTimx timer2(TIM2,30);
timer2.Init(PulseSensor);
```

③ 定义用于保存心跳信息的变量，程序如下：

```
int IBI;//相邻节拍时间
int BPM;//心率值
int Signal;//原始信号值
unsigned char QS;//发现心跳标志
```

④ 定义 PulseSensor 函数，作为定时器 2 的响应函数，在 PulseSensor 函数中对 PulseSensor 传感器信号进行 ADC 转换和数据读取。PulseSensor 函数程序如下：

```
void TIM3_PulseSensor (int pos)
{
  uint16_t runningTotal = 0;
  uint8_t i;
  uint16_t Num;

  if(TIM_GetITStatus(TIM3,TIM_IT_Update)!= RESET)
  {
    //读取到的值右移 2 位,12 位→10 位
    Signal = ADC_GetConversionValue(ADC1)/4;//读脉冲传感器
```

```
    sampleCounter += 2;//使用此变量跟踪,以毫秒为时间单位
    Num = sampleCounter - lastBeatTime;//监控上次节拍后的时间以避免噪声

    //发现脉冲波的波峰和波谷
    //找到脉冲波的波峰和波谷
    if(Signal < thresh && Num > (IBI/5) * 3){
      //通过等待最后一个 IBI 的 3/5 来避免双重噪声
      if (Signal < T){//T is the trough
        T = Signal;//跟踪脉冲波的最低点
      }
    }

    if(Signal > thresh && Signal > P){//阈值条件有助于避免噪声
      P = Signal;//P 是峰值
    }//跟踪脉冲波的最高点

    //开始寻找心跳
    //当脉冲来临的时候,signal 的值会上升
   if (Num > 250){//避免高频噪声
    if ( (Signal > thresh) && (Pulse == false) && (Num > (IBI/5) * 3) ){
      Pulse = true;//有脉冲时设置脉冲标志
      LED0 = 0;
      IBI = sampleCounter - lastBeatTime;//测量节拍之间的时间以毫秒为单位
      lastBeatTime = sampleCounter;//跟踪下一个脉冲时间

      if(secondBeat){//如果 secondBeat == TRUE
        secondBeat = false;//清除 secondBeat 标志
        for(i = 0;i <= 9;i++){
        //输入运行总数,以在启动时获得实际的 BPM
          rate[i] = IBI;
        }
      }

      if(firstBeat){
        //如果第一次找到节拍,如果 firstBeat == TRUE
        firstBeat = false;//清除 firstBeat 标志
        secondBeat = true;//设置第二拍标志
        return;//IBI 值不可靠,因此丢弃它
```

```
        }
      //保持最近 10 个 IBI 值的总计
      //runningTotal = 0;//清除 runingTotal 变量

        for(i = 0;i < = 8;i + + ){//在速率数组中移位数据
          rate[i] = rate[i + 1];//删除最早的 IBI 值
          runningTotal  + = rate[i];//将最早的 9 个 IBI 值相加
        }

        rate[9] = IBI;//将最新的 IBI 添加到 rate 数组中
        runningTotal  + = rate[9];//将最新的 IBI 添加到 runingTotal
        runningTotal / = 10;//平均最后 10 个 IBI 值
        BPM = 60000/runningTotal;
        //一分钟可以融入多少节拍? 那就是 BPM
        QS = true;//设置 Quantified Self 标志
        //QS 标志未在 ISR 内部清除
      }
    }
     //脉冲开始下降
    if (Signal <thresh && Pulse = = true){
      //当值下降时,节拍结束
      LED0 = 1;//灯灭
      Pulse = false;//重置 Pulse 标志,以便可以再次执行
      amp = P - T;//得到脉冲波的幅度
      thresh = amp/2  +  T;//将阈值设置为幅度的 50 %
      P = thresh;//下次重置这些
      T = thresh;
    }

    //没有检测到脉冲,设置默认值
    if (Num >2500){//如果 2.5 s 没有节拍
      thresh = 512;//设置阈值默认值
      P = 512;//设置 P 默认值
      T = 512;//设置 T 默认值
      lastBeatTime = sampleCounter;//使 lastBeatTime 保持最新状态
      firstBeat = true;//设置这些以避免噪声
      secondBeat = false;//当恢复心跳时
    }
    }
    TIM_ClearITPendingBit(TIM3,TIM_IT_Update);
  }
```

⑤ 在 main 函数的 while(1) 循环之中或者 loop 函数之中读取心跳数据，并把心跳数据通过串口发到上位机，程序如下：

```
if (QS == true)
{
  //sendDataToProcessing('B',BPM);//使用 B 前缀发送心率
  printf("****B %d \r\n",BPM);
  //sendDataToProcessing('Q',IBI);//使用 Q 前缀在节拍之间发送
  printf("****Q %d \r\n",IBI);
  QS = false;//下次重置 Quantified Self 标志
}
```

第 13 章 智能识别模块应用

13.1 RFID 模块应用

13.1.1 RFID 工作原理

RFID 是物联网起源技术之一，射频识别 RFID(Radio Frequency Identification)技术，又称无线射频识别，是一种通信技术，可通过无线电信号识别特定目标并读/写相关数据，而无须识别系统与特定目标之间建立机械或光学接触。

射频一般是微波，1～100 GHz，适用于短距离识别通信。

RFID 读写器也分移动式的和固定式的，目前 RFID 技术应用很广，如图书馆、门禁系统、食品安全溯源等。

RFID 技术的基本工作原理并不复杂：标签进入磁场后，接收解读器发出的射频信号，凭借感应电流所获得的能量发送出存储在芯片中的产品信息(Passive Tag，无源标签或被动标签)，或者主动发送某一频率的信号(Active Tag，有源标签或主动标签)；解读器读取信息并解码后，送至中央信息系统进行有关数据处理。

一套完整的 RFID 系统，是由阅读器(Reader)与电子标签(TAG)也就是所谓的应答器(Transponder)及应用软件系统 3 个部分组成，如图 13-1 所示。其工作原理是 Reader 发射一特定频率的无线电波能量给 Transponder，用以驱动 Transponder 电路将内部的数据送出，此时 Reader 便依序接收解读数据，送给应用程序做相应的处理。

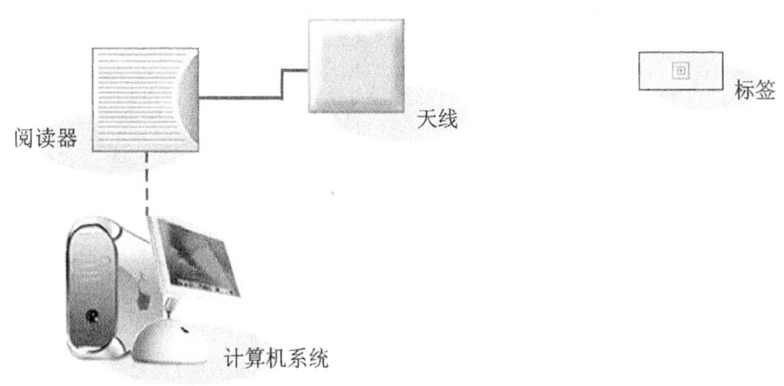

图 13-1 RFID 系统结构

13.1.2 RDM6300/RDM8800 射频模块应用

RDM 系列射频模块型号如下。

- RDM611:只读 TI 134.2 kHz 只读卡片。
- RDM630:只读 EM4100/TK4100 卡。
- RDM650:读/写 TK5557/5567 卡。
- RDM660:读/写 Hitags-256/ Hitags-2048 卡。
- RDM671:只读 EM4005/EM4105 卡。
- RDM680:读/写 EM4569/EM4469 卡。

RDM8800 是基于 Arduino 来设计的,是一个开源方案,所以它并非只能作为一个简单的 13.56M RFID 卡读卡器,还能作为一个 NFC 模块,跟有 NFC 功能的手机进行数据交换——当然,这需要新的固件支持,RDM8800 出厂时已烧好的固件只支持 ISO 14443 Type A 读卡功能。例如使用转串板 FOCA 直接串口读取 IC 卡号:

RDM8800 的串口会直接输出 10 位十进制 ACSII 码的卡号,后面接一个换行符"0x0D 0x0A"。输出格式:卡号为 46553491,则输出数据为"0046553491"(HEX:"0x30 0x30 0x34 0x36 0x35 0x35 0x33 0x34 0x39 0x31 0x0D 0x0A")。

RDM6300 是一个非开放的读卡器模块,所以只能用来作为 125 kHz EM4100 卡片的读卡器模块。

- 频率: 125 kHz/134.2 kHz。
- 支持: 134.2 kHz TI,或 125 kHz HitagS,或 125 kHz TK5567,或 125 kHz EM4100,或 125 kHz EM4469 等。
- 接口:Wiegand26 或 RS232(TTL 电平)。
- 电源:DC 5 V。
- 天线:外置天线。

RDM6300 与 RDM880(13.56 MHz)模块尺寸、引脚定义相同,硬件上可以直接替换。读 EM4100 卡的模块性价比最高。典型应用:门禁控制、工业自动化、考勤管理。RDM6300 与 RDM880 技术参数如表 13-1 所列。

表 13-1 RDM6300 与 RDM880 技术参数

频率	125 kHz	扩展 I/O 口	N/A
波特率	9 600(TTL RS232)	指示灯	N/A
接口	TTL RS232	工作温度	−10～+70 ℃
电源	DC 5(1±5%) V	相对湿度	0%～95%
电流	<50 mA	尺寸	38.5 mm×19 mm×9 mm
工作距离	>50 mm		

RDM6300 是直接串口读取卡信息的,包括卡号。所以取号很简单,硬件连接如图 13-2 所示。

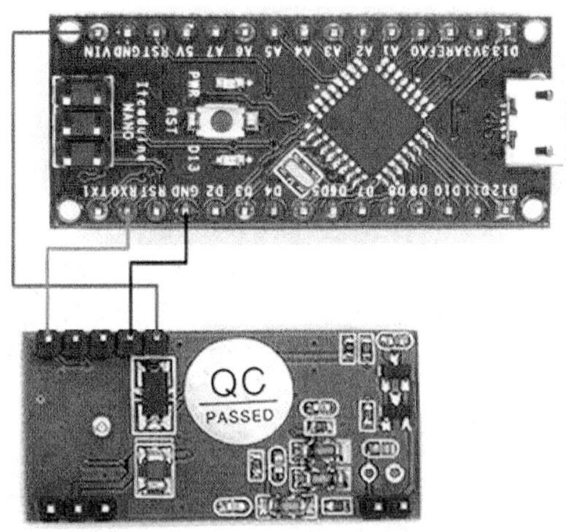

图 13-2 RDM6300 接线

读卡输出的十六进制数据格式:02 41 39 30 30 31 46 30 34 34 32 46 30 03。其中 02 是起始位,03 是结束位,中间是 12 位卡号,对应的十进制字符为:A9001F0442F0。

RDM6300 模块的外观及引脚定义如图 13-3 所示。

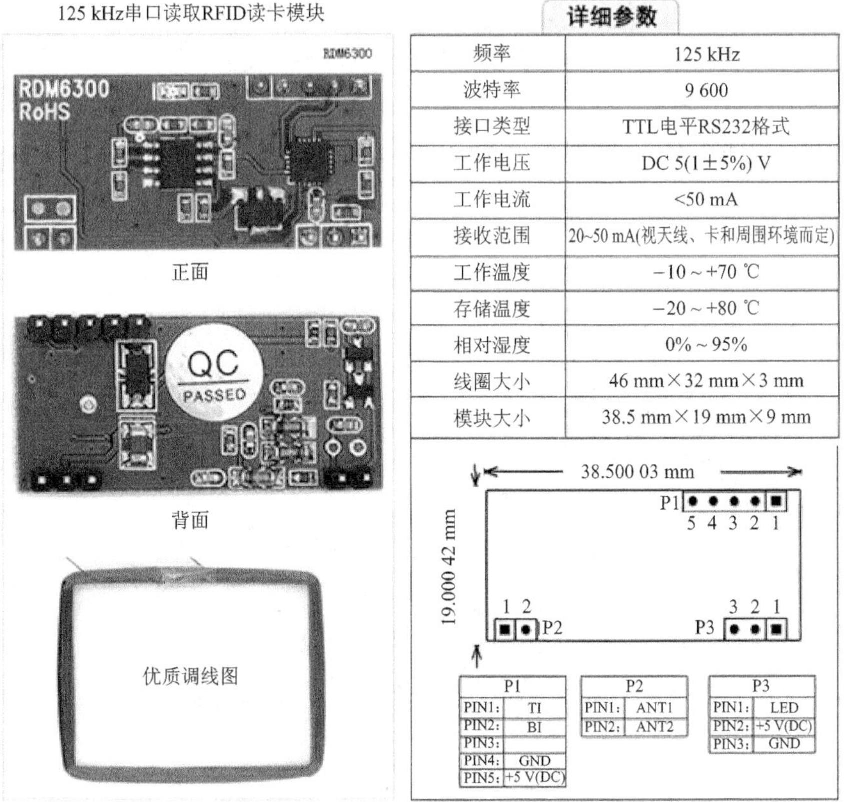

频率	125 kHz
波特率	9 600
接口类型	TTL电平RS232格式
工作电压	DC 5(1±5%) V
工作电流	<50 mA
接收范围	20~50 mA(视天线、卡和周围环境而定)
工作温度	-10 ~ +70 ℃
存储温度	-20 ~ +80 ℃
相对湿度	0% ~ 95%
线圈大小	46 mm×32 mm×3 mm
模块大小	38.5 mm×19 mm×9 mm

P1	
PIN1:	TI
PIN2:	BI
PIN3:	
PIN4:	GND
PIN5:	+5 V(DC)

P2	
PIN1:	ANT1
PIN2:	ANT2

P3	
PIN1:	LED
PIN2:	+5 V(DC)
PIN3:	GND

图 13-3 RDM6300 模块的外观及引脚定义

下面是网上某商家为推广 RDM6300RFID 读卡器模块而提供的一个 RFID 门锁 DIY 实例和安装图，如图 13-4 所示，其逻辑设计：RDM6300 识别到正确的卡号后，舵机旋转 180°开门，如果门没被推开，磁传感器还能感应到磁力，3 s 后舵机归位锁门；如果读卡成功，推门进入，磁传感器感应不到磁力，舵机保持 180°开门状态，关上门，磁传感器感应到磁力，延时 1 s 舵机归位锁门。

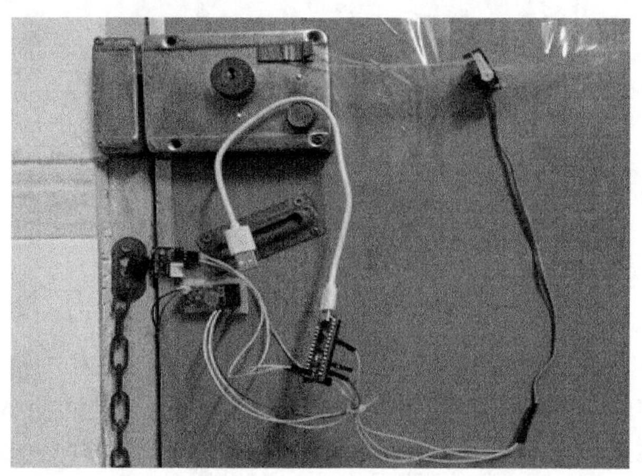

图 13-4　RDM6300RFID 读卡器模块应用

使用时需将代码的最前面两行的卡号修改为正确的卡号，可自行添加多个可识别的卡号。硬件连接方法是，按图 13-5 所示连接主控板 Iteaduino NANO 和 RDM6300 模块及舵机，用硬件串口读取 RDM6300 所识别的卡号，用数字输出引脚 7 输出 PWM 波控制舵机，A0 取磁传感器的值。NANO 刚好有 3 对电源引脚。下面是 NANO 的接线示意图，根据个人实际情况也可以不用磁开关。

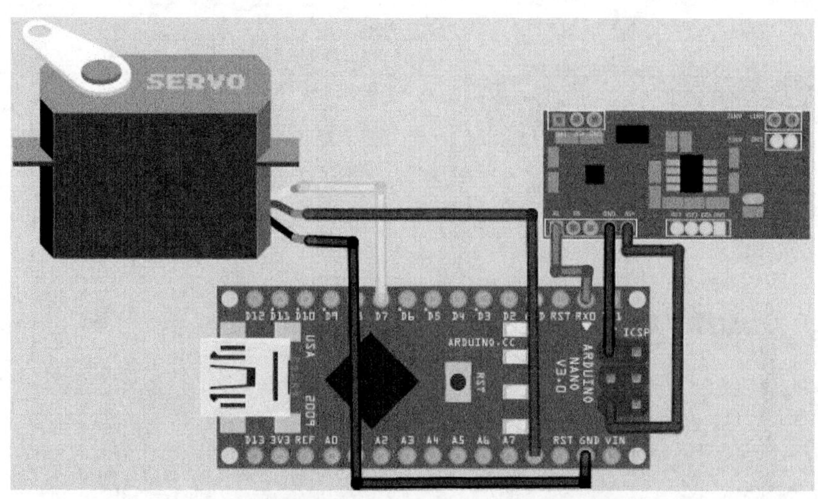

图 13-5　主控板 Iteaduino NANO 和 RDM6300 模块及舵机连接

直接用电脑串口调试程序来测试 RFID 模块，如图 13-6 所示。

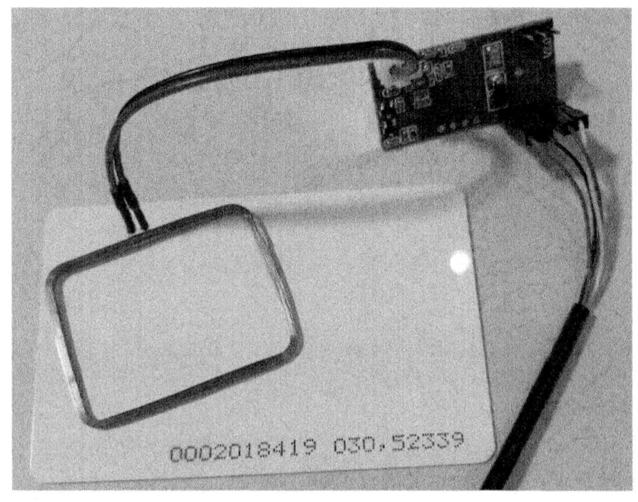

图 13-6　电脑串口与 RFID 模块连接

使用前面介绍的串口调试程序“smartwin_uart_001”，检测 RFID 发出来的数据，两张卡接收到的数据如图 13-7 所示。第一行收到的是第一张卡的卡号数据“A9001F0442F0”，第二行收到的是第二张卡的卡号数据“A9001ECC7308”。

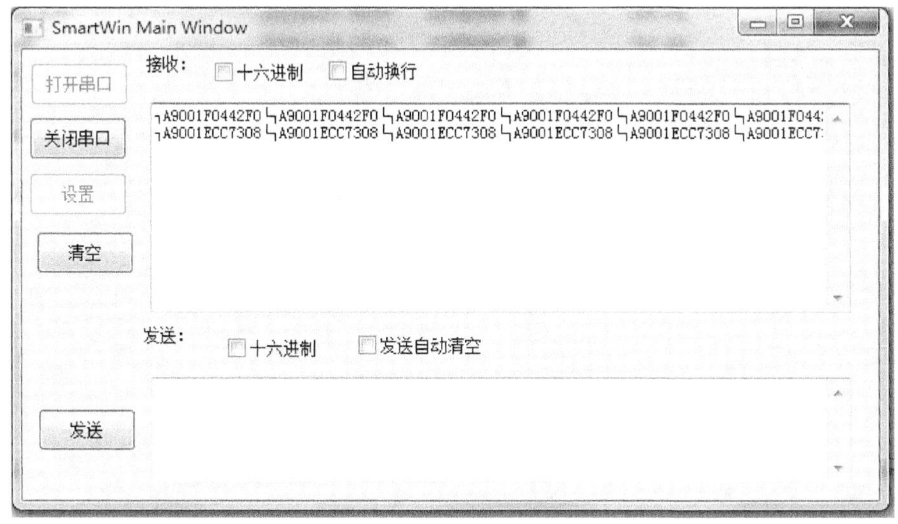

图 13-7　串口调试程序读取数据

复制一份面前的串口项目 stm32f103vet6_silly_003，把副本目录名改为 stm32f103vet6_silly_003_RFID。修改主程序，代码如下：

```
#include "include/bsp.h"
#include "include/led_key.h"
#include "include/usart.h"
#include <string>

CLed led1(LED1),led2(LED2),led3(LED3),led4(LED4);
CUsart uart2(USART2,9600);
CUsart uart1(USART1,115200);

string str = "";
string str1 = "";
bool isBusy = false;
void getChar(int ch)
{
     if(ch == 0x02)isBusy = true;
     else if(ch == 0x03)isBusy = false;
     else
     {
          unsigned char c = ch;
          str.append(1,c);
     }
}
void setup()
{
     uart2.setCallback(getChar);
     uart2.start();
     uart1.start();
}
void loop()
{
   if(isBusy == true)
   {
        bsp.delay(300);
   }
   else
   {
     if(str.find("A9001ECC7308",0)!= string::npos)
     {
          led1 = 1;
          bsp.delay(5000);
          led1 = 0;
          str1 = str;
```

```
            str.clear();
            str = "";
            uart1.Printf(str1.c_str());
        }
        if(str.find("A9001F0442F0",0)!= string::npos)
        {
            led2 = 1;
            bsp.delay(5000);
            led2 = 0;
            str1 = str;
            str.clear();
            str = "";
            uart1.Printf(str1.c_str());
        }
        if(str.length()>100)
        {
            str1 = str;
            str.clear();
            str = "";
            uart1.Printf(str1.c_str());
            ! led4;
            bsp.delay(1000);
        }
    }
}
```

STM32 连接 RFID 模块后的运行效果如图 13 - 8 所示。

图 13 - 8　STM32 连接 RFID 模块后的运行效果

13.2 常见智能识别模块

13.2.1 R301 超小型一体式电容指纹模块

R301 指纹模块集成了图像采集芯片和指纹算法芯片，完成指纹录入、图像处理、特征提取、模板生成、模板存储、指纹比对（1∶1）或指纹搜索（1∶*N*）等功能，如图 13-9 所示。技术参数：

供电电压：DC 4～6.0 V。

供电电流：工作电流 95 mA（典型值）。

指纹图像录入时间：＜0.2 s。

匹配方式：比对方式（1∶1）、搜索方式（1∶*N*）。

模板文件：810 字节。

存储容量：500 枚。

认假率（FAR）：＜0.000 1%。

拒真率（FRR）：＜1.0%。

搜索时间：＜0.3 s（1∶1 000 时，均值）。

上位机接口：RS232（TTL 逻辑电平）、USB1.1。

通信波特率：（9 600×*N*）bps 其中 *N*＝1～12（默认值 *N*＝6，即 57 600 bps）。

适用于指纹锁、指纹保险柜、指纹门禁等场合。

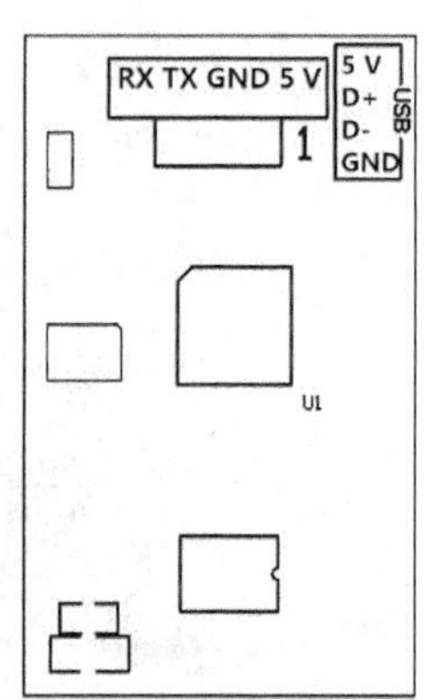

图 13-9 R301 指纹模块

R301 与 STM32 串口 2 的连接如图 13-10 所示。

图13-10　R301与STM32串口2的连接

13.2.2　R305光学指纹模块

1. R305光学指纹模块介绍

R305指纹模块由光学指纹传感器、高速DSP处理器、高性能指纹比对算法、大容量Flash芯片等软硬件构成，性能稳定，结构简单，具有指纹录入、图像处理、指纹比对、搜索和模板储存等功能。产品特点：

① 功能完善：独立完成指纹采集、指纹登记、指纹比对(1∶1)和指纹搜索(1∶*N*)功能。

② 体积小巧：产品体积小巧，没有外接算法DSP芯片的电路板，已经集成一体，方便安装，故障少。

③ 超低功耗：产品整体功耗极低，适用于低功耗要求的场合。

④ 抗静电能力强：具有很强的抗静电能力，抗静电指标达到15 kV以上。

⑤ 应用开发简单：开发者可根据提供的控制指令，自行进行指纹应用产品的开发，无须具备专业的指纹识别知识。

⑥ 安全等级可调：适用于不同的应用场合，安全等级可由用户设定调整。R305与STM32串口2的连接如图13-11所示，R305指纹模块如

图13-11　R305与STM32串口2的连接

图 13－12 所示。

图 13－12　R305 指纹模块

2. R305 指纹模块的简要说明

① 指纹容量：R305 指纹模块存储容量是 980 枚。

② 接口：R305 指纹模块上同时有 RS232 和 USB1.1，双接口与外界通信；USB1.1 接口可以连接电脑；RS232 接口是 TTL 电平，默认波特率为 57 600，可以进行更改，请参考通信协议；可以与单片机，例如 ARM、DSP 等带串口的设备进行连接，3.3 V、5 V 的单片机可以直接连接。连接电脑需要进行电平转换，例如 MAX232 电路。

③ 关于模块的检测：指纹模块上电后，指纹采集窗口会闪一下，表示自检正常，如果不闪，请仔细检查电源是否接反、接错等。正常工作时芯片有一些热，这是正常现象，已经经过严格测试，可放心使用。

④ 供电电压：DC 4.2～6.0 V。

13.2.3　ASR M013-A 语音识别模块

1. 通过增加“无用的关键词”吸收错误识别

ASR M013-A 非特定人语音识别模块如图 13－13 所示。

ASR M013-A 非特定人语音识别模块的关键词返回值取值为 000～255(具体请看“ASR 设置器.exe”中的“增加关键词”命令解析)，其中值“255”为模块占用的具有特殊意义的值。模块内部设定了值返回 255 时模块不做任何动作。利用“255”这个返回值作为“无用的关键词”的返回值，用来吸收错误的识别。例如：要识别“北京”，返回值为“001”，那么可以这样做。输入关键词为：

```
00,bei jing,001,$        解析:第 0 行存放关键词"北京",返回值设为"001"
01,bei xing,000,$        解析:第 1 行存放关键词"北星",返回值设为"255"
02,bei fang,000,$        解析:第 2 行存放关键词"北方",返回值设为"255"
03,tian jin,000,$        解析:第 3 行存放关键词"天津",返回值设为"255"
```

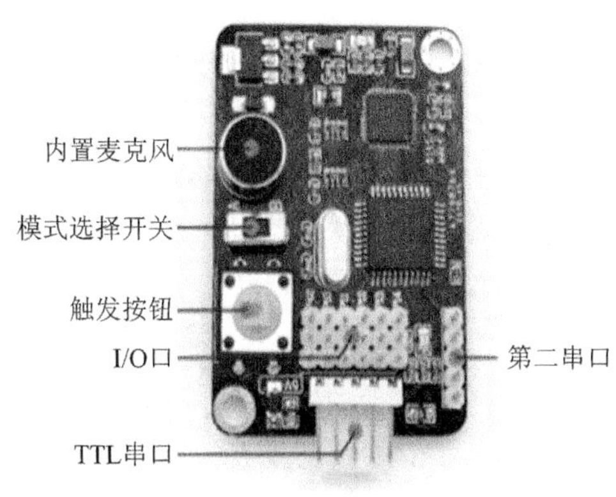

图 13 - 13　ASR M013-A 非特定人语音识别模块

```
04,yan jing,000,$          解析:第 4 行存放关键词"眼睛",返回值设为"255"
05,ying ying,000,$         解析:第 5 行存放关键词"英英",返回值设为"255"
06,ting ting,000,$         解析:第 6 行存放关键词"听听",返回值设为"255"
……
```

ASR M013 - A 语音识别模块首先对接收到的语音信号进行一系列的运算处理，然后与关键词列表中所有的关键词进行对比，对每一个关键词的相似度打分，得分最高的那个关键词就认为是正确的，最后输出。这样，当接收到相似度比较高的语音时，我们可以通过设置“无用的关键词”把它过滤掉，这是一个非常有效的手段，设置“无用的关键词”越多，误识别率越低，但是不可避免地要牺牲关键词列表地址。

2. 在要求识别精度高的场合使用“命令提示”法来降低误识别率

例如，某单片机系统如下：

第 1 步：用户讲出“北京”一词。

第 2 步：单片机通过串口接收到“北京”一词的返回值，单片机再立刻通过串口向模块发送语音播放命令，播放提示音“请确认是北京吗？如果是请回答‘是的’，如果不是请回答‘不是’，请在 5 秒钟之内回答，谢谢！”播放完毕后模块会自动立刻重新检测。

第 3 步：5 秒钟之内如果检测到人说“是的”或者“不是”，单片机做相应的动作；如果 5 秒钟之内人不说话，那就跳到上一级菜单重新检测。

注意：提示音是事先存放在 SD 卡中的语音文件，此文件与所有的关键词均无任何关联，单片机发送“语音播放”指令播放此语音，单片机发送指令的方法请参考“单片机如何发送 ASR 指令.pdf”。

3. 使用“按键触发识别”法来降低误识别率

人按下按键时精神处于比较集中的状态，此时的发音会比较清晰，所以用此方法也能很好地避免发音不准导致的误识别。

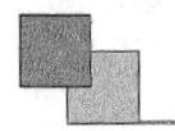

此系统的设置最好有个提示音，比如按下按键之后蜂鸣器“嘀”一声，告诉用户已经准备好了，可以开始讲话了。

4. 如何识别外文和方言

ASR M013-A 模块仅支持标准普通话，不支持外国语言及本地方言。但是，可以利用拼音组合设计出部分外语或者方言的发音，当然拼音无法描述的就设计不出来了，这种方法也只能设计出很小的一部分而已。

例如：英文 one－wen，two－tu，three－si li 等。

5. 菜单式语音识别系统的设置

ASR M013－A 模块同一时刻支持 50 条关键词，在一些比较大的系统有可能满足不了需求。因为，ASR M013－A 是支持动态编辑关键词列表的，可以利用这个功能做成菜单式的语音识别系统。举例：做一个语音点歌系统。

首先，第一个菜单为歌手的名字，如陈奕迅、郭富城、卓依婷……

当用户说出“陈奕迅”时，系统马上发送添加关键词指令将陈奕迅的所有歌曲名一条条地添加进去。

当用户说出歌名“我的背包”，然后播放音乐“我的背包.mp3”。

6. ASR M013-A 的供电

① ASR M013-A 支持 5～8 V 的外置电压供电，可用 4 节 1.5 V 干电池供电（标配一个 4 节 7 号带开关电池盒）。如果不想用电池供电可以把电池盒的连接线剪断，自行接入 5～8 V 的直流电供电（黑色线为负极，红色线为正极，千万别接错，接错一次必烧毁模块），强烈建议采用 5 V 直流电供电，电压过高时内部 3.3 V 稳压器会严重发热。

② 可以通过串口预留的电源端接入 3.3 V 电压为模块供电，在这种方式下，电池供电那一端必须断电，两边都同时供电会造成不可估计的损坏。

③ 请尽量避免电池供电，最好的方式是采取外部 5 V 电压接入电池供电端供电，或者与您的控制电路板共用 3.3 V 的电压供电（在串口端接入，此时电池供电端必须断电）。

7. 关于 ASR M013－A 的接口

① 串口与单片机相连时接线方式如图 13－14 所示。模块 GND—单片机 GND；模块 TXD—单片机 RXD；模块 RXD—单片机 TXD。

如果模块与单片机系统共用电源，则模块 3.3 V 端—单片机 3.3 V（此时务必断开电池供电端）。

② 模块自带功放电路输出，可直接连接 8 Ω 0.5 W 的扬声器。SPK＋接扬声器的正极，SPK－接扬声器的负极。

③ LINE OUT 为功放输出接口，可接入外置功放的输入端。

图 13-14　串口与单片机相连时接线图

④ MIC 为外置麦克风接口，插入外置麦克风时内置麦克风自动断路，此时只有外置麦克风起作用。

第 14 章 图形用户界面设计

14.1 触摸屏在物联网中的应用

14.1.1 LCD 介绍

LCD 应用非常广泛，例如身边的计算器、液晶手表、计时器、手机、笔记本、音响、冰箱、热水器、学习机、电子词典、平板电脑、PSP 等手持式游戏机、台式机的液晶屏、液晶电视、健身器上的信息窗口，出租车座椅后面的显示器，工厂设备上的显示器、示波器、数字万用表、游标卡尺。只要不是专用户外（要求强太阳光下使用）LCD 都可以用来做显示。

1. 日常电气类产品中的应用

LCD 在日常电气类产品中的应用，例如应用于电视机、手机、智能手表等，如图 14-1 所示。

图 14-1 LCD 在日常电气类产品中的应用

LCD 在家电中的应用也越来越多，例如门禁系统、视频门铃等，如图 14-2 所示。

2. 自动化

LCD 在自动控制系统中的应用，如图 14-3 所示，包括变频器、现场触摸屏（HMI）等

LCD 在过程控制—现场监测中的应用，例如在控制框中的触摸屏、现场监测屏等，如图 14-4 所示。

图 14－2　LCD 在家电中的应用

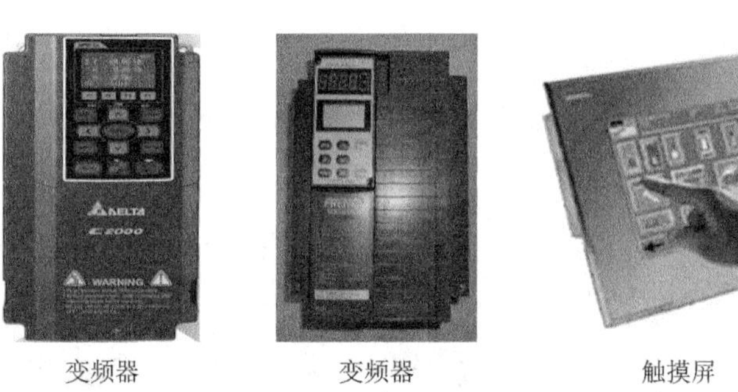

图 14－3　LCD 在自动控制系统中的应用

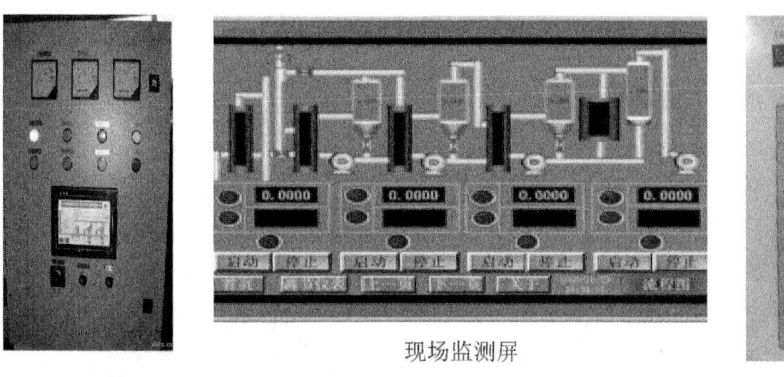

图 14－4　LCD 在过程控制—现场监测中的应用

3. LCD 在通信设备中的应用

LCD 在通信设备中的应用,如图 14－5 所示,包括录音电话机、通信数据采集器、导航仪器、通信测试仪器等。

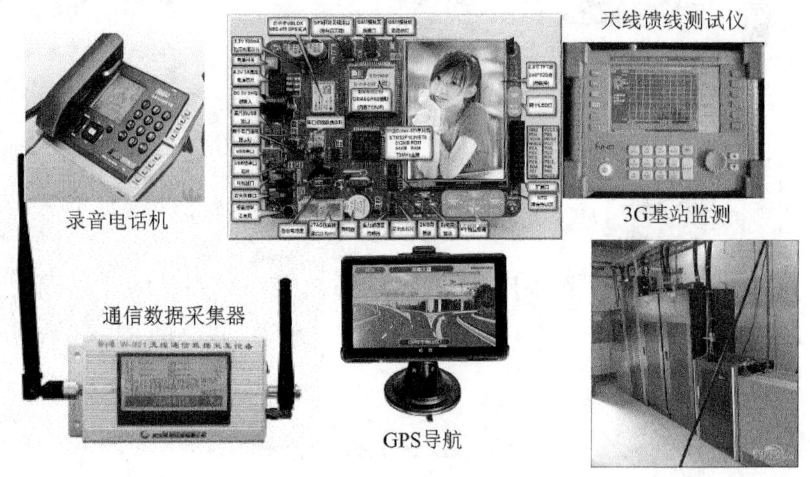

图 14－5　LCD 在通信设备中的应用

又如带显示屏的无线路由器,这样特别方便进行无线路由器账号的配置,如图 14－6 所示。

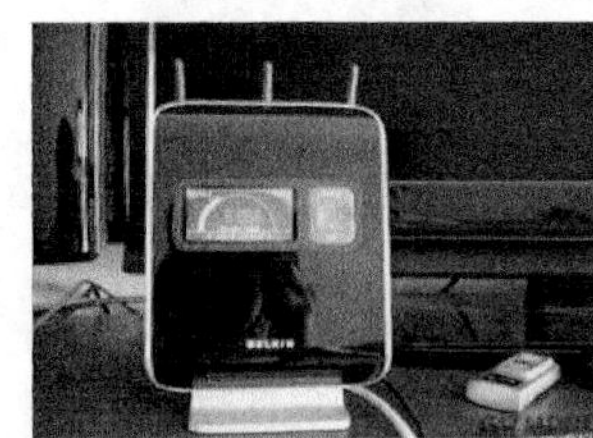

图 14－6　带显示屏的无线路由器

4. LCD 在物联网中的应用

LCD 在智能家居、智能大棚里,作为现场控制触摸屏,如图 14－7 所示。

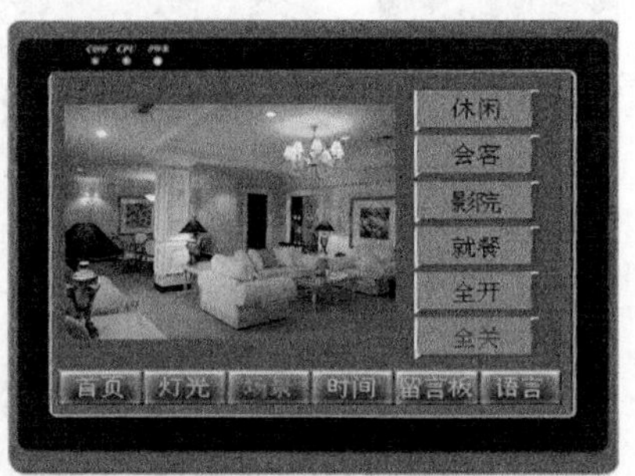

图 14－7　LCD 在物联网中的应用

又如，目前有很多触摸屏开关，可以代替以前普通的开关，外观更加华丽，如图 14-8 所示，功能也更加强大。

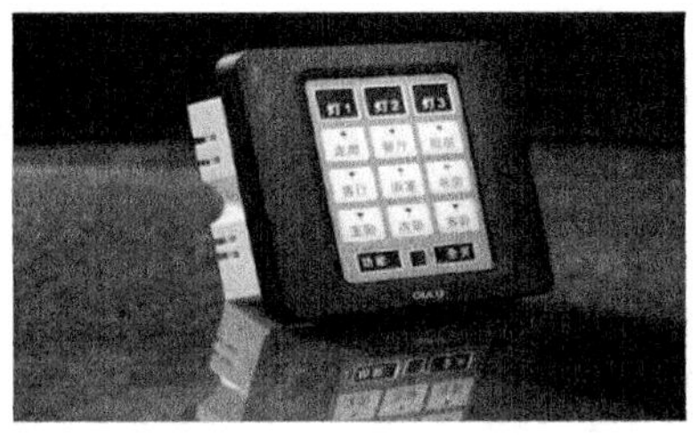

图 14-8　触摸屏开关

5. LCD 在汽车中的应用

LCD 在汽车中的应用，例如 360°全景无缝倒车影像，如图 14-9 所示。

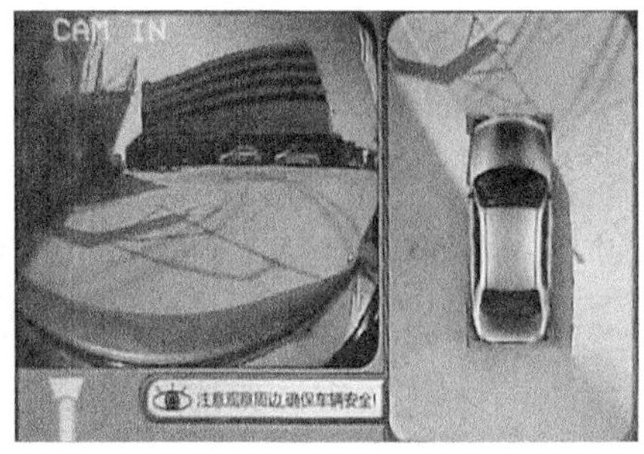

图 14-9　360°全景无缝倒车影像

14.1.2　液晶屏显示程序

思考：如何在屏幕上显示一个点？编写一个 C 语言程序，进一步思考，如何在屏幕上显示一个红色 100×100 大小的矩形（如图 14-10 所示）。试试 10 min 写出程序。

图 14-10　100×100 矩形

参考程序代码如下：

```
int main()
{
    CLcd lcd;
    lcd.init();
    while(1)
    {
        for(int j = 0;j <200;j ++ )
        for(int i = 0;i <200;i ++ )
            lcd.setPixel(i,j,RGB(255,0,0));
    }
    return 0;
}
```

需要用到以下头文件：

```
# include "include/io_map__stm32f103zet6_gui.h"
//# include "include/io_map__stm32f103vet6.h"
# include "include/bsp.h"
# include "include/led_key.h"
# include "include/usart.h"
# include "Obtain_GUI/lcd.h"
```

如何画一个如图 14 - 11 所示的空心方框？

图 14 - 11　空心方框

画一个空心方框的程序如下：

```
void FrameDraw(int x,int y,int w,int h)
{
   int x1 = x + w,y1 = y + h;
   for(int i = x;i <x1;i ++ )p_tft->setPixel(i,y,RGB(0,0,255));
   for(int i = x;i <x1;i ++ )p_tft->setPixel(i,y1,RGB(0,0,255));
   for(int i = y;i <y1;i ++ )p_tft->setPixel(x,i,RGB(0,0,255));
   for(int i = y;i <y1;i ++ )p_tft->setPixel(x1,i,RGB(0,0,255));
}
```

如何绘制一个如图 14－12 所示的按钮?

图 14－12　绘制按钮

绘制按钮程序代码如下:

```
    void Draw()
    {
        int x0 = 100,y0 = 70,x1 = 200,y1 = 130;
        unsigned int m_r = 220,m_g = 70,m_b = 0;
        unsigned int s_r = (255-m_r)/(y1-y0 + 1),s_g = (255-m_g)/(y1-y0 + 1),s_b = (255-m_b)/
(y1-y0 + 1);
        m_r = 200;m_g = 200;m_b = 200;
        for(int j = y0;j <y1;j ++ )//画底色
        {
            if(m_r >s_r)m_r- = s_r;
            if(m_g >s_g)m_g- = s_g;
            if(m_b >s_b)m_b- = s_b;
            for(int i = x0;i <x1;i ++ ) p_tft->setPixel(i,j,RGB(m_r,m_g,m_b));
        }
    }
```

如何绘制一个如图 14－13 所示的窗口?

图 14－13　绘制窗口

绘制窗口的程序代码如下:

```
void Windows()
{
    int x = 10,y = 20,w = 200,h = 130;
    FrameDraw(x,y,w,h);//画边框
    int x1 = x + w,y1 = y + 30,m = 50;
    volatile unsigned int co;
    for(int j = y;j < y1;j ++ )//画窗口上边
    {
      m + = 5;    co = RGB(255-m,255-m,255);
      for(int i = x;i < x1;i ++ )
      {
          if(i > (x1-25)&&i < (x1-5)&&j > (y + 5)&&j < (y1-5))
              p_tft-> setPixel(i,j,RGB(255,255-m,255-m));
          else      p_tft-> setPixel(i,j,co);
       }
    }
    x1 = x + w-2,y1 = y + h-2;
    co = RGB(209,209,200);//c;//
    for(int j = y + 30-1;j < y1;j ++ )//填充主窗口
    for(int i = x + 1;i < x1;i ++ )
                p_tft-> setPixel(i,j,co);
    //画右上角的关闭按键
    for(int i = 0;i < 15;i ++ )
        p_tft-> setPixel(x1-21 + i,y + 8 + i,co);
    for(int i = 0;i < 15;i ++ )
        p_tft-> setPixel(x1-7-i,y + 8 + i,co);
}
```

14.2 GUI 入门

14.2.1 简单的控件和窗口

GUI 库几个常用的头文件如下：

```
#include    "Obtain_GUI/BaseControl.h"
#include    "Obtain_GUI/windows.h"
#include    "Obtain_GUI_Config.h"
#include    "Desktop.h"
```

CButton 类实现如图 14 - 14 所示的按钮。

CButton 类实现按钮的程序代码如下：

图 14－14　CButton 类实现按钮

```
int main()
{
    CLcd lcd;
    lcd.init();
    p_tft = &lcd;
    //while(1)
    {
        CBaseControl * but0 = new CButton(20,20,70,40,RGB(0xff,0,0),"Post");
        but0->Draw();
    }
    return 0;
}
```

CWindows 类实现如图 14－15 所示的窗口。

图 14－15　CWindows 类窗口

CWindows 类实现窗口的程序代码如下：

```
#include  "Obtain_GUI/windows.h"
int main()
{
    CLcd lcd;
```

```
    lcd.init();
    p_tft = &lcd;
    //while(1)
    {
        CWindows * mw = new CWindows(20,20,200,200,0,"Hello World!");
        mw->DrawAll();
    }
    return 0;
}
```

实现如图 14-16 所示的自定义新窗口并添加控件。

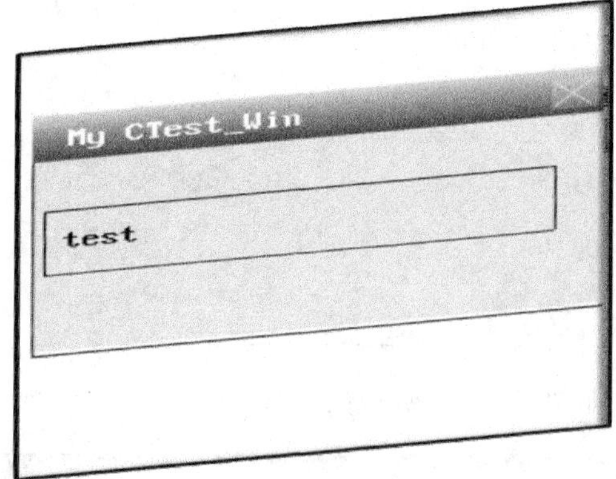

图 14-16　自定义新窗口

自定义新窗口类程序代码如下：

```
class myWin:public CWindows
{ public:
    void setup()
    {
        init(5,40,238,150,RGB(0xff,0xff,0),"My CTest_Win");
        CBaseControl * edit0 = new CEdit(5,30,210,40,RGB(0xff,0xff,0),"test");
        //edit0->setClickFun(onEditClick0);
        this->addControl(edit0);
    }
};
```

调用自定义新窗口类的主程序代码如下：

```
int main()
{
    CLcd lcd;
```

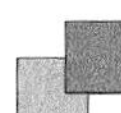

```
    lcd.init();
    p_tft = &lcd;
    //while(1)
    {
        myWin * mw1 = new myWin();
        mw1->setup();
        mw1->DrawAll();
    }
    return 0;
}
```

14.2.2　GUI 的事件处理

通过设置事件的回调函数来实现 GUI 的事件响应。采用 setClickFun 函数进行回调函数的设置,程序代码如下:

```
class myWin:public CWindows
{
public:
    void setup()
    {
        init(5,40,238,150,RGB(0xff,0xff,0),"My CTest_Win");
        CBaseControl * edit0 = new CEdit(5,30,210,40,RGB(0xff,0xff,0),"test");
        edit0->setClickFun((FUN)&myWin::onEditClick0);
        this->addControl(edit0);
    }
    void onEditClick0(Event &ev)
    {
        MessageBox("Desk_onStart");
    }
};
```

在主函数中,调用 Touch 函数初始化触摸屏,调用 EventProcessing 函数进行事件的处理,程序代码如下:

```
int main()
{
    CLcd lcd;
    lcd.init();
    p_tft = &lcd;
    tou.init();
    myWin * mw1 = new myWin();
```

```
        mw1->setup();
        app->init(mw1);
        while(1)
        {
            Touch();
            app->EventProcessing();
        }
        return 0;
    }
```

14.2.3 完整的 GUI 例子

下面是一个简单的智能手机桌面风格的应用程序，智能手机桌面风格的应用程序与普通的窗口应用程序基本相似，在桌面上可以显示各种控件。但也有一些不同之处：一是外观不同；二是桌面上的控件相对位置与窗口控件不同；三是部分功能不同，例如桌面不需要窗口那样的关闭窗口功能。

为了方便进行设计，可以从公共窗口类中派生出一个专用的桌面类，负责桌面框架、桌面图标的绘制，以及桌面事件响应等功能。

1. 创建桌面应用类

桌面应用类用于实现一个简易的类似于 Windows 等操作系统桌面功能的类，用户可以根据需要添加该类中的控件，实现不同的桌面功能。该类也可以进一步设计成可动态配置的形式，这样更加方便用户使用。

2. 主程序

主程序代码如下：

```
#include "./Desktop.h"
using namespace Obtain_GUI;
int main()
{
    CDesktop* desk=new CDesktop();
    desk->setup();
    app->init(desk);
    return 0;
}
```

创建桌面对象

把创建桌面指针传递给系统应用程序对象，纳入系统消息处理。

3. 运行效果

编译和下载,启动界面,运行效果如图 14－17 所示。

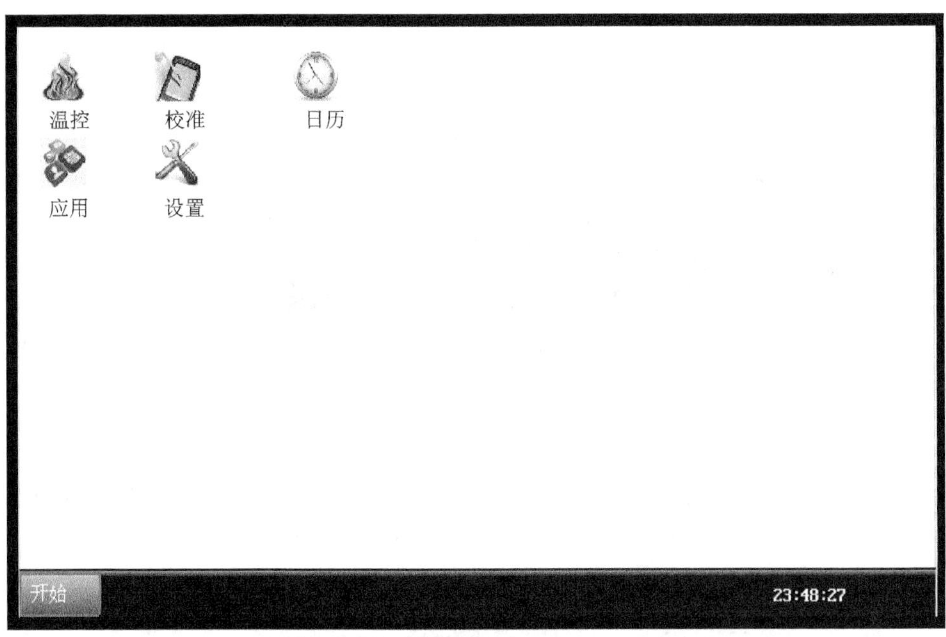

图 14－17 简单的智能手机桌面风格的应用程序运行效果

14.3 STM32 的 LCD 工作原理

14.3.1 STM32 的 LCD 接口

LCD 液晶屏如何用? 有哪几点关键技术? LCD 关键技术在于硬件接口、驱动程序、图形界面,如图 14－18 所示。

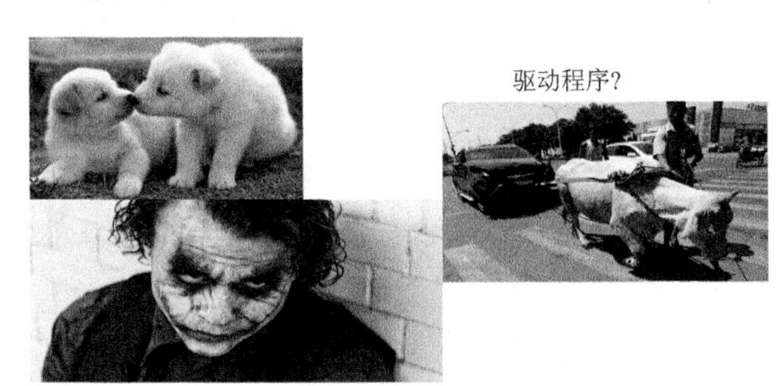

图 14－18 LCD 使用方法的三个关键问题

1. STM32 的 FSMC 接口

FSMC(Flexihie Static Memory Controller)可变静态存储控制器功能如图 14-19 所示。

图 14-19　可变静态存储控制器的功能

FSMC 能够根据不同的外部存储器类型，发出相应的数据/地址/控制信号类型以匹配信号的速度。FSMC 外部设备地址映像如图 14-20 所示。

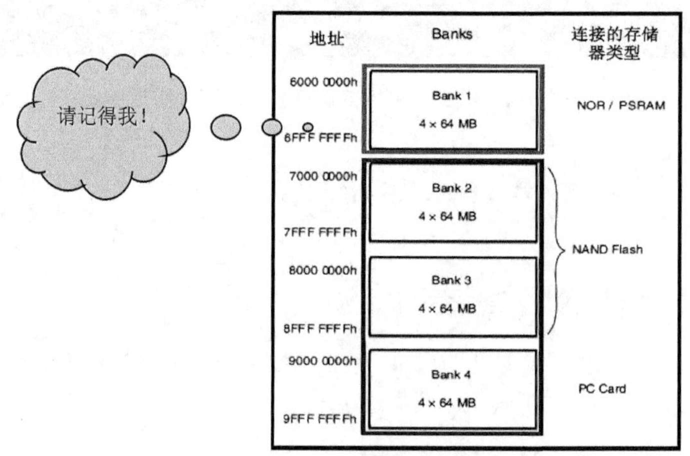

图 14-20　FSMC 外部设备地址映像

2. LCD 驱动芯片

LCD 接口如图 14-21 所示，彩色 LCD 的连接方式，目前常见的有 MCU 模式、RGB 模式、SPI 模式。

3. Ill9xx 系列 TFT 驱动芯片

奕力科技 2004 年 7 月在台湾创立，目前产品专注于各式中小尺寸 a-TFT LCD 及 LTPS LCD 面板驱动 IC，如表 14-1 所列。

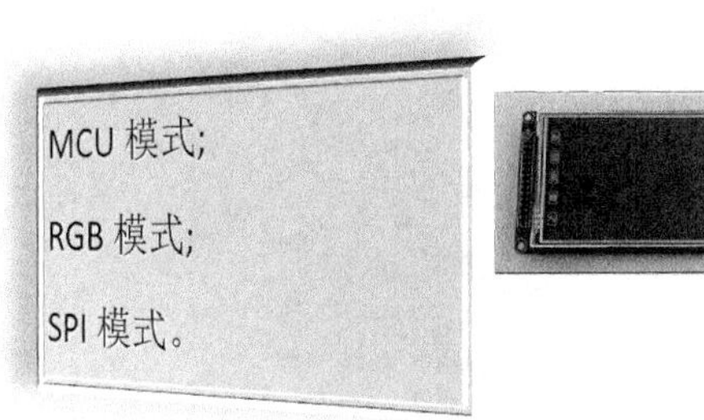

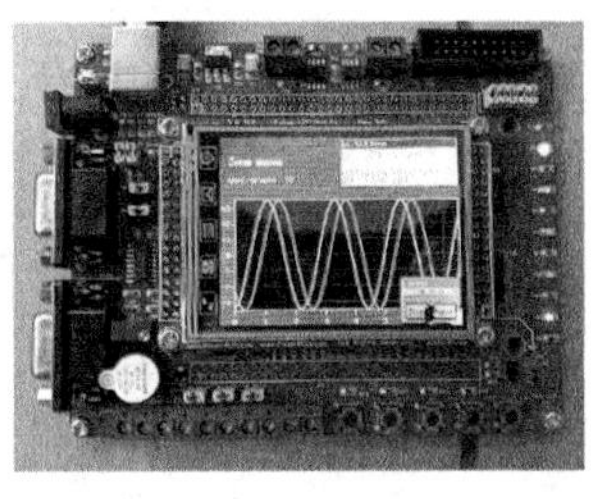

图 14-21　LCD 接口

表 14-1　常见奕力科技 LCD 驱动 IC

型　号	分辨率	RAM	颜色数
ILI9320	240×320	172 800 B	262k 种颜色
ILI9325	240×320	172 800 B	262k 种颜色
ILI9326	240×432	233 280 B	262k 种颜色

4. STM32 的 LCD 接口

STM32 的 LCD 电路接口如图 14-22 所示。

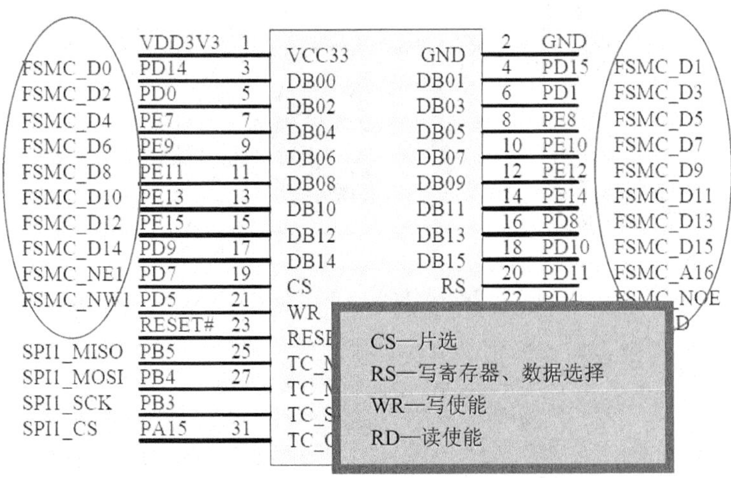

图 14-22　STM32 的 LCD 电路接口

5. 基于 FSMC 的 TFT 驱动程序设计

FSMC 与 TFT 端口连接与端口映射如图 14-23 所示。

6. 实现与板无关的程序设计方法

采用如图 14-24 所示的与板无关的程序设计方法，就是把与板和芯片相关的程序都放在 io_map.h 文件中，在 io_map.h 文件中对 I/O 口进行映射，除此之外，其他程序

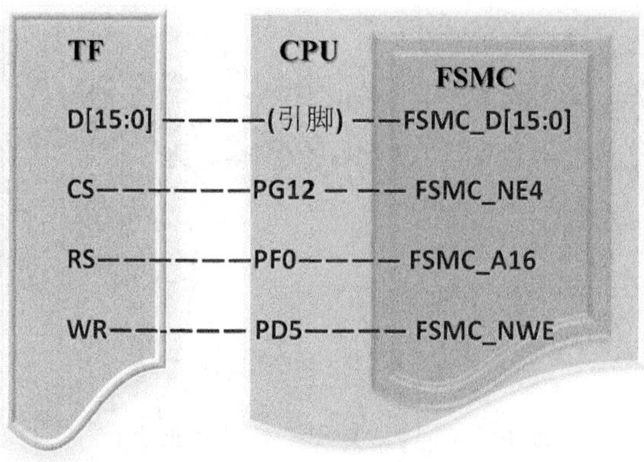

图 14－23　FSMC 与 TFT 端口连接与端口映射

都与具体的板无关，这样就可以很方便地把程序移植到不同的开发板上运行，还可以直接在 PC 上运行。

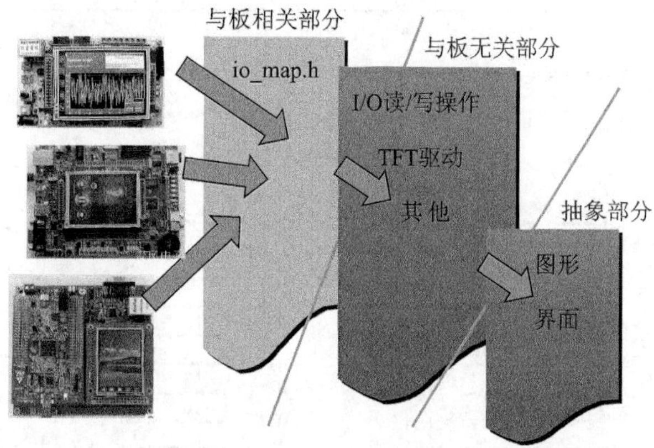

图 14－24　与板无关的程序设计方法

io_map.h 文件中声明其宏定义方法如下：

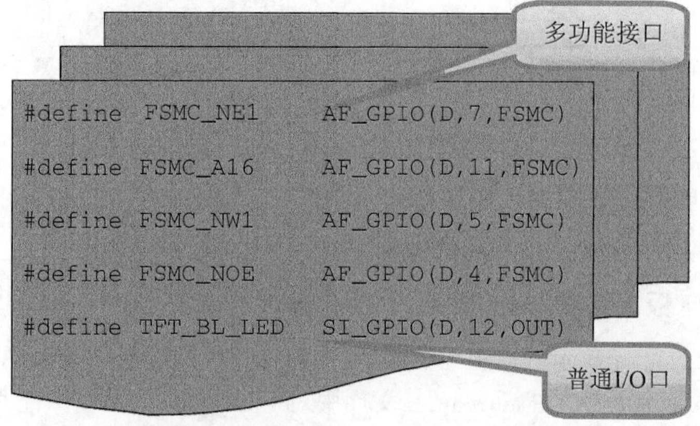

FSMC 与 TFT 的内存空间映射与操作程序代码如下：

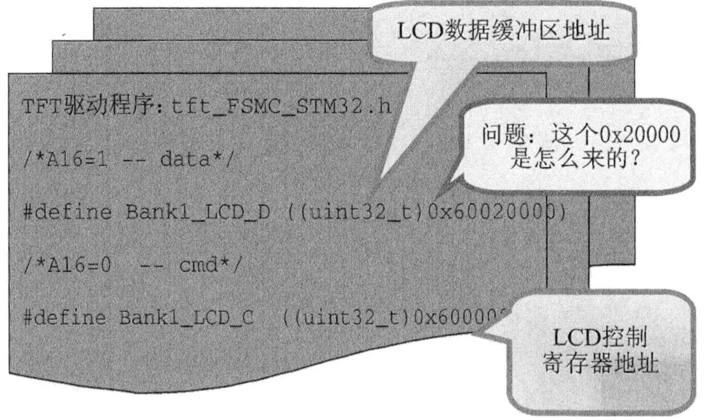

7. TFT 驱动程序

TFT 驱动程序代码主要在 tft_FSMC_STM32.h 文件中，代码如下：

```
void LCD_WriteRAM(uint16_t RGB_Code)
{
        *(__IO uint16_t *) (Bank1_LCD_D) = RGB_Code;
}
void LCD_WriteReg(uint8_t  Reg,uint16_t  Value)
{
        *(__IO uint16_t *) (Bank1_LCD_C) = Reg;
        *(__IO uint16_t *) (Bank1_LCD_D) = Value;
}
```

8. 统一接口函数的实现

为了方便程序设计，采用一种统一的程序接口，TFT 驱动程序统一接口函数的实现方法如图 14－25 所示。

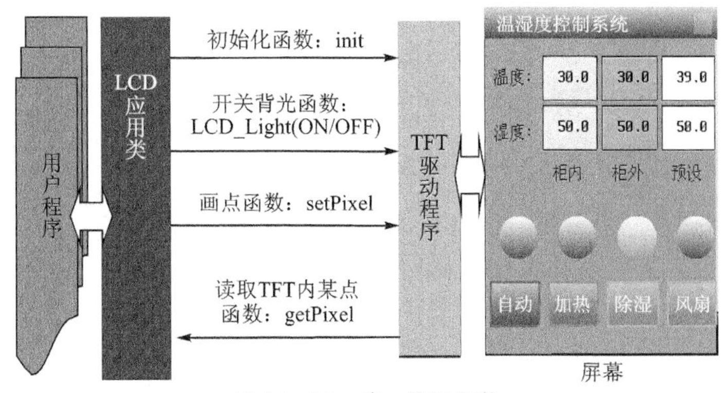

图 14－25　统一接口函数

统一接口函数 setPixel 的实现代码如下：

```
inline void  setPixel(int x,int y,u16 Color)
{
      LCD_WriteReg(0x0020,x);           //行
      LCD_WriteReg(0x0021,y);           //列
      LCD_WriteReg(0x0022,Color);       //数据
}
```

14.3.2 STM32 的 LCD 驱动程序设计

1. FSMC 接口驱动

FSMC 接口驱动程序代码如下：

```
void setPixel(unsigned short x,unsigned short y,unsigned short Color)
{
     ili9320_SetCursor(x,y);
     LCD_WriteRAM_Prepare();
     LCD_WriteRAM(point);
}
void ili9320_SetCursor(u16 x,u16 y)
{        LCD_WriteReg(0x004e,y);         //行
            LCD_WriteReg(0x004f,x);      //列
}
void LCD_WriteRAM_Prepare(void)
{           ClrCs;  ClrRs;  ClrWr;
             LCD_Write(R34);
             SetWr;  SetCs
}
void LCD_WriteRAM(u16 RGB_Code)
{
           ClrCs;  SetRs;  ClrWr;
             LCD_Write(RGB_Code);
             SetWr;  SetCs
}
void LCD_WriteReg(u16 LCD_Reg,u16 LCD_RegValue)
{
     LightON;ClrCs;ClrRs;ClrWr
     LCD_Write(LCD_Reg);
```

```
        SetWr;SetRs;ClrWr
        LCD_Write(LCD_RegValue);
        SetWr;SetCs
    }
```

2. GPIO 数据输出

GPIO 数据输出程序代码如下：

```
Void  LCD_Write(int LCD_DATA)   {
        GPIO_Write(GPIOC,((GPIOC->ODR&0XFF00)
                                        |(LCD_DATA&0x00FF)));
        GPIO_Write(GPIOB,((GPIOB->ODR&0X00FF)
                                        |(LCD_DATA&0xFF00)));
}       //数据输出
```

3. FSMC 与 TFT 端口连接与端口映射

为了方便 STM32 FSMC 的编程，也为了让 STM32 FSMC 程序更容易移植到不同的 STM32 系统板上，可以在 io_map. h 文件中声明其宏定义，内容如下：

```
#define UP_PP_100 GPIO_PuPd_NOPULL,GPIO_OType_PP,
            GPIO_Speed_50MHz
#define SI_GPIO(m,n,k) RCC_AHB1Periph_GPIO##m,GPIO##m,
            GPIO_Pin_##n,GPIO_Mode_##k,UP_PP_100
#define AF_GPIO(m,n,t) RCC_AHB1Periph_GPIO##m,GPIO##m,
             GPIO_Pin_##n,GPIO_Mode_AF,UP_PP_100,
            GPIO_PinSource##n,GPIO_AF_##t
```

FSMC_TFT 摄像头端口映射程序代码如下：

```
#define FSMC_D0   AF_GPIO(D,14,FSMC)
#define FSMC_D1   AF_GPIO(D,15,FSMC)
#define FSMC_D2   AF_GPIO(D,0,FSMC)
#define FSMC_D3   AF_GPIO(D,1,FSMC)
#define FSMC_D4   AF_GPIO(E,7,FSMC)
……
#define FSMC_NE1 AF_GPIO(D,7,FSMC)
#define FSMC_A16 AF_GPIO(D,11,FSMC)
#define FSMC_NW1 AF_GPIO(D,5,FSMC)
#define FSMC_NOE AF_GPIO(D,4,FSMC)
#define TFT_BL_LED SI_GPIO(D,12,OUT)
```

4. STM32 FSMC 端口初始化

- 设置 FSMC_NE1(D,7) 为推挽式输出；
- 设置 FSMC_A16(D,11) 为推挽式输出；
- 设置 FSMC_NW1(D,5) 为推挽式输出；
- 设置 FSMC_NOE(D,4) 为推挽式输出；
- FSMC_D0(D,14)、FSMC_D1(D,15)、FSMC_D2(D,0)、FSMC_D3(D,1)、FSMC_D4(E,7)、FSMC_D5(E,8)、FSMC_D6(E,9)、FSMC_D7(E,10)、FSMC_D8(E,11)、FSMC_D9(E,12)、FSMC_D10(E,13)、FSMC_D11(E,14)、FSMC_D12(E,15)、FSMC_D13(D,8)、FSMC_D14(D,9)、FSMC_D15(D,10)为推挽式输出。

STM32 FSMC 端口初始化实现代码如下：

```
void STM3220F_LCD_Init(void)
{
        LCD_CtrlLinesConfig();
        LCD_FSMCConfig();
        _delay_(5);/* 延时 50 ms */
}
```

配置 LCD 控制线(FSMC 引脚)备用功能模式代码如下：

```
void LCD_CtrlLinesConfig(void)
{
        af_init(FSMC_D0);af_init(FSMC_D1);
        ……
        af_init(FSMC_NE1);af_init(FSMC_A16);
        af_init(FSMC_NW1);af_init(FSMC_NOE);
        init(TFT_BL_LED);
        for(volatile int i = 0;i <60000;i ++ );
        GPIO_SetBits(GPIOD,GPIO_Pin_12);
}
```

5. FSMC 初始化

FSMC 初始化主要包括 FSMC 配置、SRAM 的 Bank 4 配置、FSMC_Bank1_NORSRAM4 配置等，FSMC 配置内容如下：

- 数据/地址多路复用＝禁用；
- 内存类型＝SRAM；
- 数据宽度＝16 位；
- 写操作＝启用；

➢ 扩展模式＝启用；
➢ 异步等待＝禁用。

FSMC 初始化程序代码如下：

```
void CTft_Driver::LCD_FSMCConfig(void)
{
  FSMC_NORSRAMInitTypeDef  FSMC_NORSRAMInitStructure;
  FSMC_NORSRAMTimingInitTypeDef  p;
  p.FSMC_AddressSetupTime = 1;//设置地址建立时间
  p.FSMC_AddressHoldTime = 0;//设置地址保持时间
  p.FSMC_DataSetupTime = 9;//设置数据建立时间
  p.FSMC_BusTurnAroundDuration = 0;//总线返转时间
  p.FSMC_CLKDivision = 0;//时钟分频
  p.FSMC_DataLatency = 0;//数据保持时间
  p.FSMC_AccessMode = FSMC_AccessMode_A;//设置 FSMC 访问模式
FSMC_NORSRAMInitStructure.FSMC_Bank = FSMC_Bank1_NORSRAM1;
//选择设置的 BANK 以及片选信号(BANK1 中的第一个 block)
  FSMC_NORSRAMInitStructure.FSMC_DataAddressMux =
FSMC_DataAddressMux_Disable;//设置是否数据地址总线时分复用(No)
  FSMC_NORSRAMInitStructure.FSMC_MemoryType = FSMC_MemoryType_SRAM;//设置存储器类型
  FSMC_NORSRAMInitStructure.FSMC_MemoryDataWidth =
FSMC_MemoryDataWidth_16b;//设置数据宽度(16bit)
  FSMC_NORSRAMInitStructure.FSMC_BurstAccessMode =
FSMC_BurstAccessMode_Disable;//设置是否使用迸发访问模式(连续读/写模式)(No)
  FSMC_NORSRAMInitStructure.FSMC_WaitSignalPolarity =
FSMC_WaitSignalPolarity_Low;      //设置 WAIT 信号的有效电平(低电平有效)
  FSMC_NORSRAMInitStructure.FSMC_WrapMode = FSMC_WrapMode_Disable;
  //设置是否使用返回模式(No)
  FSMC_NORSRAMInitStructure.FSMC_WaitSignalActive =
FSMC_WaitSignalActive_BeforeWaitState;//设置 WAIT 信号有效时机(在 wait 状态之前)
  FSMC_NORSRAMInitStructure.FSMC_WriteOperation =
FSMC_WriteOperation_Enable;//设置是否使能写操作(Yes)
  FSMC_NORSRAMInitStructure.FSMC_WaitSignal = FSMC_WaitSignal_Disable;
//设置是否使用 WAIT 信号(No)
  FSMC_NORSRAMInitStructure.FSMC_ExtendedMode =
FSMC_ExtendedMode_Disable;//设置是否使用扩展模式(读/写时序相互独立)(No)
  FSMC_NORSRAMInitStructure.FSMC_WriteBurst = FSMC_WriteBurst_Disable;
  //设置是否使用迸发写模式(No)
  FSMC_NORSRAMInitStructure.FSMC_ReadWriteTimingStruct = &p;//设定读/写时序
  FSMC_NORSRAMInitStructure.FSMC_WriteTimingStruct = &p;//设定写时序
  FSMC_NORSRAMInit(&FSMC_NORSRAMInitStructure);
```

```
  /* BANK 1 (of NOR/SRAM Bank 1～4) is enabled */
  FSMC_NORSRAMCmd(FSMC_Bank1_NORSRAM4,ENABLE);
}
```

14.3.3 TFT 屏初始化

1. TFT 扫描方式

扫描方式在 03 寄存器中配置，03 寄存器结构如图 14－26 所示。

D15	D14	D13	D12	D11	D19	D8	D7	D6	D5	D5	D4	D3	D2	D1	D0
TRI	DFM	0	BGR	0	DACKE	HWM	0	0	0	I/D1	I/D0	AM	0	0	0

图 14－26　03 寄存器结构

(1) AM 位

AM 位用于控制 GRAM 更新的方向。

➢ 当 AM＝“0”时，地址的写入为水平方向的更新；

➢ 当 AM＝“1”时，地址的写入为垂直方向的更新。

当窗口区域由寄存器的 R16h 和 R17h 设置时，只有 GRAM 区更新基于 I/D 转换[1:0]和 AM 位的设置。

(2) I/D[1:0]位

在一个像素更新时，I/D[1:0]位用于转换控制地址计数器(AC)，自动增加或减少 1。扫描方式如图 14－27 所示。

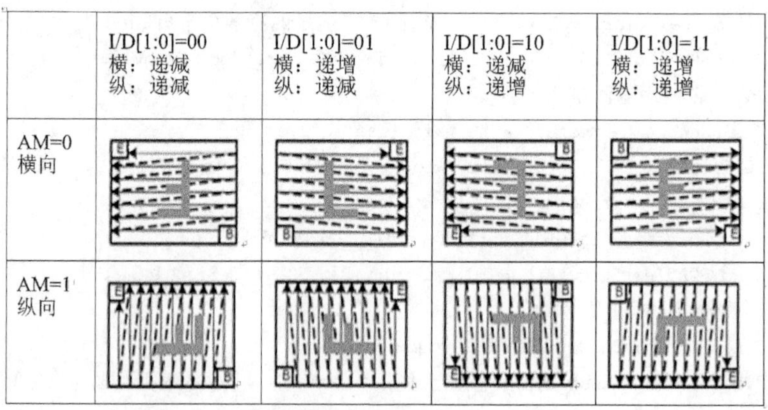

图 14－27　扫描方式

(3) ORG 位

当一个窗口地址区域生产时，根据 ID 设置来移动原点地址；当为窗口地址使用高速 RAM 写入数据时，这功能处于开启状态。

ORG＝“0”：起源地址不被移动。在这种情况下，根据窗口内的地址区域的

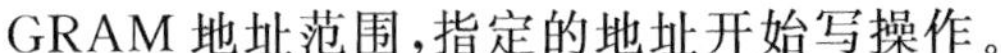

GRAM 地址范围，指定的地址开始写操作。

ORG＝“1”：原地址“00000h”转换为 I/D［1：0］设定。

注：在 RAM 地址设置时，如果 ORG＝1，则只有原地址“00000h”可以设置。在 RAM 读操作时，可以使用寄存器 R20h 和 R21h，这时请确保设置 ORG＝0。

(4) BGR 位

BGR 位是交换 R 和 B 数据写入的顺序。

➢ BGR＝“0”：按照顺序写 RGB 像素数据；

➢ BGR＝“1”：在写入 GRAM 时将 RGB 数据交换成 BGR 数据。

2. 彩色模式

可以选择不同的彩色模式，例如 262k 或 65k 彩色显示屏，通过 TRI 和 DFM 进行设置，同时需要注意 16 位与 RGB 三色数据之间的分配情况，如图 14－28 所示，这点与驱动程序中的颜色配置直接相关，需要特别注意。

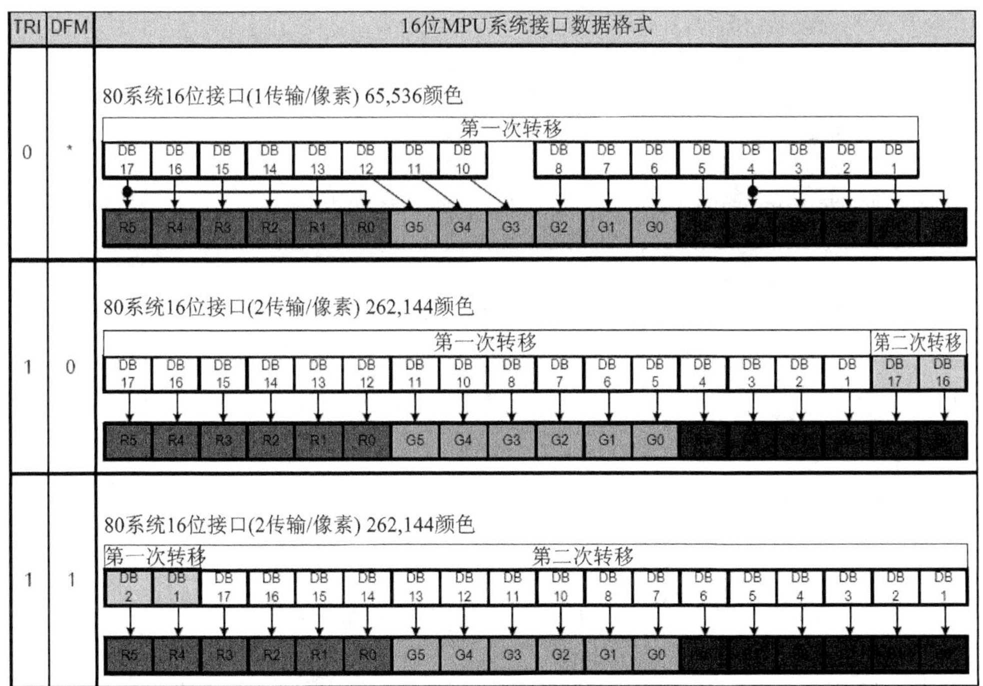

图 14－28　16 位系统接口数据格式

颜色模式由 03 寄存器里 TRI 和 DFM 进行设置，在驱动程序中用“LCD_WriteReg(0x03,0x1018)；”的方式进行设置。0x1018 对应的二进制为“1000000011000”，TRI＝0，DFM＝0，也就是设置为 65k 颜色模式。RGB 按 5－6－5 位进行填充。

在 LCD 驱动芯片内部，R 和 G 中分别抽取第 5 位和第 4 位来填充最低位，变成 6－6－6 位进行，由于低位对整个色彩的影响不大，所以在 65k 色彩模式下可以不用考虑这两个低位的影响，在编程时完全按 5－6－5 位的形式处理即可。

3. TFT 初始化程序

TFT 初始化需要在 FSMC 初始化基础上进行，需要把 TFT 配置数据写入 TFT 的寄存器中，包括 TFT 的扫描方式、彩色模式等。不同的 TFT 控制芯片，其初始化代码也有所不同。

Ill9xx 系列 TFT 初始化代码如下：

```
void TFT_Initializtion(unsigned int DeviceCode)
{
  u16 i;
  if(DeviceCode == 0x9300||DeviceCode == 0x8300)
  {
    LCD_WriteReg(0x00,0x0000);
    LCD_WriteReg(0x01,0x0100);//驱动器输出
    LCD_WriteReg(0X02,0x0700);//LCD 驱动波形
    LCD_WriteReg(0x0003,(1 <<12)|(0 <<5)|(0 <<4)|(1 <<3));//65K
    LCD_WriteReg(0x04,0x0000);//标度
    LCD_WriteReg(0x08,0x0202);//显示 2(0x0207)
    LCD_WriteReg(0X09,0x0000);//显示 3(0X0000)
    LCD_WriteReg(0x0A,0x0000);//帧周期 Contal(0X0000)
    LCD_WriteReg(0x90,(0 <<7)|(0)<<16);//帧周期(0x0013)
    LCD_WriteReg(0x92,0x0000);//面板接口(0X0000)
    LCD_WriteReg(0x93,0x0001);//面板接口 3
    LCD_WriteReg(0x95,0x0110);//帧周期(0x0110)
    LCD_WriteReg(0x97 <<8)(0);
    LCD_WriteReg(0x98,0x0000);//帧周期
    LCD_WriteReg(0x07,0x0173);//(0x0173)
  }
  ......(其他省略)
}
```

14.3.4 FSMC 接口驱动 TFT 屏的测试程序

在测试程序中，调用 init 函数初始化 STM3207 的 FSMC 接口以及配置 TFT 屏工作方式，调用 circle 函数画圆，调用 TextOut 函数显示字符串："我的液晶显示 hello World 程序！"

测试程序可以从本书配套资料中获得，在资料中的项目名称为"STM32_TFT_0"。

测试程序主文件 main.cpp 代码如下：

```
#include "include/bsp.h"
#include "include/led_key.h"
#include "include/usart.h"
```

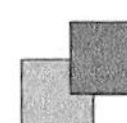

```
#include "include/tft_FSMC_STM32.h"
#include "include/lcd.h"
static CBsp bsp;
int main()
{
    bsp.init();
    CLed led1(LED1);
    CUsart usart1( USART1,9600);
    usart1.start();
    printf("usart1 start......\r\n");
    CLcd tft;
    unsigned int id = tft.init();
    printf("lcd_id = %d\r\n",id);
while(1)
    {
        led1.isOn()?led1.Off():led1.On();
        printf("系统正常运行之中......\r\n");
        tft.circle(60,60,50,0,2);
        bsp.delay(1000);
        tft.circle(120,60,50,0,2,RGB(0xff,0,0));
        bsp.delay(10000);
        tft.TextOut(10,60,"我的液晶显示 hello World 程序!",
                    RGB(0xff,0,0));
        bsp.delay(10000);
        for(int i = 0;i <120;i ++ )
        for(int j = 0;j <120;j ++ )
        {
            unsigned long int col = tft.getPixel(j,i);
            //RGB(0xff,0,0);//
            tft.setPixel(j,i + 120,col);
        }
        bsp.delay(60000);
        tft.line(0,0,100,100,RGB(0xff,0xff,0),3);
        bsp.delay(1000);
      tft.rectangle(180,120,300,220,RGB(0xff,0xff,0),10,
       RGB(0xff,0,0));
        bsp.delay(6000);
        tft.clear();
    }
    return 0;
}
```

14.4 深入 GUI 程序设计

14.4.1 Obtain GUI 结构

嵌入式 GUI 的底层，一般都是事件与消息的处理，事件与消息的处理的结构如图 14-29 所示，主要包括事件和消息采集、事件和消息队列、应用程序管理器、事件和消息处理、事件和消息分派、窗口库、控件库、用户程序等几个部分。

① 采集嵌入式微控制器的中断信息，把信息包装成事件或消息，发送到 GUI 事件和消息队列中。

② 应用程序管理器通过一个 while 循环来处理事件和消息，分析消息的来源和类型，计算和判断消息作用对象，把事件和消息分派到具体的窗口和控件中。

③ 在窗口和控制的事件处理函数中，识别事件和消息类型，然后调用用户程序的事件响应函数，完成事件响应处理。

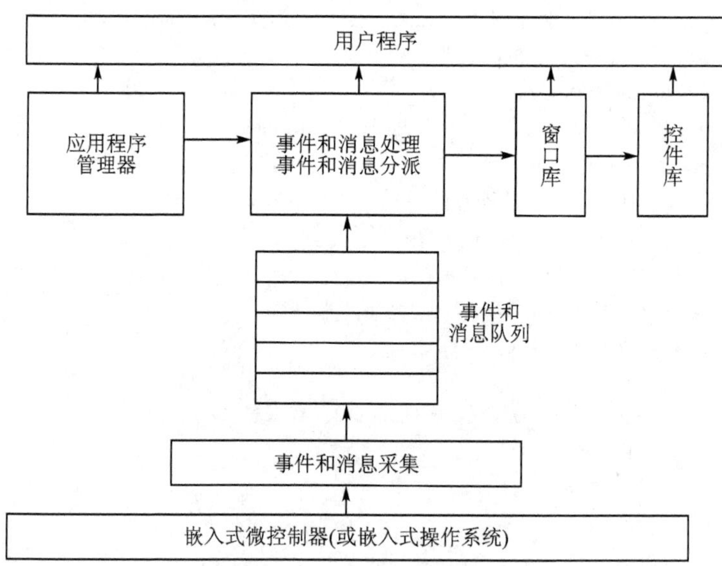

图 14-29　Obtain GUI 结构

GUI 用户程序结构如图 14-30 所示，主要由程序入口 main 函数、窗口及消息循环处理等三部分组成。

1. main 函数、消息循环处理

(1) main 函数

main 函数用于硬件初始化、创建 Gui 对象、创建窗口，最后调用消息循环处理函数 Gui.run()，完成整个 GUI 的主启动过程。

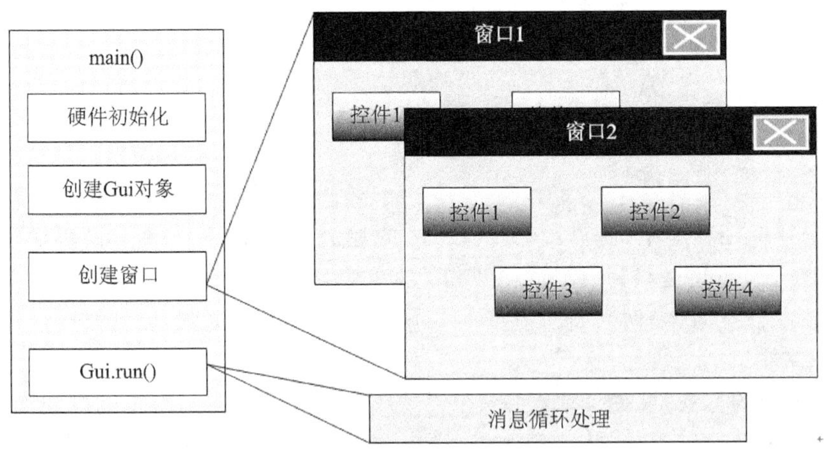

图 14-30　GUI 用户程序结构

(2) 消息循环处理

消息循环处理程序内部主要由一个无限循环实现，不断地检测新消息，如果发现有新消息，即进行处理，然后分派到 GUI 窗口和控制中，完成后又进行下一次循环。消息循环处理的消息来源于硬件中断发出来的消息，或者硬件某种测试量，或者硬件某种状态的改变，例如接收触摸屏单击的消息等。

(3) 窗口和控件

窗口和控件是用户应用程序的主体，即实现人机交互功能。窗口和控件一方面实现图形化界面；另一方面也提供用户数据的录入、用户对程序的控制与操作等。

对于普通和小型的 GUI 应用程序，用户编写程序时，只需要关注窗口及窗口中各控件创建以及控件对事件响应后需要做的处理，而无须关注 GUI 底层的工作方式。这样，有利于简化应用程序的开发过程，应用程序开发人员只需要把精力集中于应用功能的开发。

2. 嵌入式 GUI 设计实例

下面将演示一个最简单的窗口程序的设计过程。该窗口程序在 TFT 驱动与显示例子 stm32_C++Touch_ calibration 项目的基础上进行。因为 GUI 的目标就是在 LCD 上显示图形界面程序，所以程序具有 LCD 驱动就是最基本的要求。

(1) 液晶屏和触摸屏驱动

对于 LCD 驱动的要求，只要包括 LCD 初始化函数、单点绘制函数 setPixel 以及屏幕清除函数 clear 即可；另外，加上 lcd. h 中定义的文本输出函数 TextOut 和画矩形函数 rectangle。如果没有 lcd. h 文件，用户也可以根据 setPixel 函数来实现 TextOut 和 rectangle 的功能。

(2) GUI 库

这里采用自己编写的 GUI 库 Obtain_GUI。该库非常简单，核心部分仅仅 300 多行代码,包括了应该程序管理器、事件与消息处理、事件与消息分派、Windows 窗口、控件公共类 CBaseControl、按钮类 CButton 以及编辑框类 CEdit 等。

14.4.2 带消息处理的 GUI 测试程序

1. 关于消息处理

在 GUI 应用程序中,窗口对象及窗口中的控制对象有很多,消息的来源可能也有很多种,那么如何收集和判断消息类型和数据?如何判断消息应该作用于哪一个对象?例如,按下触摸屏时,如何判断当前点中了哪个窗口的哪个位置,以及是否点中了窗口中的某个控件?

容易想到的方法是,先读取触摸屏按中的位置,然后用一个复杂的判断语句,对所有的窗口和控件进行判断,然后看被点中的位置是否落在窗口和控件上。

上面的方法比较好理解,过程也比较简单,但实现的程序代码却是非常复杂的。一是因为控件的位置坐标是相对于窗口左上角位置而不是相对屏幕坐标,所以在判断时需要考虑所属窗口的位置。二是因为在应用程序中可能会有多个窗口重叠在一起,或多个控件重叠,那么触摸屏按中的位置,应该属于哪一个控件呢?因此,在消息判断时,需考虑哪一个是活动窗口,或者说哪一个是在最前面的窗口。可能还有其他需要考虑的问题,而把这些问题都集中在这样一个复杂的判断语句里显然不合适。

其实,大部分的 GUI 都采用了另一种实现方式,即消息派发方式。其做法上与上面的方法差不多,都需要进行各种判断,只不过是把这些判断分解成许多子判断,每一个子判断都是一个消息处理的子步骤,可用一个函数来实现这样一个子步骤。

消息派发的基本思路是把整个消息处理分解成以下几个看似独立的步骤来实现:

① 采用一个无限循环来统一收集消息;

② 对消息进行分类;

③ 对于触摸屏的单击消息,判断是否点中某个控件;

④ 如果点中,则调用控件的单击消息处理函数,进行消息处理。

消息派发的方法本质上还是一个复杂的判断,但在思想上却有很大的不同:

一是对消息进行分类,再调用窗口和控件的消息响应函数进行消息处理,整个过程变成了一个消息派发的过程。

二是消息归属的判断,调用控件的消息归属函数(对于触摸屏的单击消息,判断是否点中某个控件),在设计思想上变成了“消息的归属,由控件自己去判断”。

三是消息的处理,调用控件的消息响应函数。这样在设计思想上也变成了“把消息派发给控制,由控制自行去处理”。

在消息派发的方法中,集中进行消息处理的部分仅仅是消息收集、消息分类、消息识别以及消息派发这样一个层面上。而更加底层的处理,包括如何进行消息的识别、如何进行消息的响应等,都交由每一个控件去处理,而不是统一处理。

2. 包括了消息处理的 GUI 测试程序

上面所介绍的最简单的窗口程序，仅仅是绘制了窗口，并没有消息的处理功能。为了能完成消息的处理，需要用到 GUI 应用对象指针 app，之所以设计为一个统一的 GUI 应用对象，一方面是方便用于管理整个应用中所有唯一和公共的变量；另一方面是避免用户自己定义对象时，可能会不小心创建了多个对象，造成内存的浪费。由于 GUI 应用对象是唯一的，因此比较适用于消息管理。所以，Obtain_GUI 把消息的管理放到了 GUI 应用对象的 run 函数中。为了让应用程序具有消息管理功能，需要在上述测试程序的基础上，调用 GUI 应用对象的 init 来初始化 GUI 应用对象，并把要处理的主窗口对象地址传递给 GUI 应用对象，最后调用成员函数 run 实现消息的管理。

加入消息管理代码之后，与前面的程序比较，窗口界面完全相同，所不同的是，如果在触摸屏上单击窗口右上角的关闭空图标，则系统会把该窗口关闭。

包括了消息处理的 GUI 测试程序实现代码如下：

```
int main()
{
    bsp.Init();
    usart1.start();
    tft.init();
    tou.init();
    tou.TouchCalibration(&tft);
    tft.clear( RGB(255,255,255));
    CWindows * mw = new CWindows(20,20,200,200,0,"Hello World!");
    app->init(mw);
    app->run();
    return 0;
}
```

需要特别注意的是，如果是仿真程序，则不需要调用 run 函数。消息循环的实现是在另一个独立的线程中完成，这一点仿真程序的底层已经实现，无须用户进行处理。

3. GUI 应用对象

在上述代码中，app 指针是 Application 类的一个全局指针，它的原型为：

```
Application * app = 0;
```

它在启动时只是一个空的指针。因此，在使用 app 指针之前必须调用它的成员函数 init 来实例化一个 Application 对象，它是一个单对象，即在整个应用系统中，它只有唯一的一个实例对象。在 init 函数里，调用 Application 实例化成员函数 Instance 来获得一个对象实例的地址：

```
app = &Application::Instance();
```

在调用 init 函数时，还需要为 GUI 应用对象指定一个窗口对象，作为整个应用系统的主窗口。

14.4.3 在 main 函数里处理消息的方式

如果希望在主消息循环之时，同时可以分配一些时间来执行 main 函数里的其他任务，那么可以不用调用 app 对象的 run 消息循环函数，而是直接在 main 函数中加一个 while 循环直接调用 app 对象的 EventProcessing 函数来处理消息，每次调用 EventProcessing 函数完成之后，可以先执行 main 函数里的其他任务，然后再重新调用 EventProcessing 函数完成下一次的消息处理。这样的程序代码如下：

```
int main()
{
    bsp.Init();
    usart1.start();
    tft.init();
    tou.init();
    tou.TouchCalibration(&tft);
    tft.clear( RGB(255,255,255));

    CWindows * mw = new CWindows(20,20,200,200,0,"Hello World!");
    app->init(mw);
    while(1)
    {
        app->EventProcessing();
        delay(100);
        led1.isOn()? led1.Off():led1.On();
    }
    return 0;
}
```

上面的程序执行之时会花较多的时间在 delay 函数上，而 delay 函数只是占用 CPU 时间的空循环，并没有做其他更加有意义的事情。如果希望把时间浪费在消息处理上，那么可以加上一个记数变量来累计循环次数，用于统计执行消息处理的次数，而消息处理也会花掉一定的时间，这样既起到了延时的作用，又让系统能及时处理消息。例如：

```
int main()
{
    bsp.Init();
```

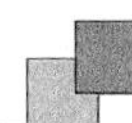

```
    usart1.start();
    tft.init();
    tou.init();
    tou.TouchCalibration(&tft);
    tft.clear( RGB(255,255,255));

    CWindows * mw = new CWindows(20,20,200,200,0,"Hello World!");
    app->init(mw);
    int i = 0;
    while(1)
    {
        app->EventProcessing();
        delay(1);
        if( ++ i >1000)
        {
            led1.isOn()?led1.Off():led1.On();
            i = 0;
        }
    }
    return 0;
}
```

14.4.4 窗口的控件

1. 控 件

绝大部分的GUI系统,都采用窗口控件的方式来实现界面设计。

控件是对数据和方法的封装。控件可以有自己的属性和方法:属性是控件数据的简单访问者,方法是控件的一些简单而可见的功能。

2. 控件应用

使用现成的控件来开发应用程序时,控件工作在两种模式下:设计时态和运行时态。

在设计时态下,控件显示在开发环境下的一个窗体中。设计时态下控件的方法不能被调用,控件不能与最终用户直接进行交互操作,也不需要实现控件的全部功能。

在运行状态下,控件工作在一个确实已经运行的应用程序中。控件必须正确地将自身表示出来,它需要对方法的调用进行处理并实现与其他控件之间有效的协同工作。

3. 控件创建

创建控件就是自行设计制作出新的控件。设计控件是一项繁重的工作。自行开发控件与使用控件进行可视化程序开发存在着极大的不同,要求程序员精通面向对象程序设计。

设计控件是一项艰苦的工作。对于控件的开发者,控件是纯粹的代码。控件的开发不是一个可视化的开发过程,而是用 C++ 或 Object Pascal 严格编制代码的工作。实际上,创建新控件使我们回到传统开发工具的时代。虽然这是一个复杂的过程,但也是一个一劳永逸的过程。创建控件的最大意义在于封装重复的工作,其次是可以扩充现有控件的功能。控件创建过程包括设计、开发、调试工作,然后是控件的使用。

4. 常见的控件

常见的控件包括按钮、多选框、编辑框、组合框等。在微软的 VC++ 中所提供的 10 多种 MFC 控件,也是目前大多数 GUI 系统所提供的控件,由于 MFC 控件发展得很早,并且使用也非常广泛,因此可以算是 GUI 控制的事实标准。Visual Studio 2005 提供的控件如图 14-31 所示。常见控件与它们对应的中文名称如表 14-2 所列。

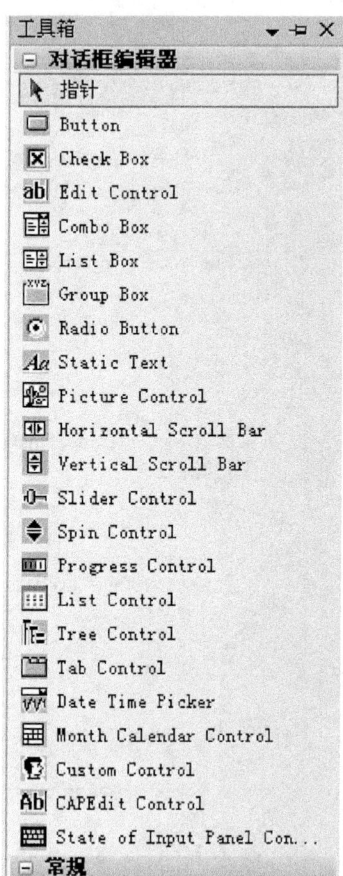

图 14-31 VC++ 控件

表 14-2 常见控件与中文名称

控　件	中文名	控　件	中文名
Button	按钮	Slider Control	滑动条
Check Box	多选框	Progress Control	进度条
Edit Control	编辑框	List Control	列表框
Combo Box	组合框	Tree Control	树形框
List Box	下拉框	Tab Control	选择框
Group Box	分组框	Date Time Picker	时间框
Radio Button	单选框	Month Calendar	日期框
Static Text	静态框	Custom Control	自定义框
Picture Control	图片框		
Horizontal Scroll Bar	水平滚动条	Vertical Scroll Bar	垂直滚动条

按钮控件是一个小的矩形子窗口,可以通过单击选中(按下)或不选中。按钮可以

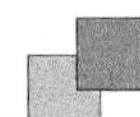

单独使用，也可以成组使用，它还可以具有文本标题。当用户单击它时，按钮通常要改变其显示外观。

典型的按钮控件有：复选框、单选框和下压式按钮（Push Button）。一个 CButton 对象可以是它们中的一种，这由它的按钮风格和成员函数 Create 的初始化决定。

目前，Obtain_GUI 支持的控件比较少，将来可以 MFC 控件为标准进行扩充。由于控件的规则比较简单，因此用户也可以根据需要设计自己的控件。

14.4.5　控件应用程序设计

1. 使用 Obtain_GUI 控件的方法

使用 Obtain_GUI 控件的方法很简单，首先是创建控件对象，在创建时指定控件的绘制位置与大小，然后调用绘制函数显示控件。创建控件时的 6 个参数分别是控件的左上角 x 坐标、控件的左上角 y 坐标、控件宽度、控件高度、控件背景颜色、控件文本。

控件指定的位置为左上角坐标，且是相对于其父窗口的坐标。如果没有为控件指定父窗口，则左上角的坐标为绝对坐标，即以屏幕左上角为坐标 0 点算起的坐标值。

例如创建一个按钮的代码如下：

```
CBaseControl * but0 =
        new CButton(20,20,70,40,RGB(0,0,0xff),"Post");
    but0->Draw();
```

创建完成后，在需要显示按钮时调用 Draw 函数把它显示出来。为了方便进行管理，应该把控件的指针转成公共基类 CBaseControl。如果不需要统一管理控件，也可以不用进行这样的转换。如果给按钮指定了父窗口，则显示时可以不直接调用 Draw 函数显示，而是由父窗口自主调用各控件的 Draw 函数完成所有窗口内的控件的显示。

2. 创建用户窗口类

一个用户窗口常需要包括许多控件，为了方便对这些控件进行管理，通常要编写一个用户窗口类，该窗口类派生于公共窗口类 CWindows。

下面是一个典型的用户窗口类，用于实现一个简单的文本输入功能。窗口中包括 1 个文本框、4 个数字输入按钮、1 个删除字符按钮、1 个清空文本框按钮以及 1 个读取文本框内容并以消息框的方式显示文本内容的按钮。

在用户窗口类中，调用窗口类的成员函数 addControl 为窗口添加一个控件。为了让控件具有单击事件响应功能，调用控件类的成员函数 setClickFun 为控件指定单击事件响应函数。单击事件响应函数的原型为：

```
void onButClick0(Event &ev);
```

其中，参数 ev 为事件响应的消息传递，例如传递单击位置坐标等。

一个典型用户窗口类的实现代码如下：

```
#include "./Obtain_GUI/Obtain_gui.h"

#include <string>
using namespace std;
static char temp[32] = {0};
static string str_edit = temp;
static CBaseControl * m_edit = 0;
void onButClick0(Event &ev)
{
    MessageBox(str_edit.c_str());
}
void onEditClick0(Event &ev)
{
    MessageBox(str_edit.c_str());
}
void onButClick1(Event &ev)
{
    str_edit += "0";
    m_edit->text = str_edit.c_str();
    m_edit->Draw();
}
void onButClick2(Event &ev)
{
    str_edit += "1";
    m_edit->text = str_edit.c_str();
    m_edit->Draw();
}
void onButClick3(Event &ev)
{
    str_edit += "2";
    m_edit->text = str_edit.c_str();
    m_edit->Draw();
}
void onButClick4(Event &ev)
{
    str_edit += "3";
    m_edit->text = str_edit.c_str();
    m_edit->Draw();
}
```

```
void onButClick5(Event &ev)
{
    str_edit = "";
    m_edit->text = str_edit.c_str();
    m_edit->Draw();
}
void onButClick6(Event &ev)
{
    if(! str_edit.empty())
    {
        str_edit.erase(str_edit.end()-1);
        m_edit->text = str_edit.c_str();
        m_edit->Draw();
    }
}
class myWin:public CWindows
{
public:
    void setup()
    {
        init(2,2,238,318,RGB(0xff,0xff,0),"My Windows 1");
        CBaseControl * but0 =
new CButton(20,20,70,40,RGB(0,0,0xff),"Post");
        but0->setClickFun(onButClick0);
        this->addControl(but0);
        CBaseControl * edit0 = new CEdit
(30,100,170,40,RGB(0xff,0xff,0),str_edit.c_str());
        edit0->setClickFun(onEditClick0);
        this->addControl(edit0);
        m_edit = edit0;
        CBaseControl * but1 =
new CButton(20,150,40,40,RGB(0xff,0,0),"0");
        but1->setClickFun(onButClick1);
        this->addControl(but1);
        CBaseControl * but2 =
new CButton(70,150,40,40,RGB(0xff,0,0),"1");
        but2->setClickFun(onButClick2);
        this->addControl(but2);
        CBaseControl * but3 =
new CButton(120,150,40,40,RGB(0xff,0,0),"2");
        but3->setClickFun(onButClick3);
        this->addControl(but3);
```

```
        CBaseControl * but4 =
new CButton(170,150,40,40,RGB(0xff,0,0),"3");
        but4->setClickFun(onButClick4);
        this->addControl(but4);
        CBaseControl * but5 =
new CButton(20,220,70,40,RGB(0,0xff,0xaa),"clear");
        but5->setClickFun(onButClick5);
        this->addControl(but5);
        CBaseControl * but6 =
new CButton(120,220,70,40,RGB(0,0xff,0xaa),"<--");
        but6->setClickFun(onButClick6);
        this->addControl(but6);
    }
};
```

3. 在主程序中使用用户窗口

创建完成用户窗口类后，可在主程序中创建用户窗口对象，并通过 GUI 应用程序对象指针 app 把窗口对象加入 GUI 消息管理系统中，最后调用 app 的 run 函数进入消息循环之中。如果是仿真程序，则不需要调用 run 函数。

在主程序中使用用户窗口的实现代码如下：

```
#include "include/bsp.h"
#include "include/lcd.h"
#include "include/Touch.h"
static CBsp bsp;
CLcd tft;
CTouch tou;
#include "./myWin.h"
int main()
{
    bsp.Init();
    tft.init();
    tou.init();
    tou.TouchCalibration(&tft);
    tft.clear( RGB(255,255,255));

    myWin * mw = new myWin();
    mw->setup();
    app->init(mw);
    app->run();
    return 0;
}
```

4. 运行效果

仿真时的运行效果如图 14－32 所示。如果是在 STM32 板上运行，运行效果与仿真图效果相同。

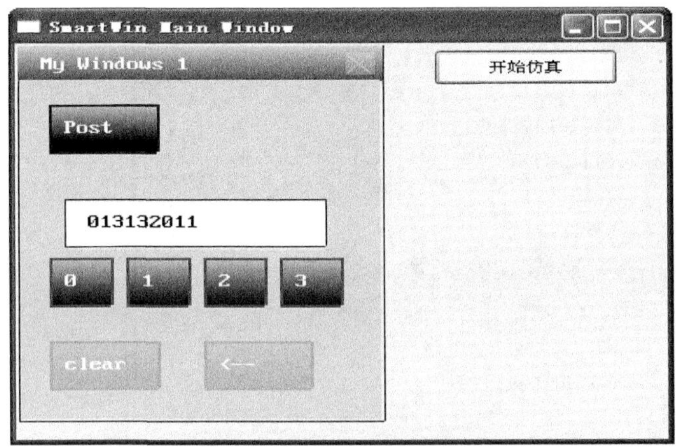

图 14－32　控件应用程序运行效果

14.4.6　智能手机桌面风格的应用程序

1. 智能手机的桌面风格

智能手机桌面风格的应用程序与普通的窗口应用程序基本相似，在桌面上可以显示各种控件。但也有一些不同之处：一是外观不同；二是桌面上的控件相对位置与窗口控件不同；三是部分功能不同，例如桌面不需要窗口那样的关闭窗口功能。

为了方便设计，可以从公共窗口类中派生出一个专用的桌面类，负责桌面框架、桌面图标的绘制以及桌面事件响应等功能。

2. 创建桌面应用类

桌面应用类用于实现一个简易的类似于 Windows 等操作系统桌面功能的类，用户可以根据需要添加该类中的控件，实现不同的桌面功能。该类也可以进一步设计成可动态配置的形式，这样更加方便用户的使用。

桌面应用类实现代码如下：

```
#include "./Obtain_GUI/Obtain_gui.h"
#include <string>
using namespace std;
static char temp[32] = {0};
static string str_edit = temp;
static CBaseControl * m_edit = 0;
```

```
void onButClick0(Event &ev)
{
    MessageBox(str_edit.c_str());
}
void onEditClick0(Event &ev)
{
    MessageBox(str_edit.c_str());
}
void onButClick1(Event &ev)
{
    str_edit += "0";
    m_edit->text = str_edit.c_str();
    m_edit->Draw();
}
void onButClick2(Event &ev)
{
    str_edit += "1";
    m_edit->text = str_edit.c_str();
    m_edit->Draw();
}
void onButClick3(Event &ev)
{
    str_edit += "2";
    m_edit->text = str_edit.c_str();
    m_edit->Draw();
}
void onButClick4(Event &ev)
{
    str_edit += "3";
    m_edit->text = str_edit.c_str();
    m_edit->Draw();
}
void onButClick5(Event &ev)
{
    str_edit = "";
    m_edit->text = str_edit.c_str();
    m_edit->Draw();
}
void onButClick6(Event &ev)
{
    if(!str_edit.empty())
    {
```

```
            str_edit.erase(str_edit.end()-1);
            m_edit->text = str_edit.c_str();
            m_edit->Draw();
        }
}
class myWin:public CWindows
{
public:
        void setup()
        {
            init(2,2,238,318,RGB(0xff,0xff,0),"My Windows 1");
            CBaseControl * but0
 = new CButton(20,20,70,40,RGB(0,0,0xff),"Post");
            but0->setClickFun(onButClick0);
            this->addControl(but0);
            CBaseControl * edit0
 = new CEdit(30,100,170,40,RGB(0xff,0xff,0),str_edit.c_str());
            edit0->setClickFun(onEditClick0);
            this->addControl(edit0);
            m_edit = edit0;
            CBaseControl * but1
 = new CButton(20,150,40,40,RGB(0xff,0,0),"0");
            but1->setClickFun(onButClick1);
            this->addControl(but1);
            CBaseControl * but2
 = new CButton(70,150,40,40,RGB(0xff,0,0),"1");
            but2->setClickFun(onButClick2);
            this->addControl(but2);
            CBaseControl *
but3 = new CButton(120,150,40,40,RGB(0xff,0,0),"2");
            but3->setClickFun(onButClick3);
            this->addControl(but3);
            CBaseControl * but4
 = new CButton(170,150,40,40,RGB(0xff,0,0),"3");
            but4->setClickFun(onButClick4);
            this->addControl(but4);
            CBaseControl * but5
 = new CButton(20,220,70,40,RGB(0,0xff,0xaa),"clear");
            but5->setClickFun(onButClick5);
            this->addControl(but5);
            CBaseControl * but6
 = new CButton(120,220,70,40,RGB(0,0xff,0xaa),"<--");
```

```
            but6->setClickFun(onButClick6);
            this->addControl(but6);
        }
    };
```

3. 桌面应用主程序

在主程序中，首先创建桌面类对象，与创建普通窗口类对象方法一样，桌面应用类本身也是从窗口类中派生出来；然后调用桌面应用类的 setup 成员函数，配置桌面系统；再调用 GUI 应用类对象 app 的 init 成员函数，向应用系统添加桌面类对象；最后调用 app 的 run 成员函数运行 GUI 系统。

桌面应用主程序的实现代码如下：

```
#include "include/bsp.h"
#include "include/led_key.h"
#include "include/usart_DMA_queue.h"
#include "include/lcd.h"
#include "include/Touch.h"
static CBsp bsp;
static CUsart1_Dma usart1(9600);
CLcd tft;
CTouch tou;
CLed led1(LED1),led2(LED2),led3(LED3),led4(LED4);
#include "./Desktop.h"
int main()
{
    bsp.Init();
    usart1.start();
    tft.init();
    tou.init();
    tou.TouchCalibration(&tft);
    tft.clear( RGB(255,255,255));
    CDesktop * desk = new CDesktop();
    desk->setup();
    app->init(desk);
    app->run();
    return 0;
}
```

4. 运行效果

仿真时的运行效果如图 14－33 所示。如果是在 STM32 板上运行，运行效果与仿

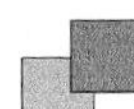

真图效果相同。

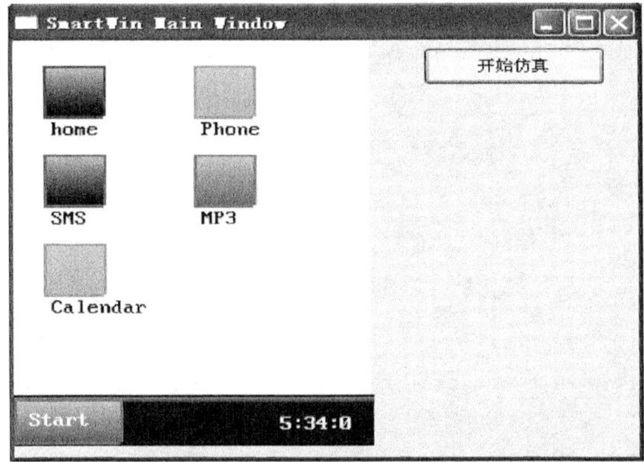

图 14－33　桌面应用主程序运行效果

14.4.7　嵌入式 GUI 底层的设计

1. 控件类

控件类用于实现按钮、编辑框等功能，实现代码如下：

```
#ifndef CBaseControl_H_
#define CBaseControl_H_
enum EV_TYPE{EV_Update = 4,EV_Touch = 5};
void delay(volatile unsigned long time)
{
    for(volatile unsigned long i = 0;i < time;i ++ )
        for(volatile unsigned long j = 0;j < 1400;j ++ ){;}
}
class Event
{
public:
    unsigned char type;
    int par1;
    int par2;
    char * text;
};
static queue < Event > EventQueue;
static int postEvent(Event ev)
{
     EventQueue.push(ev);
```

```
        return 0;
    }
    typedef void ( * FUN)(Event &ev);
    class CBaseControl
    {
        FUN onClickFun;
    public:
        int x,y,w,h,c;
        const char *  text;
        CBaseControl *  Parents;
        CBaseControl(int m_x = 0,int m_y = 0,int m_w = 20,int m_h = 20,int m_c = 0,const char
 *  m_text = 0)
        :x(m_x),y(m_y),w(m_w),h(m_h),c(m_c),text(m_text)
        {
            Parents = 0;
            onClickFun = 0;
        }
        ~CBaseControl()
        {
            delete text;
        }

        void init(int m_x = 0,int m_y = 0,int m_w = 20,int m_h = 20,int m_c = 0,const char *  m_
text = 0)
        {
            x = m_x;y = m_y;w = m_w;h = m_h;c = m_c;text = m_text;
        }
        void setParents( CBaseControl *  m_Parents)
        {
            Parents = m_Parents;
        }
        virtual void TextOut()
        {
             p_tft->TextOut(x + 15,y + 8,text,RGB(255,255,255));
        }
        virtual void Draw()
        {
            p_tft->rectangle(x,y,x + w,y + h,RGB(0xff,0xff,0),2,RGB(0,255,0));
        }
        virtual void FrameDraw()
        {
            int x1 = x + w,y1 = y + h;
```

```
        for(int i = x;i <x1;i ++ )p_tft->setPixel(i,y,RGB(0,0,255));
        for(int i = x;i <x1;i ++ )p_tft->setPixel(i,y1,RGB(0,0,255));
        for(int i = y;i <y1;i ++ )p_tft->setPixel(x,i,RGB(0,0,255));
        for(int i = y;i <y1;i ++ )p_tft->setPixel(x1,i,RGB(0,0,255));
    }

    bool setClickFun(void ( * fun)(Event &ev))
    {
        onClickFun = fun;
        return 0;
    }

    virtual bool onClick(Event &ev)
    {
        if(onClickFun!= 0)
        {
            onClickFun(ev);
            return true;
        }
        return false;
    }

    bool isInRange(Event &ev)
    {
        if(Parents!= 0)
        {
            if((ev.par1 > = (x + Parents->x))&&(ev.par2 > = (y + Parents->y + 30))
&&(ev.par1 < = (x + w + Parents->x))&&(ev.par2 < = (y + h + Parents->y + 30)))
                return true;
        }
        else
        {
            if((ev.par1 > = x)&&(ev.par2 > = y)&&(ev.par1 < = (x + w))
&&(ev.par2 < = (y + h)) )
                return true;
        }
        return false;
    }
};
class CButton:public CBaseControl
{
public:
```

```
        CButton(int m_x,int m_y,int m_w,int m_h,int m_c,const char * m_text)
        :CBaseControl(m_x,m_y,m_w,m_h,m_c,m_text)
        {
        }

        virtual void TextOut()
        {
            int x0 = x + 10,y0 = y + h/2-8,x1 = x + w,y1 = y + h;
            if(Parents!= 0)
            {
                x0 += Parents->x;
                y0 += Parents->y + 30;
                x1 += Parents->x;
                y1 += Parents->y + 30;
            }
            p_tft->TextOut(x0,y0,text,RGB(255,255,255));
        }
        virtual void FrameDraw()
        {
            int x0 = x,y0 = y,x1 = x + w,y1 = y + h;
            if(Parents!= 0)
            {
                x0 += Parents->x;
                y0 += Parents->y + 30;
                x1 += Parents->x;
                y1 += Parents->y + 30;
            }
            for(int i = x0;i<x1;i++)
    {p_tft->setPixel(i,y0,c);p_tft->setPixel(i,y0 + 1,c);}
            for(int i = x0;i<x1;i++)
    {p_tft->setPixel(i,y1,c);p_tft->setPixel(i,y1 + 1,c);}
            for(int i = y0;i<y1;i++)
    {p_tft->setPixel(x0,i,c);p_tft->setPixel(x0 + 1,i,c);}
            for(int i = y0;i<y1;i++)
    {p_tft->setPixel(x1,i,c);p_tft->setPixel(x1 + 1,i,c);}
        }
        virtual void Draw()
        {
            int x0 = x,y0 = y,x1 = x + w,y1 = y + h;
            if(Parents!= 0)
            {
                x0 += Parents->x;
```

```
            y0 += Parents->y + 30;
            x1 += Parents->x;
            y1 += Parents->y + 30;
        }
        unsigned int  m_r = 0,m_g = 0,m_b = 0;
        getRGB(c,m_r,m_g,m_b);
        unsigned int  s_r = (255-m_r)/(y1-y0 + 1);
        unsigned int  s_g = (255-m_g)/(y1-y0 + 1);
        unsigned int  s_b = (255-m_b)/(y1-y0 + 1);

         m_r = 200;m_g = 200;m_b = 200;
        volatile unsigned int co;
        for(int j = y0;j < y1;j ++ )//画底色
        {
            if(m_r > s_r)m_r- = s_r;
            if(m_g > s_g)m_g- = s_g;
            if(m_b > s_b)m_b- = s_b;
            co = RGB(m_r,m_g,m_b);
            for(int i = x0;i < x1;i ++ )
            {
                    p_tft->setPixel(i,j,co);
            }
        }
        FrameDraw();
        TextOut();
    }
};
class CEdit:public CBaseControl
{
public:
    CEdit(int m_x,int m_y,int m_w,int m_h,int m_c,const char * m_text)
    :CBaseControl(m_x,m_y,m_w,m_h,m_c,m_text)
    {
    }
    virtual void TextOut()
    {
        int x0 = x,y0 = y + h/2-8,x1 = x + w,y1 = y + h;
        if(Parents!= 0)
        {
            x0 += Parents->x;
```

```
            y0 += Parents->y + 30;
            x1 += Parents->x;
            y1 += Parents->y + 30;
        }
        p_tft->TextOut(x0 + 15,y0,text,RGB(0,0,0));
    }
    virtual void FrameDraw()
    {
        int x0 = x,y0 = y,x1 = x + w,y1 = y + h;
        if(Parents!= 0)
        {
            x0 += Parents->x;
            y0 += Parents->y + 30;
            x1 += Parents->x;
            y1 += Parents->y + 30;
        }
        for(int i = x0;i < x1;i ++ )p_tft->setPixel(i,y0,RGB(0,0,255));
        for(int i = x0;i < x1;i ++ )p_tft->setPixel(i,y1,RGB(0,0,255));
        for(int i = y0;i < y1;i ++ )p_tft->setPixel(x0,i,RGB(0,0,255));
        for(int i = y0;i < y1;i ++ )p_tft->setPixel(x1,i,RGB(0,0,255));
    }
    virtual void Draw()
    {
        int x0 = x,y0 = y,x1 = x + w,y1 = y + h;
        if(Parents!= 0)
        {
            x0 += Parents->x;
            y0 += Parents->y + 30;
            x1 += Parents->x;
            y1 += Parents->y + 30;
        }
        for(int j = y0;j < y1;j ++ )//画底色
        {
            for(int i = x0;i < x1;i ++ )
            {
                    p_tft->setPixel(i,j,RGB(255,255,255));
            }
        }
        FrameDraw();
        TextOut();
```

```
    }
};
#endif /* CBaseControl_H_ */
```

2. 窗口类

窗口类用于实现应用程序窗口、消息框等功能，实现代码如下：

```
#include <vector>
#include <queue>

class CWindows:public CBaseControl
{
public:
    vector<CBaseControl *>conTable;
CWindows(int m_x=0,int m_y=0,int m_w=240,int m_h=320,int m_c=0,
const char * m_text=0):CBaseControl(m_x,m_y,m_w,m_h,m_c,m_text)
    {


    }
    virtual bool isClose(Event mes)
    {
        int x1=x+w,y1=y+h;
        if(mes.par1>(x1-40)&&mes.par1<(x1+1)&&mes.par2>
(y+1)&&mes.par2<(y+40))
        {
            return true;
        }
        else
            return false;
    }
    virtual void TextOut()
    {
        p_tft->TextOut(x+15,y+8,text,RGB(255,255,255));
    }
    virtual void Draw()
    {
        FrameDraw();//画边框
        int x1=x+w,y1=y+30;
        int  m=50;
        volatile unsigned int co;
        for(int j=y;j<y1;j++)//画窗口上边
```

```
        {
            m += 5;
            co = RGB(255-m,255-m,255);
            for(int i = x;i < x1;i ++ )
            {
                if(i > (x1-25)&&i < (x1-5)&&j > (y + 5)&&j < (y1-5))
                    p_tft->setPixel(i,j,RGB(255,255-m,255-m));
                else
                    p_tft->setPixel(i,j,co);
            }
        }
        x1 = x + w-2,y1 = y + h-2;
        co = RGB(209,209,200);
        for(int j = y + 30-1;j < y1;j ++ )//填充主窗口
        for(int i = x + 1;i < x1;i ++ )
            p_tft->setPixel(i,j,co);
        //画右上角的关闭按键
         for(int i = 0;i < 15;i ++ )
                p_tft->setPixel(x1-21 + i,y + 8 + i,co);
         for(int i = 0;i < 15;i ++ )
                p_tft->setPixel(x1-7-i,y + 8 + i,co);

         TextOut();
    }

    virtual void DrawAll()
    {
        this->Draw();
        for(unsigned int i = 0;i < conTable.size();i ++ )
            conTable[i]->Draw();
    }

    void addControl(CBaseControl * con)
    {
        con->setParents(this);
        conTable.push_back(con);
    }

};
class CMessageBox:public CWindows
{
public:
```

```
    const char * messageText;
CMessageBox(int m_x = 0,int m_y = 0,int m_w = 240,int m_h = 320,
int m_c = 0,const char * m_text = 0)
    :CWindows(m_x,m_y,m_w,m_h,m_c,"Message Box")
    {
       messageText = m_text;
    }
    virtual void DrawAll()
    {
        this->Draw();
        p_tft->TextOut(x + 15,y + h/2 + 8,messageText,RGB(0,0,0));
    }
    void setMessage(const char * m_text)
    {
        messageText = m_text;
    }
};
```

3. 应用程序管理类

应用程序管理类用于实现 GUI 系统的初始化、窗口和控件的管理、消息的接收、处理和分派等功能，实现代码如下：

```
class Application;
Application * app = 0;
class Application
{
private:
    static Application * instance;
    vector <CWindows * >winTable;
    CWindows * win;
public:
    Application(){win = 0;}
     static Application& Instance();
     inline void run()
     {
        while(1)
        {
```

```
            EventProcessing();
            delay(1);
        }
    }
    int task_processing(){return 0;}
    bool winEmpty(){return winTable.empty();}
    CWindows * getActiveWin()
    {
        if(!winTable.empty())
        {
            return winTable.back();
        }
        return 0;
    }
    void addWin(CWindows * m_win)
    {
        winTable.push_back(m_win);
    }
    inline void EventProcessing()
    {
        __asm__ __volatile__ ("CPSID I");
        if(! EventQueue.empty())
        {
            Event mes = EventQueue.front();
            EventQueue.pop();
            EventAssign(mes);
        }
        __asm__ __volatile__ ("cpsie i");
    }
   void ev_Update(Event& mes)
    {
        if(!winEmpty())
        {
             getActiveWin()->DrawAll();
        }
    }
    void ev_touch(Event& mes)
    {
        if(!winEmpty())
        {
           win = getActiveWin();
           if(win->isClose(mes))//关闭窗口检测
```

```
            {
                winTable.pop_back();
                p_tft->clear(RGB(255,255,255));
                if(!winEmpty())
                    getActiveWin()->DrawAll();
            }
            else//控件单击检测
            {
                for(unsigned int i = 0;i <(win->conTable.size());i ++ )
                {
                    if(win->conTable[i]->isInRange(mes))
                    {
                        win->conTable[i]->onClick(mes);
                        break;
                    }
                }
            }
        }
    }
    void EventAssign(Event& mes)
    {
        switch(mes.type)
        {
            case EV_Update:
                ev_Update(mes);
                break;
            case EV_Touch:
                ev_touch(mes);
                break;
            default:
                break;
        }
    }
    void init(CWindows * mw)
    {
        app = &Application::Instance();
        app->addWin(mw);
        if(!app->winEmpty())
            app->getActiveWin()->DrawAll();
        SysTick_Config(SystemFrequency/100);
    }
```

```
};
Application * Application::instance = 0;
Application& Application::Instance()
{
    if(0 == instance) instance = new Application();
    return * instance;
}
void MessageBox(const char * m_text)
{
     CWindows * win = new CMessageBox(40,40,160,140,RGB(0xff,0xff,0),m_text);
     Application::Instance().addWin(win);
     Event mes;
     mes.type = EV_Update;
     postEvent(mes);
}
void Touch()
{
    unsigned int adx = 0;
    unsigned int ady = 0;
    int flag = tou.TP_GetLCDXY(adx,ady);
    if(flag)
    {
        if(EventQueue.size()<10)
        {
            Event mes;
            mes.type = EV_Touch;
            mes.par1 = adx;
            mes.par2 = ady;
            postEvent(mes);
            led1.isOn()?led1.Off():led1.On();
            delay(800);
        }
    }
}
extern "C" void SysTick_Handler()
{
    Touch();
}
```

4. Obtain_GUI 系统的改进

目前本书配套资料中提供的 Obtain_GUI 版本只是一个简单的测试版本，在许多

地方还需要进一步改进和扩展。其他较方便实现的改进功能如下：

① 为系统添加更多的控件类。可以 MFC 中的控件作为标准，为 Obtain_GUI 提供标准控件。

② 提高显示速度。为了提高显示速度，对于可以为 GUI 提供按行数据输出和按小块区域数据输出功能，这样比一个点一个点输出的方式在速度上可以提高许多，因为按点输出时，在每一个点数据输出之前首先需输出点的坐标数据，无形之中增加了输出数据的时间。在仿真时，由于 PC 以及 ARM9、ARM11、Cortex-A8/A9 等嵌入式系统一般都具有比较大的内存，并且部分系统还具有视频缓冲内存，因此无须采用一点一点数据输出的方式，而是把数据输出到显示缓冲区中，再从显示缓冲区中批量把数据送出显示，这样速度也可以提高许多。

③ 与 SD 卡应用程序相结合，以及与图形图像应用程序相结合。应用程序从 SD 卡上读取汉字库和图片文件，然后在 GUI 系统中显示，从而可以设计出更加美观、更加复杂的 GUI 系统界面。与 SD 卡的文件系统相结合，可以实现目录的浏览、文本文件的浏览、图片的浏览等功能。通过底层的任务切换功能，也可以直接从 SD 卡上读取可执行文件(BIN 文件)的数据到 GUI 系统上运行。

14.5　STM32 GUI 综合应用实例

下面是一个 STM32 GUI 综合应用实例，该实例采用"\ARM 项目\STM32 项目\STM32F103ZET6 项目\STM32F103ZET6_OS 模板"，共有 4 个任务，其中，任务 1 完成触摸屏的点击响应处理，任务 2 完成 GUI 的刷新等处理，任务 3 完成串口通信处理。完整的程序代码如下：

```
#include "main.h"
void task0(void);//任务 0
void task1(void);//任务 1
void task2(void);//任务 2
void task3(void);//任务 3
void simple_Callback(int ch);
void setup()
{
    add(task0);
    add(task1);
    add(task2);
    add(task3,4000);
    CDesktop * desk = new CDesktop();
    gui.init(desk);
}
```

```
void  task0(void){while(1)delay(900);}//任务 0
void  task1(void ) //任务 1
{
    while(1)
    {
        gui.Touch();
        sleep(100);
    }
}
void  task2(void ) //任务 2
{
    while(1)
    {
        sleep(160);
        gui.run();
    }
}
void  task3(void ) //任务 3
{
    usart1.setCallback(simple_Callback);
    usart1.start();
    usart1.Printf("usart1.start();\r\n");
    while(1)
    {
        ! led4;
        usart1.Printf("班级 -- 姓名 -- 学号 \r\n");
        usart1.Printf("adc1 = %d \r\n",adc1.getValue());
        sleep(2000);
    }
}
void simple_Callback(int ch)
{
    if(ch == 'a')led1.On();
    if(ch == 'b')led1.Off();
    if(ch == 'c')led2.On();
    if(ch == 'd')led2.Off();
}
```

参考文献

[1] 姚文详. ARM Cortex-M3 权威指南[M]. 北京:北京航空航天大学出版社,2009.

[2] 意法半导体. STM32F103xx 数据手册[EB/OL]. 2007.

[3] 李宁. 基于 MDK 的 STM32 处理器开发应用[M]. 北京:北京航空航天大学出版社,2008.

[4] 李宁. ARM 开发工具 RealView MDK 使用入门[M]. 北京:北京航空航天大学出版社,2008.

[5] 王永宏,徐炜,等. STM32 系列 ARM Cortex-M3 微控制器原理与实践[M]. 北京:北京航空航天大学出版社,2008.

[6] 廖义奎. ARM 与 FPGA 综合设计及应用[M]. 北京:中国电力出版社,2008.

[7] 廖义奎. ARM 与 DSP 综合设计及应用[M]. 北京:中国电力出版社,2009.

[8] 林继鹏. 多核嵌入式系统软件开发方法的研究[M]. 北京:电子工业出版社,2011.

[9] 张亮. 基于 Xilinx FPGA 的多核嵌入式系统设计基础[M]. 西安:西安电子科技大学出版社,2011.

[10] 陈建杰. 嵌入式系统的新特点[J]. 微型机与应用,2011(19).

[11] 郑巧. 嵌入式系统的应用与开发分析[J]. 制造业自动化,2011(5).

[12] 廖义奎. Cortex-A9 多核嵌入式系统设计[M]. 北京:中国电力出版社,2014.

[13] 廖义奎. ARM Cortex-M4 嵌入式实战开发精解:基于 STM32F4[M]. 北京:北京航空航天大学出版社,2013.

[14] 廖义奎. STM32F207 高性能网络型 MCU 嵌入式系统设计[M]. 北京:北京航空航天大学出版社,2012.

[15] 廖义奎. Cortex-M3 之 STM32 嵌入式系统设计[M]. 北京:中国电力出版社,2012.

[16] 最简易的孵小鸡方法[EB/OL]. http://www.360doc.com/content/12/0411/15/3383680_202772057.shtml.

[17] 教你制作超甜米酒[EB/OL]. https://jingyan.baidu.com/album/60ccbceb25846164cab197b0.html.

[18] 豆芽生长实验报告[EB/OL]. http://blog.sina.com.cn/s/blog_4e0b9bce0100cuse.html.

[19] 黄豆芽的生长过程[EB/OL]. https://www.cndzys.com/scsc/88326.html.

[20] 意法半导体. RM0091-STM32F0xx 参考手册[EB/OL]. http://www. stmcu. org. cn/document/download/index/id-2133 53.

[21] 意法半导. STM32F030 参考手册[EB/OL]. https://download. csdn. net/download/chunchun888/10176763.

[22] 步进电机所应用的行业及案例[EB/OL]. https://club. 1688. com/article/32687251. htm.

[23] 深圳华彩威科技有限公司. WS2811 规格书. pdf[EB/OL]. https://wenku. baidu. com/view/df5f0c355a8102d276a22f45. html.

[24] 深圳华彩威科技有限公司. WS2812B 手册. pdf[EB/OL]. https://wenku. baidu. com/view/76a0294580eb6294dc886c4d. html.

[25] 意法半导体. STM 32f103 中文手册[EB/OL]. http://www. stmcu. org. cn/document/download/index/id-200278.

[26] GPIO 的工作原理[EB/OL]. https://blog. csdn. net/abap _ brave/article/details/52264528.

[27] 意法半导体. DS5319-STM32F103 数据手册[EB/OL]. http://www. stmcu. org. cn/document/detail/index/id-200230.

[28] 海蒂・拉玛[EB/OL]. https://baike. baidu. com/item/海蒂・拉玛/10933854?fr=aladdin.

[29] 德州仪器. CC2540 AT 指令手册[EB/OL]. https://wenku. baidu. com/view/da9a1d06e53a580217fcfe0a. html.

[30] 乐鑫信息科技有限公司. ESP8266 指令集汇总[EB/OL]. http://blog. sina. com. cn/s/blog_b0c011190102w8wt. html.

[31] MQ-2 普敏气体烟雾传感器[EB/OL]. https://wenku. baidu. com/view/d98b852fddccda38376baffd. html.

[32] E-201 型 pH 复合电极使用说明[EB/OL]. https://wenku. baidu. com/view/53cab35f312b3169a451a418. html.

[33] 脉搏心率监测实验[EB/OL]. http://home. eeworld. com. cn/my/space-uid-363835-blogid-239733. html.

[34] RDM6300 制作门禁详细教程[EB/OL]. http://www. 51hei. com/arduino/3957. html.

[35] 光学指纹头[EB/OL]. http://www. 2ii. info/present/63817164733904. html.

[36] ASR MO8-A 终极手册[EB/OL]. https://wenku. baidu. com/view/9b79f02b0066f5335a8121a0. html.